中文版

3ds Max基础与应用

主　编　张道辉　范　晶　廖芳芳

中国建设科技出版社有限责任公司
China Construction Science and Technology Press Co., Ltd.
北　京

图书在版编目（CIP）数据
中文版 3ds Max 基础与应用案例教程 / 张道辉，范晶，廖芳芳主编. -- 北京 : 中国建设科技出版社有限责任公司，2025. 1. -- ISBN 978-7-5160-4385-1
Ⅰ. TP391.414
中国国家版本馆 CIP 数据核字第 20251H8A40 号

内 容 提 要

本书根据 3ds Max 2022 的实际用途，按照内容系统、实用的原则，采用项目任务式结构，结合大量案例详细介绍了 3ds Max 2022 的基础操作与应用技巧。全书共分为 10 个项目，分别为 3ds Max 入门、基础建模、修改器建模、多边形建模、材质与贴图、摄影机与灯光、环境与渲染、动画、粒子系统与空间扭曲、综合实战。

本书结构合理、内容全面、案例丰富、图文并茂、操作步骤详细，并且采用全彩印刷，配有素材和实例文件，集实用性、指导性、操作性于一体，可作为各类院校的专用教材。

中文版 3ds Max 基础与应用案例教程
ZHONGWENBAN 3ds Max JICHU YU YINGYONG ANLI JIAOCHENG
张道辉　范　晶　廖芳芳　主　编

出版发行：中国建设科技出版社有限责任公司
地　　址：北京市西城区白纸坊东街 2 号院 6 号楼
邮　　编：100054
经　　销：全国各地新华书店
印　　刷：三河市祥达印刷包装有限公司
开　　本：889 mm×1194 mm　1/16
印　　张：16.75
字　　数：430 千字
版　　次：2025 年 1 月第 1 版
印　　次：2025 年 1 月第 1 次
定　　价：69.80 元

本社网址：www.jskjcbs.com，微信公众号：zgjskjcbs
请选用正版图书，采购、销售盗版图书属违法行为
版权专有，盗版必究。本社法律顾问：北京天驰君泰律师事务所，张杰律师
举报信箱：zhangjie@tiantailaw.com　举报电话：（010）63567684
本书如有印装质量问题，由我社事业发展中心负责调换，联系电话：（010）63567692

前言 PREFACE

随着计算机技术的不断发展，三维建模和动画技术在室内设计、建筑设计、游戏开发、影视动画制作、产品设计等领域的应用越来越广泛。学习三维建模和动画技术不仅可以提高个人的技能水平，还可以拓宽个人的职业道路。

3ds Max 是 Autodesk 公司推出的一款专业且实用的三维图形设计软件，其在建模、制作动画、渲染等方面具有强大的功能，是制作三维模型和三维动画的常用软件之一。为了帮助学生从零基础开始，全面掌握 3ds Max 的基础知识和核心技能，我们精心编写了本书。

本书具有以下特色。

1. 素质教育，立德铸魂

为践行“立德树人、德技并修”的育人理念，本书在项目首页设置了“素质目标”，明确提出素质要求，引导学生加强品德修养，提升综合素质；在正文中设置了“素养之窗”模块，通过介绍中国传统文化的相关知识，引导学生坚定文化自信，自觉传承和弘扬中华优秀传统文化。

2. 校企合作，职业引领

为充分发挥学校和企业在人才培养方面的优势，帮助学生顺利从校园过渡到职场，我们走访多家设计企业，深入了解企业在专业知识和技能方面对人才的实际要求，并将其融入本书。

3. 体例新颖，易教易学

本书采用项目任务式结构，除最后一个综合实战项目外，其余每个任务均分为“任务引入”“理论知识”“任务实施”3 个部分。

任务引入：通过趣味故事引出本任务的知识点，激发学生的学习兴趣。

理论知识：以必需、够用为原则，介绍 3ds Max 中最实用的功能，并且在适当位置插入了

“实例”模块，以便学生能够快速掌握软件。

任务实施：以应用为主线，详细介绍一个或多个案例，让学生将所学的理论知识应用到实践中，提高学生的实际操作能力。为了突出本书的实用性并且方便教师教学，本书的案例均由我们精心设计，具有操作简单、设计精美、针对性强、贴近实际应用等特点。

此外，本书还设置了“学习成果自测”和“学习成果评价”模块，可以帮助学生检验学习情况。

4. 平台支撑，资源丰富

本书提供了丰富的数字资源，读者既可以借助手机或其他移动设备扫描二维码观看微课视频，又可以登录文旌综合教育平台“文旌课堂”查看和下载本书配套资源，如素材与实例、课件、微课、教案等。读者在使用本书的过程中有任何疑问，都可以在该平台上寻求帮助。

本书由何享贤担任主审，张道辉、范晶、廖芳芳担任主编，曾艳、陆剑驰、彭翌晖、卓韵荆、李俊衡、柏楠、林兆进担任副主编。

由于编者水平有限，书中难免存在不足之处，诚请广大读者批评指正。

本书配套资源下载网址和联系方式

网址：https://www.wenjingketang.com

电话：400-117-9835

邮箱：book@wenjingketang.com

目录

CONTENTS

项目二　基础建模 28

项目三 修改器建模 62

项目四
多边形建模 ······ 83

项目五 材质与贴图

项目六
摄影机与灯光 140

项目七
环境与渲染 165

项目九 粒子系统与空间扭曲 209

项目十 综合实战 230

参考文献 256

项目一

3ds Max 入门

3ds Max 是 Autodesk 公司推出的三维图形设计软件，集三维建模、动画制作、特效制作和渲染于一体，应用广泛，深受广大设计师与创作者青睐。本项目将介绍 3ds Max 的应用领域与创作流程，工作界面，文件、视图和对象的基本操作等内容，以帮助读者认识 3ds Max，为其日后的学习奠定基础。

知识目标

- 了解 3ds Max 的应用领域和创作流程。
- 熟悉 3ds Max 的工作界面。
- 掌握文件、视图和对象的基本操作。

能力目标

- 能够新建、打开和保存文件。
- 能够调整和导出素材文件中的模型。
- 能够用已有的模型搭建场景。

素质目标

- 学生通过了解 3ds Max，培养对三维创作的兴趣。
- 学生通过调整中国结模型的视图，感受中国结中蕴含的团结、和谐、吉祥等美好寓意，培养爱国主义精神。

任务一　认识 3ds Max

【任务引入】

小周在开始学习 3ds Max 时，便想到可以使用 3D 打印机（三维打印机）将设计好的模型打印出来。小周从网上下载了一些用 3ds Max 制作的模型文件，并在 3ds Max 中通过调整视图来查看这些模型，然后选了一个自己最喜欢的模型，准备将其打印出来。这时，一旁的室友告诉小周，3D 打印机不支持“.max”格式文件的打印，可以将模型导出成“.stl”格式的文件再进行 3D 打印。最终，小周顺利打印出了 3D 模型，并且坚定了学好 3ds Max 的决心。

想一想：

（1）3ds Max 可以胜任哪些工作？

（2）3ds Max 的基本操作有哪些？

一、3ds Max 的应用领域

3ds Max 是 Autodesk 公司推出的一款集三维建模、动画制作、特效制作和渲染于一体的三维图形设计软件，被广泛应用于室内设计、建筑设计、游戏开发、影视动画制作、产品设计等领域（图 1-1-1）。

（a）室内设计

（b）建筑设计

（c）游戏开发

（d）影视动画制作

（e）产品设计

图 1-1-1　3ds Max 的应用领域

二、使用 3ds Max 创作作品的流程

使用 3ds Max 创作作品的流程主要包括制作三维模型、创建材质并将其赋予模型、创建摄影机、布置灯光、制作动画、渲染输出等。

（1）制作三维模型。制作三维模型的过程称为建模。无论是制作效果图还是动画，都要从建模开始。3ds Max 中包含多种建模方法，如基本体建模、样条线建模、修改器建模和多边形建模等。图 1-1-2（a）为使用 3ds Max 制作的三维模型。

（2）创建材质并将其赋予模型。制作好三维模型后，需要为其创建材质，然后将所创建的材质赋予模型。合适的材质可以增强模型的真实感，使模型看起来更加逼真。图 1-1-2（b）为赋予模型材质后的效果。

（3）创建摄影机。在赋予模型材质后，需要在场景中创建摄影机，以确定画面的拍摄角度和呈现的内容。此外，使用摄影机还可以制作景深、运动模糊等特殊镜头效果。图 1-1-2（c）为摄影机视图画面。

（4）布置灯光。创建摄影机后，还需要在场景中布置灯光，灯光不仅能够照亮场景，还能够起到美化场景、营造氛围的作用。

（5）制作动画。制作动画就是为场景中的模型或其他对象添加动画效果。3ds Max 具有十分强大的动画制作功能，使用它可以制作多种类型的动画，如属性动画、摄影机动画和灯光动画等。

（6）渲染输出。使用渲染器可以将场景中的所有对象转换成图像或视频。图 1-1-2（d）为使用 3ds Max 渲染输出的效果图。

（a）使用 3ds Max 制作的三维模型

（b）赋予模型材质后的效果

（c）摄影机视图画面

（d）使用 3ds Max 渲染输出的效果图

图 1-1-2　使用 3ds Max 创作作品的流程

三、3ds Max 的工作界面

安装好 3ds Max 后，若是第一次打开该软件，则首先显示的是欢迎屏幕。将光标移至欢迎屏幕右上角的“语言”列表框处，会出现下拉列表（图 1-1-3），选择其中的“中文”选项，可将 3ds Max 的语言环境设为中文环境。设置好语言环境后，单击欢迎屏幕右上角的“关闭”按钮⊠，可进入 3ds Max 的工作界面（图 1-1-4）。

图 1-1-3　下拉列表

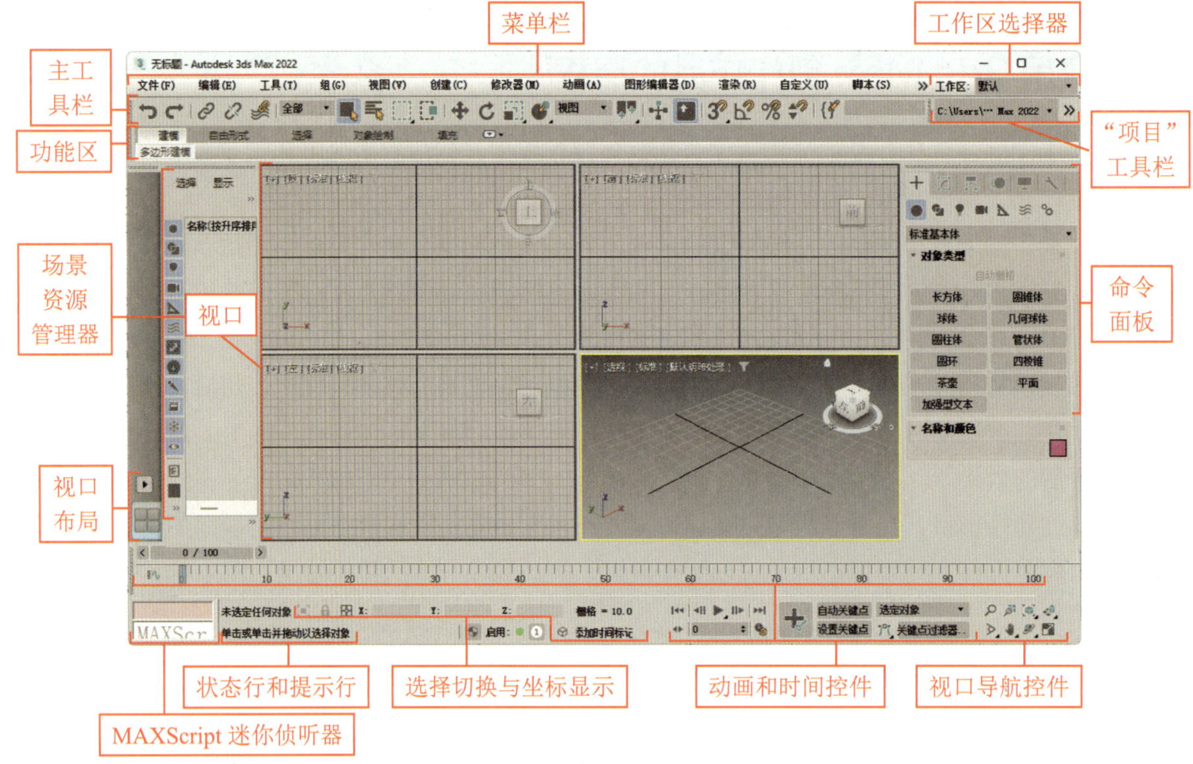

图 1-1-4　3ds Max 的工作界面

下面介绍 3ds Max 的工作界面中常用的区域。

（一）菜单栏和主工具栏

3ds Max 大多数命令都集中在菜单栏和主工具栏中。其中，主工具栏用来放置常用的按钮，如“选择对象”“选择并移动”“选择并旋转”“选择并均匀缩放”等。右下角有三角符号的按钮为弹出按钮，表示该按钮下隐藏着其他按钮。将光标移至弹出按钮上，然后按住鼠标左键不放，可显示该弹出按钮下的所有按钮（图 1-1-5）。

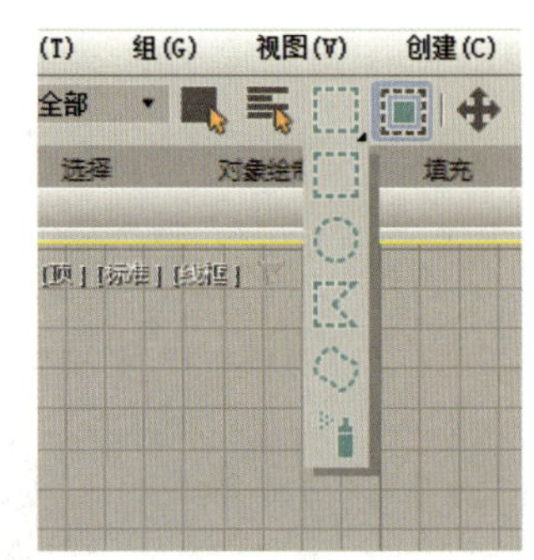
图 1-1-5　弹出按钮下的所有按钮

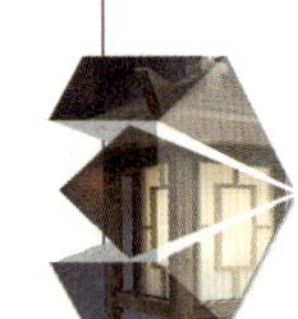

（二）功能区

功能区中的每个选项卡都包含许多面板，每个面板中都有许多命令。单击主工具栏中的“显示功能区”按钮，可隐藏或显示功能区。在不选中任何对象的情况下，“建模”选项卡“多边形建模”面板中的命令为灰色；若选中的模型为可编辑多边形对象，则该面板中的部分命令将被激活（图 1-1-6），使用激活后的命令可对模型进行编辑。

（三）场景资源管理器

场景资源管理器（图 1-1-7）包含了在场景中创建的所有对象（如模型、灯光、摄影机等）的名称。单击场景资源管理器左侧的某个按钮，可隐藏或显示场景资源管理器中与该按钮对应的对象的名称；按下该面板中对象名称前后的、开关，可隐藏（或显示）、冻结（或解冻）视口中与该开关对应的对象。此外，选中场景资源管理器中的某个对象名称并右击，使用弹出的快捷菜单还可以对所选对象进行重命名、删除、隐藏、克隆等操作。

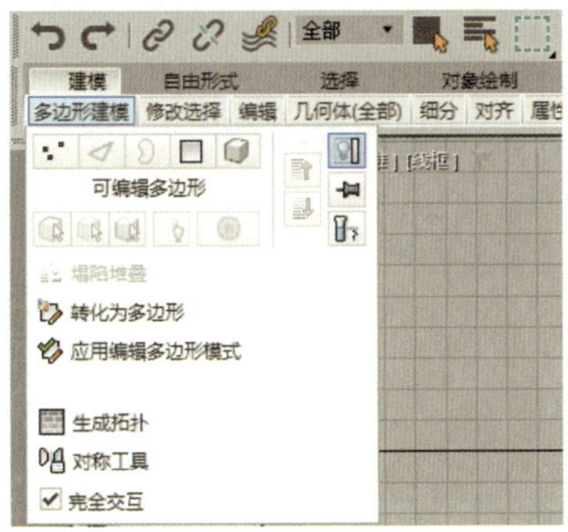

图 1-1-6 “多边形建模”面板中的部分命令被激活

图 1-1-7 场景资源管理器

（四）视口和视口布局

视口主要用于创建、编辑和观察场景中的对象。在默认状态下，3ds Max 会同时显示顶视图、前视图、左视图和透视图，用户单击视口布局中的“创建新的视口布局选项卡”按钮，在弹出的“标准视口布局”面板（图 1-1-8）中可根据需要选择视口布局。此外，将光标移至视口的分割条上，待光标变成、或时按住左键拖动鼠标，可自由调整各视口的面积（仅在多个视口时可用）。

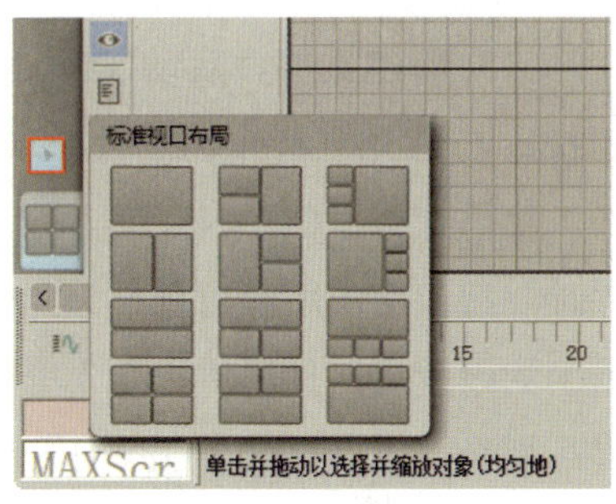

图 1-1-8 “标准视口布局”面板

（五）命令面板

命令面板由“创建”“修改”“层次”“运动”“显示”“实用程序”6 个用户界面面板组成。其中，“创建”面板（图 1-1-9）中包含多个子面板，对象的创建和编辑大多是使用“创建”和“修改”面板中的命令来完成的。

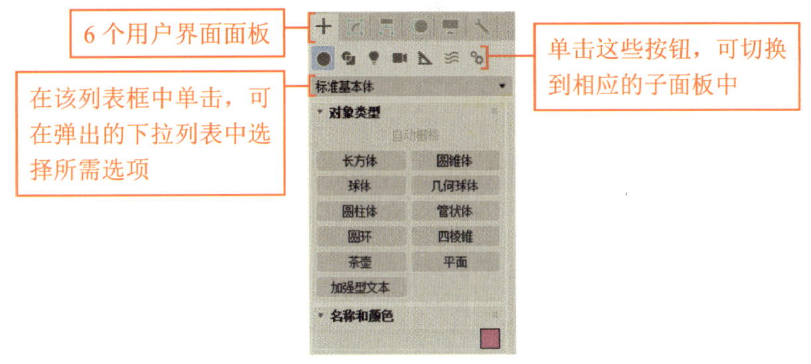

图 1-1-9 “创建”面板

（六）状态行和提示行

状态行位于提示行的上方，用于显示所选对象的类型和数量。未执行任何操作时，状态行显示“未选定任何对象”。提示行位于状态行的下方，是 3ds Max 根据当前光标的位置和正在执行的程序提醒用户如何操作的区域。

（七）动画和时间控件

动画和时间控件可以用来设置动画开始和结束的时间、设置和编辑关键点、控制动画的播放与暂停等。

（八）视口导航控件

使用视口导航控件中的按钮可以缩放、平移和旋转视图，或者将视口中的所有对象、选中的对象最大化显示在某个视口或所有视口中。

四、文件的基本操作

（一）新建、打开和保存文件

（1）新建文件。启动 3ds Max 时，软件会自动创建一个文件，用户可在该文件中建模、创建材质与灯光、制作动画等。如果用户想要新建文件，可选择“文件”→“新建”→“新建全部”菜单或按“Ctrl+N”组合键，也可选择“文件”→“重置”菜单。使用“新建”命令新建文件时，视口中的所有对象被清除，但是不会更改软件的设置，如视口配置、捕捉设置、材质编辑器中的设置等；使用“重置”命令新建文件时，视口中的所有对象被清除，软件的设置也会被重置，相当于重新打开了 3ds Max。

（2）打开文件。打开文件的常用方法有两种：① 选择“文件”→“打开”菜单或按“Ctrl+O”组合键，在弹出的“打开文件”对话框中选择要打开的文件并单击“打开”按钮；② 选中要打开的文件，然后按住鼠标左键将其拖至 3ds Max 的视口区域，接着释放鼠标左键，在弹出的快捷菜单（图 1-1-10）中选择“打开文件”菜单项。

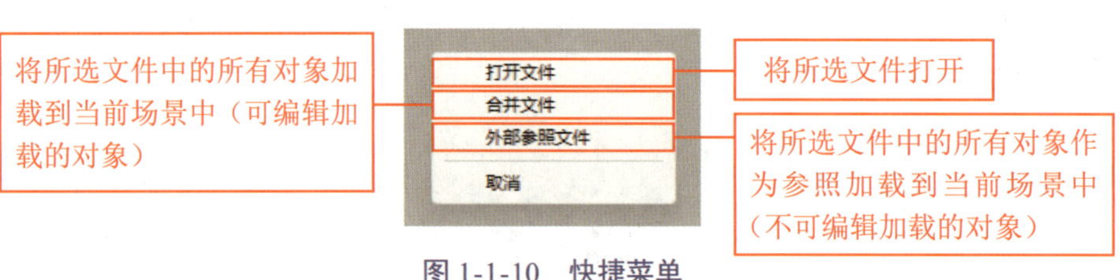

图 1-1-10　快捷菜单

答疑解惑

问：打开文件时，3ds Max 弹出“文件加载：单位不匹配”对话框（图 1-1-11）怎么办？

答：当打开的文件中的单位比例与 3ds Max 默认的单位比例不一致时，3ds Max 会弹出该对话框。在没有特殊要求的情况下，选中该对话框中的“采用文件单位比例？”单选钮并单击“确定”按钮即可。

问：怎样设置文件的单位？

答：设置文件单位的具体操作：选择“自定义”→“单位设置”菜单，然后单击“单位设置”对话框中的“系统单位设置”按钮，在打开的“系统单位设置”对话框中选择“毫米”选项（通常需要将系统单位和显示单位设置为毫米）并单击“确定”按钮，接着参照图 1-1-12 设置显示单位，最后单击“确定”按钮。

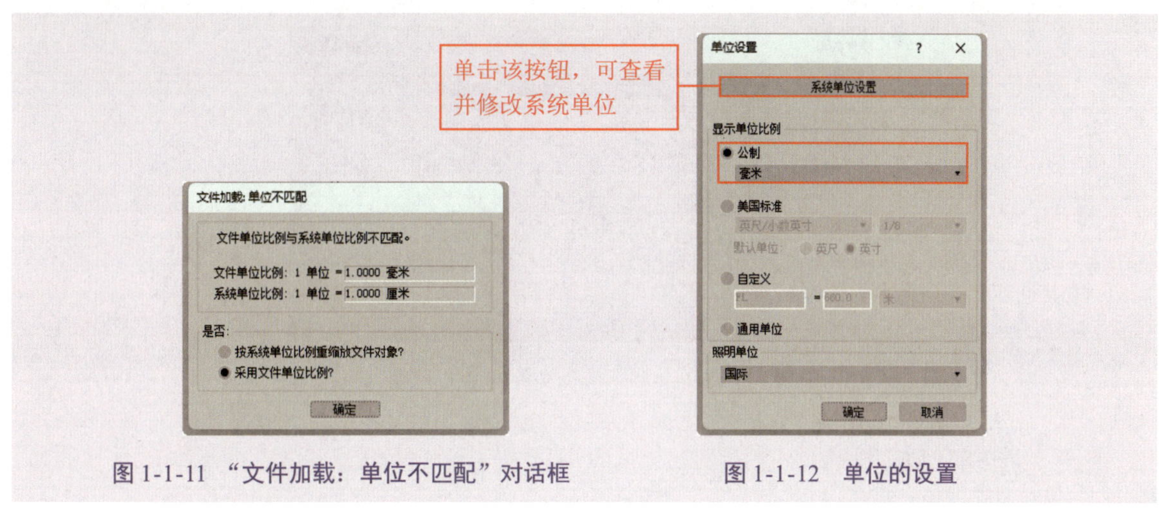

图 1-1-11 “文件加载：单位不匹配”对话框　　图 1-1-12 单位的设置

（3）保存文件。选择“文件”→“保存”菜单或按“Ctrl+S”组合键，可保存当前文件。如果是首次保存某个文件，则在执行“保存”命令后，软件会弹出“文件另存为”对话框，在该对话框中选择文件的储存位置并输入文件名称，然后单击“保存”按钮即可。如果文件曾被保存，则在执行“保存”命令后，软件会直接保存该文件，不会弹出“文件另存为”对话框。如果希望将保存过的文件以其他名称储存或储存在其他位置，则可选择“文件”→“另存为”菜单或按“Shift+Ctrl+S”组合键。

答疑解惑

问：文件突然崩溃或者计算机突然断电该怎么办？

答：如果文件突然崩溃或者计算机突然断电，可在计算机通电后，在“C盘”→“用户”→“用户名称”→“文档”→“3ds Max 2022”→“autoback”文件夹中找到软件自动保存的文件。

默认情况下，3ds Max 每隔 5 分钟就会自动保存一次文件。选择“自定义”→“首选项”菜单，在打开的“首选项设置”对话框中选择“文件”选项卡，然后在“自动备份”设置区中可自定义备份文件的数量和备份的时间间隔。

（二）导出和导入文件

在实际工作中，有时需要将 3ds Max 中的对象导入其他软件，或者将其他软件中的对象导入 3ds Max。3ds Max 在与其他软件配合使用时，经常需要导出、导入“.fbx”格式或“.obj”格式的文件。

（1）导出对象。选择“文件”→“导出”→“导出”菜单，然后在弹出的“选择要导出的文件”对话框中输入文件名称并选择文件的储存位置，在“保存类型”下拉列表中选择文件的格式（图 1-1-13），接着单击“保存”按钮，在弹出的对话框中根据需要进行设置，最后单击“确定”或“导出”按钮，即可将该文件中的所有对象导出。

（2）导入对象。选择“文件”→“导入”→“导入”菜单，在弹出的对话框中选择要导入的文件并单击“打开”按钮，在弹出的对话框中根据需要进行设置，最后单击“确定”或“导入”按钮，即可将所选文件中的对象导入 3ds Max。

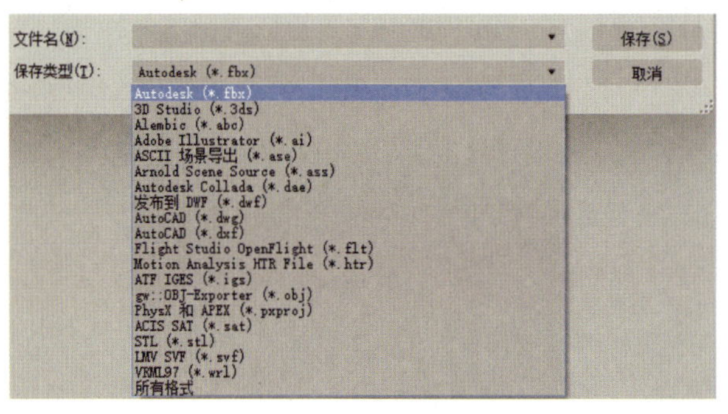

图 1-1-13　选择文件的格式

（三）归档文件

选择“文件”→“归档”菜单，在弹出的“文件归档”对话框中输入文件名称并选择文件的储存位置，最后单击“保存”按钮，即可对该文件进行归档。执行“归档”命令后，3ds Max会自动创建一个压缩文件，其中包含场景文件及其引用的贴图、外部参照等。如果不对文件归档，那么再次打开该文件时，软件会因该文件所引用的其他文件的路径改变而提示用户缺少外部文件。

五、视图的基本操作

使用 3ds Max 创作作品时，经常需要调整视图，以便观察、选择和编辑模型。下面介绍切换视图、切换视图的显示模式和缩放、平移、旋转视图的方法。

（一）切换视图

使用视口左上方的“观察点”菜单中的菜单项（图 1-1-14）可以将该视口中的视图切换为透视图、正交视图、顶视图、底视图、前视图、后视图、左视图和右视图，其中部分视图可以使用快捷键切换。例如，切换为透视图的快捷键为“P”，切换为正交视图的快捷键为“U”，切换为顶视图的快捷键为“T”，切换为前视图的快捷键为“F”，切换为左视图的快捷键为“L”。

要将某个视图所在的视口最大化显示，或在一个视口和多个视口间切换，可在该视口中单击以激活该视口，然后按空格键并在弹出的快捷菜单中选择“最大化视口”菜单项（图 1-1-15）。

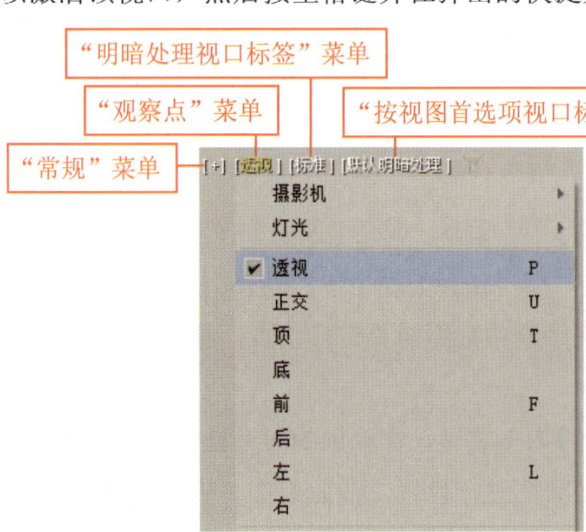

图 1-1-14　“观察点”菜单中的菜单项

图 1-1-15　选择“最大化视口”菜单项

（二）切换视图的显示模式

使用视口左上方的“按视图首选项视口标签”菜单中的菜单项（图 1-1-16）可以切换视图的显示模式。常用的显示模式有“默认明暗处理”“平面颜色”“线框覆盖”“边面”4 种。

（1）“默认明暗处理”模式：默认的显示模式，对模型进行明暗处理，显示模型的材质和光影效果［图 1-1-17（a）］。

（2）“平面颜色”模式：根据模型的颜色对模型进行明暗处理，忽略灯光，但是仍然可以显示模型的阴影［图 1-1-17（b）］。

（3）“线框覆盖”模式：在线框模式下显示模型［图 1-1-17（c）］。

（4）“边面”模式：显示模型上的网格，常与“默认明暗处理”和“平面颜色”模式配合使用［图 1-1-17（d）］。

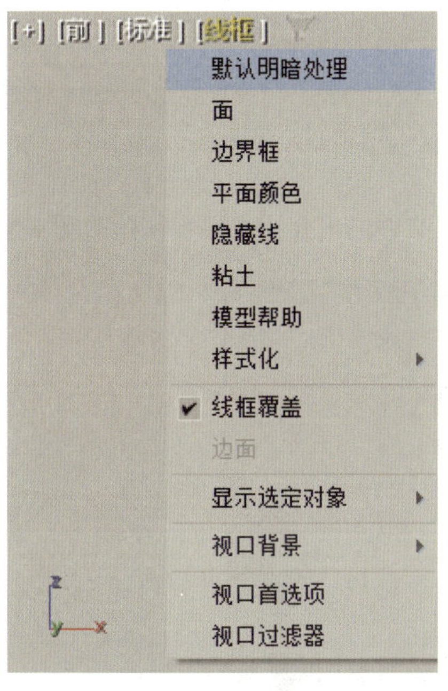

图 1-1-16 “按视图首选项视口标签”菜单中的菜单项

（a）“默认明暗处理”模式

（b）“平面颜色”模式

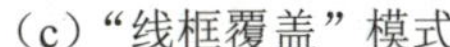

（c）“线框覆盖”模式

（d）“平面颜色＋边面”模式

图 1-1-17 不同显示模式的显示效果

（三）缩放、平移和旋转视图

使用鼠标和视口导航控件中的按钮可缩放、平移和旋转视图。

（1）缩放视图：① 将光标移至合适位置后滚动鼠标中键，软件会以光标所在位置为中心缩放视图；② 单击视口导航控件中的“缩放”按钮或按“Alt+Z”组合键，在视口中按住左键不放向上（或向下）拖动鼠标，可放大（或缩小）视图（图 1-1-18）。

（2）平移视图：① 按住鼠标中键拖动鼠标，即可平移视图；② 单击视口导航控件中的“平移视图”按钮后，在视口中按住左键拖动鼠标，即可平移视图（图 1-1-19）。

（3）旋转视图：① 按住“Alt”键和中键拖动鼠标，可以光标所在位置为中心旋转视图；② 单击视口导航控件中的“环绕子对象”按钮，视口中会出现用于调整视图观察角度的线圈，将光标分别移至线圈内、线圈外或线圈的 4 个控制点上，然后按住左键拖动鼠标，可绕视图的中心旋转视图（图 1-1-20）。

图 1-1-18　缩放视图

图 1-1-19　平移视图

图 1-1-20　旋转视图

提示

使用视口导航控件中的按钮缩放、平移和旋转视图后，若想终止执行当前命令，可在视口中右击或按“Esc”键。

任务实施　调整中国结模型的视图并导出文件

下面通过调整中国结模型的视图（图 1-1-21）并导出文件，来介绍文件和视图的基本操作。

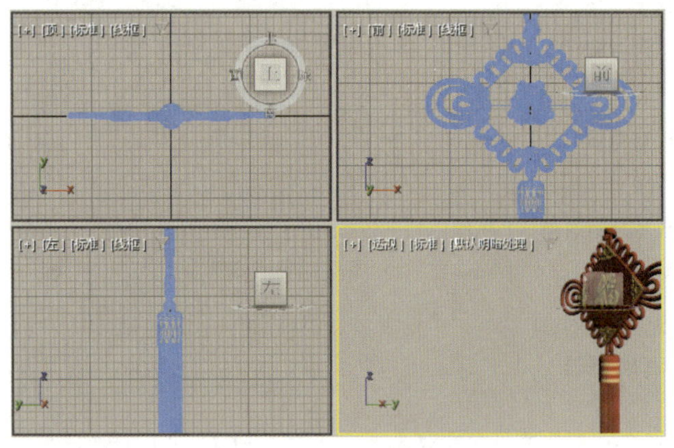
图 1-1-21　中国结模型的视图

步骤 1　打开 3ds Max，将本书配套素材“素材与实例\项目一\中国结”中的“中国结.max”文件拖到视口中后释放鼠标左键，在弹出的快捷菜单中选择“打开文件”菜单项。此时，中国结模型的视图如图 1-1-21 所示。当前视角不方便观察中国结的外观。

提示

按“G”键可关闭或显示栅格。为了方便观察模型，建议读者将透视图中的栅格关闭。

步骤 2　在透视图中单击，按“Alt+W”组合键最大化显示该视口。

步骤 3　单击视口导航控件中的“缩放”按钮，在视口中按住左键不放向下拖动鼠标，以缩小视图，使中国结完整地显示在视口中（图 1-1-22）。

步骤 4　单击视口导航控件中的“环绕子对象”按钮，将光标移至线圈内，然后按住左键拖动鼠标，将中国结的正面显示在视口中（图 1-1-23）。

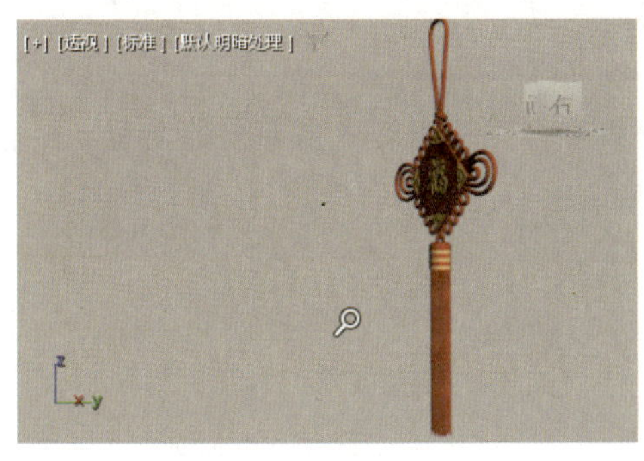

图 1-1-22　缩小视图

图 1-1-23　旋转视图

在缩放、旋转视图时，如果视角变化太大，导致找不到视口中的模型，则可按“Z”键将模型最大化显示在视口中。

步骤 5　单击视口导航控件中的“平移视图”按钮，在视口中按住左键拖动鼠标，使中国结位于视口的中心（图 1-1-24）。右击或按“Esc”键，终止执行“平移视图”命令。

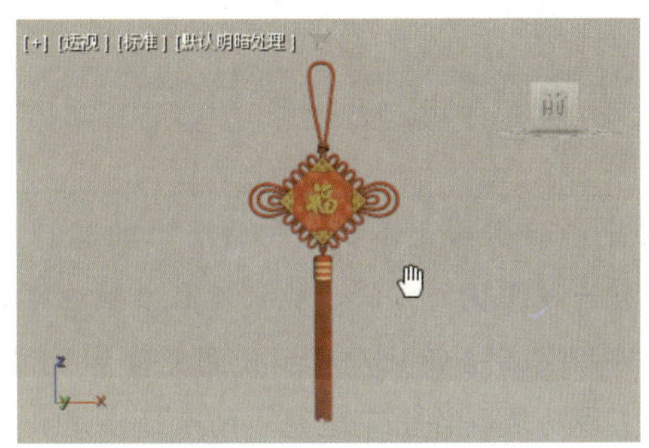

图 1-1-24　平移视图

步骤 6　选择“文件”→“导出”→“导出”菜单项，在弹出的“选择要导出的文件”对话框中输入文件名称“中国结”并选择文件的储存位置，然后将文件格式设为“.obj”，接着单击“保存”按钮（图 1-1-25）；在弹出的“OBJ 导出选项”对话框中单击“导出”按钮，然后在弹出的“正在导出 OBJ”对话框中单击“完成”按钮，将中国结模型导出。

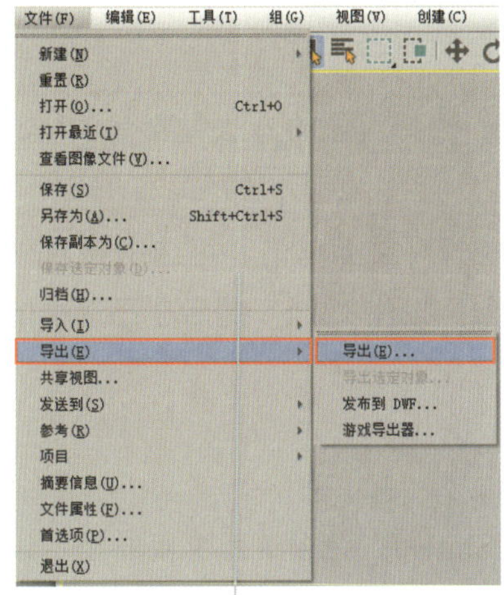

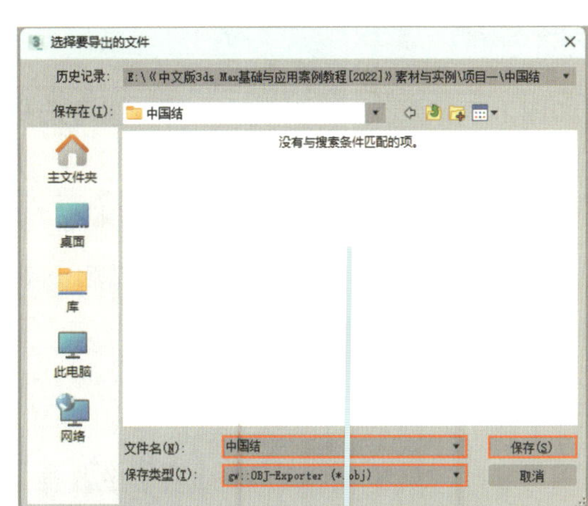

图 1-1-25　导出中国结模型

提示

若文件中有多个模型而只需要导出其中的部分模型，则应先选中要导出的模型，然后选择“文件”→“导出”→“导出选定对象”菜单项。

步骤 7 按“Ctrl+S”组合键，保存当前文件。

素养之窗

中国结不仅是一种造型优美的传统手工艺品，更是中华民族传统文化的重要载体。欣赏中国结，如同漫步在古老的历史长廊中，能够使人深刻感受到中华民族传统文化的独特魅力和深厚底蕴。中国结所蕴含的团结、和谐、吉祥等美好寓意，体现了中华民族崇尚团结一心、和谐共处的文化传统和深厚的爱国主义精神。

任务二　掌握对象的基本操作

【任务引入】

小王制作的卡通小屋中，四周的支撑柱、两面墙上的窗户总是歪歪扭扭的，看上去很不协调。小王想：是否有一种便捷的方法，能快速且准确地摆放这些相同的组件呢？于是，小王向老师请教。老师微笑着告诉他，可以使用克隆和镜像的方法来解决这个问题。在老师的悉心指导下，小王成功地制作出了理想中的卡通小屋。

想一想：

（1）在什么情况下需要克隆和镜像对象？操作时需要注意哪些事项？

（2）除了克隆和镜像，对象的基本操作还有哪些？

一、选择对象

使用如图 1-2-1 所示的主工具栏中的按钮可选择对象。选择对象的方法主要有 3 种，分别是单击选择、按区域选择和使用对话框选择。

（1）单击选择。单击“选择对象”按钮后在视口中的对象上单击，可选中该对象；按住“Ctrl”键后在其他对象上单击（加选），可以选中多个对象；按住“Alt”键后在已选中的对象上单击（减选），可以从选择集中减去该对象。

提示

选中对象时，该对象的四周会出现白色线框，按“Shift+J”组合键可隐藏或显示该白色线框。

（2）按区域选择。单击“选择对象”按钮，然后在视口中按住左键拖动鼠标，可创建一个区域（图 1-2-2），释放鼠标左键后，该区域内的对象及与该区域的边界相交的对象都会被选中。单击“选择对象”按钮，接着单击主工具栏中的“窗口 / 交叉”按钮（单击后该按钮变亮）或按“Shift+O”组合键，然后在视口中按住鼠标左键拖出一个区域，则完全处于该区域内的对象才会被选中。

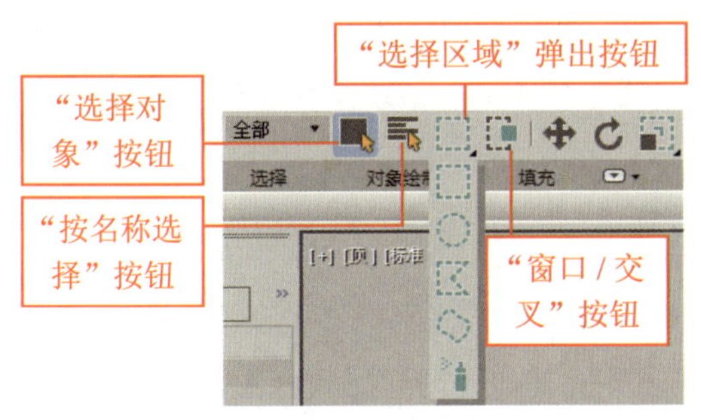

图 1-2-1　主工具栏中的按钮

图 1-2-2　创建一个区域

提示

在视口中按住鼠标左键拖出的区域的形状取决于“选择区域”弹出按钮当前显示的图标。按“Q”快捷键或者选择图 1-2-1 中展开的按钮，均可改变在视口中按住鼠标左键拖出的区域的形状。

（3）使用对话框选择。单击“按名称选择”按钮，在弹出的“从场景选择”对话框中选择一个或多个对象的名称后单击“确定”按钮，可选中相应的对象。

二、移动、旋转和缩放对象

对象的移动、旋转和缩放是以坐标系为参照进行的，所以在学习移动、旋转和缩放对象之前，需要先了解坐标系。坐标系用于定义对象在三维空间中的位置。在主工具栏的“参考坐标系”下拉列表（图 1-2-3）中可以选择坐标系的类型。常用的坐标系有世界坐标系、局部坐标系和视图坐标系。

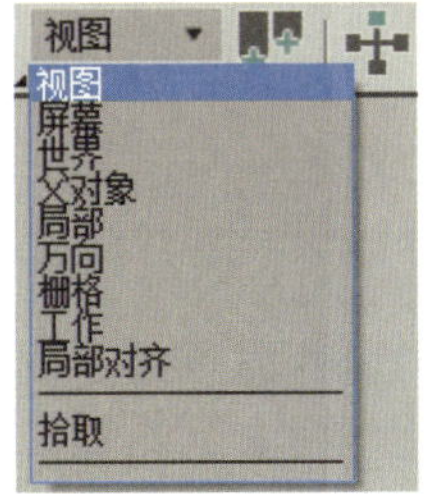

图 1-2-3　“参考坐标系”下拉列表

世界坐标系始终固定，各坐标轴的方向与位于各视口左下角的坐标系中各坐标轴的方向一致（图 1-2-4）。栅格上的两条黑色粗线相交的点为世界坐标系的原点。

局部坐标系是对象自身的坐标系（图 1-2-5）。每个对象都有自己的坐标系，该坐标系会随着对象的旋转而旋转。

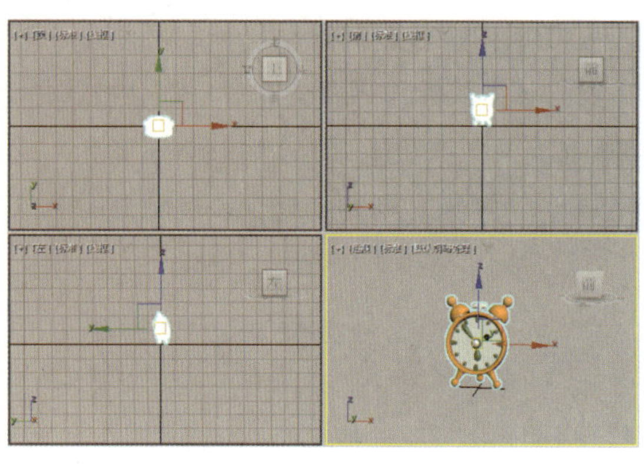

图 1-2-4　世界坐标系

图 1-2-5　局部坐标系

视图坐标系为 3ds Max 默认的坐标系，是世界坐标系和屏幕坐标系的结合。选择视图坐标系时，透视图使用世界坐标系，除透视图和正交视图外的其他视图（如顶视图、前视图、左视图等）均使用屏幕坐标系。其中，屏幕坐标系的 x 轴始终朝右，y 轴始终朝上。

（一）移动对象

单击主工具栏中的“选择并移动”按钮或按“W”键并选中要移动的对象后，该对象上会出现移动 Gizmo，将光标移至移动 Gizmo 的坐标轴、坐标平面或坐标原点上，接着按住左键拖动鼠标，即可沿坐标轴、坐标平面移动该对象或自由移动该对象（图 1-2-6）。

（a）沿坐标轴移动对象

（b）沿坐标平面移动对象

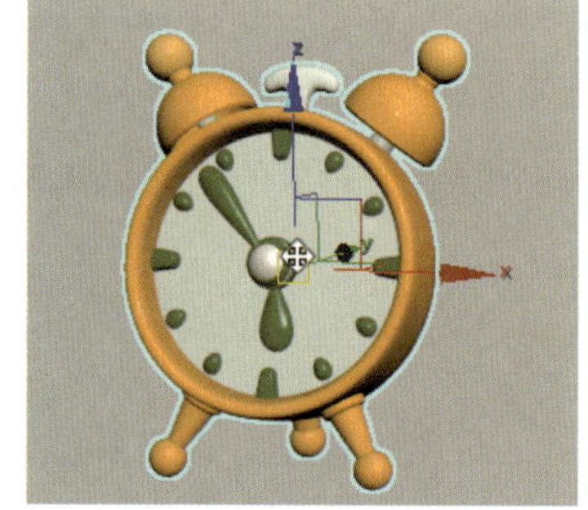

（c）自由移动对象

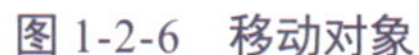

图 1-2-6　移动对象

提示

按键盘左侧的“-”键可放大移动 Gizmo，按“=”键可缩小移动 Gizmo。

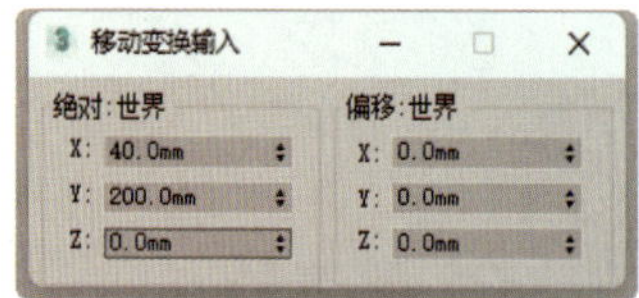

图 1-2-7　“移动变换输入”对话框

若想按数值移动对象，可在选中要移动的对象后右击“选择并移动”按钮，在弹出的“移动变换输入”对话框（图 1-2-7）中设置移动参数。该对话框的“绝对：世界”设置区中的文本框用于显示和设置所选对象在世界坐标系中的位置，在文本框中输入数值并按“Enter”键，该对象将被移动到相应的坐标位置；“偏移：世界”设置区中的文本框用于显示和设置所选对象的偏移量，在文本框中输入数值并按“Enter”键，该对象会沿相应的轴移动指定的距离，且每次操作后，文本框中的数值都会变回 0.0 mm。

坐标显示区中的“X”“Y”和“Z”文本框（图 1-2-8）用于显示和设置所选对象的坐标位置，右击这 3 个文本框中的图标，可将相应文本框中的数值设为 0.0 mm。当 3 个文本框中的数值都为 0.0 mm 时，对象将位于世界坐标系的原点。

图 1-2-8 “X”“Y”和“Z”文本框

（二）旋转对象

单击主工具栏中的“选择并旋转”按钮或按“E”键并选中要旋转的对象后，该对象上会出现旋转 Gizmo（图 1-2-9），将光标移至旋转 Gizmo 的线圈上或旋转 Gizmo 的内部，接着按住左键拖动鼠标，即可绕坐标轴旋转该对象或自由旋转该对象（图 1-2-10）。

图 1-2-9 旋转 Gizmo

（a）绕坐标轴旋转对象

（b）自由旋转对象

图 1-2-10 旋转对象

若想按数值旋转对象，可在选中要旋转的对象后右击“选择并旋转”按钮，在弹出的“旋转变换输入”对话框中设置旋转参数。

若想使对象以指定的角度值为增量进行旋转，可单击主工具栏中的“角度捕捉切换”按钮，使其处于活动状态（高亮显示）。3ds Max 默认的旋转角度值为 5°。若想修改角度值，可右击“角度捕捉切换”按钮，在弹出的“栅格和捕捉设置”对话框（图 1-2-11）的“角度”文本框中进行设置。

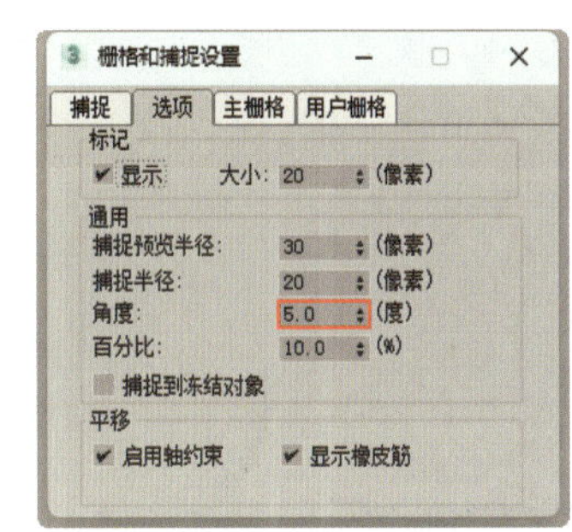

图 1-2-11 “栅格和捕捉设置”对话框

（三）缩放对象

单击主工具栏中的“选择并均匀缩放”按钮或按“R”键并选中要缩放的对象后，该对象上会出现缩放 Gizmo，将光标移至缩放 Gizmo 的坐标轴、坐标平面或坐标原点上，接着按住左键拖动鼠标，即可沿坐标轴、坐标平面缩放该对象或均匀缩放该对象（图 1-2-12）。

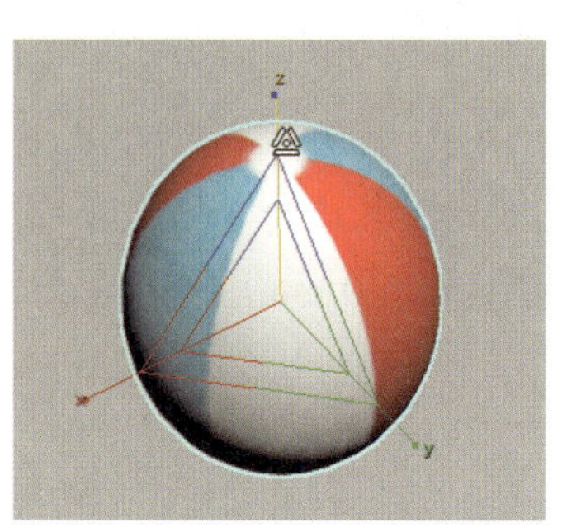

（a）沿坐标轴缩放对象

（b）沿坐标平面缩放对象

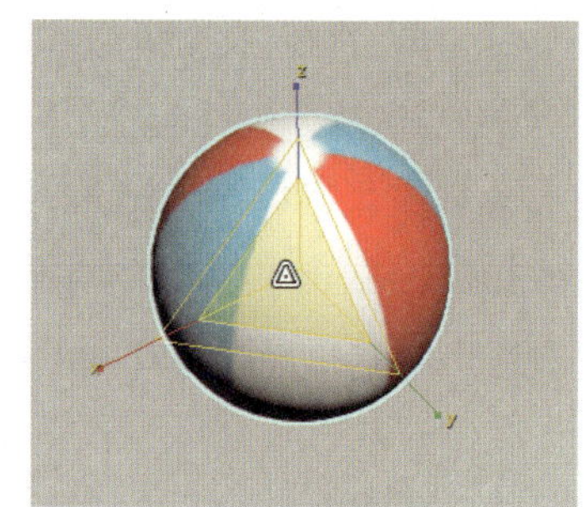

（c）均匀缩放对象

图 1-2-12 缩放对象

探索与分享

打开本书配套素材“素材与实例\项目一\皮球”中的“皮球 .max”文件，分别使用主工具栏中的“选择并均匀缩放”按钮、“选择并非均匀缩放”按钮和“选择并挤压”按钮缩放皮球。教师随机选择几名学生，让其讲解这 3 个命令的不同。

若想按比例缩放对象，可在选中要缩放的对象后右击“选择并均匀缩放”按钮，在弹出的“缩放变换输入”对话框中设置缩放参数。

三、对齐对象

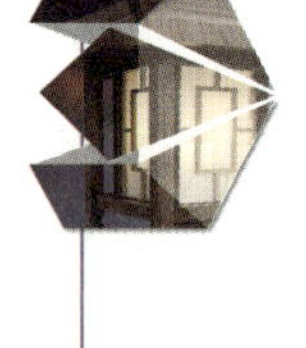

使用主工具栏中的“对齐”按钮或“捕捉开关”按钮可对齐对象。

（一）使用“对齐”按钮对齐对象

使用主工具栏中的“对齐”按钮可以将所选的对象与目标对象进行对齐。具体操作：选中要对齐的对象，然后单击“对齐”按钮，接着选中目标对象，在弹出的“对齐当前选择”对话框中根据需要进行设置，最后单击“确定”按钮（图 1-2-13）。

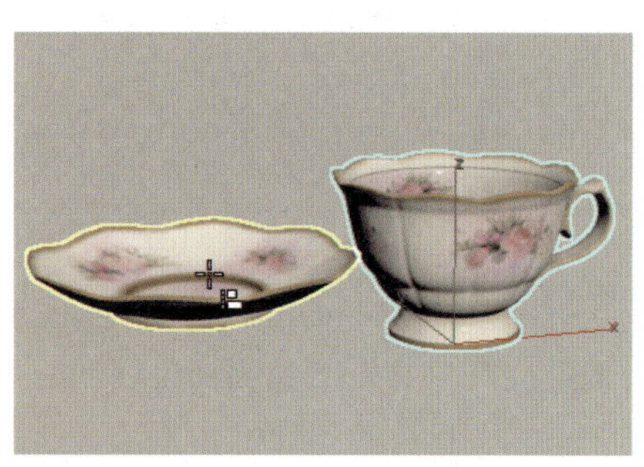

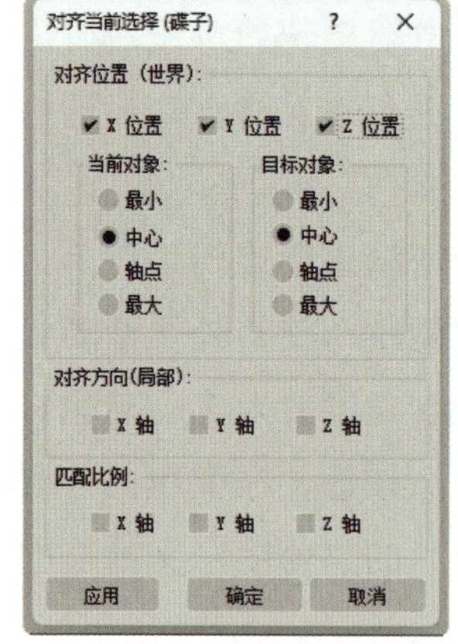

图 1-2-13 对齐对象

如图 1-2-13 所示的“对齐当前选择”对话框中各设置区的功能如下：

（1）“对齐位置（世界）”设置区：使用“X 位置”“Y 位置”“Z 位置”复选框可使要对齐的对象在世界坐标轴方向上与目标对象对齐，使用“当前对象”和“目标对象”组中的单选钮可设置要对齐的对象与目标对象对齐时的参照。

（2）“对齐方向（局部）”设置区：可使要对齐的对象在目标对象的局部坐标轴方向上与目标对象对齐。

（3）“匹配比例”设置区：如果要对齐的对象或目标对象曾被缩放，则在该设置区中可以设置在哪些轴向上进行缩放匹配。

提 示

当需要把所选对象与目标对象以轴点为基准对齐时，可直接使用“对齐”弹出按钮下方的“快速对齐”按钮将它们对齐，无须在如图 1-2-13 所示的对话框中设置参数。

（二）使用“捕捉开关”按钮对齐对象

单击主工具栏中的“捕捉开关”按钮，使其处于活动状态后，在移动对象时，移动 Gizmo 上会显示绿色的橡皮筋，此时将光标移至合适的位置并松开鼠标左键，可使所选对象与特征点对齐（图 1-2-14）。

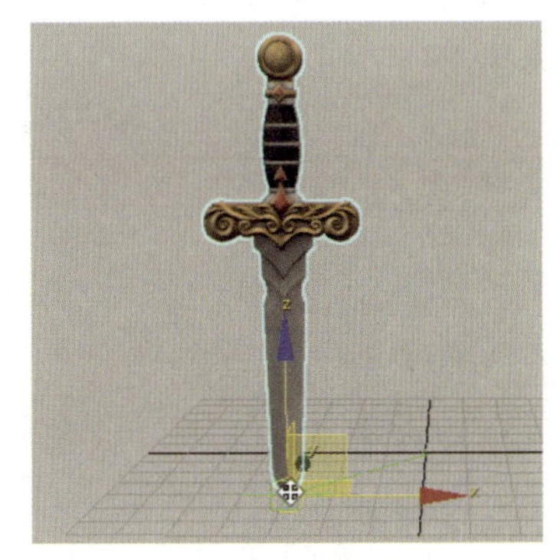

图 1-2-14　将所选对象与栅格点对齐

右击“捕捉开关”按钮，在弹出的“栅格和捕捉设置”对话框的“捕捉”选项卡中可勾选与需要捕捉的特征点对应的复选框，通常勾选“顶点”“端点”“中心”“中心面”复选框（图 1-2-15）。此外，在“选项”选项卡中勾选“启用轴约束”复选框（图 1-2-16）后，可将所选对象沿某个轴向移动，以与特征点仅在某个轴向上对齐。

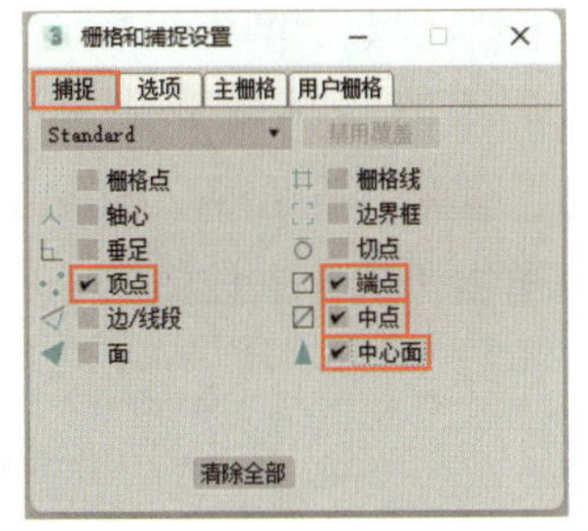

图 1-2-15　设置可捕捉的特征点

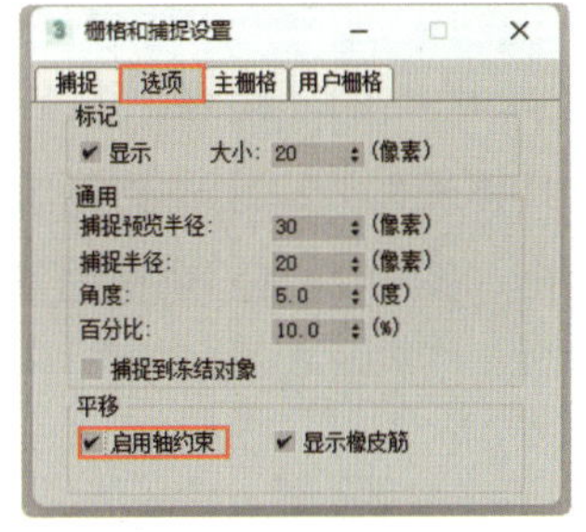

图 1-2-16　勾选“启用轴约束”复选框

四、克隆和镜像对象

（一）克隆对象

克隆对象即创建对象的副本。克隆对象的方法有 2 种，分别是原位克隆和变换克隆。

（1）原位克隆。原位克隆是最基础的克隆方法，使用这种克隆方法生成的副本与对象完全重合。具体操作：选中要克隆的对象，然后选择“编辑”→“克隆”菜单项或按“Ctrl+V”组合键，在弹出的“克隆选项”对话框（图 1-2-17）的“对象”

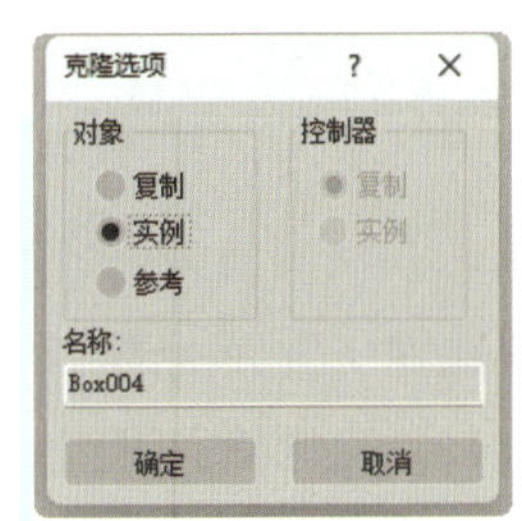

图 1-2-17　“克隆选项”对话框

设置区中选择副本的类型，最后单击“确定”按钮。“对象”设置区中各单选钮的功能如下：

①“复制”单选钮：原对象与其副本相互独立，修改其中任意一个对象的属性值（如长度、宽度、高度参数）均不会影响其余对象。

②“实例”单选钮：原对象与其副本互相关联，修改其中任意一个对象的属性值，其余对象的属性值也会随之改变。

③“参考”单选钮：原对象与其副本有主次关系，修改原对象会影响其副本，但是修改副本不会影响原对象。

（2）变换克隆。变换克隆就是在移动、旋转、缩放对象的同时克隆对象，使用这种克隆方法可一次生成多个副本。具体操作：选中对象，按住“Shift”键后对对象进行移动、旋转、缩放等操作。移动克隆对象时，生成的副本沿一个方向均匀地排列（图 1-2-18）；旋转克隆对象时，生成的副本围绕原对象的轴心规则地排列（图 1-2-19）。

图 1-2-18　移动克隆对象

图 1-2-19　旋转克隆对象

（二）镜像对象

使用主工具栏中的“镜像”按钮可将原对象以指定的坐标轴或坐标平面进行镜像（图 1-2-20）。具体操作为：选中要镜像的对象，然后单击“镜像”按钮，在弹出的“镜像：世界 坐标”对话框（图 1-2-21）中根据需要进行设置，最后单击“确定”按钮。

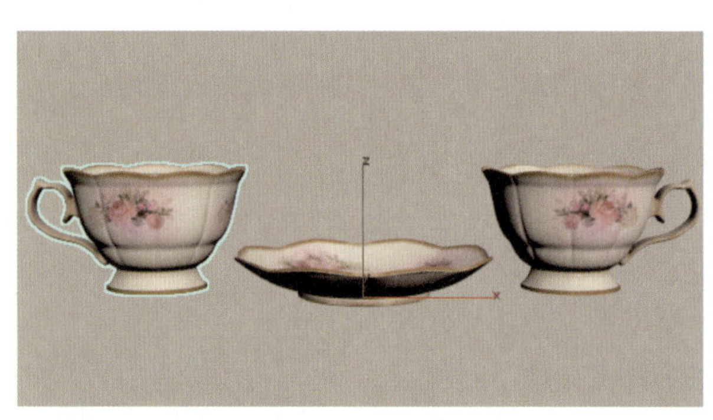

图 1-2-20　镜像对象

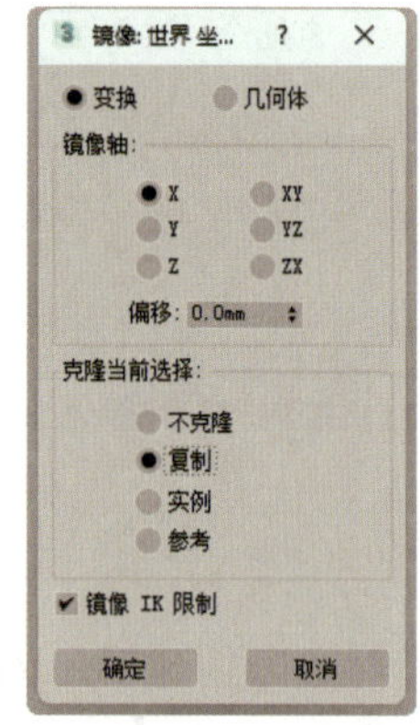

图 1-2-21　“镜像：世界 坐标”对话框

“镜像：世界 坐标”对话框中各设置区的功能如下：

（1）“镜像轴”设置区：该设置区中的单选钮用于指定镜像轴或镜像平面，其中包括 x 轴、y 轴、z 轴、xy 平面、yz 平面和 zx 平面；“偏移”文本框用于设置生成的对象的移动距离。

（2）“克隆当前选择”设置区：用于设置是否创建镜像副本，以及创建的副本的类型。

实例：制作桌椅组合

在制作桌椅组合时，常常会用到克隆和镜像命令。下面通过制作如图 1-2-22 所示的两组桌椅组合，介绍克隆对象和镜像对象的操作方法。

（a）第 1 组桌椅组合

（b）第 2 组桌椅组合

图 1-2-22　桌椅组合

1．制作第 1 组桌椅组合

步骤 1　打开本书配套素材“素材与实例 \ 项目一 \ 桌椅组合”中的“桌椅素材 .max”文件。

步骤 2　在顶视图中选中长桌旁的椅子，然后按“W”键执行“选择并移动”命令，将光标移至移动 Gizmo 的 y 轴上，按住“Shift”键和左键拖动鼠标，将该椅子的副本移至合适位置（图 1-2-23）后松开鼠标左键，接着在弹出的“克隆选项”对话框中单击“确定”按钮，即可将长桌旁的椅子移动复制 1 份。

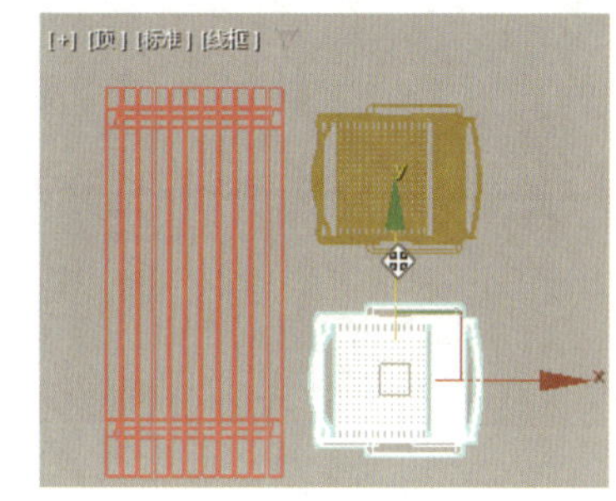

图 1-2-23　椅子副本的位置

步骤 3　选中长桌旁的两把椅子，单击“层次”面板“轴”选项卡中的“仅影响轴”按钮，然后单击主工具栏“对齐”弹出按钮下方的“快速对齐”按钮，接着选中木长桌，即可将两把椅子的轴点与长桌的轴点对齐（图 1-2-24）。再次单击“仅影响轴”按钮，关闭轴点调整功能。

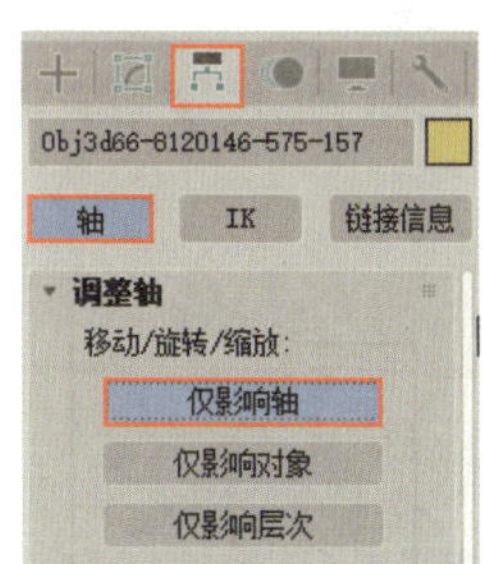

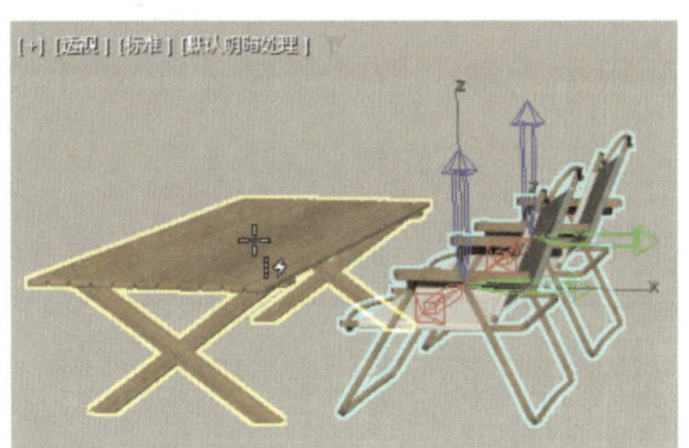

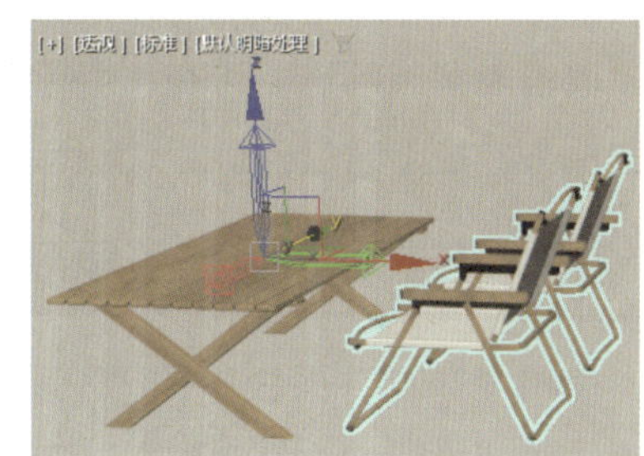

图 1-2-24　调整椅子的轴点

步骤 4　确保两把椅子处于选中状态，然后单击主工具栏中的“镜像”按钮，在弹出的“镜像：世界 坐标”对话框中单击“复制”单选钮，最后单击“确定”按钮，即可将所选的椅子沿 x 轴方向镜像并复制克隆 1 份（图 1-2-25）。

2．制作第 2 组桌椅组合

步骤 1　在顶视图中选中圆桌旁的椅子，单击“层次”面板“轴”选项卡中的“仅影响轴”

按钮，然后单击主工具栏中的“快速对齐”按钮，接着选中圆桌，即可将该椅子的轴点与圆桌的轴点对齐（图 1-2-26）。再次单击“仅影响轴”按钮，关闭轴点调整功能。

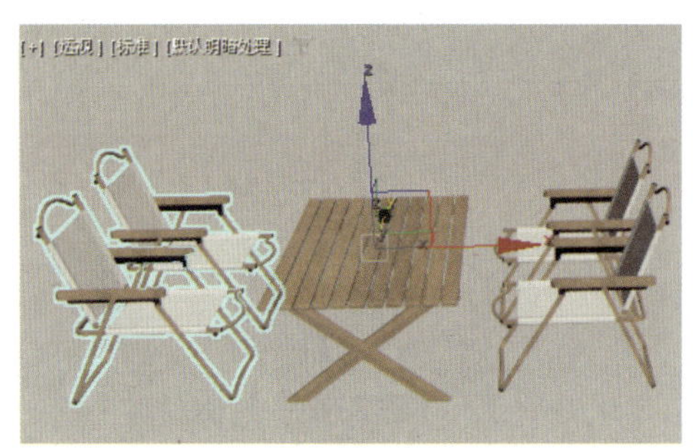
图 1-2-25　镜像并复制克隆椅子

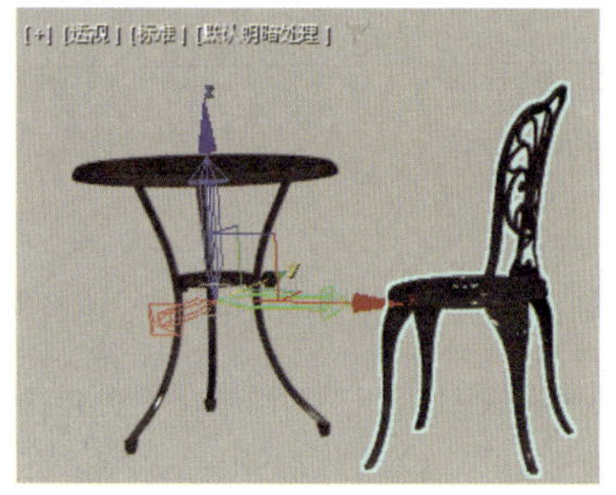
图 1-2-26　圆桌旁椅子的轴点

步骤 2　单击主工具栏中的“角度捕捉切换”按钮，使其处于活动状态。

步骤 3　确保圆桌旁的椅子处于选中状态，然后按“E”键执行“选择并旋转”命令，在顶视图中将光标移至旋转 Gizmo 的 z 轴线圈上，按住“Shift”键和左键拖动鼠标，当旋转角度为 −90° 时释放鼠标左键，最后在弹出的“克隆选项”对话框的“副本数”文本框中输入“3”并单击“确定”按钮（图 1-2-27）。

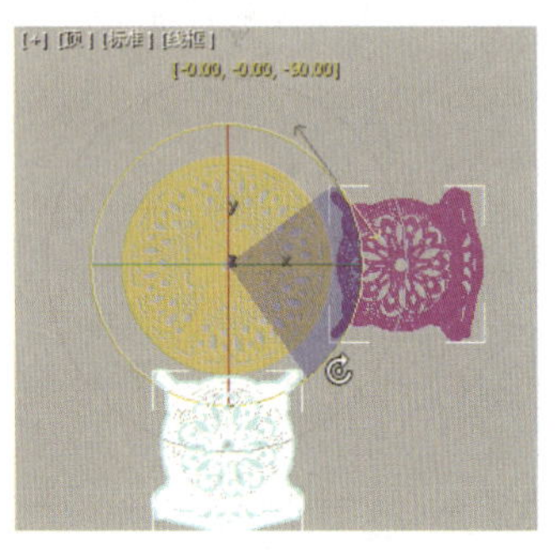
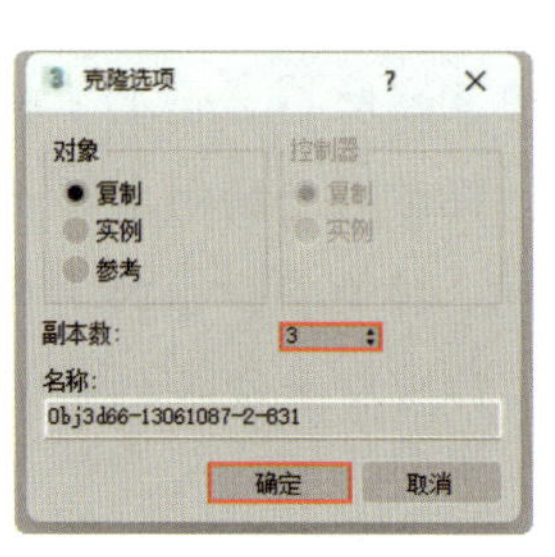

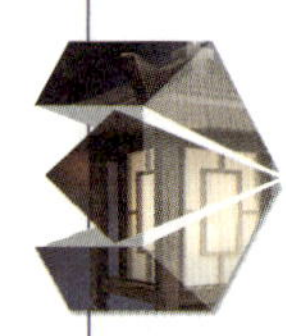

图 1-2-27　旋转克隆椅子

五、隐藏、取消隐藏、冻结和解冻对象

在建模时，为了方便操作和观察，经常需要将部分暂时不需要的对象隐藏或冻结，将需要的对象取消隐藏或解冻。可在“显示”面板中隐藏、取消隐藏、冻结和解冻对象，也可使用右键快捷菜单来完成上述操作。

（一）在“显示”面板中设置

使用“显示”面板中的“隐藏”卷展栏（图 1-2-28）和“冻结”卷展栏（图 1-2-29）可以隐藏、取消隐藏、冻结和解冻对象。下面介绍这两个卷展栏中各按钮的功能。

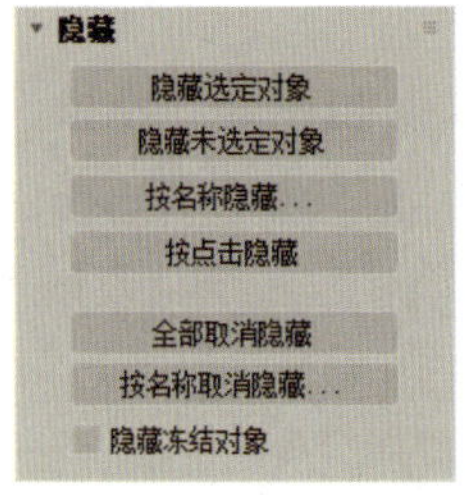

图 1-2-28　“隐藏”卷展栏

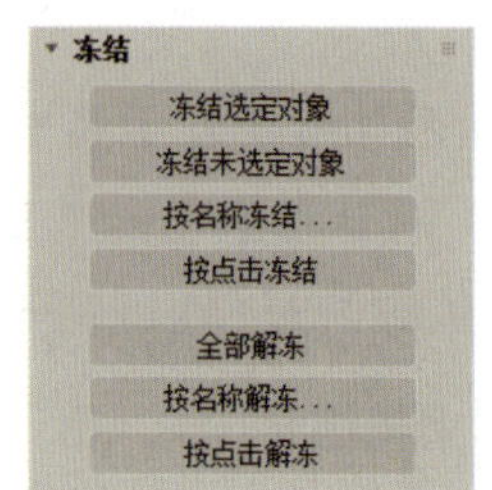

图 1-2-29　“冻结”卷展栏

（1）“隐藏选定对象”和“冻结选定对象”按钮：选中对象后单击该按钮，可将所选的对象隐藏或冻结。

（2）“隐藏未选定对象”和“冻结未选定对象”按钮：单击该按钮，可将未选中的对象隐藏或冻结。

（3）“按名称隐藏”和“按名称冻结”按钮：单击该按钮，在弹出的“隐藏对象”对话框或“冻结对象”对话框中选择要隐藏或冻结的对象的名称，然后单击“隐藏”或“冻结”按钮，可将相应的对象隐藏或冻结。

（4）“按点击隐藏”和“按点击冻结”按钮：单击该按钮，在视口中选择对象，可将所选的对象隐藏或冻结。

（5）“全部取消隐藏”和“全部解冻”按钮：单击该按钮，可将场景中所有隐藏或冻结的对象全部取消隐藏或解冻。

（6）“按名称取消隐藏 ...”和“按名称解冻 ...”按钮：单击该按钮，在弹出的“取消隐藏对象”对话框或“解冻对象”对话框中选择要取消隐藏或解冻的对象的名称，然后单击“取消隐藏”或“解结”按钮，可将相应的对象取消隐藏或解冻。

（7）“按点击解冻”按钮：单击该按钮，在视口中选择已冻结的对象，可将所选的对象解冻。

（二）使用右键快捷菜单

在视口中右击，在弹出的快捷菜单的“显示”区域（图 1-2-30）中选择相应的菜单项，可以便捷地隐藏、取消隐藏、冻结和解冻对象。

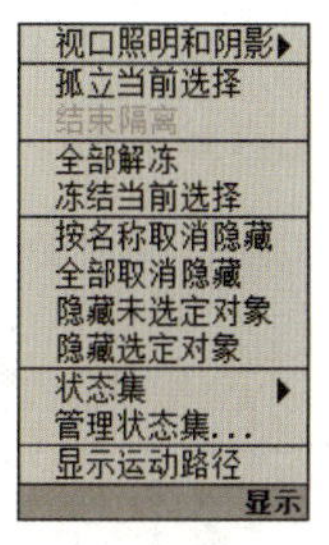

图 1-2-30 “显示”区域

答疑解惑

问：将对象冻结后，看不见对象的材质了怎么办？

答：3ds Max 默认将冻结的对象显示为灰色。在冻结对象之前将其选中，然后在“显示”面板的“显示属性”卷展栏（图 1-2-31）中取消勾选“以灰色显示冻结对象”复选框即可。

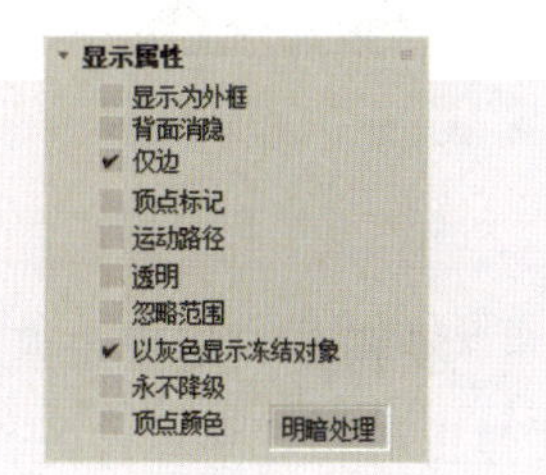

图 1-2-31 “显示属性”卷展栏

任务实施 搭建卡通小屋场景

下面通过搭建如图 1-2-32 所示的卡通小屋场景，来介绍对象的选择、移动、旋转、对齐、克隆、镜像等操作。

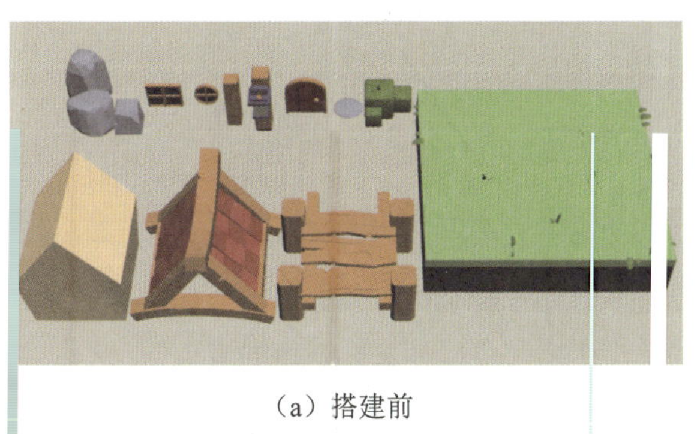
（a）搭建前

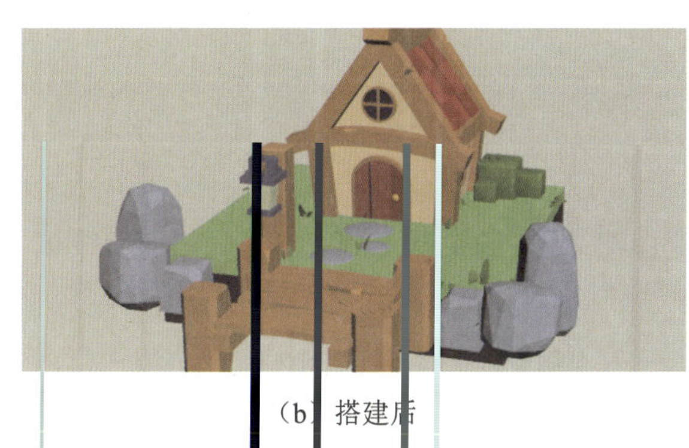
（b）搭建后

图 1-2-32 卡通小屋场景

制作思路

卡通小屋场景由木屋、木桥、路灯、草垛、石块、石板组成。可先搭建木屋，然后将其余元素摆放至合适位置。木屋的搭建思路：先调整屋顶的位置，再调整木屋支撑柱的位置和角度并将其绕木屋主体旋转克隆，以搭建木屋的框架；然后调整门、圆形窗户与木屋主体的相对位置；接着将方形窗户旋转一定角度后移至木屋的一侧，再将其镜像克隆，以制作木屋另一侧的窗户；最后将已搭建好的木屋组成一个组。

摆放其他组件的思路：将木屋、木桥、路灯、草垛、石块和石板摆放到合适的位置，然后将石块镜像并复制克隆，接着复制克隆石板，最后将石板副本缩放至合适大小。

制作步骤

步骤 1 将本书配套素材“素材与实例\项目一\卡通小屋场景”中的“卡通小屋场景 .max”文件拖到视口中后释放鼠标左键，在弹出的快捷菜单中选择“打开文件”菜单项，打开该文件。

步骤 2 选中屋顶，然后单击主工具栏中的“快速对齐”按钮，接着选中木屋主体，将屋顶与木屋主体以轴点为基准对齐，最后在前视图中将屋顶沿 y 轴方向向上移至合适位置（图 1-2-33）。

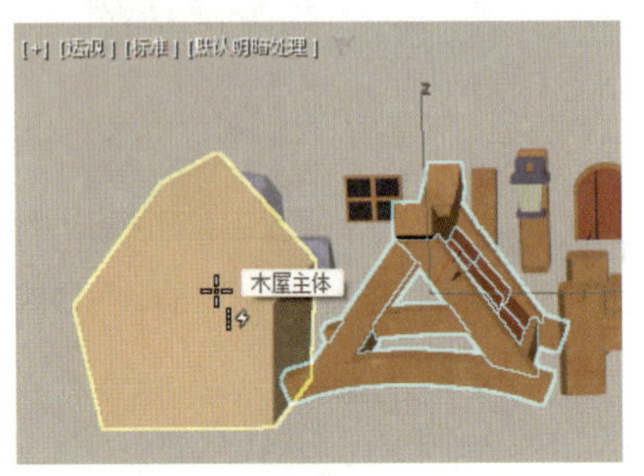

图 1-2-33　将屋顶与木屋主体对齐并调整屋顶的位置

步骤 3 选中木屋支撑柱，然后单击主工具栏中的“对齐”按钮，接着选中木屋主体，在弹出的“对齐当前选择”对话框中参照图 1-2-34 进行设置，使木屋支撑柱（当前对象）与木屋主体（目标对象）底面左前方的端点对齐，最后单击“确定”按钮（图 1-2-35）。

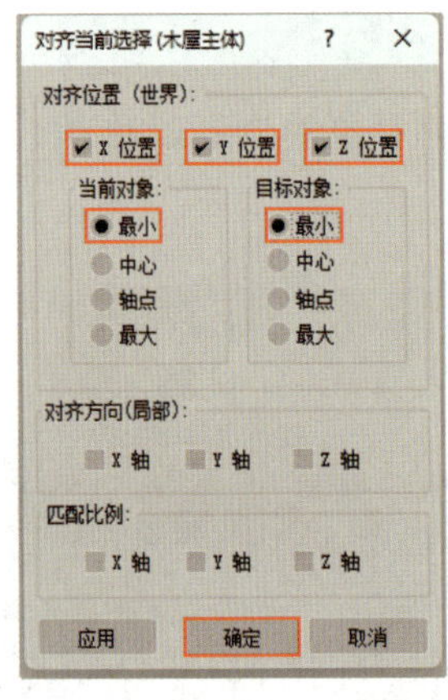

图 1-2-34　“对齐当前选择”对话框

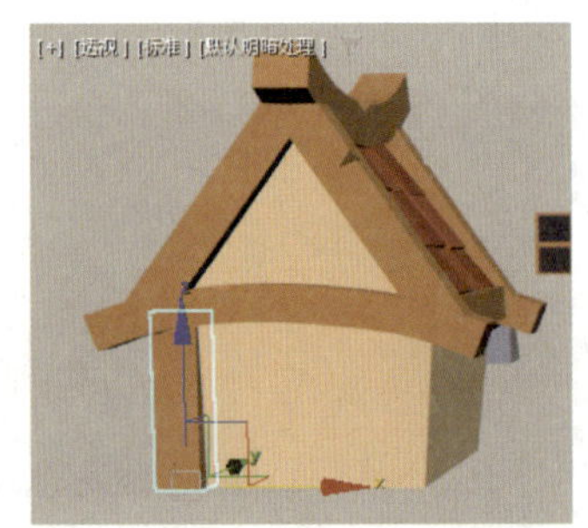

图 1-2-35　木屋支撑柱的位置

步骤 4 确保木屋支撑柱处于选中状态，单击主工具栏中的“角度捕捉切换”按钮，使其

处于活动状态，然后将木屋支撑柱在前视图中绕 z 轴按逆时针方向旋转 5°，再在左视图中绕 z 轴按顺时针方向旋转 5°，使木屋支撑柱与墙的倾斜角度一致（图 1-2-36）。

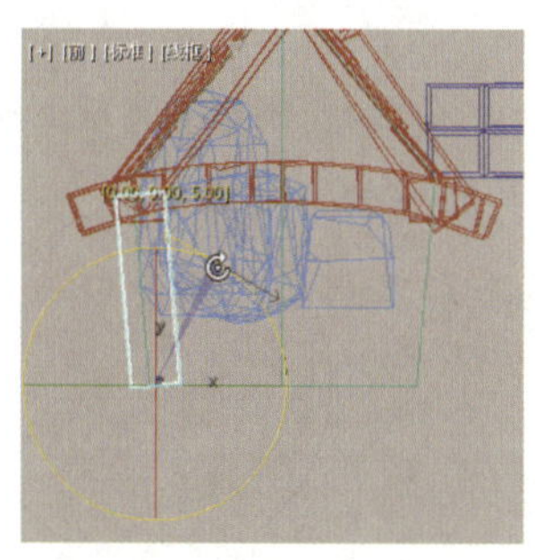

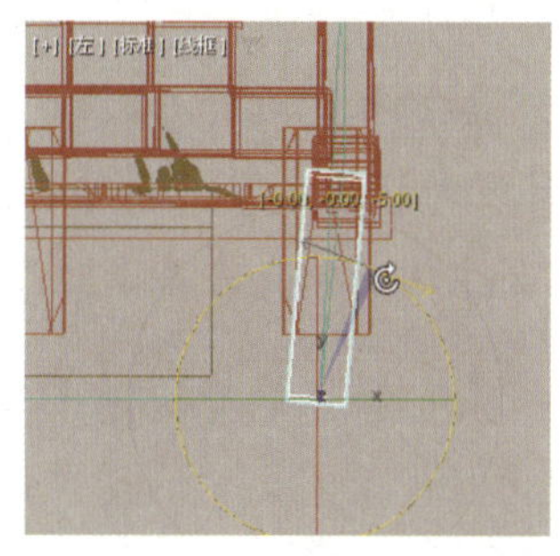

图 1-2-36　旋转木屋支撑柱

步骤 5　确保木屋支撑柱处于选中状态，单击“层次”面板“轴”选项卡中的“仅影响轴”按钮，然后单击主工具栏“对齐”弹出按钮下方的“快速对齐”按钮，接着选中木屋主体，即可将木屋支撑柱的轴点与木屋主体的轴点对齐（图 1-2-37）。再次单击“仅影响轴”按钮，关闭轴点调整功能。

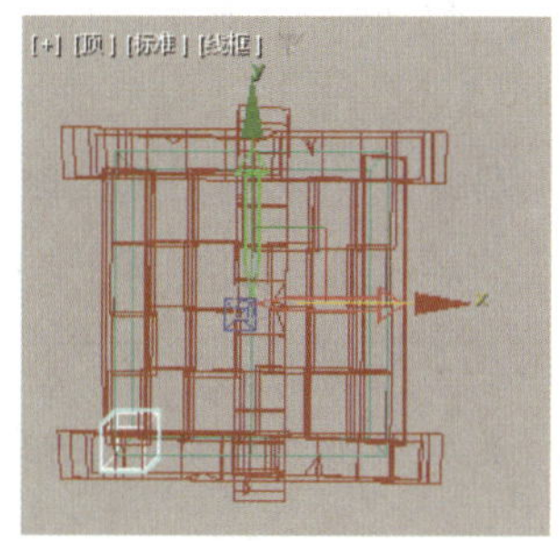

图 1-2-37　木屋支撑柱的轴点

步骤 6　单击主工具栏中的“镜像”按钮，然后在弹出的“镜像：世界 坐标”对话框中依次单击“X”单选钮、“复制”单选钮和“确定”按钮，制作第二根木屋支撑柱。此时，第二根木屋支撑柱为选中状态，单击“镜像”按钮，然后在弹出的“镜像：世界 坐标”对话框中依次单击“Y”单选钮和“确定”按钮，制作第三根木屋支撑柱。此时，第三根木屋支撑柱为选中状态，单击“镜像”按钮，然后在弹出的“镜像：世界 坐标”对话框中依次单击“X”单选钮和“确定”按钮，制作第四根木屋支撑柱（图 1-2-38）。

步骤 7　选中门，然后单击主工具栏中的“快速对齐”按钮，接着选中木屋主体，将门与木屋主体以轴点为基准对齐，在前视图和左视图中将门沿坐标轴方向移至合适位置（图 1-2-39）。

图 1-2-38　镜像木屋支撑柱

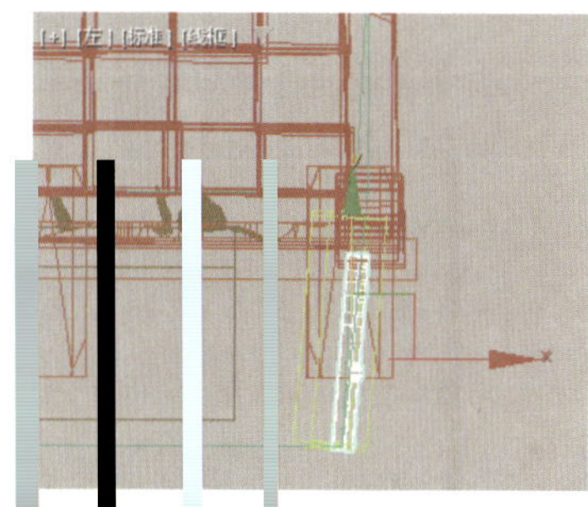

图 1-2-39　门的位置

步骤 8 选中圆形窗户，然后单击主工具栏中的“快速对齐”按钮，接着选中木屋主体，将圆形窗户与木屋主体以轴点为基准对齐，最后在前视图和左视图中将圆形窗户移至合适位置（图 1-2-40）。

步骤 9 选中方形窗户，按“E”键执行“选择并旋转”命令，在透视图中将其绕 z 轴按逆时针方向旋转 90°，再绕 y 轴按顺时针方向旋转 5°，然后单击主工具栏中的“快速对齐”按钮，接着选中木屋主体，将方形窗户与木屋主体以轴点为基准对齐，最后在透视图中将方形窗户移至木屋墙体的合适位置（图 1-2-41）。

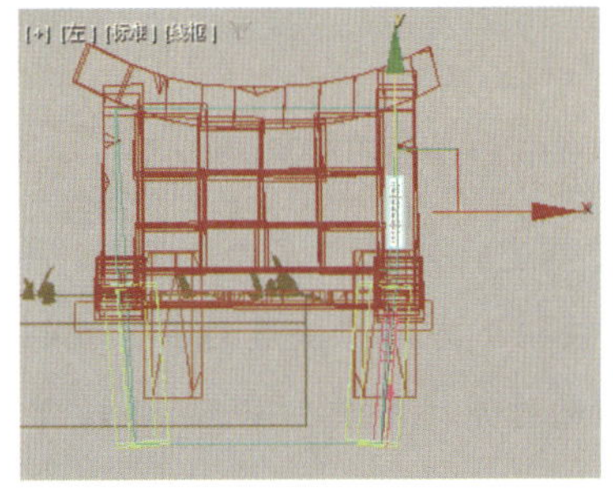

图 1-2-40 圆形窗户的位置

图 1-2-41 方形窗户的位置

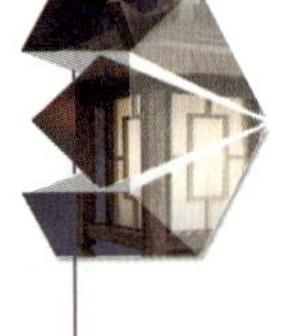

步骤 10 确保方形窗户处于选中状态，单击“层次”面板“轴”选项卡中的“仅影响轴”按钮，然后单击主工具栏中的“快速对齐”按钮，接着选中木屋主体，即可将方形窗户的轴点与木屋主体的轴点对齐。再次单击“仅影响轴”按钮，关闭轴点调整功能。

步骤 11 确保方形窗户处于选中状态，单击主工具栏中的“镜像”按钮，然后在弹出的“镜像：世界 坐标”对话框中单击“复制”单选钮，最后单击“确定”按钮，即可制作另一侧的窗户。

步骤 12 在顶视图中框选已搭建好的木屋，然后选择“组”→“组”菜单项，在弹出的“组”对话框中输入组名“木屋”，最后单击“确定”按钮（图 1-2-42），使木屋成为一个整体。

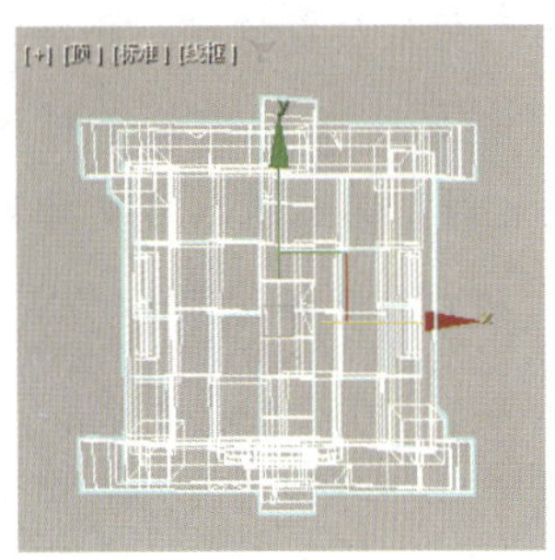

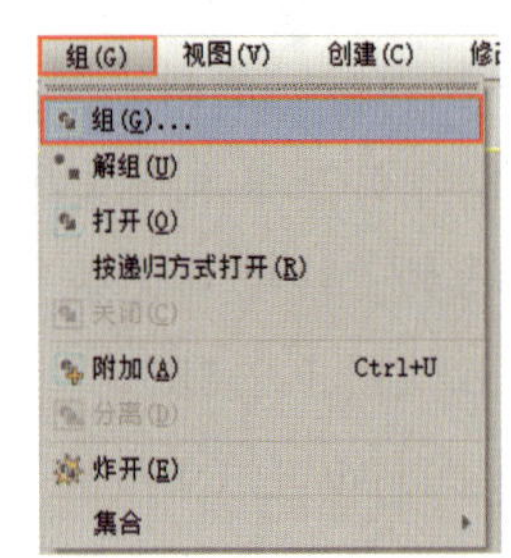

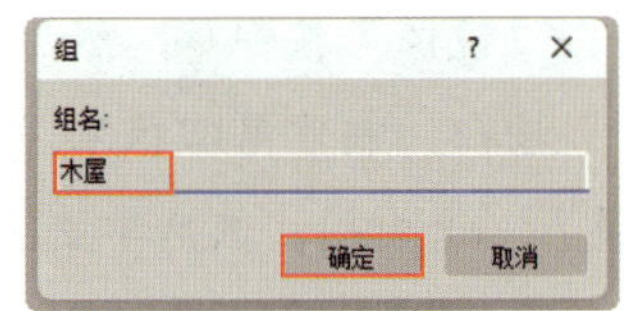

图 1-2-42 对木屋执行“组”命令

步骤 13 参照图 1-2-43 依次将木屋、木桥、路灯、草垛、石块和石板移至合适位置。

步骤 14 选中石块，单击“层次”面板“轴”选项卡中的“仅影响轴”按钮，然后单击主工具栏中的“快速对齐”按钮，接着选中地皮，即可将石块的轴点与地皮的轴点对齐。再次单击“仅影响轴”按钮，关闭轴点调整功能。

步骤 15 确保石块处于选中状态，单击主工具栏中的“镜像”按钮，然后在弹出的“镜像：世界 坐标”对话框中单击“确定”按钮，将石块复制克隆到地皮的另一侧（图 1-2-44）。

图 1-2-43　卡通小屋场景

图 1-2-44　复制克隆石块

提示

对石块执行“镜像”命令时，由于“镜像：世界 坐标”对话框中的设置与步骤 11 中的设置相同，所以无须再次设置。若读者在进行步骤 11 的操作后，对“镜像：世界 坐标”对话框中的设置进行了修改，则需要再次进行设置。

步骤 16　选中石板，将光标移至顶视图中移动 Gizmo 的 y 轴上，按住“Shift”键和左键拖动鼠标一小段距离后松开鼠标左键，然后在弹出的“克隆选项”对话框的“副本数”文本框中输入“2”并单击“确定”按钮，将石板复制克隆 2 份。

步骤 17　在透视图中将石板的副本移至合适的位置，然后按“R”键执行“选择并均匀缩放”命令，将石板副本缩放至合适大小。至此，卡通小屋场景便搭建完毕（图 1-2-45）。

图 1-2-45　石板的位置和大小

学习成果自测

自测习题一　整理面包展示柜

打开本书配套素材“素材与实例 \ 项目一 \ 面包展示柜”中的“面包展示柜 .max”文件，利用本项目所学知识整理如图 1-2-46（a）所示的面包展示柜，将空缺的位置补充完整，整理后的效果如图 1-2-46（b）所示。

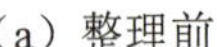
（a）整理前

（b）整理后

图 1-2-46　面包展示柜

提示：　　使用移动克隆的方法克隆已有的糕点，然后分别调整糕点的位置。

自测习题二　组装小飞机

打开本书配套素材“素材与实例\项目一\小飞机”中的“小飞机 .max”文件，利用本项目所学知识组装如图 1-2-47 所示的小飞机。

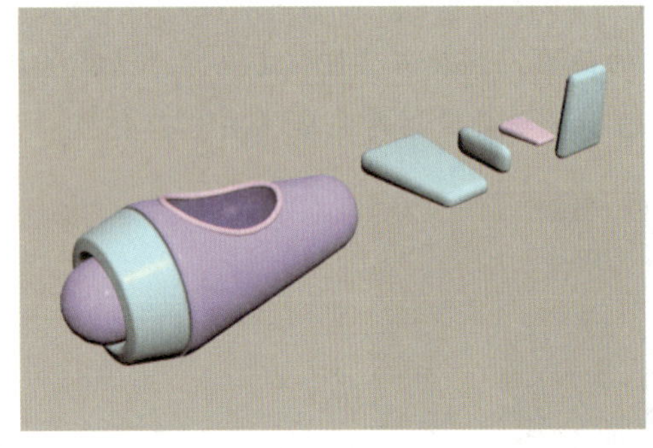
（a）组装前

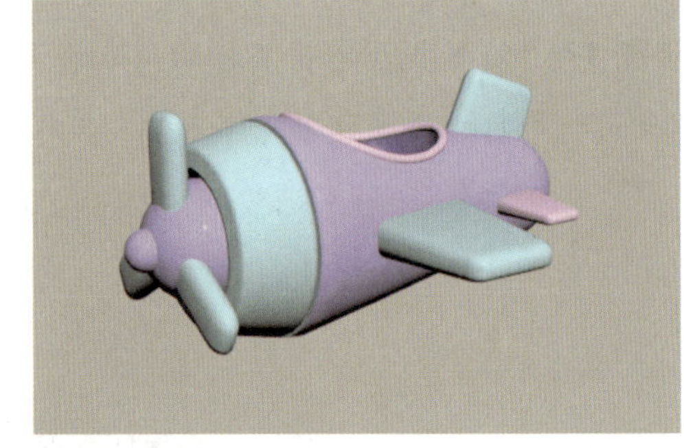
（b）组装后

图 1-2-47　小飞机

提示：　　首先复制克隆机头，将机头副本缩放至合适大小后，将其移至机头前方，作为机头前的小球；然后将机翼和水平尾翼移至小飞机一侧的合适位置，再将它们沿 y 轴方向镜像克隆，以制作小飞机另一侧的机翼和水平尾翼；接着将垂直尾翼移至合适位置，并将其旋转一定角度；最后将螺旋桨叶移至合适位置，通过旋转克隆制作其余的螺旋桨叶。

学习成果评价

请进行学习成果评价，并将评价结果填入表 1-2-1。

表 1-2-1　学习成果评价表

评价项目	评价内容	分值	评价分数		
			自评	他评	师评
知识（40%）	3ds Max 的应用领域	2			
	使用 3ds Max 创作作品的流程	4			
	3ds Max 的工作界面	4			
	文件和视图的基本操作	8			
	选择、移动、旋转、缩放对象	8			
	对齐、克隆、镜像对象	6			
	隐藏、取消隐藏、冻结、解冻对象	8			
技能（40%）	能够新建、打开和保存文件	10			
	能够调整和导出素材文件中的模型	10			
	能够用已有的模型搭建场景	20			
素养（20%）	积极参加教学活动，按时完成学习任务	10			
	有明确的职业认知和职业规划，并制订相应的学习计划	10			
合计		100			
总评	自评（20%）+ 他评（20%）+ 师评（60%）= ________	指导教师（签名）：____________			

项目二

基础建模

3ds Max提供了多种建模方式，其中比较基础的有基本体建模、样条线建模和复合建模。基本体建模是指通过对3ds Max提供的基本体进行组合来建模；样条线建模是指先绘制二维图形，再通过二维图形生成三维模型；复合建模是指使用复合对象将多个对象合成一个对象。本项目将介绍标准基本体、扩展基本体、建筑对象、绘制样条线、编辑样条线、图形合并、布尔、放样等内容，带领读者学习基础建模。

知识目标

- 了解常用的基本体和样条线。
- 掌握创建基本体和绘制样条线的方法。
- 了解常用的复合对象及其功能。

能力目标

- 能够使用基本体建模。
- 能够使用样条线建模。
- 能够使用复合对象建模。

素质目标

- 学生通过创建模型，培养精益求精的工匠精神和严谨细致的工作态度。
- 学生通过制作中式花窗，感受中式建筑独特的美学价值和文化内涵，弘扬中华优秀传统文化，增强民族自豪感。

任务一　基本体建模

【任务引入】

小张在一家文化传播公司的平面广告设计岗位实习，公司习惯使用Photoshop、Illustrator等软件进行设计工作。某日，公司领导让他制作一系列益智玩具的广告效果图，但厂家提供的照片拍摄得不尽如人意，使用Photoshop修饰将花费大量时间，且效果难以保证。就在他犯难之际，他突然想到该玩具的结构非常简单，使用3ds Max的基本体建模就可以很快制作出该玩具的模型，并且可以随意地调整灯光和应用场景。很快，他便完成了该玩具的广告效果图，并且得到了领导和客户的一致好评。实习结束后，他凭借良好的工作表现，拿到了该公司的录用通知书。

想一想：

（1）在3ds Max中，常用的基本体有哪些？

（2）基本体建模适合制作什么样的模型？

一、标准基本体

标准基本体是使用3ds Max建模时最常用的基本体，共有11种，包括长方体、圆锥体、球体、几何球体、圆柱体、管状体、圆环、四棱锥、茶壶、平面、加强型文本。使用“创建”面板“几何体”对象类别“标准基本体”分类中的按钮可以创建标准基本体（图2-1-1）。

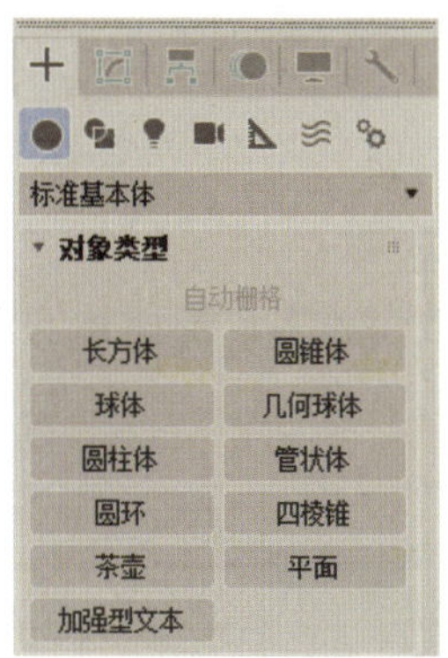

图2-1-1　创建标准基本体

创建标准基本体后，可设置标准基本体的长度、宽度、高度、半径、分段数等参数，以调整其形状和大小。下面以最常用的长方体、圆柱体和圆环为例，介绍创建标准基本体的方法和常用的参数。

（一）长方体

单击“创建”面板“几何体”对象类别“标准基本体”分类中的“长方体”按钮，可在“创建”面板的卷展栏（图 2-1-2）中设置长方体的名称、颜色和创建方法，然后在视口中按住左键拖动鼠标，软件将自动生成长方体的底面，接着释放鼠标左键，向上或向下移动光标并在合适位置单击，以指定长方体的高，最后在视口中右击，即可完成长方体的创建。

创建长方体后，“修改”面板的“参数”卷展栏（图 2-1-3）中常用文本框的功能如下：

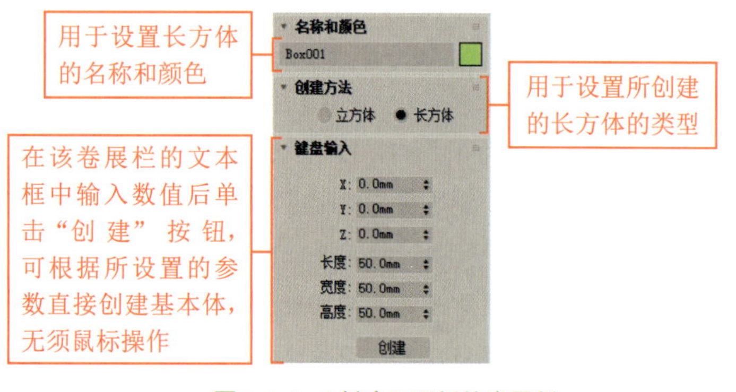

图 2-1-2 “创建”面板的卷展栏

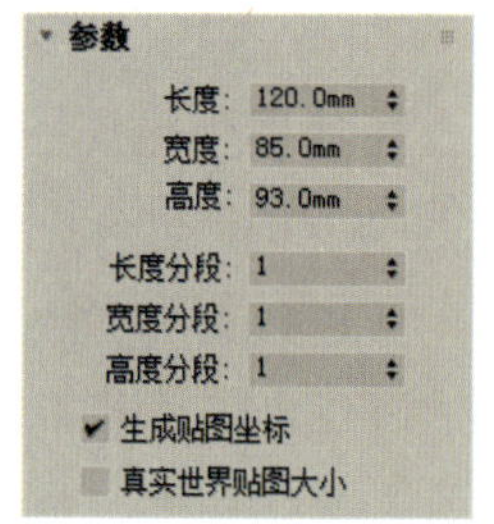

图 2-1-3 “参数”卷展栏

（1）“长度”“宽度”“高度”文本框：用于设置长方体的尺寸。

（2）“长度分段”“宽度分段”“高度分段”文本框：用于设置沿长方体各轴向分布的分段数量。

（二）圆柱体

单击“创建”面板“几何体”对象类别“标准基本体”分类中的“圆柱体”按钮，在视口中按住左键拖动鼠标，以指定圆柱体的底面半径，释放鼠标左键后向上或向下移动光标并在合适位置单击，以指定圆柱体的高度，最后在视口中右击，即可完成圆柱体的创建。

创建圆柱体后，“修改”面板的“参数”卷展栏（图 2-1-4）中常用文本框和复选框的功能如下：

（1）“半径”文本框：用于设置圆柱体的底面半径。

（2）“高度”文本框：用于设置圆柱体的高度。

（3）“高度分段”文本框：用于设置沿圆柱体高度分布的分段数量。

（4）“端面分段”文本框：用于设置绕圆柱体底面中心分布的分段数量。

（5）“边数”文本框：用于设置绕圆柱体旋转的分段数量。分段数量越多，圆柱体的表面越光滑（图 2-1-5）。

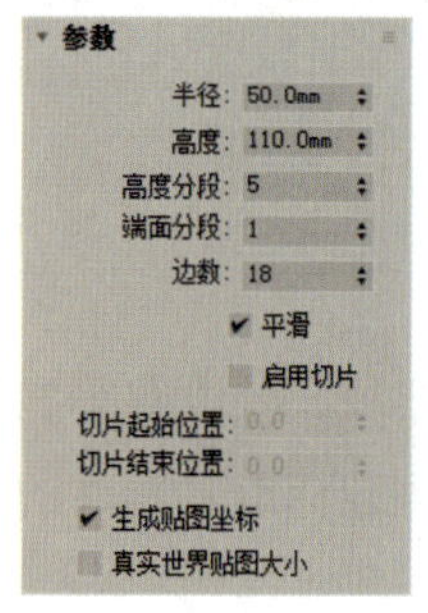

图 2-1-4 “参数”卷展栏

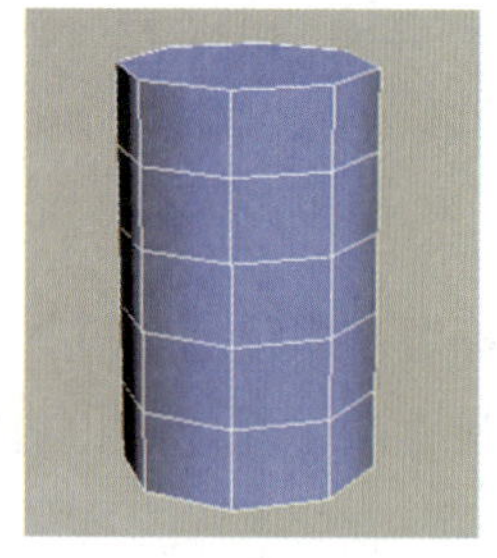

图 2-1-5 边数不同的圆柱体

（6）“平滑”复选框：用于设置圆柱体表面的显示效果。勾选该复选框后，圆柱体表面显示为光滑的曲面；取消勾选该复选框后，圆柱体表面将根据圆柱体的边数显示为有棱角的多边形（图 2-1-6）。

（7）“启用切片”复选框：用于将部分圆柱体切除（图 2-1-7）。勾选该复选框后，可在“切片起始位置”和“切片结束位置”文本框中设置切片的起始角度和结束角度。

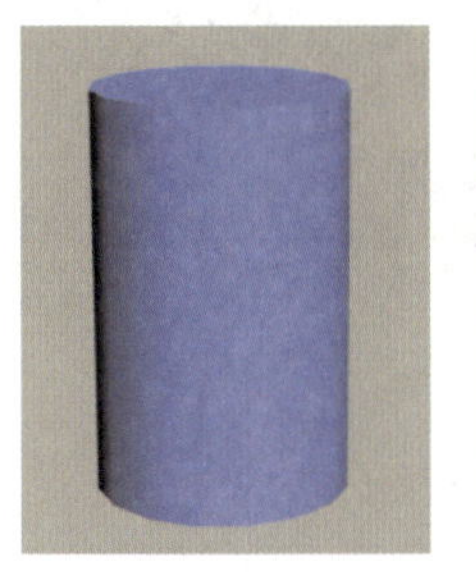

图 2-1-6　圆柱体表面的显示效果

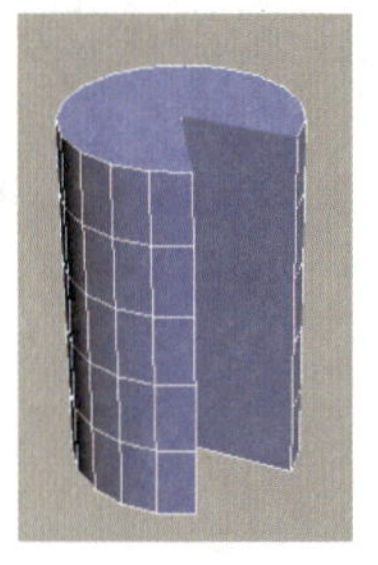

图 2-1-7　切除部分圆柱体

（三）圆环

单击“创建”面板“几何体”对象类别“标准基本体”分类中的“圆环”按钮，在视口中按住左键拖动鼠标，以指定圆环外圈（或内圈）的大小，然后释放鼠标左键，向圆环内部（或外部）移动光标并在合适位置单击，以指定圆环内圈（或外圈）的大小，最后在视口中右击，即可完成圆环的创建。

创建圆环后，“修改”面板的“参数”卷展栏（图 2-1-8）中常用文本框和复选框的功能如下：

（1）“半径 1”和“半径 2”文本框：用于设置圆环的尺寸。其中，半径 1 是指圆环的中心到横截面圆的中心的距离，半径 2 是指横截面圆的半径（图 2-1-9）。

（2）“旋转”文本框：用于设置圆环上的线圈绕横截面圆的中心旋转的度数。

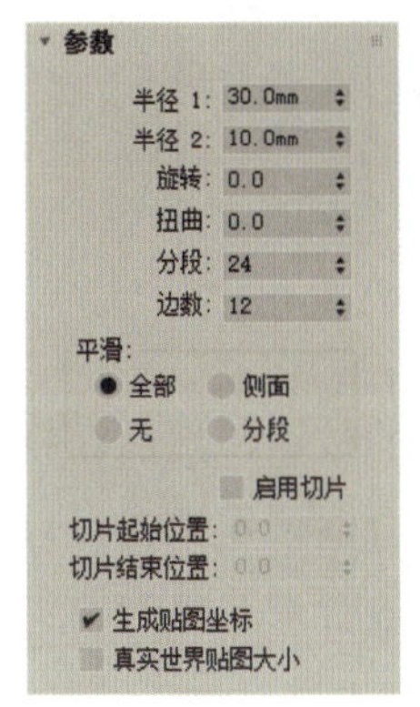

图 2-1-8　“参数”卷展栏

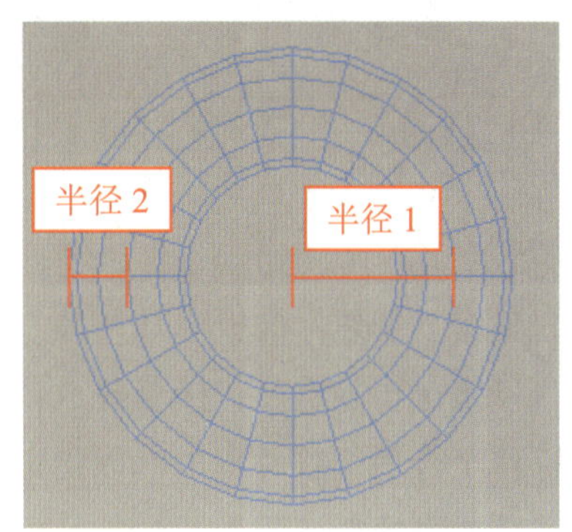

图 2-1-9　半径 1 和半径 2

二、扩展基本体

扩展基本体是以标准基本体为基础创建的，形状比标准基本体复杂。扩展基本体共有 13 种，包括异面体、环形结、切角长方体、切角圆柱体、油罐、胶囊、纺锤、L-Ext、球棱柱、C-Ext、环形波、软管、棱柱。使用“创建”面板“几何体”对象类别“扩展基本体”分类中的按钮可以创建扩展基本体（图 2-1-10）。在建模时，扩展基本体并不常用，因此不做详细介绍。

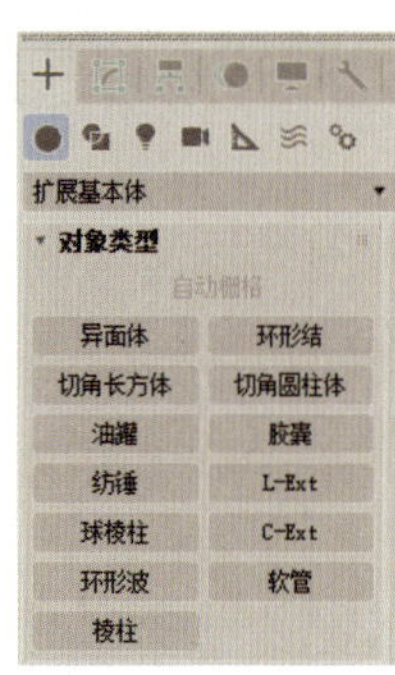

图 2-1-10　创建扩展基本体

三、建筑对象

建筑对象是 3ds Max 提供的内置模型，包含门、窗、楼梯和 AEC 扩展对象，使用这些对象类别中的按钮可以快速创建不同类型的门、窗、楼梯、植物、栏杆和墙，在制作与建筑相关的模型时非常实用。

（一）门、窗、楼梯

（1）门。单击“创建”面板“几何体”对象类别“门”分类中的按钮，然后在视口中按住左键拖动鼠标，以指定门的宽度；接着释放鼠标左键，移动光标并在合适位置单击，以指定门的深度；再将光标移至合适位置并单击，以指定门的高度，即可创建枢轴门、折叠门或推拉门（图 2-1-11）。

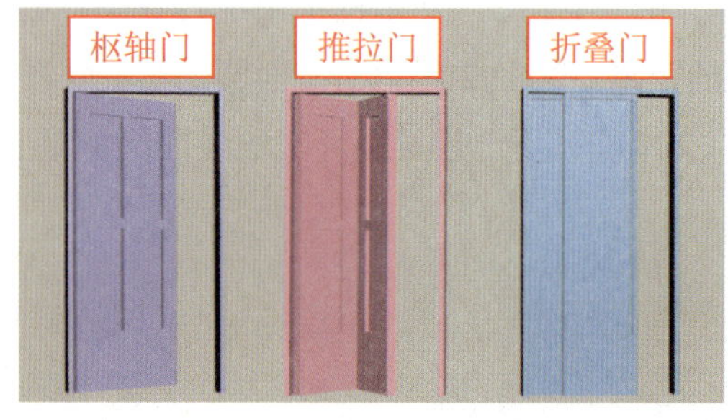

图 2-1-11　创建门

（2）窗。单击“创建”面板“几何体”对象类别“窗”分类中的按钮，然后在视口中按住左键拖动鼠标，以指定窗的宽度；接着释放鼠标左键，移动光标并在合适位置单击，以指定窗的深度；再将光标移至合适位置并单击，以指定窗的高度，即可创建遮篷式窗、平开窗、固定窗、旋开窗、伸出式窗或推拉窗（图 2-1-12）。

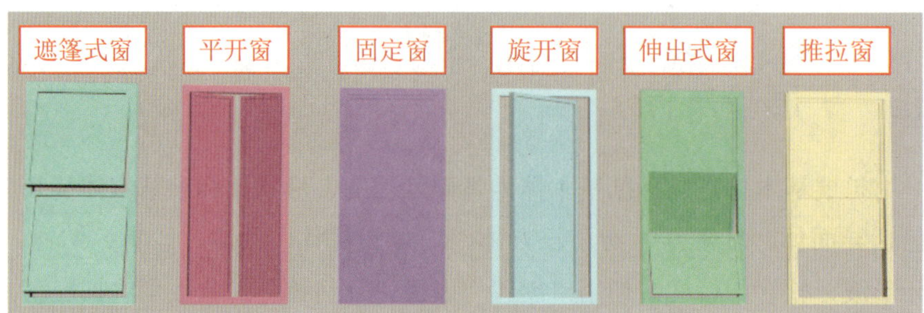

图 2-1-12　创建窗

（3）楼梯。单击“创建”面板“几何体”对象类别“楼梯”分类中的按钮，然后在视口中按住左键拖动鼠标，以指定楼梯纵向长度；接着释放鼠标左键，移动光标并在合适位置单击，以指定楼梯的横向长度；再将光标移至合适位置并单击，以指定楼梯的高度，即可创建直线楼梯、L 形楼梯或 U 形楼梯；在视口中按住左键拖动鼠标，以指定楼梯的旋转半径，释放鼠标左键后移动光标并在合适位置单击，以指定楼梯的高度，即可创建螺旋楼梯（图 2-1-13）。

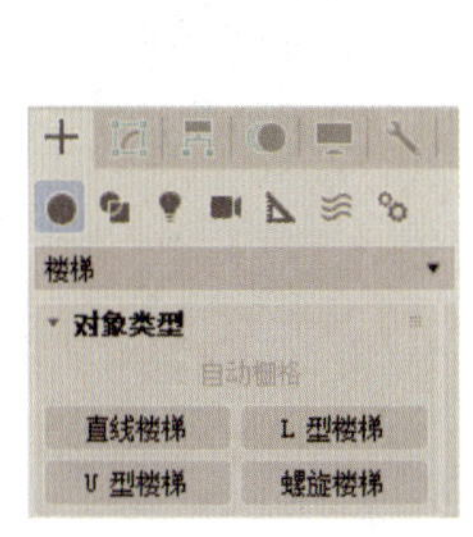

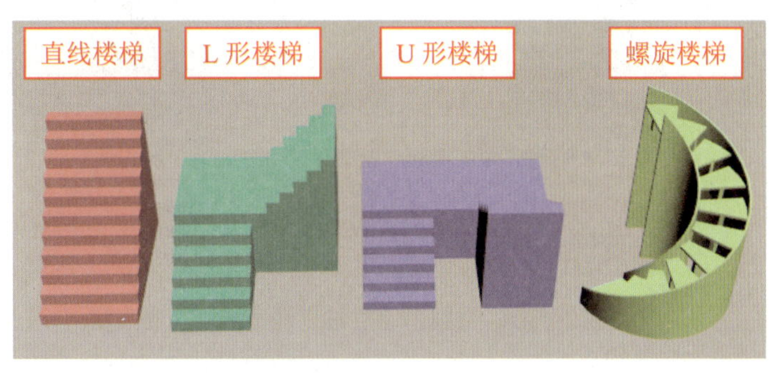

图 2-1-13　创建楼梯

（二）AEC 扩展对象

使用“创建”面板“几何体”对象类别“AEC 扩展”分类中的按钮可以创建植物、栏杆和墙（图 2-1-14）。

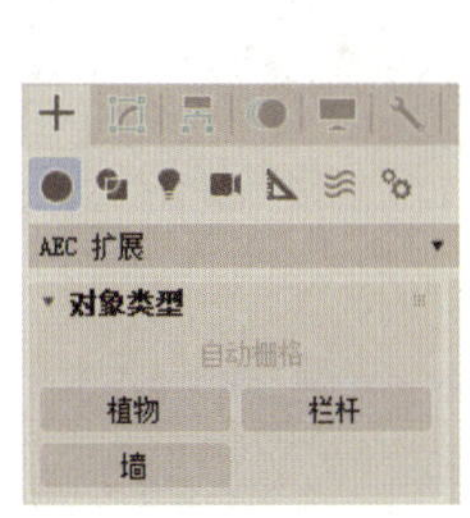

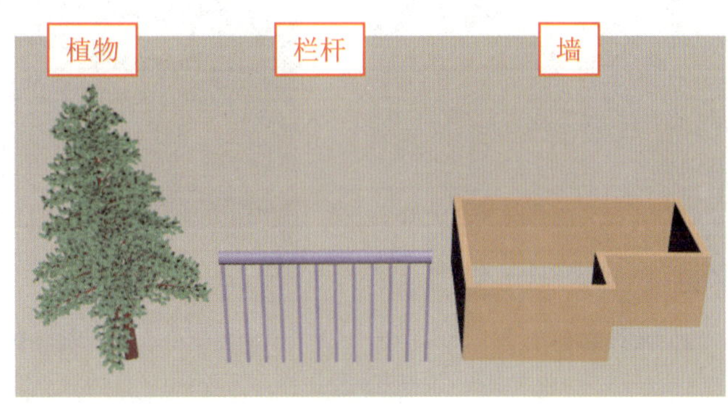

图 2-1-14　创建植物、栏杆和墙

（1）植物。单击“植物”按钮，选择植物类型后在视口中单击，即可创建相应的植物。创建植物后，可在“修改”面板的“参数”卷展栏（图 2-1-15）中设置植物的高度、植物上叶子和花朵等的数量和分布状况、植物的树枝受修剪的程度等。

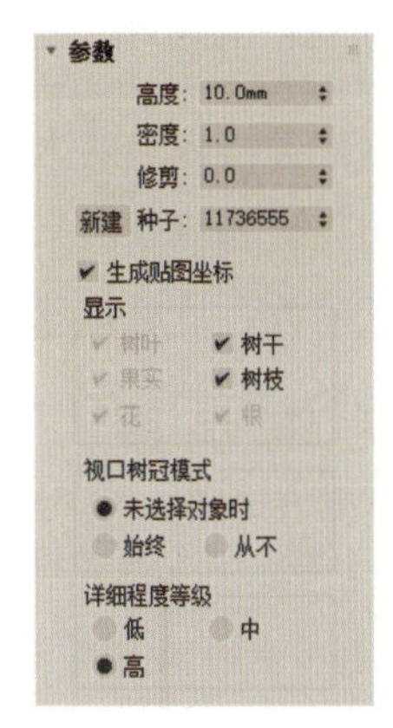

图 2-1-15　“参数”卷展栏

（2）栏杆。单击“栏杆”按钮，在视口中按住左键拖动鼠标，以指定栏杆的长度，释放鼠标左键后移动光标至合适位置并单击，以指定栏杆的高度，即可完成栏杆的创建。创建栏杆后，可在“修改”面板的“栏杆”“立柱”和“栅栏”卷展栏（图 2-1-16）中设置栏杆上围栏、下围栏、立柱、栅栏的形状和尺寸，以及下围栏、支柱、栅栏的数量和间距等。

（3）墙。单击“墙”按钮，在视口中单击，以指定墙的起始点，然后将光标移至合适位置，以指定墙的第 2 个顶点。此时，既可移动光标指定第 3 个顶点，也可在视口中右击，结束墙的创建。创建墙后，可在“修改”面板的修改器堆栈中单击按钮▸，选择“顶点”“分段”或“剖面”

选项（快捷键分别为“1”键、“2”键和“3”键），以切换子对象层级（图 2-1-17），对子对象进行编辑。

单击该按钮，可在弹出的对话框中设置下围栏的数量和间距，其他两个卷展栏中的按钮同理

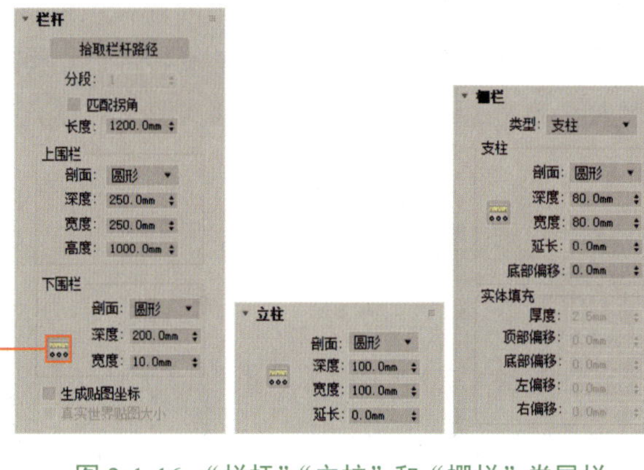

图 2-1-16 “栏杆”“立柱”和“栅栏”卷展栏

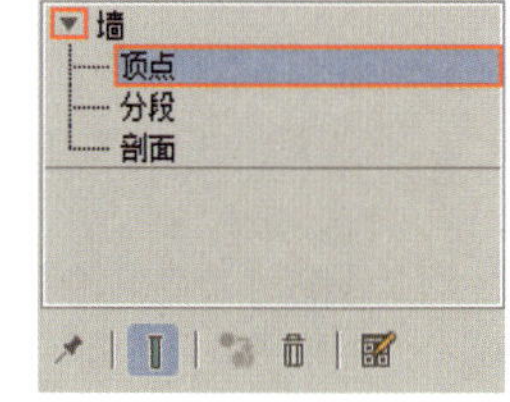

图 2-1-17 切换子对象层级

任务实施一 制作木箱和西瓜

下面通过制作木箱和西瓜，学习基本体建模的具体操作（图 2-1-18）。

（a）木箱和西瓜

（b）渲染效果

图 2-1-18 木箱和西瓜及其渲染效果

制作木箱和西瓜

制作思路

本任务实施中的木箱由底板、侧板、固定侧板的木条组成。首先通过创建长方体，并将长方体移动克隆和镜像，来制作底板、侧板和固定侧板的木条；其次创建一个球体，将球体移动克隆并进行缩放；最后将球体及其副本摆放在木箱中，以制作木箱中的西瓜。

制作步骤

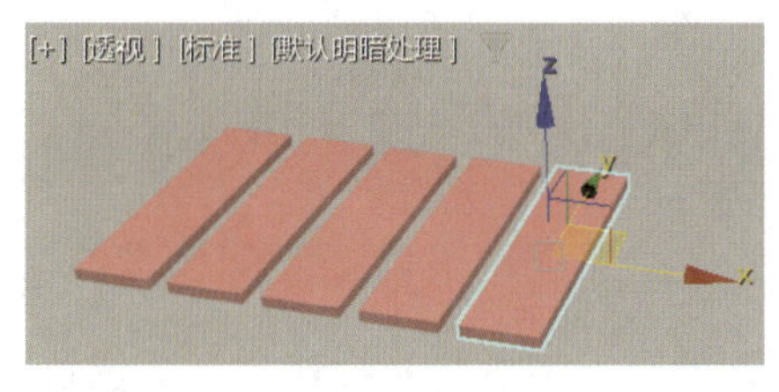

图 2-1-19 创建木箱底板

步骤 1 单击“创建”面板“几何体”对象类别“标准基本体”分类中的“长方体”按钮，在透视图中创建一个 80 mm×20 mm×3 mm 的长方体，然后按“W”键，将光标移至顶视图中移动 Gizmo 的 x 轴上，按住“Shift”键和左键拖动鼠标，将所选长方体复制克隆 4 份，即可完成木箱底板的创建（图 2-1-19）。

步骤 2 单击“创建”面板“几何体”对象类别“标准基本体”分类中的“长方体”按钮，

在前视图中创建一个 20 mm×120 mm×3 mm 的长方体，然后使用“快速对齐”按钮将该长方体与木箱底板中间的木板以轴点为基准对齐，最后在顶、前视图中调整该长方体的位置，使其位于木箱底板的一侧（图 2-1-20）。

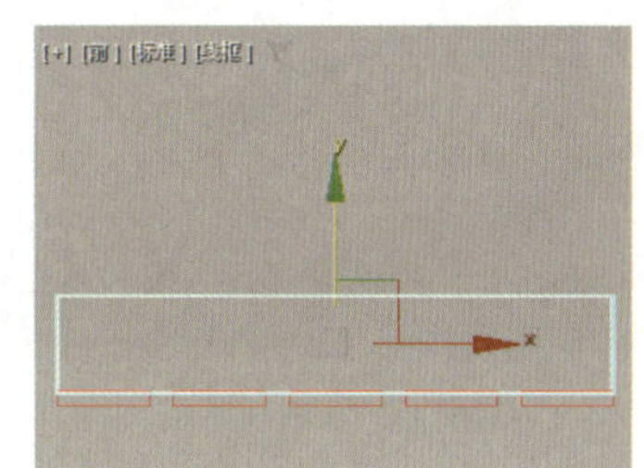

图 2-1-20　调整长方体的位置

由于木箱底板的尺寸在移动克隆时受移动距离的影响，因此在步骤 2 中创建的木板的宽度应根据实际情况进行调整，使其与木箱底板的尺寸一致。具体调整方法：选中该木板后，在“修改”面板的“参数”卷展栏中，将光标移至宽度文本框中的图标上并按住鼠标左键向上或向下拖动鼠标。

步骤 3　单击“层次”面板“轴”选项卡中的“仅影响轴”按钮，然后使用“快速对齐”按钮，将长方体的轴点和木箱底板中间的木板的轴点对齐（图 2-1-21）。再次单击“仅影响轴”按钮，关闭轴点调整功能。

步骤 4　确保长方体处于选中状态，使用“镜像”按钮将其沿 y 轴方向镜像并复制克隆 1 份（图 2-1-22）。

步骤 5　选中木箱底板中的最右侧的一块木板，按“A”键启用角度捕捉功能，再按“E”键，将光标移至前视图中旋转 Gizmo 的 z 轴线圈上并按住“Shift”键和左键拖动鼠标，将所选的木板绕 z 轴旋转 90° 并复制克隆 1 份，最后按“W”键执行“选择并移动”命令，将该木板副本移至合适位置（图 2-1-23）。

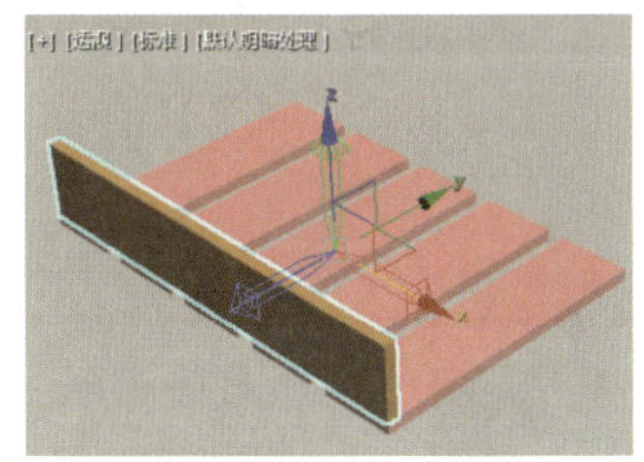

图 2-1-21　长方体的轴点

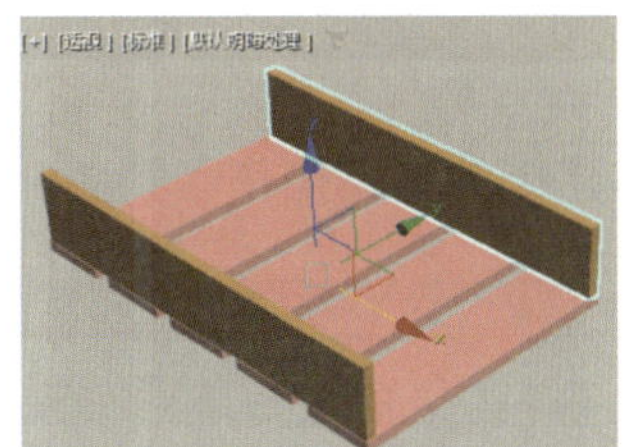

图 2-1-22　镜像克隆长方体

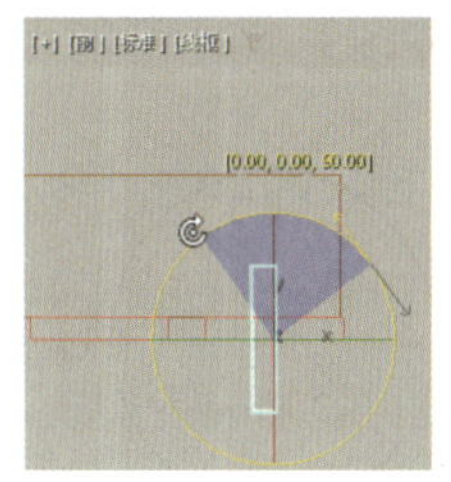
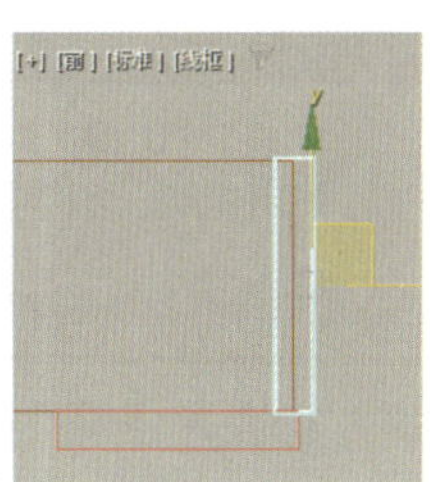

图 2-1-23　旋转克隆木板并调整其副本位置

步骤 6　参照步骤 3 和步骤 4，调整木板副本的轴点，并将木板副本沿 x 轴方向镜像并复制克隆 1 份（图 2-1-24）。

步骤 7　在前视图中框选在步骤 2～步骤 6 中创建的木箱侧板，然后按“W”键，将光标移至前视图中移动 Gizmo 的 y 轴上，按住“Shift”键和左键拖动鼠标，将所选对象复制克隆 2 份，即可完成木箱侧板的创建（图 2-1-25）。

步骤 8　单击“创建”面板“几何体”对象类别“标准基本体”分类中的“长方体”按钮，

在透视图中创建一个 5 mm×5 mm×67 mm 的长方体，在顶、前视图中将其移至木箱侧板的夹角处，以制作固定木板的木条（图 2-1-26）。

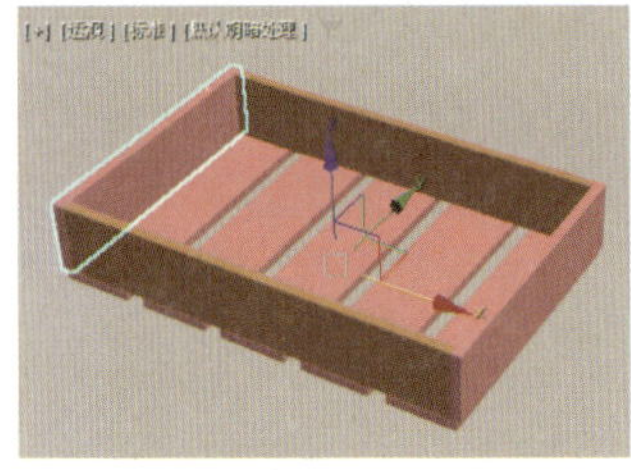

图 2-1-24　镜像克隆木板副本

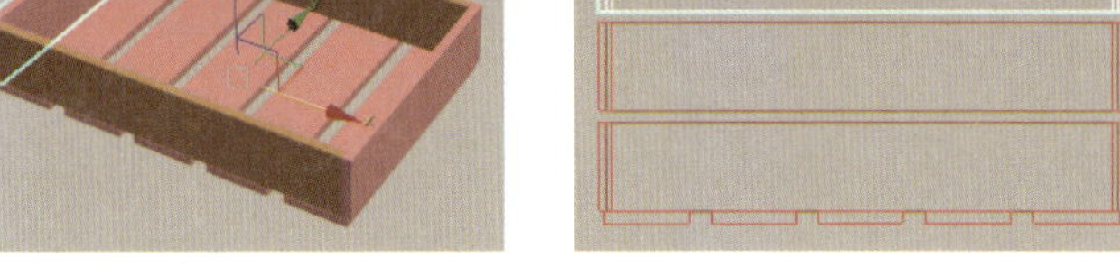

图 2-1-25　移动克隆木板

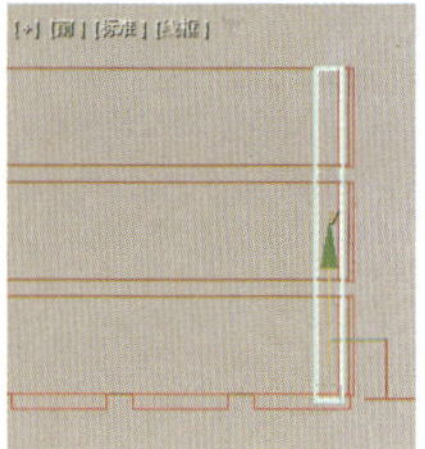

图 2-1-26　木条的位置

步骤 9　参照步骤 3，调整木条的轴点，然后使用“镜像”按钮将木条沿 y 轴方向镜像并复制克隆 1 份，最后选中木条和木条副本，将它们沿 x 轴方向镜像并复制克隆 1 份（图 2-1-27）。

步骤 10　单击“创建”面板“几何体”对象类别“标准基本体”分类中的“球体”按钮，在透视图中创建一个半径为 30 mm 的球体，然后按“R”键，将该球体进行缩放，以制作木箱中的西瓜（图 2-1-28）。

步骤 11　确保西瓜处于选中状态，然后按“W”键，将光标移至移动 Gizmo 的坐标原点上，按住“Shift”键和左键拖动鼠标，将所选西瓜复制克隆 5 份，接着按“R”键，调整西瓜副本的形状和大小，最后使用“选择并旋转”和“选择并移动”按钮将 6 个西瓜摆放在箱子中（图 2-1-29）。至此，木箱和西瓜便制作完毕。

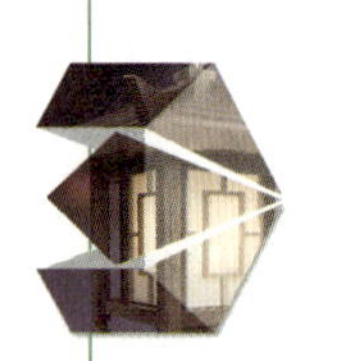

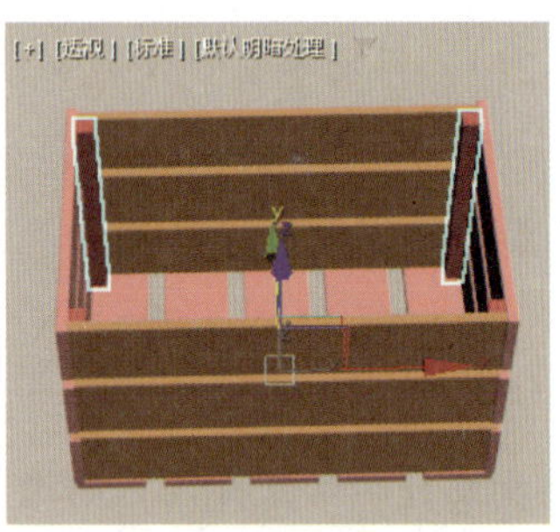

图 2-1-27　镜像克隆木条

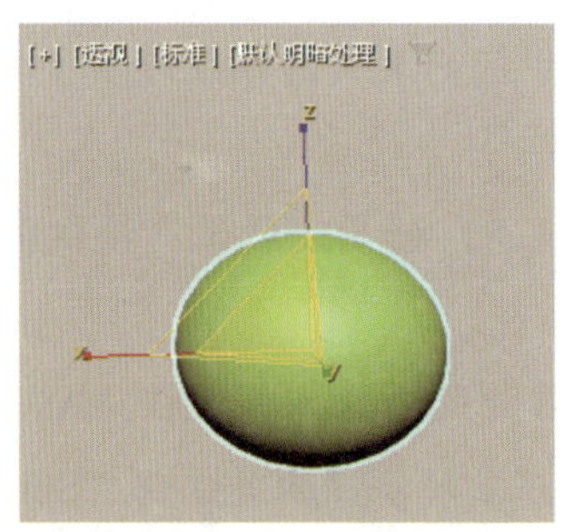

图 2-1-28　西瓜的形状

图 2-1-29　西瓜在木箱中的位置

任务实施二　制作独栋公寓

下面通过制作独栋公寓，学习基本体建模的具体操作（图 2-1-30）。

（a）独栋公寓

（b）渲染效果

图 2-1-30　独栋公寓及其渲染效果

扫一扫

制作独栋公寓

制作思路

本任务实施中的独栋公寓由地基、墙、屋顶、阳台、门、楼梯、阳台支柱和窗组成。地基、墙和屋顶的制作思路：创建一个长方体作为地基；然后使用“墙”命令创建墙，调整墙的高度并创建山墙；接着创建一个长方体，调整其轴点后，将长方体移至合适位置并旋转一定角度，以制作为左侧公寓的屋顶；最后创建一个长方体和一个四棱锥，将它们对齐后移至合适位置，以制作右侧公寓的屋顶。

创建阳台和门的思路：创建一个长方体作为阳台的地面；然后创建横向长栏杆并将其旋转克隆，调整栏杆副本的参数后将其镜像克隆，以制作纵向栏杆；接着创建一个枢轴门，调整其参数后作为阳台的门；最后将阳台的地面、栏杆和门组成一个组并移动克隆两份，将最下面的“阳台”组解组后，删除其中的横向栏杆并调整门和长方体的参数，将其作为入户门和连接楼梯的结构。

创建楼梯和阳台支柱的思路：创建一个楼梯，将其移至合适位置，然后创建一个长方体，再将右侧公寓的屋顶移动克隆 1 份，缩放至合适大小后与该长方体组成一个组，将其作为阳台一侧的支撑柱，最后将“支撑柱”组镜像克隆，以制作阳台另一侧的支撑柱。

创建窗的思路：创建一个固定窗，将固定窗移至合适位置后进行移动克隆，以制作其他固定窗。

制作步骤

步骤 1 单击“创建”面板“几何体”对象类别“标准基本体”分类中的“长方体”按钮，在透视图中创建一个 2 100 mm×3 500 mm×400 mm 的长方体，然后按“W”键，将状态栏的“X”“Y”“Z”文本框中的数值设为 0，使其位于世界坐标系的原点处，将其作为地基。

步骤 2 单击“创建”面板“几何体”对象类别“AEC 扩展”分类中的“墙”按钮，在“参数”卷展栏中设置墙的宽度、高度和对齐方式（图 2-1-31），然后按“S”键启用捕捉功能，接着在顶视图中距离地基四角一定距离的位置上捕捉栅格点并依次单击，最后单击起始点，在弹出的“墙”对话框中单击“是”按钮，以创建封闭的墙（图 2-1-32）。在视口中右击 2 次终止执行“墙”命令。

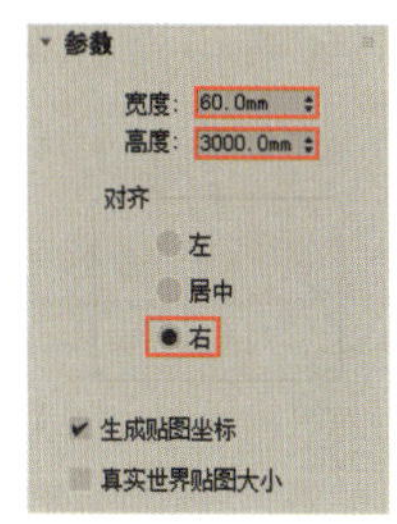

图 2-1-31 墙的参数

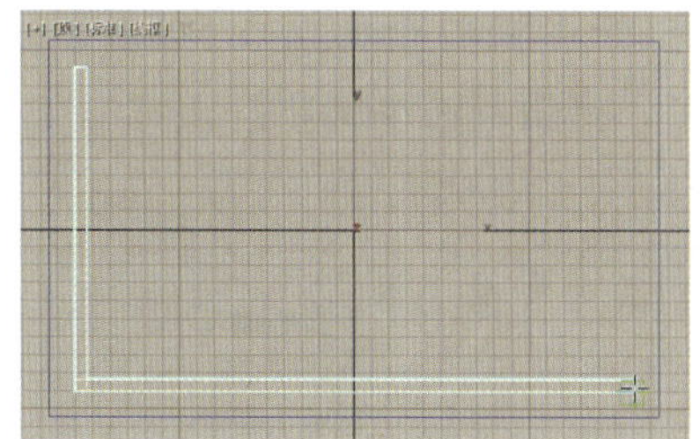

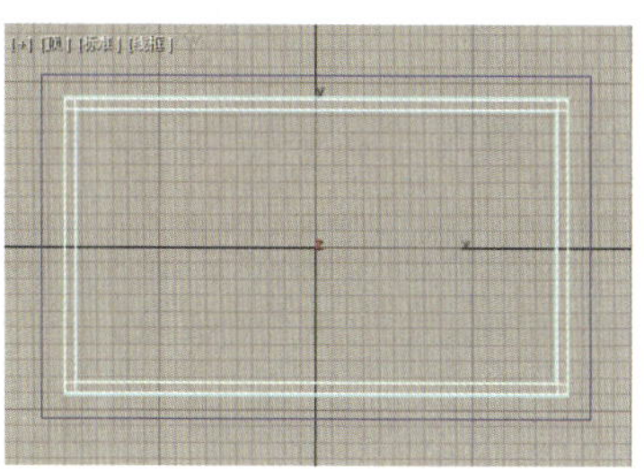

图 2-1-32 创建墙

步骤 3 在修改器堆栈中选择“顶点”选项，然后在“编辑顶点”卷展栏中单击“优化”按钮，在顶视图中的墙上单击，添加 2 个顶点（图 2-1-33），最后单击“连接”按钮，在顶视图中依次单击 2 个新添加的顶点，将它们连接起来。再次单击“连接”按钮，终止执行该命令。

步骤 4 右击“捕捉开关”按钮3°，在弹出的“栅格和捕捉设置”对话框中的“捕捉”选项卡中勾选“顶点”复选框，在“选项”选项卡中勾选“启用轴约束”复选框，然后关闭该对话框。按“W”键，在顶视图中选中在步骤 3 中添加的任一顶点，拖动 x 轴使该点吸附到另一个顶点上后松开鼠标左键，即可将 2 个顶点在 y 轴方向上对齐（图 2-1-34）。按“S”键禁用捕捉功能。

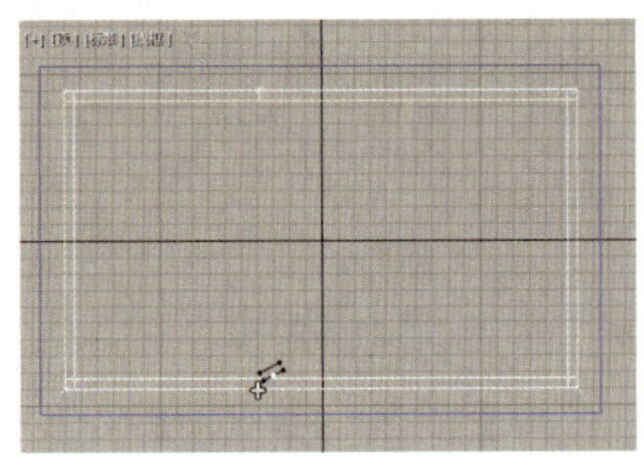

图 2-1-33　在墙上添加 2 个顶点

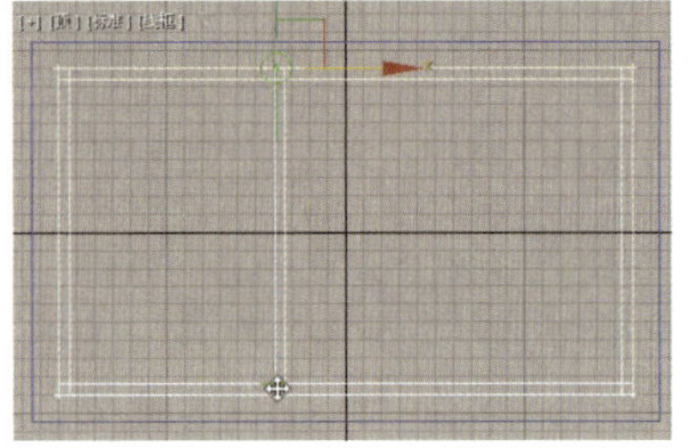

图 2-1-34　对齐顶点

步骤 5　在修改器堆栈中选择“墙”选项，在前视图中将墙移至合适位置（图 2-1-35）；然后在修改器堆栈中选择“分段”选项，再在顶视图中选中左侧的三面墙，在“编辑分段”卷展栏中将所选墙的高度设为 2 040.0 mm（图 2-1-36）。

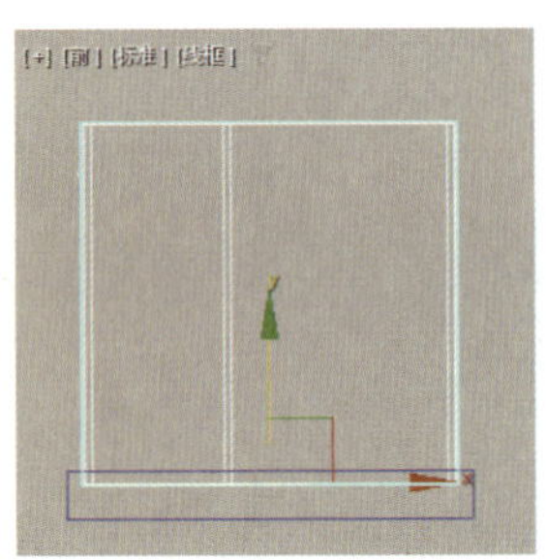

图 2-1-35　墙的位置

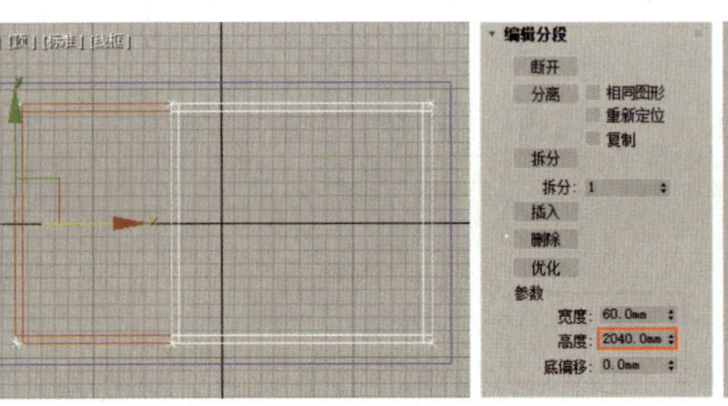

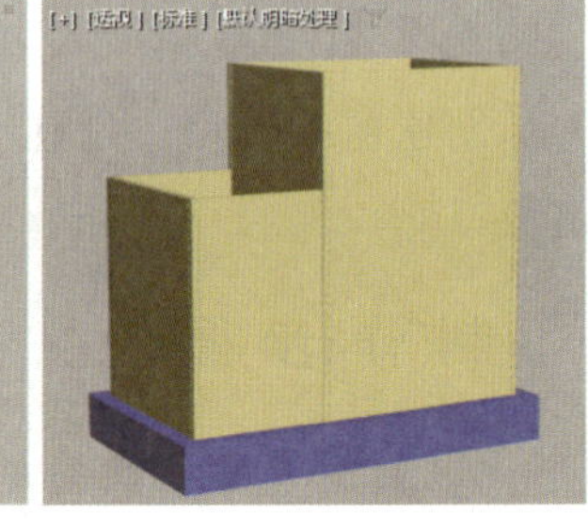

图 2-1-36　设置左侧 3 面墙的高度

在设置左侧墙高度后，若左上角顶点处出现一根柱子，则移动下该顶点或者顶点所在的墙，再撤销移动操作，该柱子就消失了。

步骤 6　在修改器堆栈中选择“剖面”选项，然后在顶视图中选中如图 2-1-37 所示的剖面，接着在“编辑剖面”卷展栏中将山墙的高度设为 500.0 mm，再单击“创建山墙”按钮（图 2-1-38）。再次选择“剖面”选项，退出剖面编辑状态。

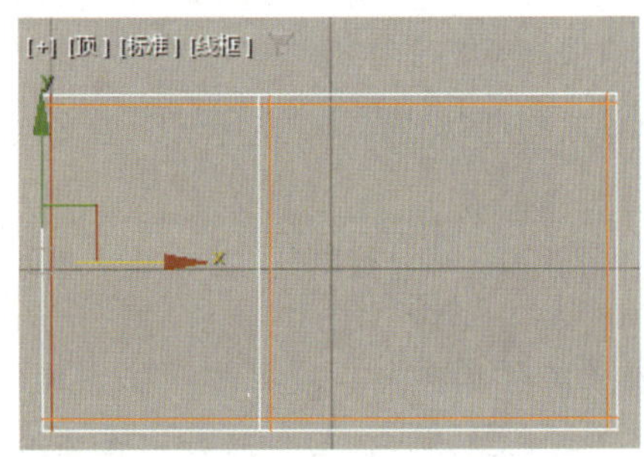

图 2-1-37　选中剖面

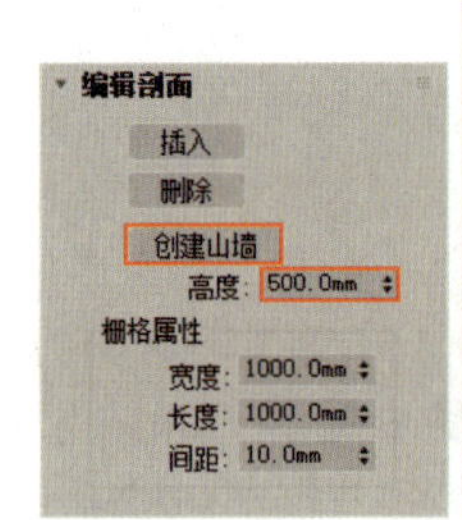

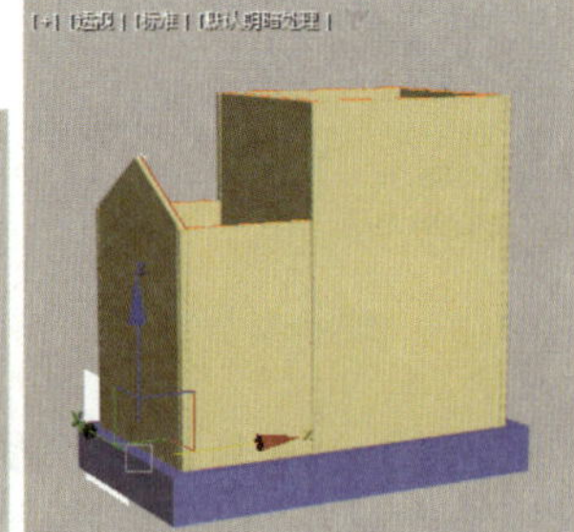

图 2-1-38　创建山墙

步骤 7　单击“创建”面板“几何体”对象类别“标准基本体”分类中的“长方体”按钮，在透视图中创建一个 1 200 mm×1 260 mm×80 mm 的长方体，然后单击“层次”面板“轴”选项卡中的“仅影响轴”按钮，按“S”键激活捕捉开关，将该长方体的轴点移至长方体右后上角的顶点处（图 2-1-39）。再次单击“仅影响轴”按钮，关闭轴点调整功能。

步骤 8 在左视图中在将长方体沿 xy 平面移动，吸附到山墙顶部的顶点上后松开鼠标左键；再在前视图中将长方体沿 x 轴方向移动，吸附到右侧较高墙的顶点上后松开鼠标左键（图 2-1-40）。按“S”键禁用捕捉功能。按“R”键，将长方体沿 x 轴方向缩放，使其略超出左侧公寓的墙。

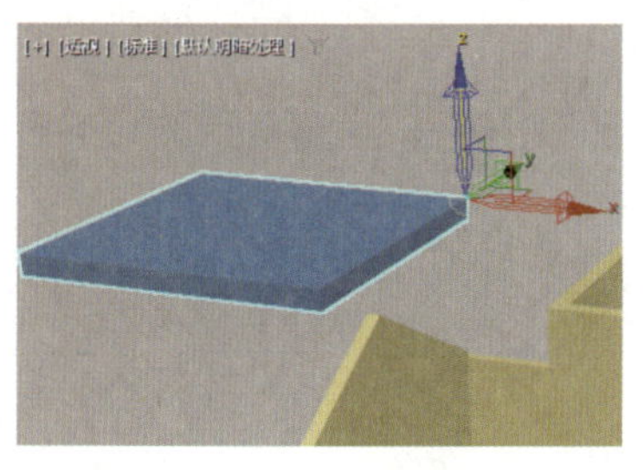

图 2-1-39 长方体的轴点

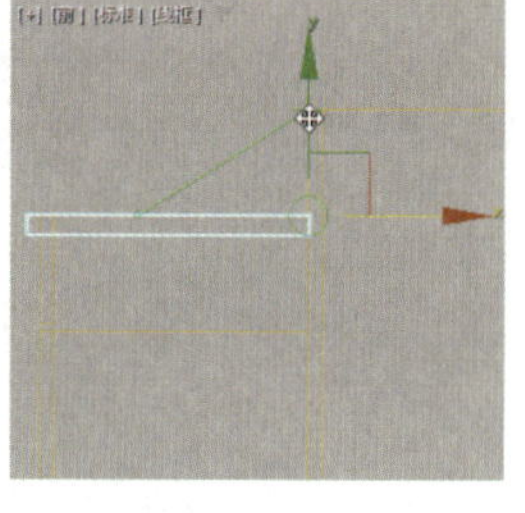

图 2-1-40 调整长方体的位置

步骤 9 按“E”键，在左视图中将长方体绕 z 轴按顺时针方向旋转，使其与山墙坡度平行，然后使用“镜像”按钮将该长方体沿 y 轴方向镜像并实例克隆 1 份，最后将长方体和长方体副本沿 y 轴方向向上移动，盖住漏出的山墙，以制作左侧公寓的屋顶（图 2-1-41）。

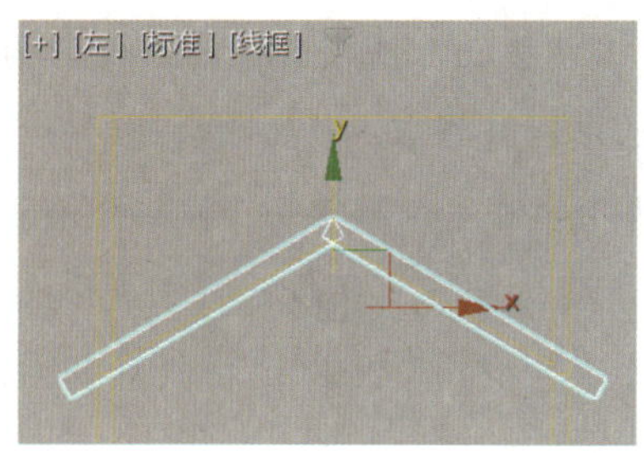

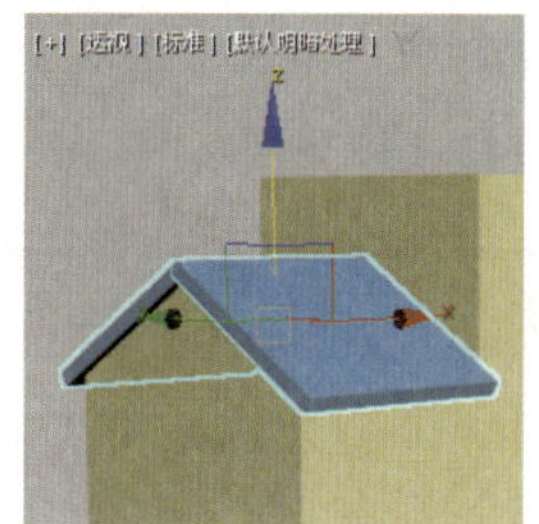

图 2-1-41 左侧公寓屋顶的位置

步骤 10 单击“创建”面板“几何体”对象类别“标准基本体”分类中的“长方体”按钮，在透视图中创建一个 2 200 mm×2 400 mm×50 mm 的长方体，再单击“标准基本体”分类中的“四棱锥”按钮，在透视图中创建一个 2 200 mm×2 000 mm×600 mm 的四棱锥，然后使用“快速对齐”按钮将长方体和四棱锥以轴点为基准对齐并移至如图 2-1-42 所示的位置，以制作右侧公寓的屋顶。按“R”键，在前视图中将长方体沿 x 轴方向缩放，使其略超出右侧公寓的墙。

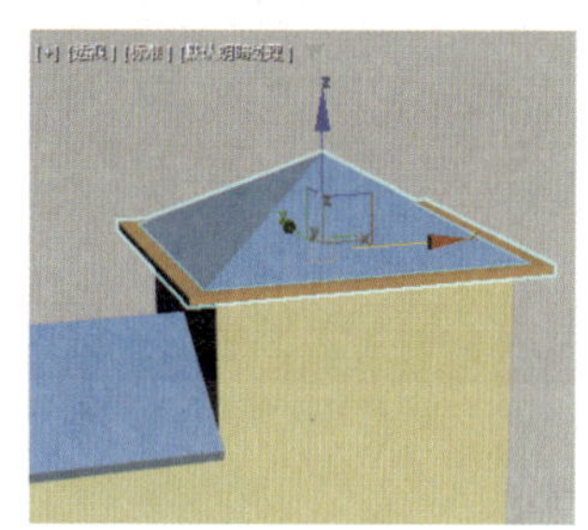

图 2-1-42 右侧公寓屋顶的位置

步骤 11 单击“创建”面板“几何体”对象类别“标准基本体”分类中的“长方体”按钮，在透视图中创建一个 660 mm×1 000 mm×100 mm 的长方体作为阳台的地面。

步骤 12 单击“创建”面板“几何体”对象类别“AEC 扩展”分类中的“栏杆”按钮，按“S”键启用捕捉功能，然后在顶视图中水平方向上捕捉栅格点，创建一段与阳台地面平行的栏杆，接着在“修改”面板的“栏杆”“立柱”和“栅栏”卷展栏中设置其参数（图 2-1-43）。按“S”键禁用捕捉功能。

步骤 13 选中栏杆，按“A”键启用角度捕捉功能，然后按“E”键，将光标移至透视图中旋转 Gizmo 的 z 轴线圈上并按住“Shift”键，并用左键拖动鼠标，将所选栏杆绕 z 轴按逆时针方向旋转90°并复制克隆1份，然后在“栏杆”卷展栏中将栏杆副本的长度设为500 mm，在“立柱”卷展栏中将立柱数量设为0，在“栅栏”卷展栏中将栅栏数量设为14（图 2-1-44）。

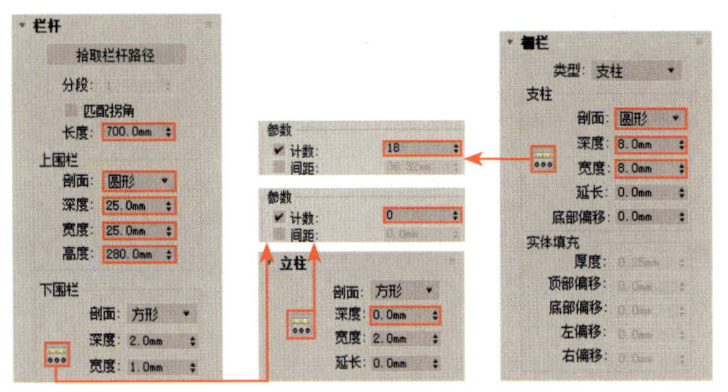

图 2-1-43　设置栏杆的参数

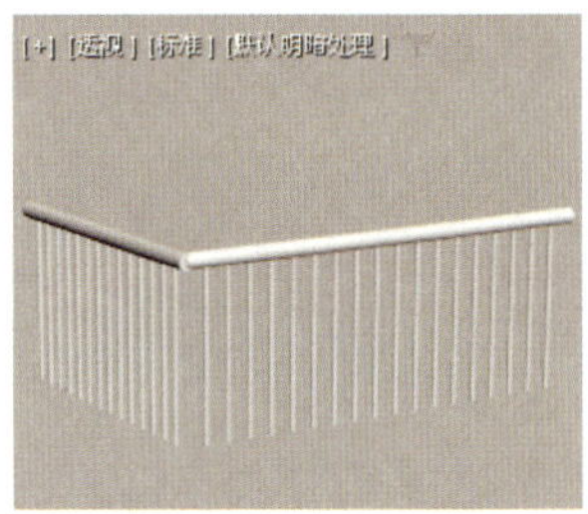

图 2-1-44　栏杆副本

当立柱数量为0时，栅栏不会随着栏杆长度的变化而变化，因此，在改变栏杆长度后，需要进行设置立柱数量的操作。

步骤 14　选中栏杆，单击“层次”面板“调整轴”选项卡中的“仅影响轴”和“居中到对象”按钮，将栏杆的轴点移至自身中心，然后选中栏杆副本，单击“快速对齐”按钮，接着选中栏杆，将栏杆副本的轴点与栏杆的轴点对齐。再次单击“仅影响轴”按钮，关闭轴点调整功能。

步骤 15　使用“镜像”按钮将栏杆副本沿 x 轴方向镜像并实例克隆1份（图 2-1-45）。

步骤 16　选中3个栏杆，使用“快速对齐”按钮将所选栏杆和阳台地面对齐，然后在前、左视图中将所选栏杆移至合适位置（图 2-1-46）。

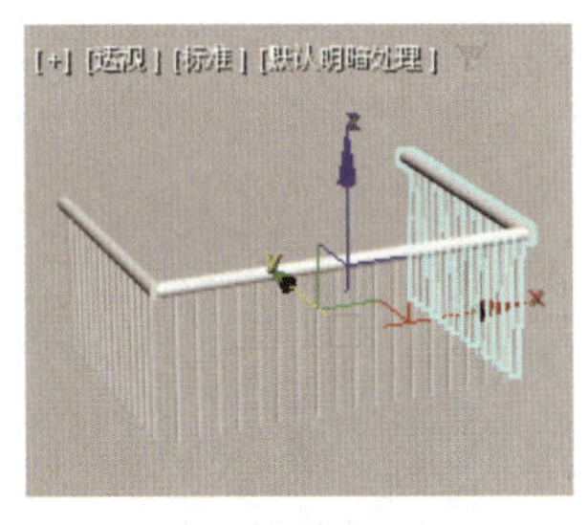

图 2-1-45　镜像克隆栏杆副本

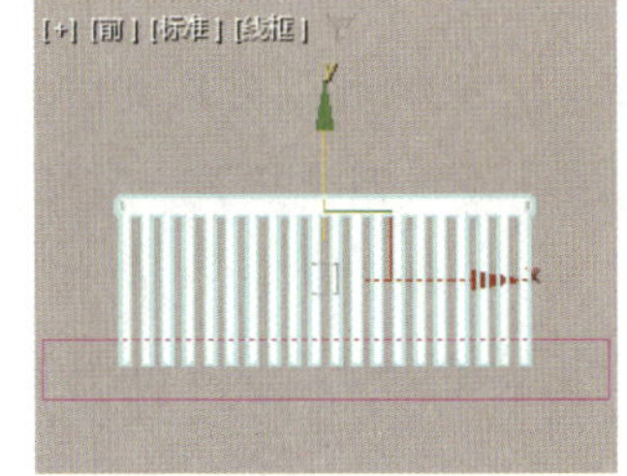

图 2-1-46　栏杆的位置

步骤 17　单击“创建”面板“几何体”对象类别“门”分类中的“枢轴门”按钮，按“S”键启用捕捉功能，然后在顶视图中水平方向上捕捉栅格点并拖动鼠标，创建一扇与阳台地面平行的枢轴门，然后在“修改”面板的“参数”和“页扇参数”卷展栏中设置其参数（图 2-1-47），接着将枢轴门移至如图 2-1-48 所示的位置。按“S”键禁用捕捉功能。

步骤 18　选中在步骤11～步骤16中创建的阳台地面、栏杆和门，使用“组”→“组”菜单项将所选对象以“阳台”为组名组成一个组，然后在前、左视图中将“阳台”组移至如图 2-1-49 所示的位置，最后将光标移至前视图中移动 Gizmo 的 y 轴上，按住“Shift”键，并用左键拖动鼠标，将“阳台”组复制克隆2份（图 2-1-50）。

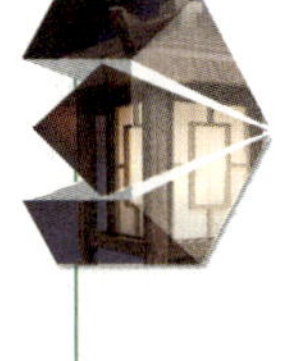

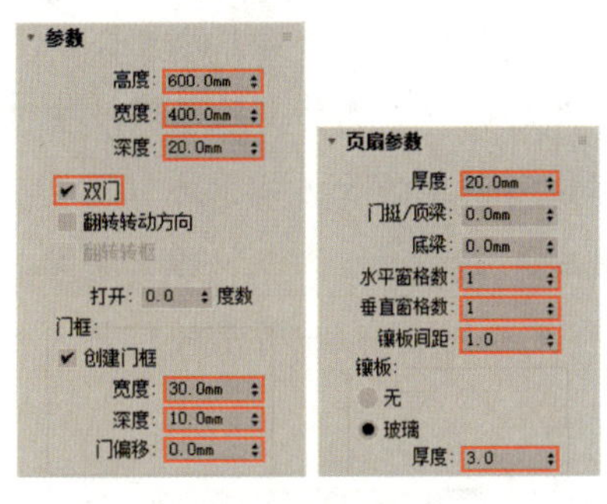

图 2-1-47　设置枢轴门的参数

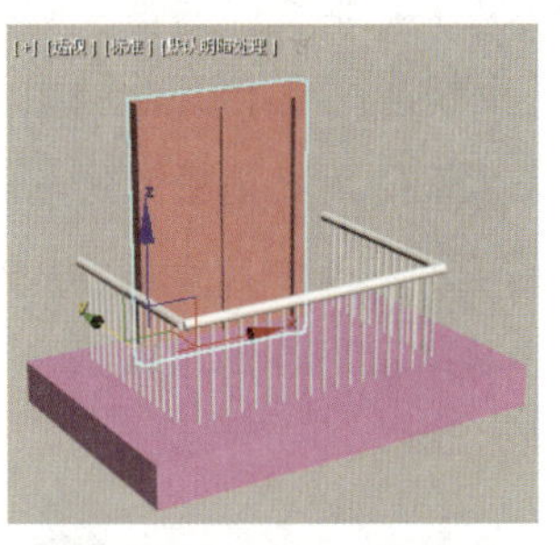

图 2-1-48　枢轴门的位置

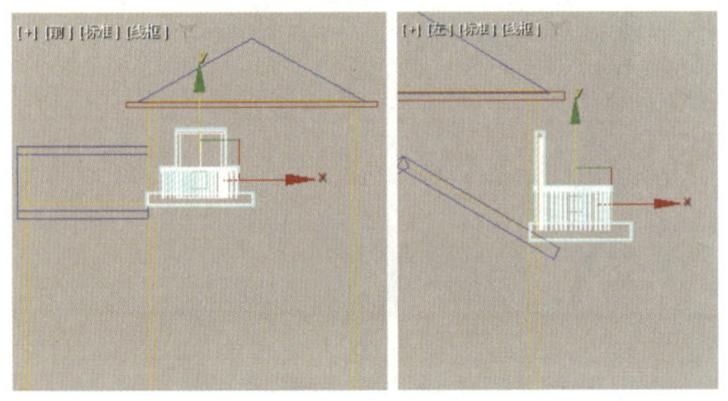

图 2-1-49　“阳台”组的位置

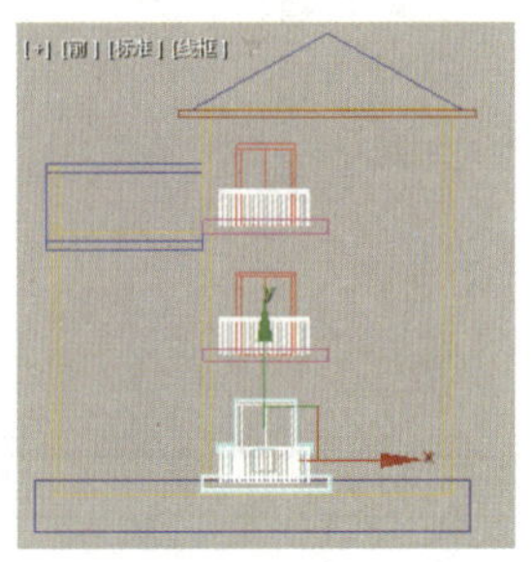

图 2-1-50　移动克隆“阳台”组

步骤 19　选中最下面的“阳台”组，使用“组”→“解组”菜单项将其解组，然后选中其中的长方体，在“参数”卷展栏中将其高度设为 400 mm，接着选中枢轴门，在“页扇参数”卷展栏中修改其参数（图 2-1-51），再选中横向的栏杆，按“Delete”键将其删除，最后在前视图中将长方体沿 y 轴方向移至合适位置，将其作为与入户台阶相连的结构（图 2-1-52）。

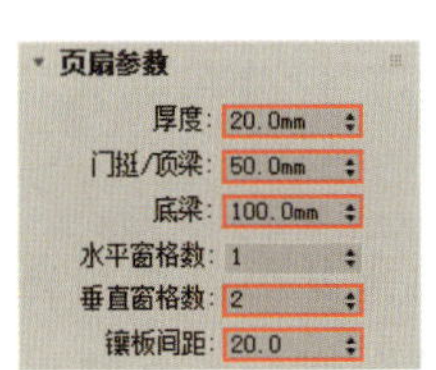

图 2-1-51　枢轴门的参数

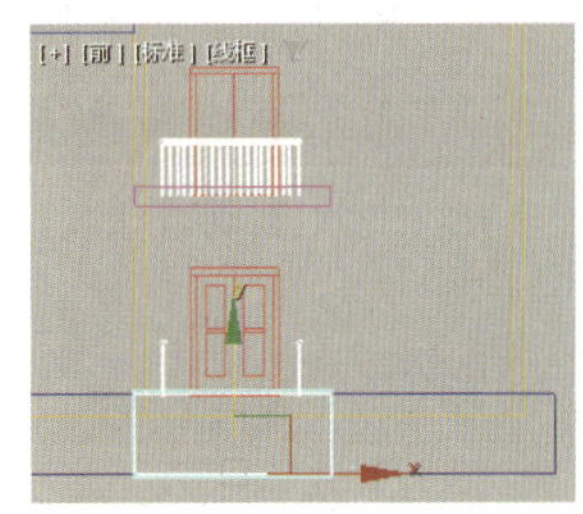

图 2-1-52　长方体的位置

步骤 20　单击“创建”面板“几何体”对象类别“楼梯”分类中的“直线楼梯”按钮，按“S”键启用捕捉功能，然后在顶视图中垂直方向（由下向上）捕捉栅格点创建一个楼梯，然后在“修改”面板的“参数”和“侧弦”卷展栏中设置参数（图 2-1-53），最后将该楼梯移至如图 2-1-54 所示的位置。按“S”键禁用捕捉功能。

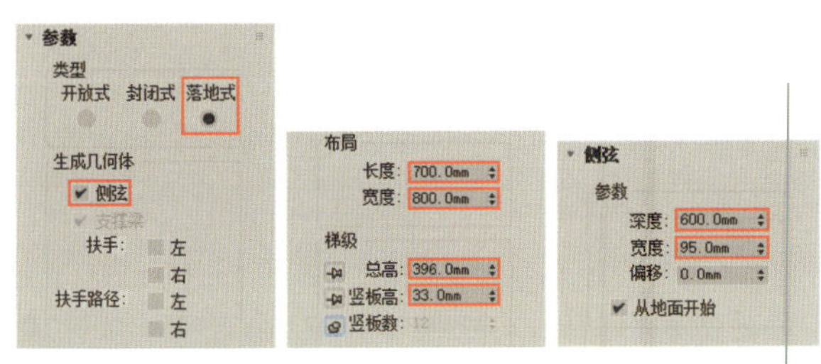

图 2-1-53　楼梯的参数

图 2-1-54　楼梯的位置

步骤 21 单击“创建”面板“几何体”对象类别“标准基本体”分类中的“长方体”按钮，在透视图中创建一个 130 mm×130 mm×2 400 mm 的长方体，然后选中右侧公寓的屋顶，按“Ctrl+V”组合键将其原位复制克隆 1 份，最后将屋顶副本缩小并移至刚创建的长方体上方（图 2-1-55）。

步骤 22 选中在步骤 20 中创建的长方体与屋顶副本，使用“组”→“组”菜单项将所选对象以“支撑柱”为组名组成一个组，将“支撑柱”组移至如图 2-1-56 所示的位置，以制作阳台一侧的支撑柱。

图 2-1-55 屋顶副本的位置

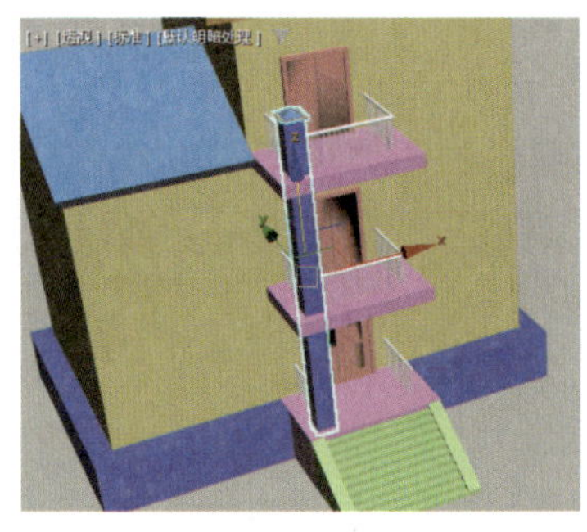

图 2-1-56 “支撑柱”组的位置

步骤 23 选中“支撑柱”组，单击“层次”面板“调整轴”选项卡中的“仅影响轴”按钮，然后单击“快速对齐”按钮，再选中任一“阳台”组，将“支撑柱”组的轴点与“阳台”组的轴点对齐。再次单击“仅影响轴”按钮，关闭轴点调整功能。

步骤 24 使用“镜像”按钮将“支撑柱”组沿 x 轴方向镜像并实例克隆 1 份。

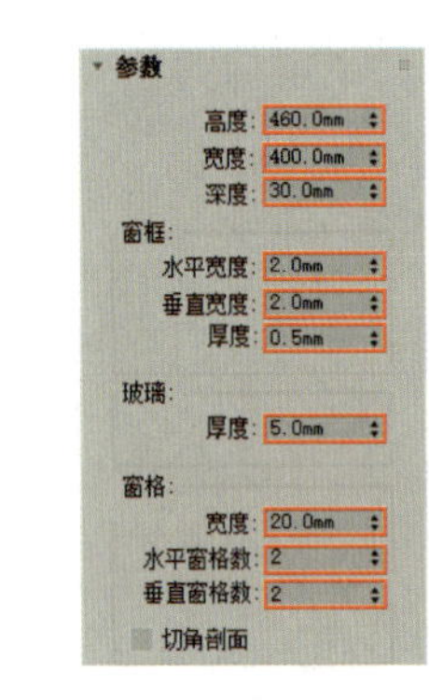

图 2-1-57 固定窗的参数

步骤 25 单击“创建”面板“几何体”对象类别“窗”分类中的“固定窗”按钮，按“S”键启用捕捉功能，然后在顶视图中水平方向上捕捉栅格点创建一扇窗，然后在“修改”面板的“参数”卷展栏中设置其参数（图 2-1-57）。按“S”键禁用捕捉功能。将固定窗移至公寓的墙上（图 2-1-58）。

步骤 26 确保固定窗处于选中状态，然后将光标移至前视图中移动 Gizmo 的 x 轴上，按住“Shift”键和左键拖动鼠标，将固定窗复制克隆 1 份（图 2-1-59）。

步骤 27 选中固定窗和固定窗副本，然后将光标移至前视图中移动 Gizmo 的 y 轴上，按住“Shift”键和左键拖动鼠标，将固定窗复制克隆 2 份，最后选中视口左上角的固定窗副本，按“Delete”键将其删除（图 2-1-60）。至此，独栋公寓便制作完毕。

图 2-1-58 固定窗的位置

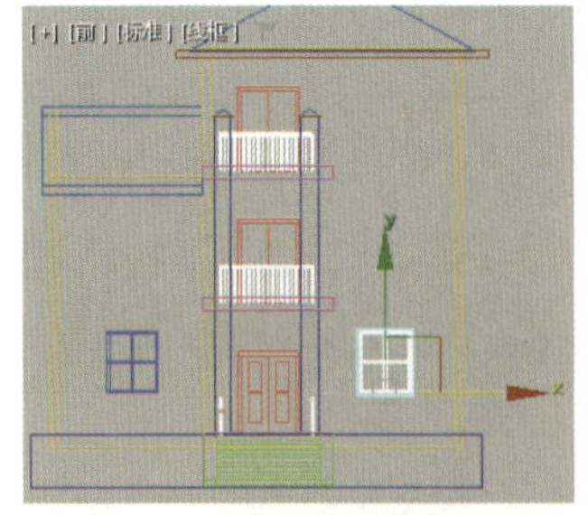

图 2-1-59 移动克隆固定窗

图 2-1-60 固定窗副本的位置

任务二　样条线建模

【任务引入】

小明是一家电商公司的海报设计师，他要为即将到来的促销活动准备宣传海报。小明准备使用渲染三维场景的方式来制作海报。然而，小明搭建好场景后，却找不到满意的字体来制作宣传标语。于是，小明使用 3ds Max 中的样条线绘制出了一款独一无二的字体，使海报更具艺术性的同时，提升了品牌形象。果然，这款海报迅速吸引了众多消费者的目光，促销活动也取得了圆满成功。

想一想：

（1）样条线适合用于制作哪些模型？

（2）怎样将样条线转换为三维模型？

一、绘制样条线

样条线是用来辅助创建三维模型的二维图形，共有 13 种，包括线、矩形、圆、椭圆、弧、圆环、多边形、星形、文本、螺旋线、卵形、截面、徒手。使用“创建”面板“图形”对象类别“样条线”分类中的按钮可以绘制样条线（图 2-2-1）。

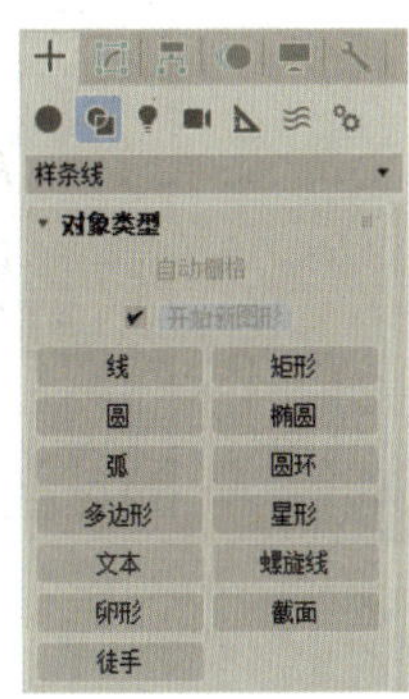

图 2-2-1　绘制样条线

默认状态下，软件勾选了“对象类型”卷展栏中的“开始新图形”复选框，此时在视口中绘制的样条线之间都是独立的；若不勾选该复选框，则绘制的所有样条线为一个整体。

（一）绘制样条线的方法

对于不同类型的样条线，创建方法也有所不同。绘制特定形状的样条线（如矩形、圆、椭圆、多边形等）时，在视口中拖动，然后在相应的“参数”卷展栏中进行设置，调整该样条线的尺寸、形状等参数即可；而绘制没有特定形状的样条线（如线、徒手等）时，则需要在视口中单击，指定样条线上各顶点的位置，由顶点的位置来决定样条线的形状。

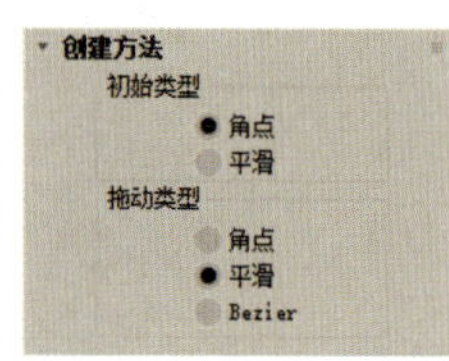

图 2-2-2 “创建方法”卷展栏

“线”命令是最常用的绘制样条线的命令之一，使用该命令可以绘制任意形状的线。使用“线”命令绘制样条线时，需要先单击“创建”面板“图形”对象类别“样条线”分类中的“线”按钮，在“创建方法”卷展栏（图 2-2-2）中选择顶点的初始类型和拖动类型，然后在视口中单击，以指定样条线的起点，接着将光标移至合适位置并单击，或按住左键拖出需要的形状后释放鼠标左键，以指定第 2 个点。此时，既可移动光标指定第 3 个点，也可在视口中右击，结束样条线的绘制。

样条线的顶点有角点、平滑、Bezier、Bezier 角点 4 种类型（图 2-2-3）。

（a）角点

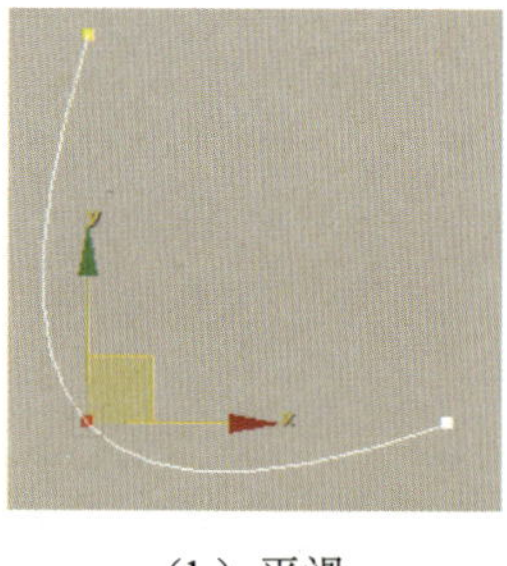
（b）平滑

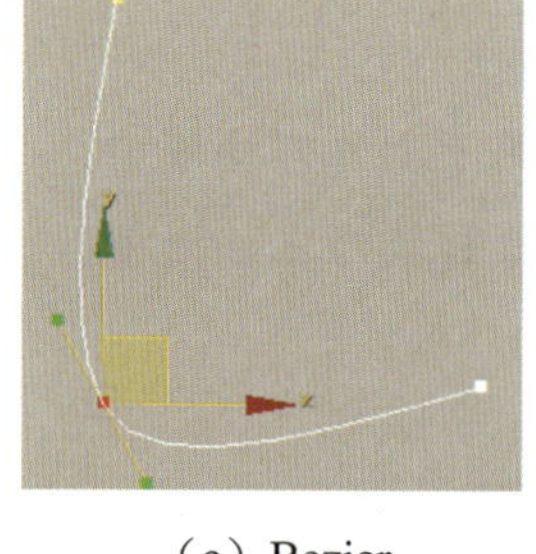
（c）Bezier

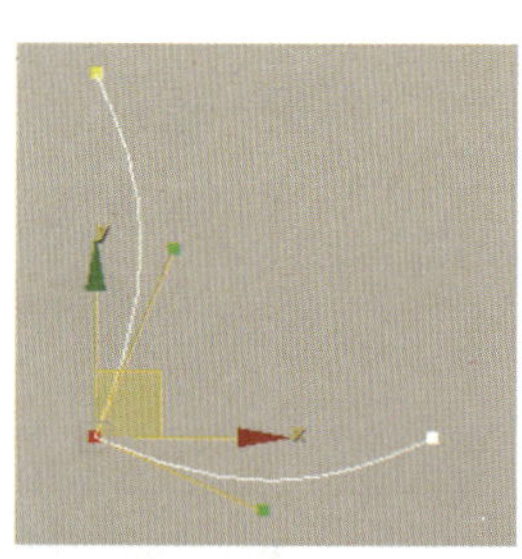
（c）Bezier 角点

图 2-2-3 样条线的顶点类型

（1）角点：顶点处线段转折强烈。

（2）平滑：顶点处线段过渡平滑，顶点处曲线的曲率取决于相邻顶点间的距离。

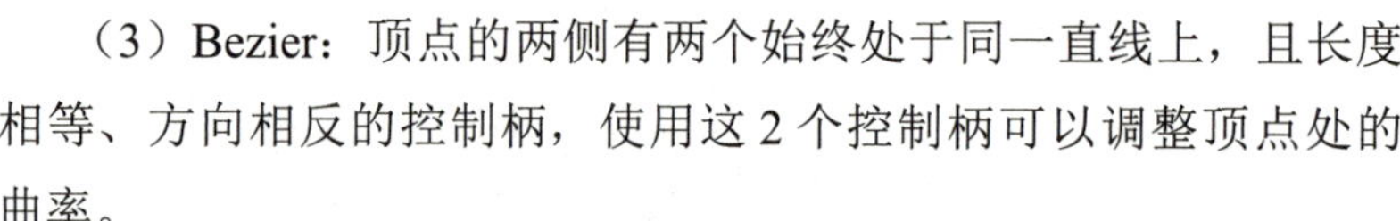

（3）Bezier：顶点的两侧有两个始终处于同一直线上，且长度相等、方向相反的控制柄，使用这 2 个控制柄可以调整顶点处的曲率。

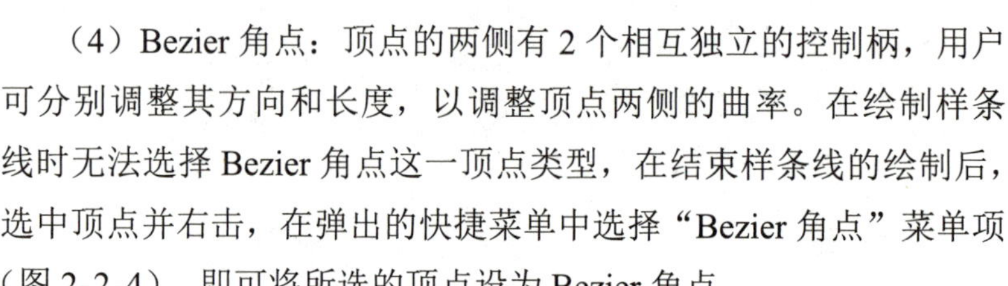

（4）Bezier 角点：顶点的两侧有 2 个相互独立的控制柄，用户可分别调整其方向和长度，以调整顶点两侧的曲率。在绘制样条线时无法选择 Bezier 角点这一顶点类型，在结束样条线的绘制后，选中顶点并右击，在弹出的快捷菜单中选择“Bezier 角点”菜单项（图 2-2-4），即可将所选的顶点设为 Bezier 角点。

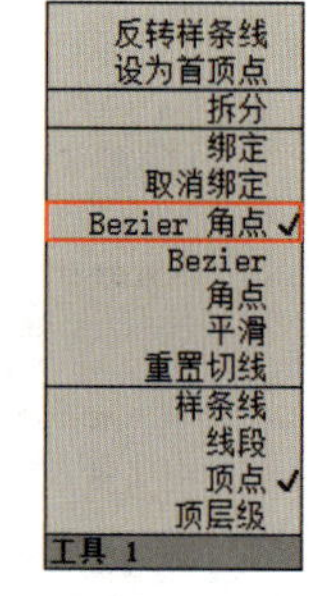

图 2-2-4 “Bezier 角点”菜单项

提 示

绘制样条线时，在视口中若以单击的方式创建顶点，则软件将按“初始类型”设置区中的设置创建顶点；若以按住左键拖动鼠标的方式创建顶点，则软件将按“拖动类型”设置区中的设置创建顶点。

探索与分享

在绘制线时，将顶点的初始类型设为“角点”，然后按住“Shift”键再单击，则绘制的线是水平线或垂直线。请根据所学的知识，绘制折线、曲线、转折为 90° 的折线等 3 种不同样式的线。

（二）“渲染”和“插值”卷展栏

单击“创建”面板中“图形”对象类别“样条线”分类中的大部分按钮，视口右侧的面板中均会出现“渲染”和“插值”卷展栏。

（1）“渲染”卷展栏。使用“渲染”卷展栏（图 2-2-5）可以将二维图形转换为三维模型并且控制其在视口和渲染输出的画面中的可见性。

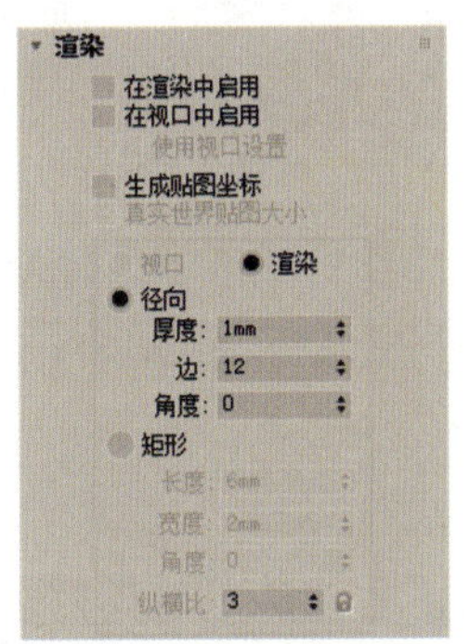

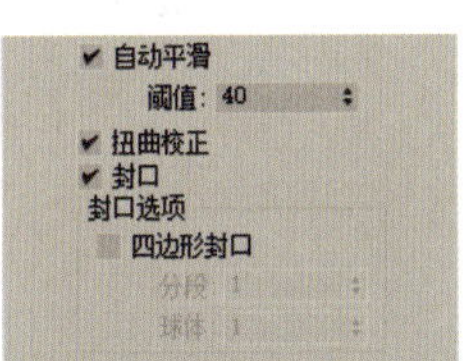

图 2-2-5 “渲染”卷展栏

①“在渲染中启用”和“在视口中启用”复选框：用于设置样条线在渲染时和在视口中是否显示为三维模型。

②“径向”单选钮：单击该单选钮后，样条线显示为三维模型时的横截面为圆形[图 2-2-6（a）]。

③“厚度”“边数”和“角度”文本框：用于设置样条线显示为三维模型时的圆形横截面的半径、边数和旋转角度。

④“矩形”单选钮：单击该单选钮后，样条线显示为三维模型时的横截面为矩形[图 2-2-6（b）]。

⑤“自动平滑”复选框：勾选该复选框后，样条线显示为三维模型时的表面会根据“阈值”文本框中的数值自动平滑。

⑥“封口”复选框：勾选该复选框后，未闭合的样条线显示为三维模型时，样条线的末端会被封口。

⑦“四边形封口”复选框：不勾选该复选框时，样条线的末端以一个多边形封口；勾选该复选框时，样条线的末端以多个四边形封口（图 2-2-7）。该复选框下的“分段”和“球体”文本框用于设置封口处的分段数和平滑程度。

（a）圆形截面

（b）矩形截面

图 2-2-6 三维模型效果

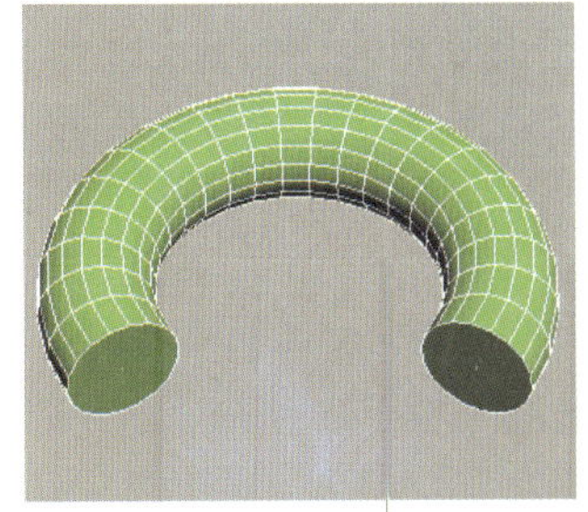

（a）以一个多边形封口

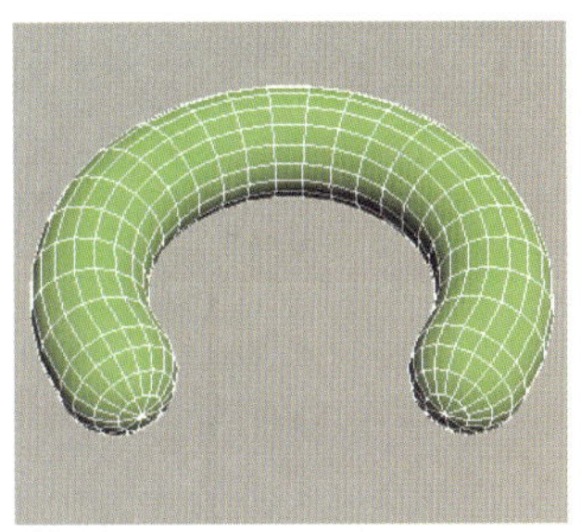

（b）以多个四边形封口

图 2-2-7 不同的封口效果

（2）“插值”卷展栏。“插值”卷展栏（图 2-2-8）中的步数是指样条线上相邻顶点间的线段数量，步数越多，样条线越平滑（图 2-2-9）。样条线的步数既可以在“步数”文本框中手动输入，也可以勾选“自适应”复选框，让软件为样条线自动匹配步数。

图 2-2-8 “插值”卷展栏

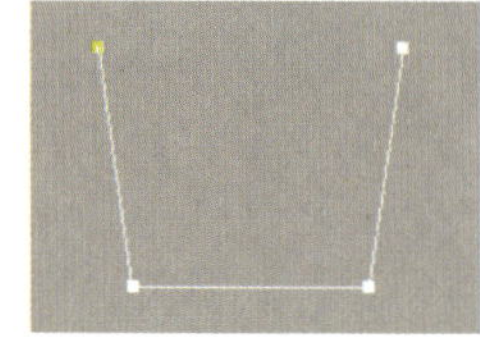

（a）步数为 0

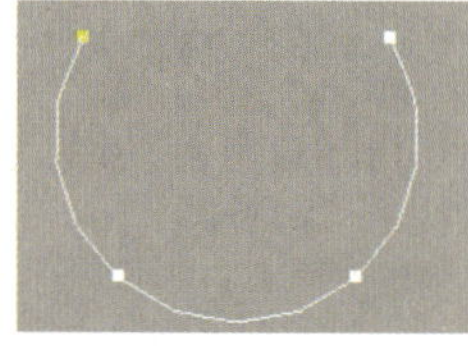

（b）步数为 3

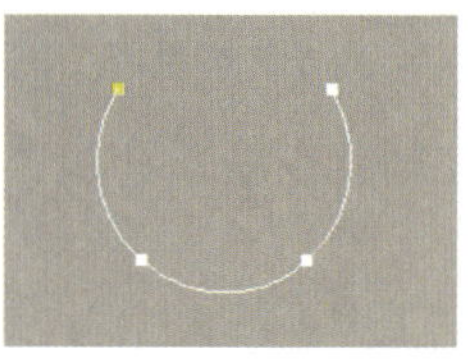

（c）步数为 6

图 2-2-9 不同步数时圆弧的效果

二、编辑样条线

在绘制完样条线后，往往还需要对其进行编辑，才能满足建模需求。除使用“线”按钮绘制的样条线外，在编辑使用“样条线”分类中的其他按钮绘制的样条线前，都需要先将其转换为可编辑样条线。

（一）转换为可编辑样条线的方法

将样条线转换为可编辑样条线的具体操作为：选中要转换的样条线并右击，在弹出的快捷菜单中选择“转换为”→“转换为可编辑样条线”菜单项（图 2-2-10）。将样条线转换为可编辑样条线后，选择“修改”面板的修改器堆栈（图 2-2-11）中的“顶点”“线段”“样条线”选项或者单击“选择”卷展栏（图 2-2-12）中的“顶点”“线段”“样条线”按钮，可切换要编辑的子对象。

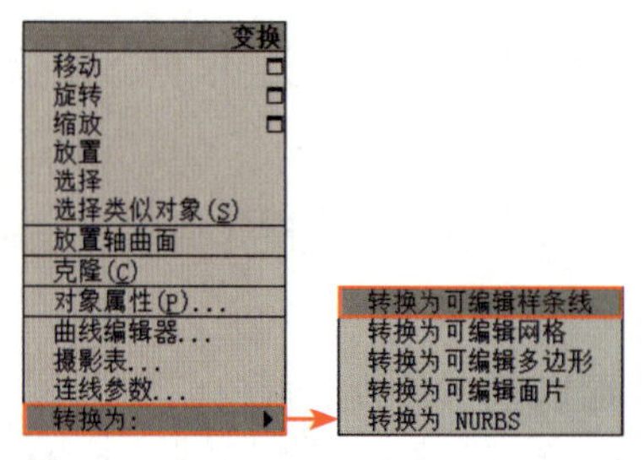

图 2-2-10 转换为可编辑样条线

图 2-2-11 修改器堆栈

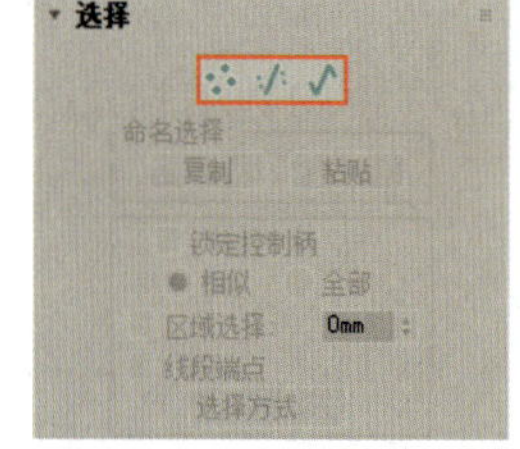

图 2-2-12 “选择”卷展栏

提示

图 2-2-12 中的“顶点”“线段”“样条线”按钮所对应的快捷键分别为“1”键、“2”键、“3”键。

（二）编辑样条线的常用命令

将样条线转换为可编辑样条线后，使用“修改”面板的“几何体”卷展栏（图 2-2-13）中的命令可以对样条线进行编辑。选择不同的子对象时，可用的命令也不同。

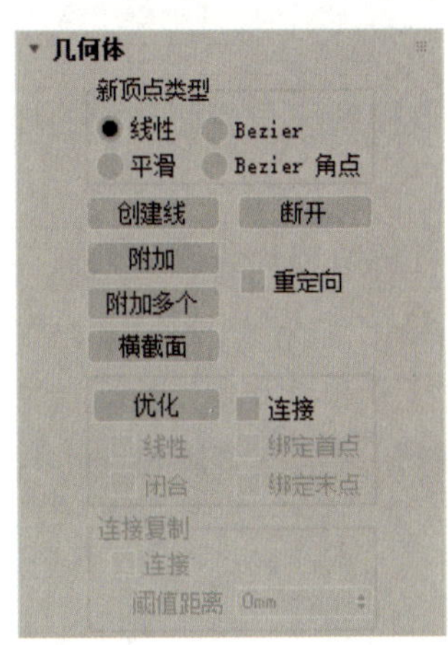

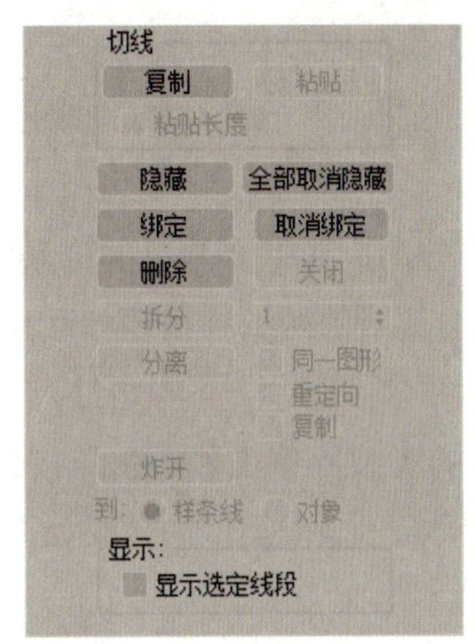

图 2-2-13 “几何体”卷展栏

（1）编辑顶点时的常用命令及其功能如下：

① 断开：选中样条线上的顶点并单击“断开”按钮，可使样条线从该顶点处断开。

② 焊接：选中要焊接的顶点，然后单击“焊接”按钮，可将所选的顶点合并为一个顶点。若“焊接”文本框中的数值小于焊接的顶点间的距离，则无法将所选的顶点合并为一个顶点。

③ 连接：单击“连接”按钮，然后将光标移至非闭合的二维图形一端的顶点上，接着按住左键拖动鼠标，将光标移至另一端的顶点上，就可以用直线连接这 2 个顶点（图 2-2-14）。

④ 插入：单击“插入”按钮，在样条线上的合适位置单击并移动光标后再次单击，可插入一个顶点；继续移动光标并在合适位置单击，可再次插入一个顶点。

⑤ 熔合：选中要合并的顶点，然后单击“熔合”按钮，可将所选顶点移动到它们的中心位置，通常与“焊接”按钮配合使用。

⑥ 圆角和切角：选中要编辑的顶点，单击“圆角”或“切角”按钮后在视口中按住左键拖动鼠标，或者在“圆角”或“切角”文本框中输入所需数值后单击“圆角”或“切角”按钮，可对所选顶点进行圆角或切角处理（图 2-2-15）。

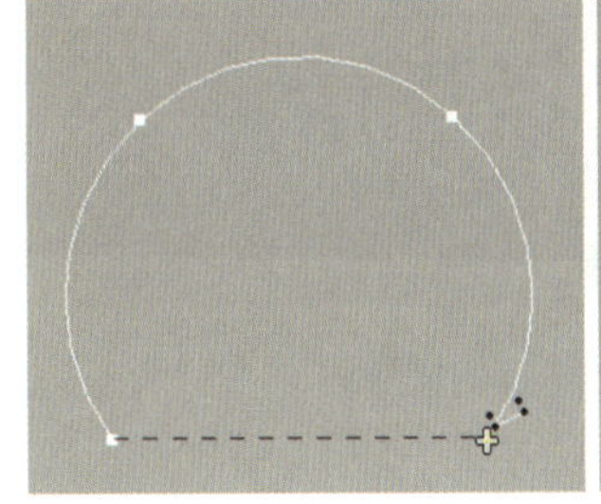
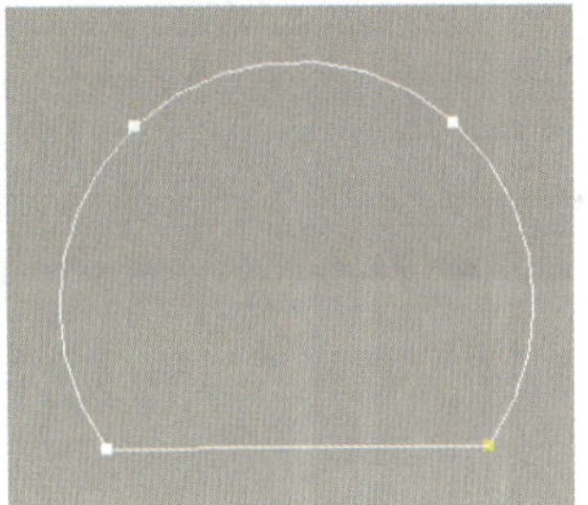

图 2-2-14 连接顶点

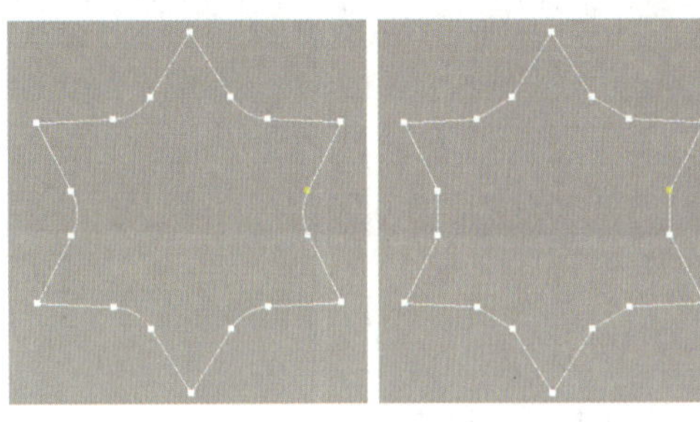

（a）圆角处理　（b）切角处理

图 2-2-15 对顶点进行圆角或切角处理

（2）编辑线段时的常用命令及其功能如下：

① 拆分：选中要拆分的线段，然后在“拆分”文本框中输入数值并单击“拆分”按钮，可将所选线段以相应的顶点数拆分。

② 分离：选中要分离的线段后，单击“分离”单选钮，可将所选线段从当前样条线中分离，分离后的线段为一个独立的二维图形。

（3）编辑整段样条线时的常用命令及其功能如下：

① 附加：单击“附加”按钮，然后选择其他样条线，可使该样条线与当前选中的样条线成为整体。

② 分离：选中要分离的样条线后，单击“分离”单选钮，可将所选样条线从当前样条线中分离，分离后的两条样条线相互独立。

③ 布尔：选中一条样条线，在“并集”按钮、“差集”按钮和“交集”按钮中选择布尔操作的类型后单击“布尔”按钮，再选中另一条样条线，可将所选的 2 条样条线进行布尔操作，不同布尔操作类型的效果如图 2-2-16 所示。

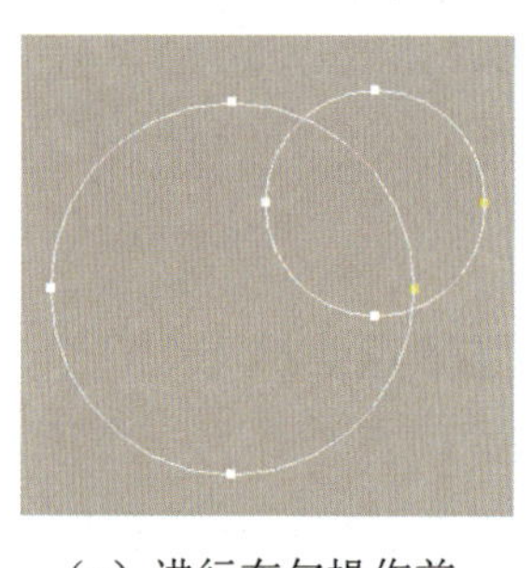
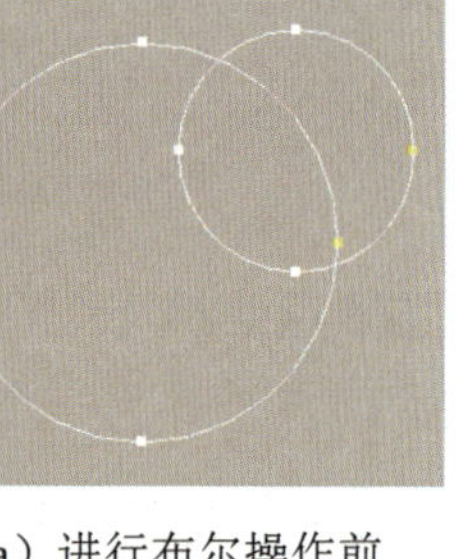

（a）进行布尔操作前

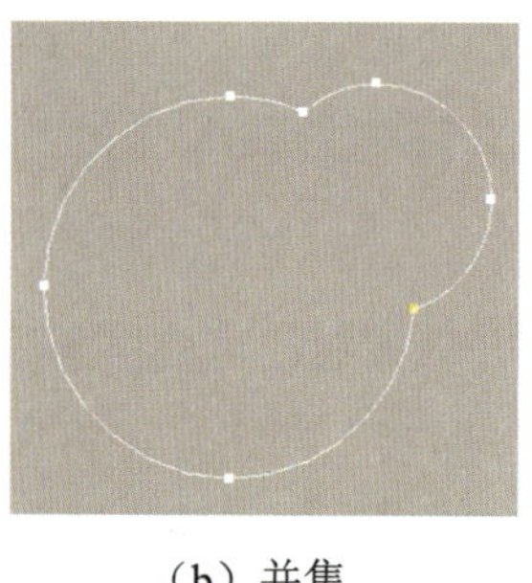

（b）并集

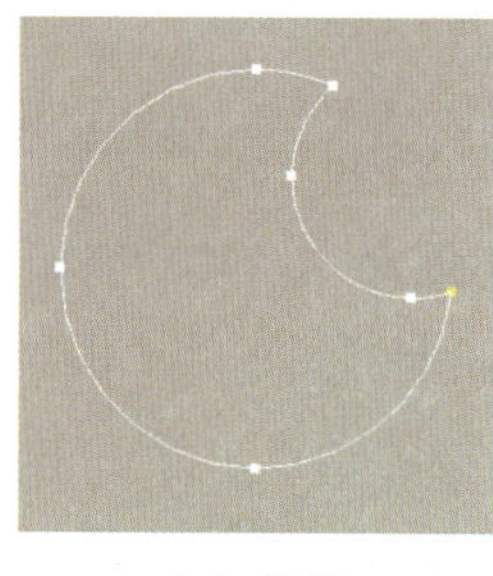

（c）差集

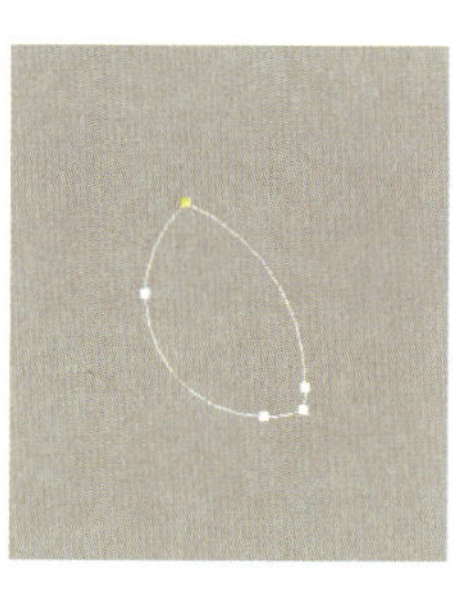

（d）交集

图 2-2-16　不同布尔操作类型的效果

④ 镜像：选中样条线后，在“水平镜像”按钮、“垂直镜像”按钮和“双向镜像”按钮中选择镜像所依据的轴向或平面后单击“镜像”按钮，可将所选样条线镜像。

⑤ 修剪：在样条线相交时，单击“修剪”按钮，然后在多余的样条线上单击，可将该样条线清除（图 2-2-17）。

⑥ 延伸：在未闭合的样条线上单击，可将开口处的顶点延伸并连接在一起（图 2-2-18）。

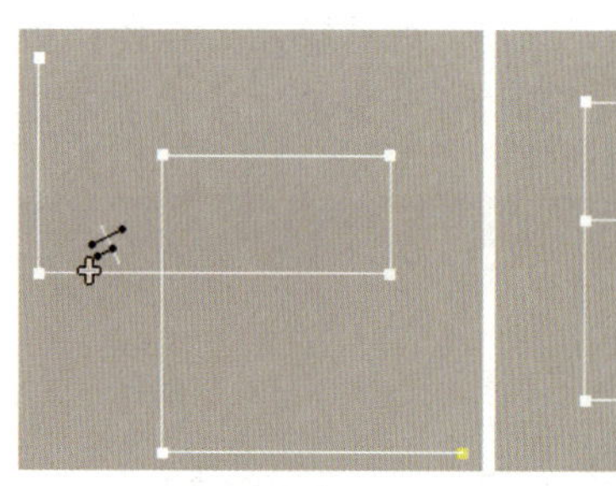

图 2-2-17　修剪样条线

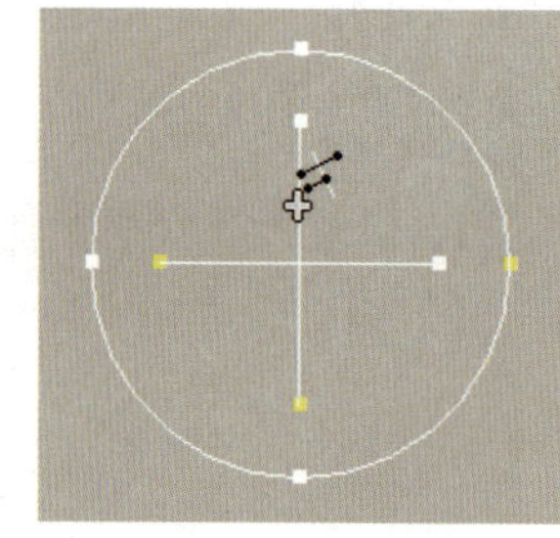
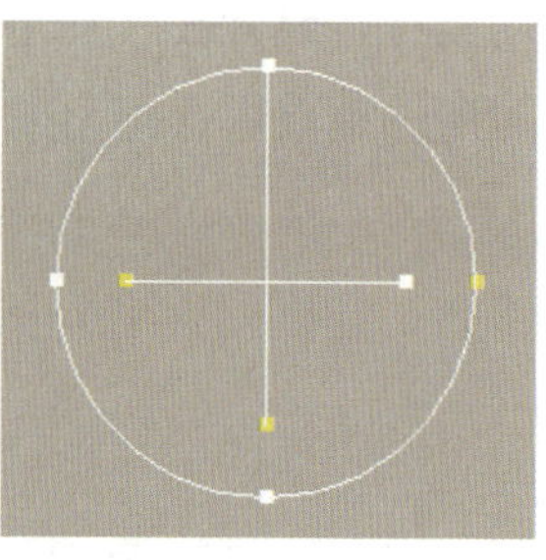

图 2-2-18　延伸样条线

探索与分享

在进行样条线建模时，通常需要将设计图作为参考图导入 3ds Max 中，以便准确把握曲线的弧度和图形各部分的比例，并且使所创建的图形与设计图中所绘对象的外观造型相同。

将设计图作为参考图按 1 ∶ 1 导入 3ds Max 中的步骤如下：① 将前视图的显示模式设为“默认明暗处理”，然后使用“平面”命令在该视图中创建一个与要导入的设计图的尺寸相同的平面；② 按住鼠标左键将设计图拖至视口中的平面上，然后释放鼠标左键；③ 选中平面，在视口右侧的“显示”面板“显示属性”卷展栏中取消勾选“以灰色显示冻结对象”复选框，最后在“冻结”卷展栏中单击“冻结选定对象”按钮，以冻结所选平面。此时，导入的设计图无法被选中。值得注意的是，如果“显示属性”卷展栏中的所有内容均不可用，则可先选中创建的平面并右击，在弹出的“对象属性”对话框中单击“按层”按钮，然后在“显示属性”卷展栏和“冻结”卷展栏中进行相关设置。

下面请读者参照图 2-2-19（本书配套素材“素材与实例\项目二”中的“卡通熊猫.jpg”文件）绘制一个卡通熊猫图形（图 2-2-20），练习参照设计图绘制图形的操作。

图 2-2-19 设计图

图 2-2-20 卡通熊猫图形

任务实施 制作中式花窗

下面通过制作中式花窗，来学习样条线建模的具体操作（图 2-2-21）。

（a）中式花窗

（b）渲染效果

制作中式花窗

图 2-2-21 中式花窗及其渲染效果

制作思路

本任务实施中的花窗由花窗图案和窗框组成。先制作单个花窗图案，然后将其旋转克隆，接着将部分样条线延伸，使其与圆相交，修剪多余的样条线并移动花窗图案上的部分顶点，最后绘制一个圆，以制作窗框。

单个花窗图案的制作思路：首先绘制一个矩形和 2 条直线，将 2 条直线与矩形对齐，再对矩形进行切角处理，然后绘制一个圆，调整圆的轴点后将其旋转克隆，接着将绘制的所有图形合并，修剪多余的样条线，最后将重合的顶点合并。

制作步骤

步骤 1 单击“创建”面板“图形”对象类别“样条线”分类中的“矩形”按钮，在前视图中绘制一个 113 mm×113 mm 的正方形。

提示

读者在制作时，可将中式花窗的渲染图导入到3ds Max中作为参考图，根据参考图中的花窗建模，也可直接按照本任务实施中提供的参数建模。

步骤2 单击“创建”面板“图形”对象类别“样条线”分类中的“线”按钮，然后按住“Shift”键，在前视图中的正方形上绘制2条直线，最后使用“快速对齐”按钮将这2条直线与正方形以轴点为基准对齐（图2-2-22）。

步骤3 选中正方形并右击，在弹出的快捷菜单中选择“转换为”→“转换为可编辑样条线”菜单项，将正方形转换为可编辑样条线，然后按“1”键进入顶点编辑状态，选中正方形上的4个顶点，接着在“修改”面板“几何体”卷展栏的“切角”文本框中输入27并单击“切角”按钮，对正方形的顶点进行切角处理（图2-2-23）。

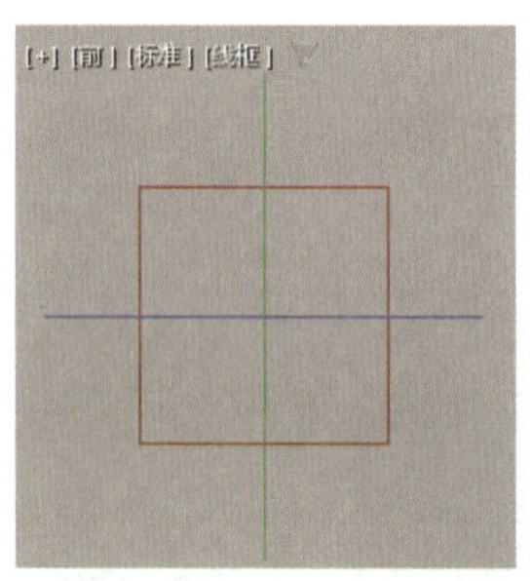

图2-2-22　2条直线的位置

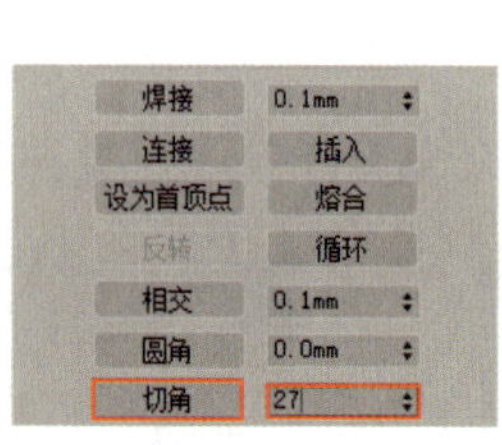

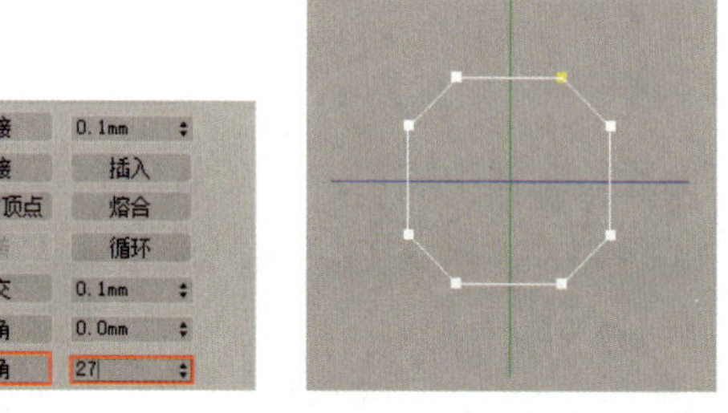

图2-2-23　对正方形的顶点进行切角处理

步骤4 单击“创建”面板“图形”对象类别“样条线”分类中的“圆”按钮，在前视图中创建一个半径为15 mm的圆，然后按“S”键启用捕捉功能，单击“层次”面板“调整轴”选项卡中的“仅影响轴”按钮，然后在前视图中将圆的轴点沿y轴方向移至如图2-2-24所示的位置。按“S”键禁用捕捉功能，再次单击“仅影响轴”按钮，关闭轴点调整功能。

步骤5 按“A”键启用角度捕捉功能，然后按“E”键，将光标移至前视图中旋转Gizmo的z轴线圈上并按住“Shift”键和左键拖动鼠标，将所选栏杆绕z轴旋转90°并复制克隆3份（图2-2-25）。

步骤6 选中4个圆，使用“快速对齐”按钮将它们与进行切角处理后的正方形对齐（图2-2-26）。

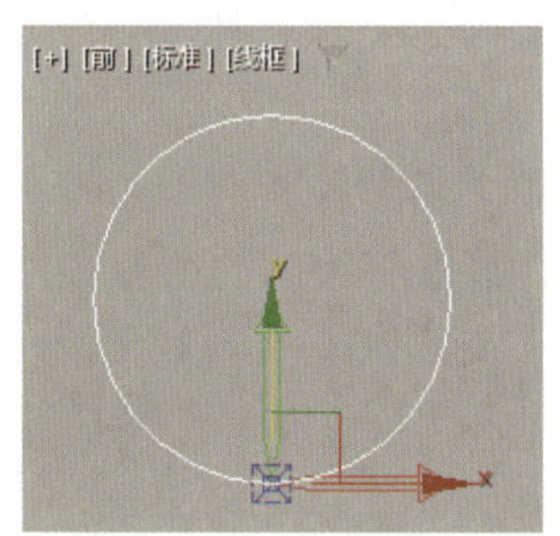

图2-2-24　圆轴点的位置

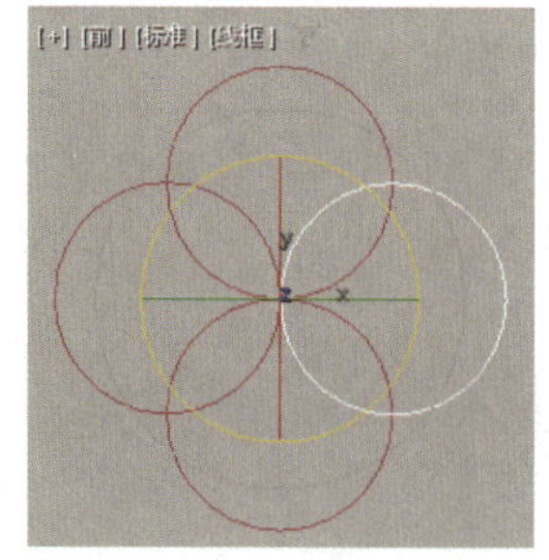

图2-2-25　旋转克隆圆

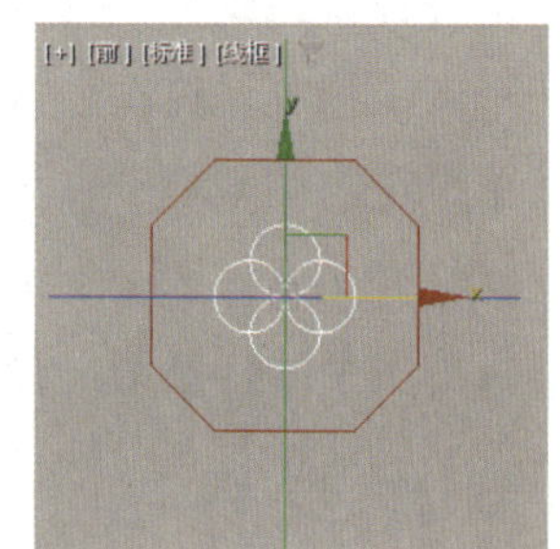

图2-2-26　圆的位置

步骤7 选中进行切角处理后的正方形，然后单击“修改”面板“几何体”卷展栏中的“附加”按钮，再依次选中视口中的其他图形，将它们合并为整体（图2-2-27）。

步骤 8 按“3”键进入样条线编辑状态，然后单击“几何体”卷展栏中的“修剪”按钮，在多余的样条线上单击，将所选图形修剪为如图 2-2-28 所示的图形。

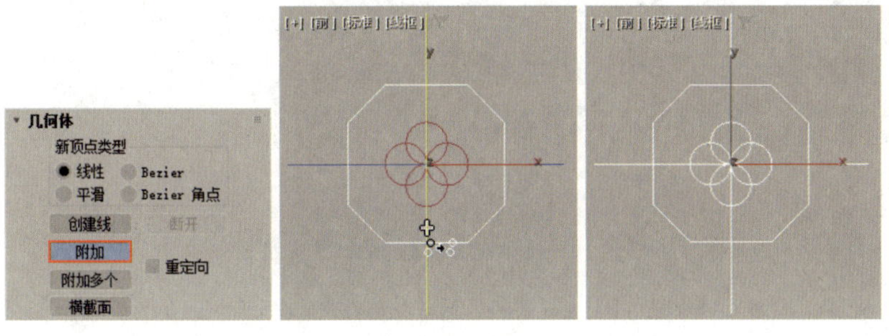

图 2-2-27 将视口中的图形合并为整体

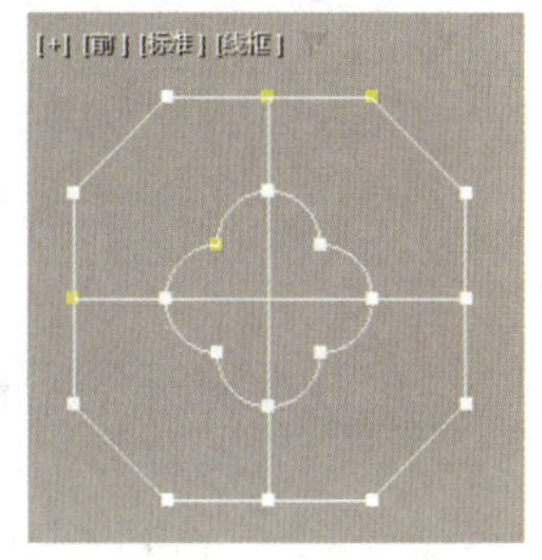

图 2-2-28 修剪后的图形

步骤 9 按“1”键进入顶点编辑状态，然后在前视图中按住“Ctrl”键依次框选如图 2-2-29 所示的顶点，单击“几何体”卷展栏中的“焊接”按钮，将重合的顶点合并，单个花窗图案就制作好了。按“1”键退出顶点编辑状态。

焊接顶点后可拖动顶点来检查所选顶点是否合并在一起了，若拖动顶点后发现顶点原位还有一个顶点，则需要重复步骤 9 中的操作，直至顶点成功被合并。

步骤 10 在“渲染”卷展栏中进行设置（图 2-2-30），使单个花窗图案显示为三维模型，然后按“S”键启用捕捉功能，按住“Shift”键在前视图中将其沿 *xy* 平面移动并复制克隆 1 份（图 2-2-31）。

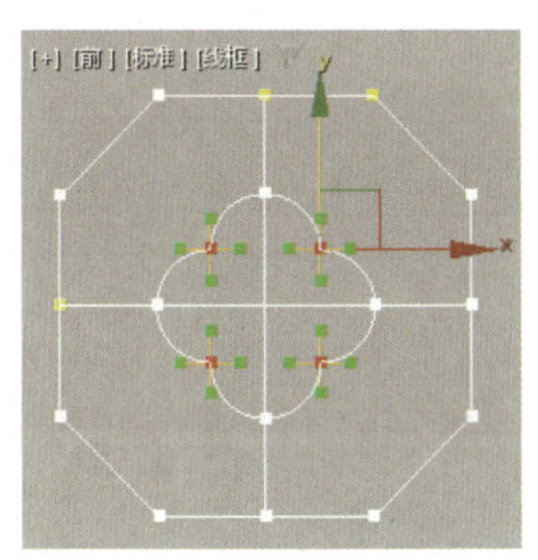

图 2-2-29 框选顶点

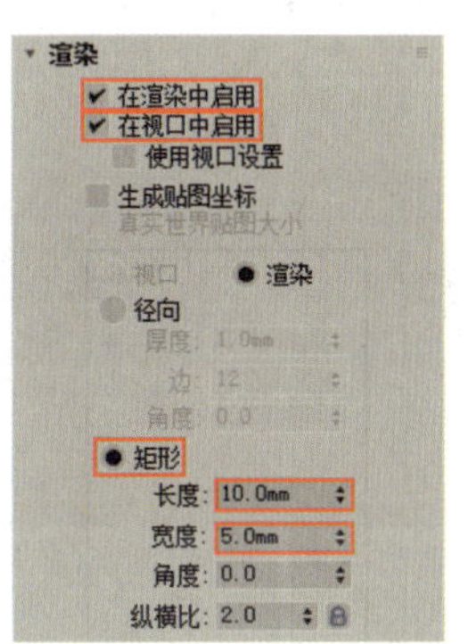

图 2-2-30 设置单个花窗图案的渲染参数

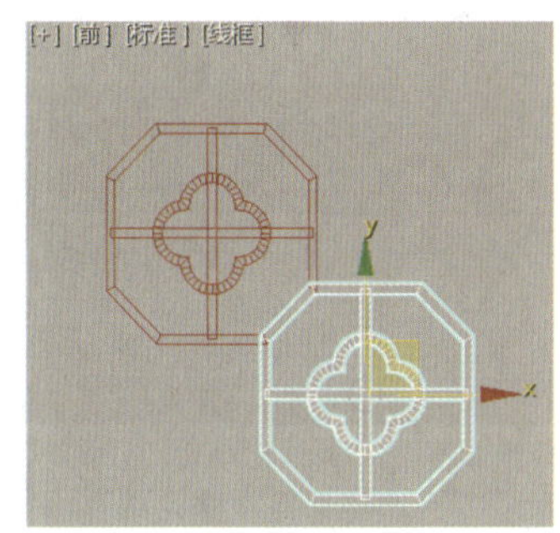

图 2-2-31 移动克隆单个花窗图案

步骤 11 选中单个花窗图案，单击“层次”面板“调整轴”选项卡中的“仅影响轴”按钮，使用“快速对齐”按钮将单个花窗图案的轴点与其副本的轴点对齐，然后单击“仅影响轴”按钮，关闭轴点调整功能，最后按“E”键，在前视图中将所选的单个花窗图案绕 *z* 轴旋转 90° 并复制克隆 3 份（图 2-2-32）。

步骤 12 选中位于中间的单个花窗图案，按“W”键后按住“Shift”键在前视图中将其沿 *y* 轴方向移动并复制克隆 1 份，然后参照步骤 10，将单个花窗图案副本的轴点与位于中间的单个花窗图案的轴点对齐，再将单个花窗图案副本绕 *z* 轴旋转 90° 并复制克隆 3 份（图 2-2-33）。

图 2-2-32　旋转克隆单个花窗图案

图 2-2-33　移动克隆和旋转克隆单个花窗图案

步骤 13　单击“几何体”卷展栏中的“附加”按钮，然后依次选中所有的单个花窗图案，将它们合并为整体，最后取消勾选“渲染”卷展栏中的“在视口中启用”复选框。

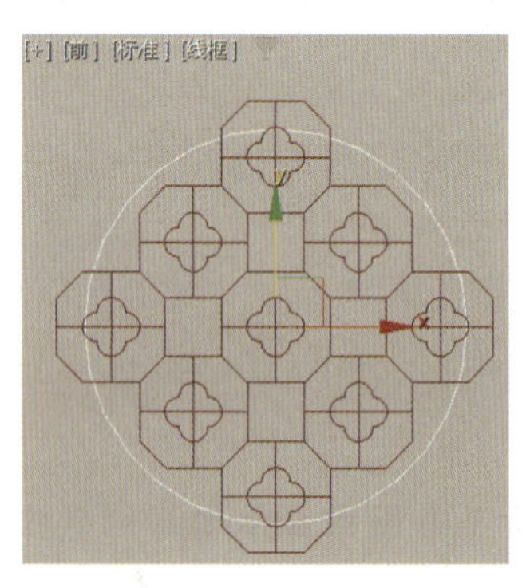
图 2-2-34　将圆与花窗图案对齐

步骤 14　单击“创建”面板“图形”对象类别“样条线”分类中的“圆”按钮，在前视图中创建一个半径为 200 mm 的圆，然后使用“快速对齐”按钮将圆与花窗图案以轴点为基准对齐（图 2-2-34），最后按住“Shift”键在左视图中将该圆沿 x 轴方向移动并复制克隆 1 份，留作备用。

步骤 15　选中花窗图案，单击“几何体”卷展栏中的“附加”按钮，然后选中在步骤 14 中创建的第一个圆，将它们合并为整体。

步骤 16　按“3”键进入样条线编辑状态，单击“几何体”卷展栏中的“延伸”按钮，在如图 2-2-35 所示的样条线上单击，使该样条线与圆相交（图 2-2-36）。

图 2-2-35　单击样条线

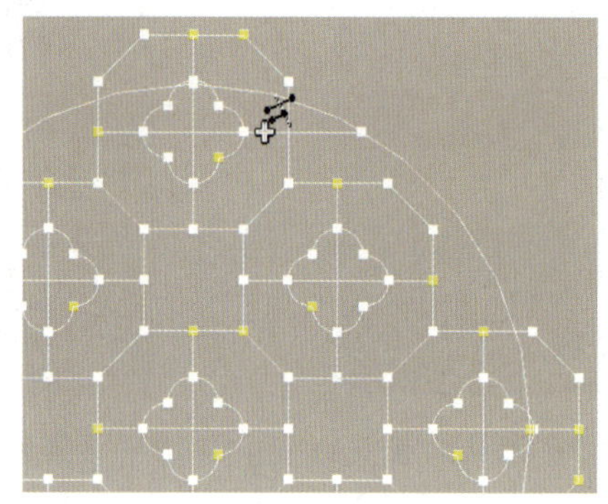
图 2-2-36　延伸样条线

步骤 17　参照步骤 16，在其他要与圆相交的样条线上单击，使其与圆相交（图 2-2-37）。

步骤 18　按“1”键进入顶点编辑状态，单击“几何体”卷展栏中的“连接”按钮，然后依次在花窗图案中 4 个正方形上的相对的顶点间拖动，将正方形上相对的顶点连接在一起（图 2-2-38）。

步骤 19　按“3”键进入样条线编辑状态，然后单击“几何体”卷展栏中的“修剪”按钮，依次花窗图案上多余的样条线上单击（图 2-2-39）。按“3”键退出样条线编辑状态。

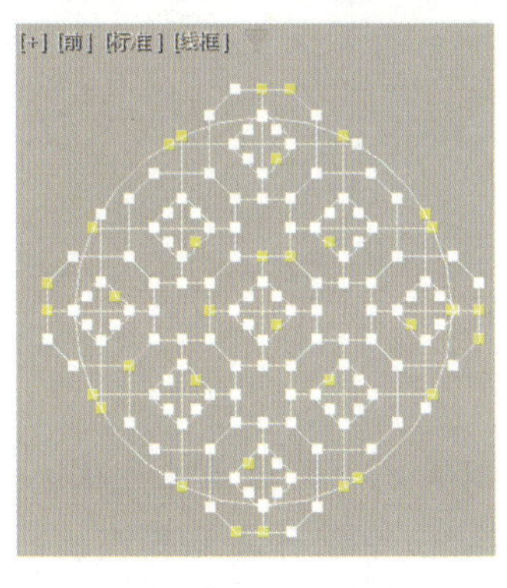

图 2-2-37　延伸样条线的结果

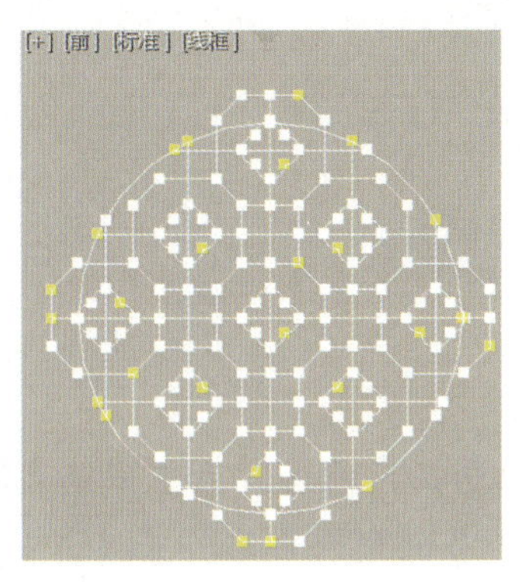

图 2-2-38　连接顶点

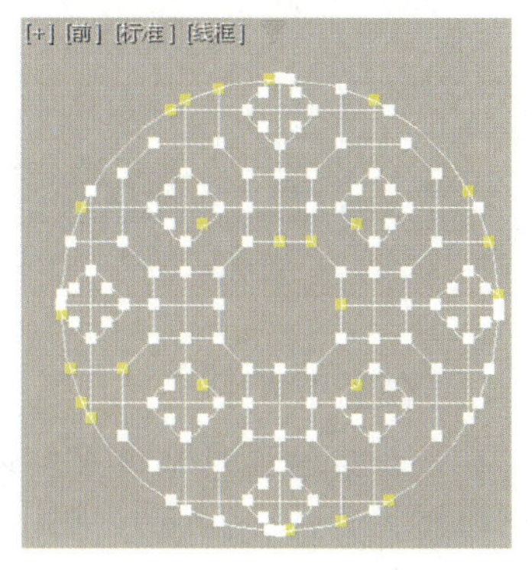

图 2-2-39　修剪后的花窗图案

步骤 20　勾选“渲染”卷展栏中的“在视口中显示”复选框，使花窗图案显示为三维模型。

步骤 21　选中在步骤 14 中创建的圆副本，然后使用“快速对齐”按钮将圆副本与花窗图案以轴点为基准对齐，最后在“渲染”卷展栏中设置所选圆的渲染参数，使其显示为圆环（图 2-2-40）。

步骤 22　确认圆环处于选中状态，在左视图中将其沿 x 轴方向移至合适位置（图 2-2-41）。至此，中式花窗便制作完毕。

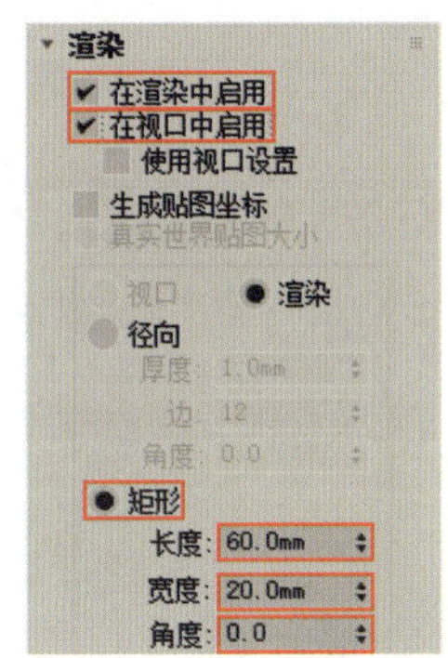

图 2-2-40　圆副本的渲染参数

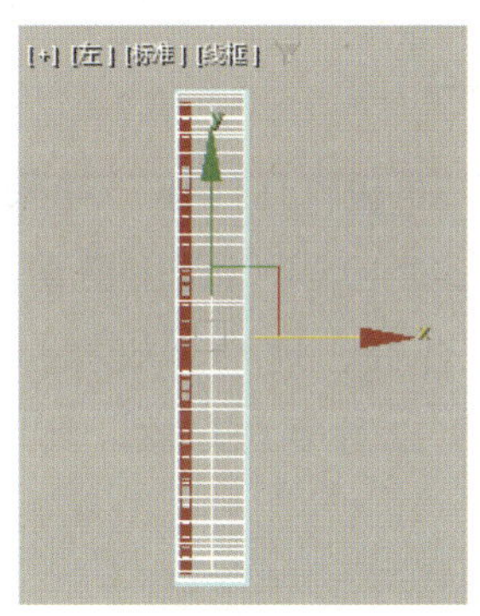

图 2-2-41　圆副本的位置

素养之窗

我们常把眼睛视为心灵的窗户，而窗则被喻为中国园林的“眼睛”。窗不仅以其自身千姿万态、体现着独特中华民族审美意象的形式来美化装点着园林，更在园林的整体景观创意中发挥着无可取代的重要作用，在满足通风和透光的基本功能之外，更在园林造景中衍生出借景、框景、对景、漏景等许多巧妙的用途，形成别样的趣味，展现出中华文化深厚的艺术魅力。

任务三　复合建模

【任务引入】

某学校想为毕业生送一些纪念品，便向广大学生征集纪念品方案。小敏想设计一款刻有校徽和校名、学生姓名和学号的纪念戒指，于是开始在 3ds Max 中制作戒指模型。在制作过程中，一个看似简单的问题让小敏犯了难——如何将图案和文字完美贴合在戒指上。经过多次尝试和修改，小敏始终未能找到理想的解决方案。这时，小敏的室友告诉她，这种效果需要使用复合对象中的“图形合并”来制作。小敏按照室友说的方法，果然将图案和文字严丝合缝地贴到了戒指上。最终，小敏的纪念品方案获得了大家的一致认可。

想一想：

（1）什么是复合建模？

（2）复合建模适用于制作哪些模型？

使用“创建”面板“几何体”对象类别“复合对象”分类中的按钮（图 2-3-1）可以调用变形、散布、一致、连接、水滴网格、图形合并、地形、放样、网格化、ProBoolean、ProCutter、布尔等 12 种复合对象，其中常用的有图形合并、放样和布尔等。

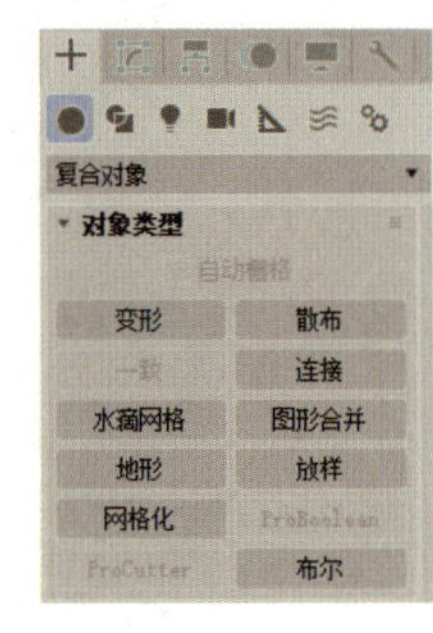

图 2-3-1　“复合对象”分类中的按钮

对模型应用复合对象时，软件容易崩溃，因此在应用复合对象前，最好先保存文件。此外，进行布尔操作后，模型上的线条会变得复杂，不适合再对该模型进行编辑，因此最好在建模的最后一步应用复合对象。

一、图形合并

图 2-3-2　竹简上的文字

“图形合并”命令可以将二维图形嵌在三维模型表面，常用于制作物体表面的花纹和文字（图 2-3-2），该命令与“挤出”命令配合使用时，可制作物体上的立体花纹和文字。

进行图形合并的具体操作：选中参与图形合并的三维模型后单击“图形合并”按钮，然后单击“创建”面板“拾取运算对象”卷展栏（图 2-3-3）中的“拾取图形”按钮，接着选中要合并的二维图形，最后在“参数”

卷展栏（图 2-3-4）中选择图形合并的操作类型即可。

图 2-3-3 “拾取运算对象”卷展栏

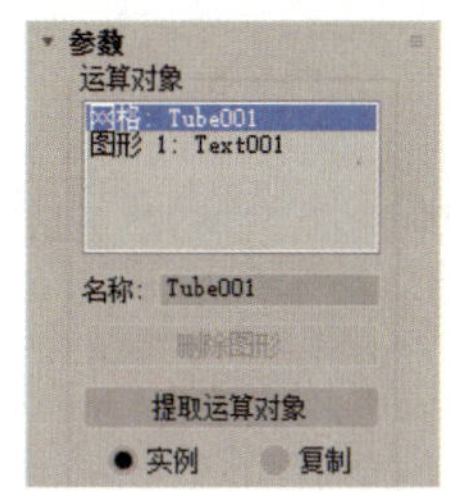

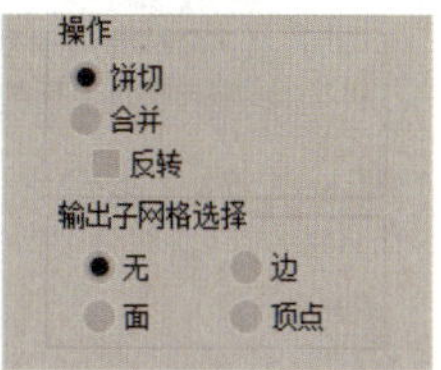

图 2-3-4 “参数”卷展栏

“参数”卷展栏中常用设置区的功能如下：

（1）“运算对象”设置区：用于显示和编辑运算对象。其中，对象列表用于显示参与图形合并的运算对象名称，选中对象名称后单击“删除图形”按钮，可将该对象从运算对象中移除；选中对象名称后单击“提取运算对象”按钮，可将该对象实例（或复制）克隆 1 份并提取出来，将其副本作为独立的对象。

（2）“操作”设置区：用于选择图形合并的操作类型。选择饼切操作类型时，三维模型表面会切除拾取的二维图形，使三维模型呈镂空状；选择合并操作类型时，三维模型会与二维图形合并，使三维模型表面出现二维图形的网格（图 2-3-5）。

（a）饼切

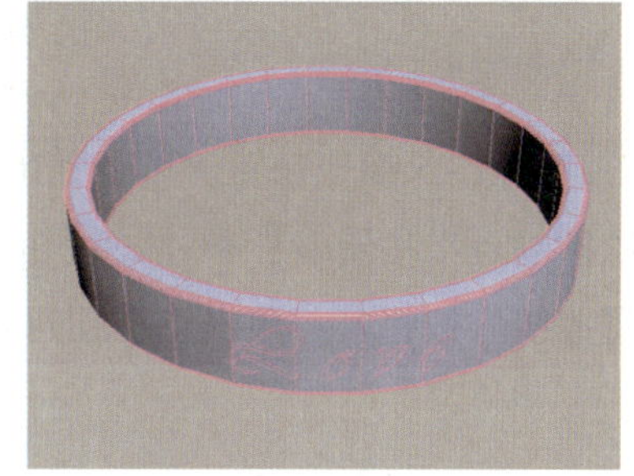

（b）合并

图 2-3-5 不同操作类型的效果

二、放样

“放样”命令可以将截面图形沿路径挤出，从而生成三维模型（图 2-3-6）。进行放样时，需要至少 2 个二维图形，在参与放样的二维图形中，一个作为挤出时的路径，其余的作为对象的横截面。

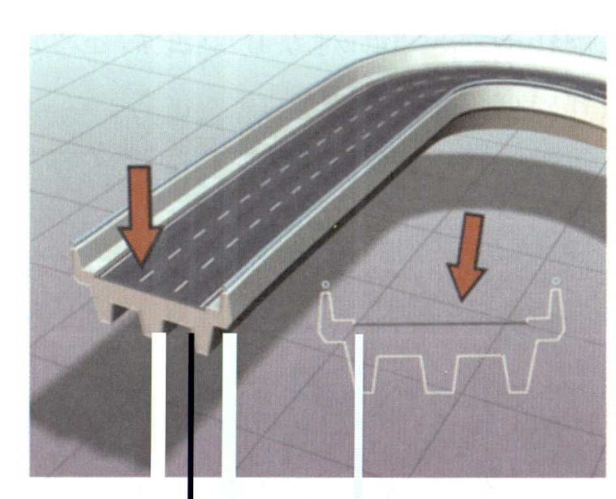

图 2-3-6 使用“放样”命令制作的马路

进行放样的具体操作：选中作为横截面的二维图形后单击“放样”按钮，然后单击“创建”面板“创建方法”卷展栏（图 2-3-7）中的“获取路径”按钮，接着选中作为放样路径的二维图形，最后使用“修改”面板“变形”卷展栏（图 2-3-8）中的按钮调整生成的三维模型的形状。

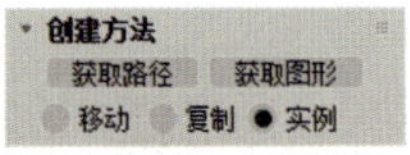

创建方法
获取路径 获取图形
移动 复制 实例

图 2-3-7 “创建方法”卷展栏

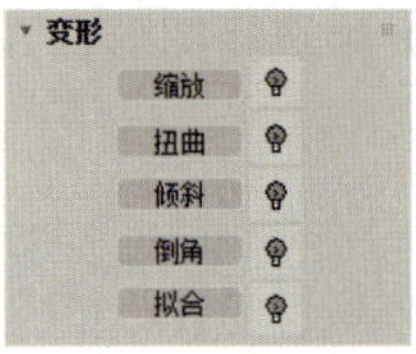

变形
缩放
扭曲
倾斜
倒角
拟合

图 2-3-8 “变形”卷展栏

若先选中作为放样路径的二维图形，则要单击“获取图形”按钮，再选中作为横截面的二维图形。

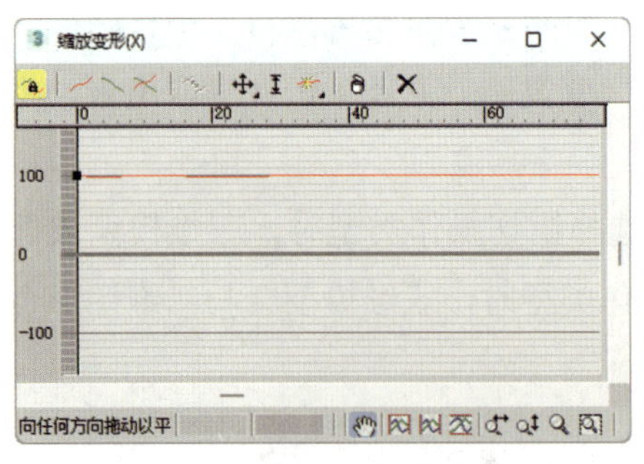

图 2-3-9 “缩放变形”对话框

单击“变形”卷展栏中的“缩放”“扭曲”“倾斜”“倒角”或“拟合”按钮时，会弹出相应的对话框，调整相应对话框中的曲线可以将生成的三维模型沿路径进行缩放、扭曲、倾斜、倒角或拟合。“缩放变形”对话框（图 2-3-9）中常用按钮的功能如下：

（1）“移动控制点”按钮：单击该按钮后，可移动曲线上的控制点。

（2）“插入角点”按钮：单击该按钮后，在曲线上单击，可添加控制点。长按该按钮，可在弹出按钮中切换要添加的控制点的类型。

（3）“删除控制点”按钮：单击该按钮（或按“Delete”键）可删除所选的控制点。

（4）“重置曲线”按钮：单击该按钮可使曲线恢复到初始状态。

三、布尔

“布尔”命令可以制作 2 个或 2 个以上的对象相加或相减的效果，常用于制作有孔、洞、凹槽的物体，使用“布尔”命令制作的螺母如图 2-3-10 所示。

进行布尔操作的具体操作为：选中参与布尔运算的某个对象（如对象 A），单击“布尔”按钮，然后单击“布尔参数”卷展栏（图 2-3-11）中的“添加运算对象”按钮，再选中其他参与布尔操作的对象（如对象 B），最后在“运算对象参数”卷展栏（图 2-3-12）中选择布尔操作的类型并根据需要进行设置。

图 2-3-10 使用“布尔”命令制作的螺母

图 2-3-11 “布尔参数”卷展栏

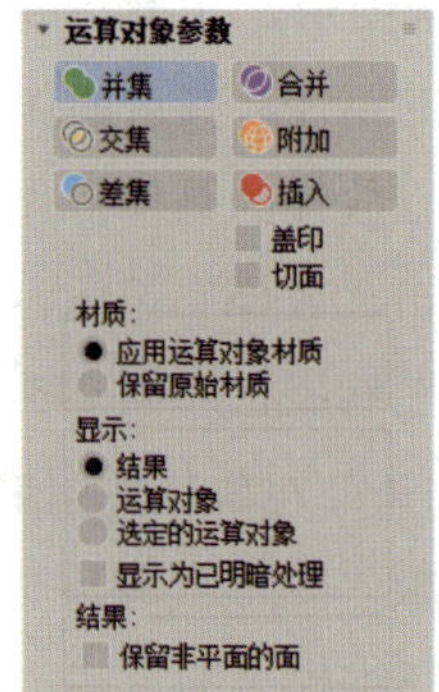

图 2-3-12 “运算对象参数”卷展栏

不同布尔操作类型的功能如下：

（1）并集：保留对象 A 和对象 B 的体积并移除相交部分。

（2）交集：保留对象 A 和对象 B 相交的部分并移除其他部分。

（3）差集：从对象 A 中移除对象 A 和对象 B 相交的部分。

（4）合并：使对象 A 和对象 B 相交并组合，不移除任何部分，且在原始对象相交的位置创建新边。

（5）附加：将对象 A 和对象 B 合并成一个对象，且不影响它们的边线，各对象实质上是复合对象中的独立元素。

（6）插入：从对象 A 中减去对象 B 的边界图形，对象 B 不受此操作的影响。

常用的布尔操作类型有并集、交集和差集等。若恐龙模型为对象 A，围栏模型为对象 B，则进行并集、交集、差集操作后的效果如图 2-3-13 所示。

（a）并集

（b）交集

（c）差集（A—B）

（d）差集（B—A）

图 2-3-13　进行并集、交集、差集操作后的效果

任务实施　制作印章

下面通过制作印章来学习复合建模的具体操作（图 2-3-14）。

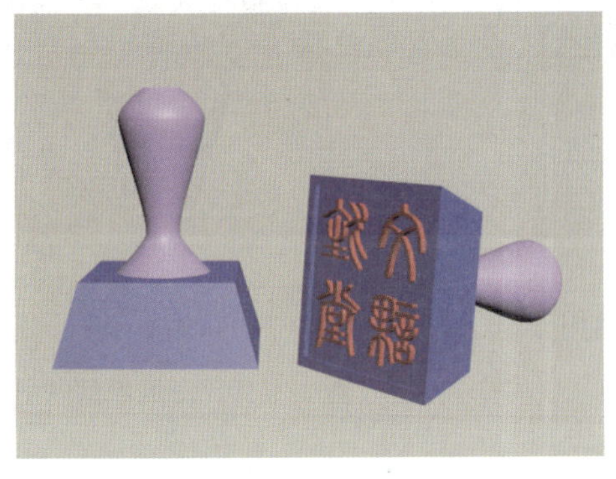

（a）印章

（b）渲染效果

图 2-3-14　印章及其渲染效果

制作思路

首先创建一个圆和一条直线，对它们进行放样，通过调整缩放曲线上的控制点来调整放样生成的模型的形状；然后创建 1 个四棱锥和 2 个长方体，对它们进行布尔操作；接着将放样的模型和布尔生成的模型对齐；最后导入文字模型，并将其与布尔操作得到的模型对齐。

制作步骤

步骤1 单击“创建”面板“图形”对象类别“样条线”分类中的“圆”按钮，在顶视图中绘制一个半径为 50 mm 的圆。单击“创建”面板“图形”对象类别“样条线”分类中的“线”按钮，在“键盘输入”卷展栏中单击“添加点”按钮，然后在“Z”编辑框中输入“180”，再次单击“添加点”按钮，绘制一条长度为 180 mm 的直线（图 2-3-15）。

步骤2 选中圆，单击“创建”面板“几何体”对象类别“复合对象”分类中的“放样”按钮，然后单击“创建方法”卷展栏中的“获取路径”按钮，最后选中直线，即可对圆和直线进行放样（图 2-3-16）。在视口中右击，终止执行“放样”命令。选中直线，按“Delete”键将其删除。

步骤3 单击“修改”面板“变形”卷展栏中的“缩放”按钮，在弹出的“缩放变形”对话框中单击“插入 Bezier 点”按钮，然后在曲线上单击，插入 2 个控制点（图 2-3-17）。

图 2-3-15　绘制圆和直线

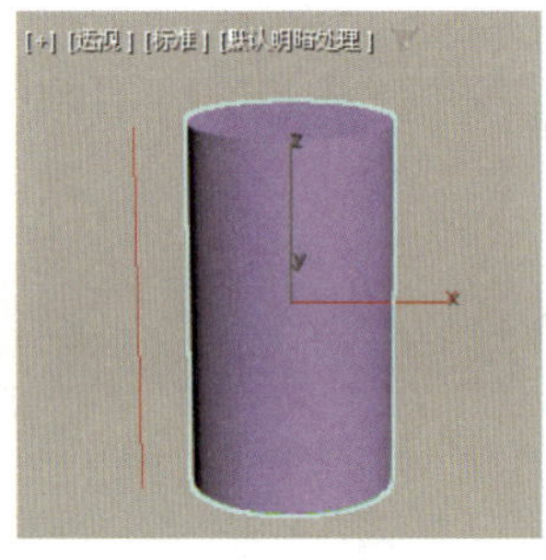

图 2-3-16　放样后的效果

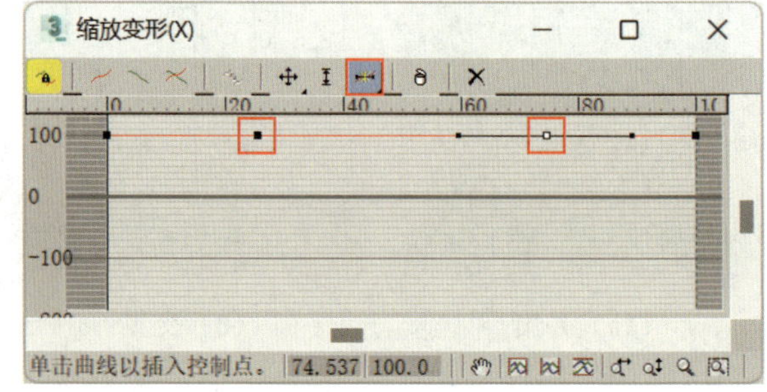

图 2-3-17　插入 2 个控制点

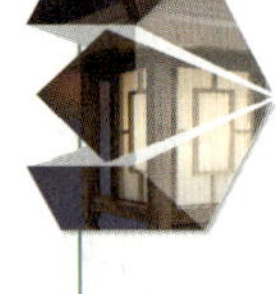

步骤4 单击“缩放变形”对话框中的“移动控制点”按钮，然后调整曲线上的控制点（图 2-3-18），以调整放样生成的三维模型的形状（图 2-3-19）。关闭“缩放变形”对话框。

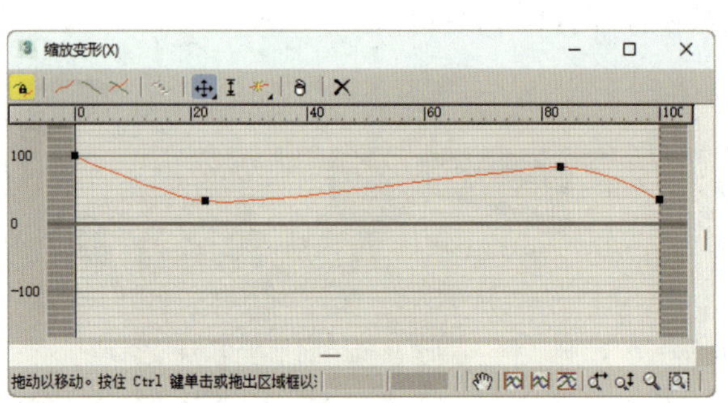

图 2-3-18　曲线上的控制点

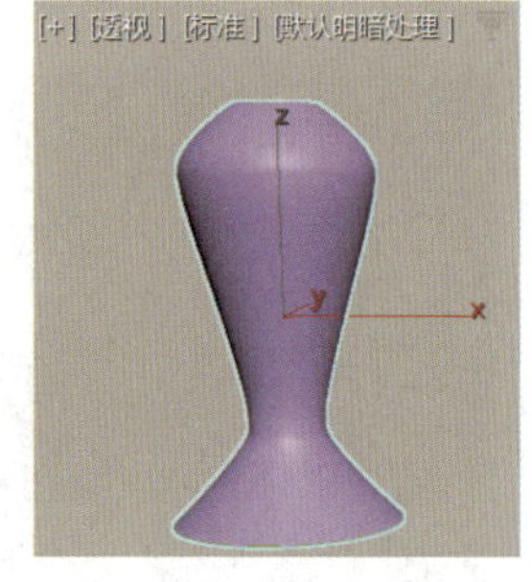

图 2-3-19　三维模型的形状

步骤5 单击“创建”面板“几何体”对象类别“标准基本体”分类中的“四棱锥”按钮，在透视图中创建一个 180 mm×180 mm×320 mm 的四棱锥，然后单击“创建”面板“几何体”对象类别“标准基本体”分类中的“长方体”按钮，在透视图中创建一个 160 mm×160 mm×285 mm 的长方体和一个 165 mm×165 mm×5 mm 的长方体。

步骤6 选中较大的长方体，单击主工具栏“对齐”弹出按钮下方的“快速对齐”按钮，接着选中四棱锥，然后按“W”键，在前视图中将较大的长方体沿 *y* 轴方向移至合适位置（图 2-3-20）。

步骤7 选中较小的长方体，单击“快速对齐”按钮，接着选中四棱锥，将较小的长方体与四棱锥以轴点为基准对齐。

步骤 8 选中四棱锥，单击“几何体”对象类别“复合对象”分类中的“布尔”按钮，再单击“布尔参数”卷展栏中的“添加运算对象”按钮，然后选中较大的长方体，在“运算对象参数”卷展栏中单击“差集”按钮，最后选中较小的长方体（图 2-3-21）。在视口中右击，终止执行“布尔”命令。

步骤 9 使用“快速对齐”按钮将布尔操作得到的模型与放样得到的模型以轴点为基准对齐，然后在前视图中沿 y 轴方向调整它们的位置（图 2-3-22）。

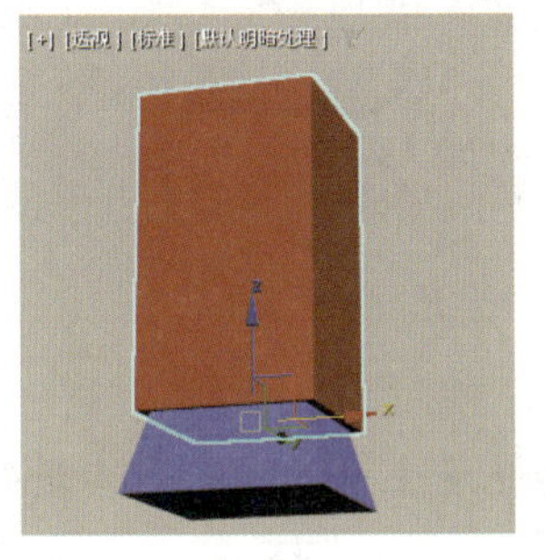

图 2-3-20 较大的长方体的位置

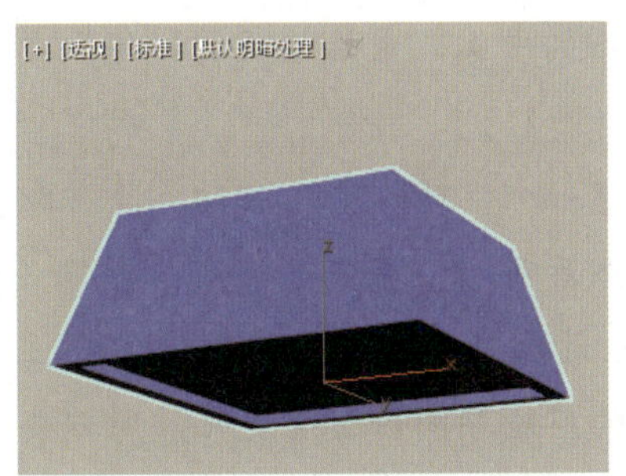

图 2-3-21 布尔操作的结果

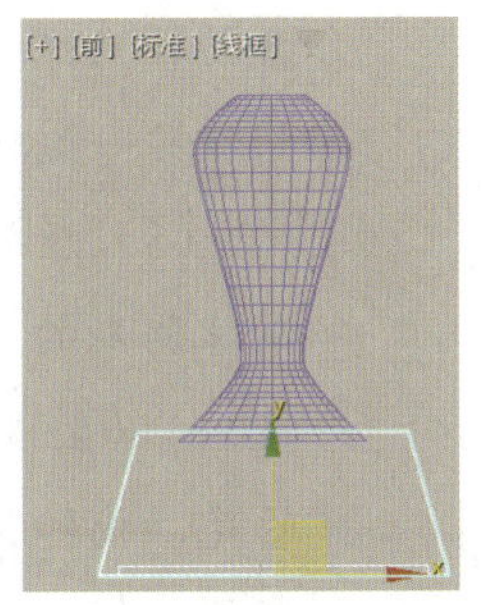

图 2-3-22 模型的位置

步骤 10 将本书配套素材“素材与实例\项目二”中的“文字模型 .max”文件拖动至视口区域，然后释放鼠标左键，在弹出的快捷菜单中选择“合并文件”菜单项，然后使用“快速对齐”按钮将文字模型与布尔操作得到的模型以轴点为基准对齐。至此，印章便制作完毕了。

学习成果自测

自测习题一 制作摩天轮

利用本项目所学知识制作摩天轮（图 2-3-23）。

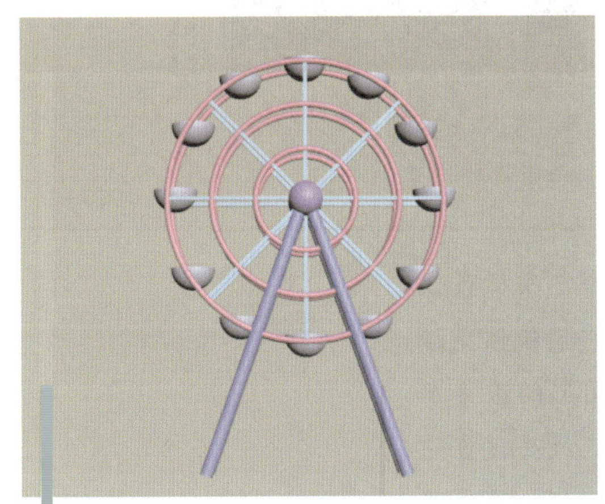

（a）摩天轮

（b）渲染效果

图 2-3-23 摩天轮及其渲染效果

提示：　该摩天轮由转盘、中心主轴、座舱和立柱组成。

（1）转盘：首先在前视图中创建 3 个圆环（圆环的半径 1 和分段数不同，半径 2 相同）并将它们对齐，然后在透视图中创建一个长方体（长方体的高度与最外圈圆环的直径一致）并将长方体移至合适位置，然后调整长方体的轴点并将长方体旋转克隆，最后将所有的圆环和长方体组成一个组。

（2）中心主轴：在前视图中创建一个油罐，调整其轴点后将其移至合适位置（图 2-3-24），然后将转盘的轴点调整至油罐的中心，最后使用“镜像”命令制作另一侧转盘。

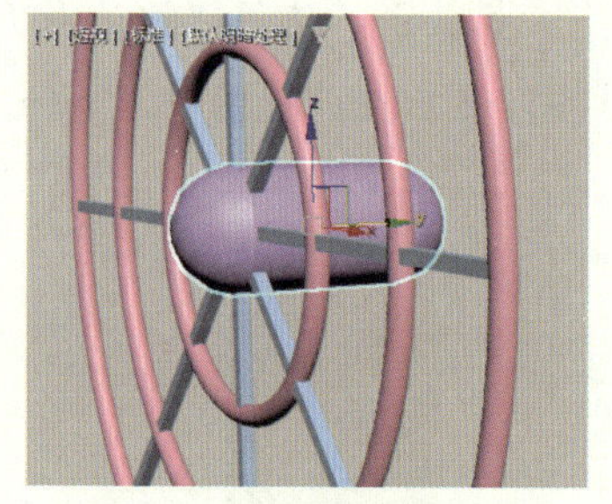

图 2-3-24　油罐的位置

（3）座舱：创建一个半球，将其移动克隆并缩小半球副本的半径，然后对两个半球进行布尔操作（差集），以生成座舱，最后将座舱旋转克隆。需要注意的是，旋转克隆后的座舱朝向会发生变化，所以要对旋转克隆生成的座舱副本进行调整。

（4）立柱：创建一个圆柱，将其旋转约 20° 并移至合适位置，然后使用“镜像”命令制作其余 3 根立柱。

自测习题二　制作花架

利用本项目所学知识制作花架（图 2-3-25）。

（a）花架

（b）渲染效果

图 2-3-25　花架及其渲染效果

提示：　该花架由支架和置物架组成。先绘制 2 条样条线（图 2-3-26），将它们合并为整体，再将它们镜像克隆 1 份；接着焊接重合的顶点，设置二维图形的渲染参数，以制作花架的后支架。绘制矩形和直线并设置它们的渲染参数，生成置物架的边框和支撑杆，然后将支撑杆实例克隆，即可完成置物架的创建；接着进行复制克隆、缩放、镜像等操作，创建其他置物架；最后将后支架镜像并实例克隆 1 份，生成花架的前支架。

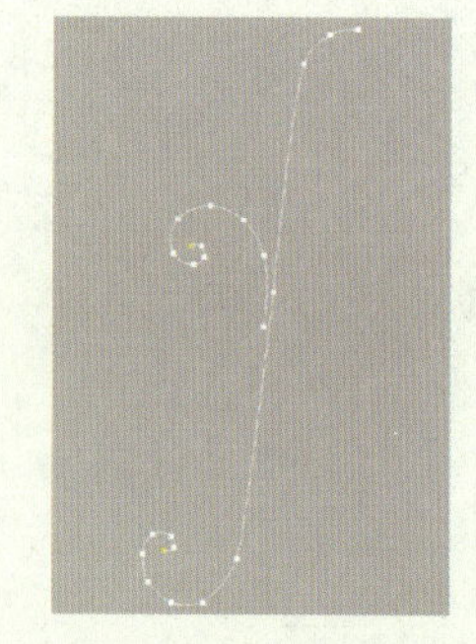

图 2-3-26　样条线的形状

学习成果评价

请进行学习成果评价，并将评价结果填入表 2-3-1。

表 2-3-1　学习成果评价表

评价项目	评价内容	分值	评价分数		
			自评	他评	师评
知识（40%）	标准基本体、扩展基本体、建筑对象	10			
	绘制样条线	10			
	编辑样条线	10			
	图形合并、放样、布尔	10			
技能（40%）	能够使用基本体建模	15			
	能够使用样条线建模	15			
	能够使用复合对象建模	10			
素养（20%）	积极参加教学活动，按时完成学习任务	10			
	主动学习和探索新的知识	10			
合计		100			
总评	自评（20%）+他评（20%）+师评（60%）=________	指导教师（签名）：__________			

项目三

修改器建模

在基本体建模和样条线建模的基础上，可以进行修改器建模。修改器是附加到三维模型、二维图形上，使它们产生变化的工具。为三维模型添加修改器可以改变三维模型的形状，为二维图形添加修改器可以将二维图形转换为三维模型。本项目将介绍使用三维模型和修改器建模、使用二维图形和修改器建模等内容，带领读者学习修改器建模。

知识目标

- 掌握应用修改器的方法。
- 了解适用三维模型的常用修改器及其功能。
- 了解适用二维图形的常用修改器及其功能。

能力目标

- 能够使用三维模型和修改器建模。
- 能够使用二维图形和修改器建模。

素质目标

- 学生通过使用不同的方法制作弯曲的书页，培养举一反三的能力和勤于思考的习惯。
- 学生通过欣赏京剧脸谱，感受中国传统艺术的魅力，培养正直、忠诚的品质，树立正确的价值观和道德观。

任务一　使用三维模型和修改器建模

【任务引入】

小华参加了学校组织的数字创意大赛，比赛的题目是“我的书桌”。小华决定以三维渲染的方式打造一张充满生活气息的书桌，书桌上以翻开的书本作为主体，翻动的书页更显生动。但小华不知道怎样制作书本翻开的效果，于是向老师求助。老师告诉小华可以使用“壳”和“弯曲”修改器来制作书本的封面和弯曲的书页。在老师的悉心指导下，小华最终制作出了令人满意的作品。这次的经历让他在数字创意的道路上迈出了坚实的一步。

想一想：

（1）常用于编辑三维模型的修改器有哪些？

（2）什么样的模型适合使用三维模型和修改器来制作？

一、应用修改器的方法

应用修改器的方法：选中需要添加修改器的对象，在“修改”面板的修改器列表中选择需要的修改器，然后在出现的卷展栏中设置相关参数。“修改”面板由“名称”和“颜色”字段、修改器列表、修改器堆栈、修改器堆栈工具和卷展栏 5 部分组成（图 3-1-1）。

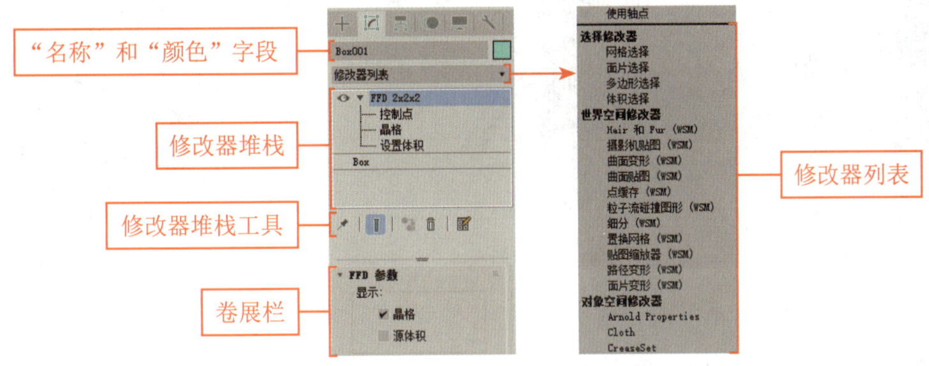

图 3-1-1　“修改”面板

（1）“名称”和“颜色”字段。这部分用于显示、修改所选对象的名称和颜色。

（2）修改器列表。选中需要修改的对象，然后单击修改器列表，在弹出的下拉列表中选择要添加的修改器。

（3）修改器堆栈。修改器堆栈中包括当前选择的对象和作用在该对象上的所有修改器。若某个对象应用了多个修改器，在修改器堆栈中采用拖动的方式调整修改器的位置，可以调整修改器的应用顺序（软件默认按添加的先后顺序由下向上排列修改器），模型也会随之变化。右击修改器堆栈中某个修改器，可在弹出的快捷菜单中进行剪切、复制、粘贴、删除等操作。单击修改器前的图标▸，可显示该修改器中折叠的选项。

（4）修改器堆栈工具。修改器堆栈工具可用于管理修改器堆栈，其中包含以下 5 个按钮：

①“锁定堆栈”按钮：选中某个应用了修改器的对象后单击该按钮（按钮处于按下状态），则无论选中视口中的哪个对象，“修改”面板中始终显示该对象所应用的修改器。

②“显示最终结果开 / 关切换”按钮：该按钮处于按下状态时，无论在修改器堆栈中选中原始对象还是修改器，对象在视口中都始终显示为应用了堆栈中所有修改器后的效果；该按钮处于弹起状态时，对象在视口中显示为应用了选中的修改器的效果。

③“使唯一”按钮：将应用了修改器的对象实例克隆后，选中其中的任一对象，然后单击该按钮，可断开该对象与其他对象之间的联系。

④“从堆栈中移除修改器”按钮：单击该按钮可删除当前选中的修改器。

⑤“配置修改器集”按钮：单击该按钮，在弹出的快捷菜单中可自定义如何在“修改”面板中显示和选择修改器。

（5）卷展栏。选中修改器堆栈中的任一选项，均会出现相应的卷展栏。在卷展栏中可查看或修改相关参数。

二、“弯曲”修改器和“扭曲”修改器

（一）“弯曲”修改器

使用“弯曲”修改器可使对象沿某个轴弯曲（图 3-1-2）。为对象添加“弯曲”修改器后，可在“参数”卷展栏（图 3-1-3）中设置具体参数。

（a）弯曲前

（b）弯曲后

图 3-1-2　制作水龙头

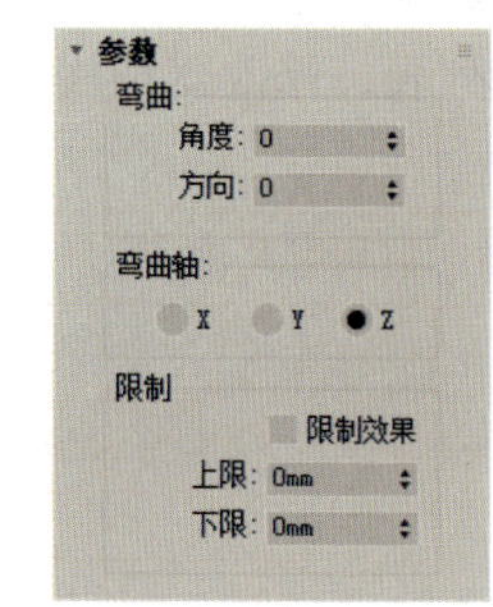

图 3-1-3　“参数”卷展栏

（1）“角度”文本框：用于设置对象弯曲的角度。

（2）“方向”文本框：用于设置对象弯曲的方向。

（3）“弯曲轴 : x/y/z”单选钮：用于指定对象弯曲时依据的轴向。

（4）“限制效果”复选框：用于控制是否对对象的弯曲效果进行限制，使对象只有部分弯曲（图 3-1-4）。勾选该复选框后，可在“上限”和“下限”文本框中设置在弯曲中心点上方和下方多长距离内弯曲对象。

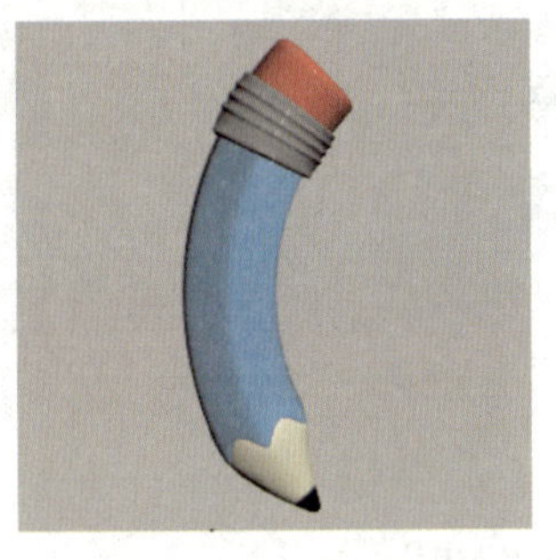

（a）未限制弯曲效果

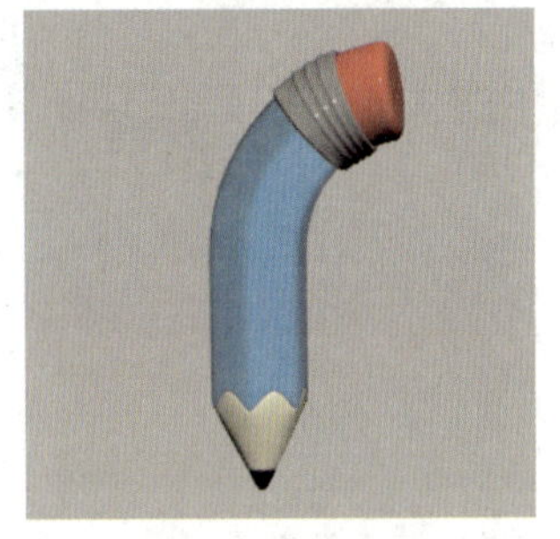

（b）限制弯曲效果

图 3-1-4　弯曲的铅笔

答疑解惑

问：为对象添加“弯曲”修改器并调整弯曲的角度和方向、弯曲时依据的轴后，如果弯曲效果不理想，该如何操作？

答：弯曲效果不理想可能有 2 个原因：① 对象在弯曲方向上的分段数量不够多，此时可通过增加对象的分段数量来解决；② 弯曲修改器的 Gizmo 及其中心的位置不当，此时可选择修改器堆栈中“Bend”修改器下方的“Gizmo”或“中心”选项，然后在视口中通过调整其位置来解决。使用其他修改器建模时，也可以通过增加模型的分段数量、调整“Gizmo”或“中心”的位置来调整模型的最终效果。

（二）“扭曲”修改器

使用“扭曲”修改器可使对象绕某个轴扭曲（图 3-1-5）。为对象添加“扭曲”修改器后，可在“参数”卷展栏（图 3-1-6）中调整该对象的扭曲角度、扭曲的起始位置、扭曲依据的轴并对扭曲效果进行限制。

（a）扭曲前

（b）扭曲后

图 3-1-5　制作创意花瓶

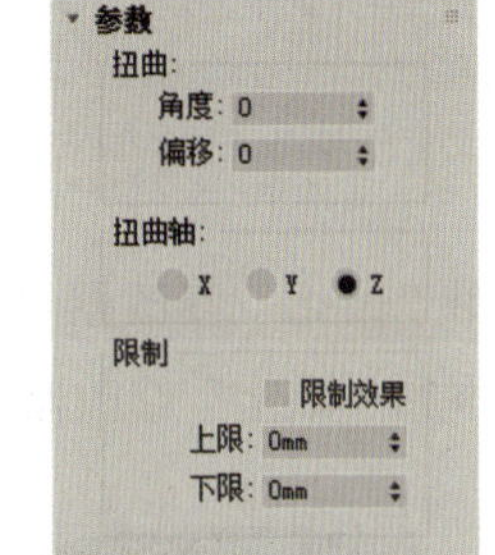

图 3-1-6　“参数”卷展栏

三、“噪波”修改器

使用“噪波”修改器可以使对象表面扭曲变形，并使其表面产生随机变化的、凹凸不平的效果，常用来制作山地等模型和水面、水果表面的凹凸纹理效果（图 3-1-7）。为对象添加“噪波”修改器后，可在“参数”卷展栏（图 3-1-8）中设置具体参数。

（a）添加修改器前

（b）添加修改器后

图 3-1-7　制作水面

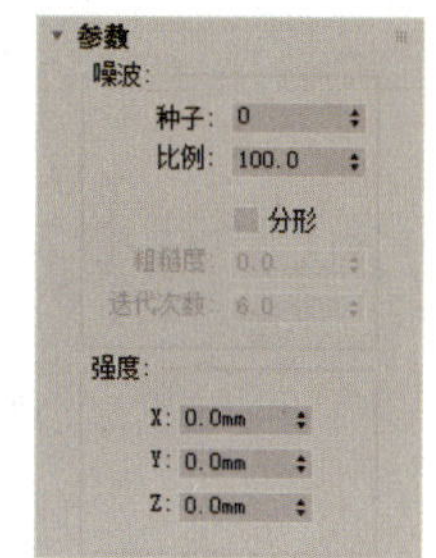

图 3-1-8　“参数”卷展栏

（1）“种子”文本框：用于设置噪波的随机起始点。

（2）“比例”文本框：用于设置噪波的平滑程度，数值越大，噪波越平滑（图 3-1-9）。

（3）“分形”复选框：用于控制是否应用分形效果，即在当前已有的噪波效果上再次生成噪波（图3-1-10），勾选该文本框后可在“粗糙度”文本框中设置噪波变化的程度，在“迭代次数”文本框中设置再次产生噪波的次数。

（a）比例为 20

（b）比例为 100

图 3-1-9　不同比例时噪波的效果

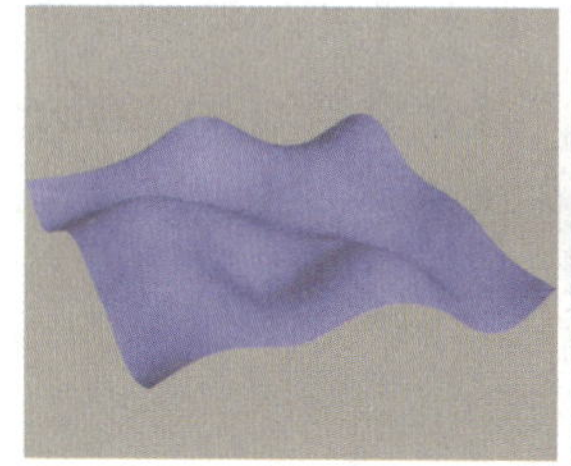

（a）应用分形前

（b）应用分形后

图 3-1-10　应用分形的效果

（4）“x”“y”“z”文本框：用于设置噪波在 3 个轴向的强度。

四、“锥化”修改器和 FFD 修改器

（一）“锥化”修改器

使用“锥化”修改器可缩放对象的一端或两端，从而使该对象产生锥化效果（图 3-1-11）。为对象添加“锥化”修改器后，可在“参数”卷展栏（图 3-1-12）中设置具体参数。

（a）锥化前

（b）锥化后

图 3-1-11　制作酒桶

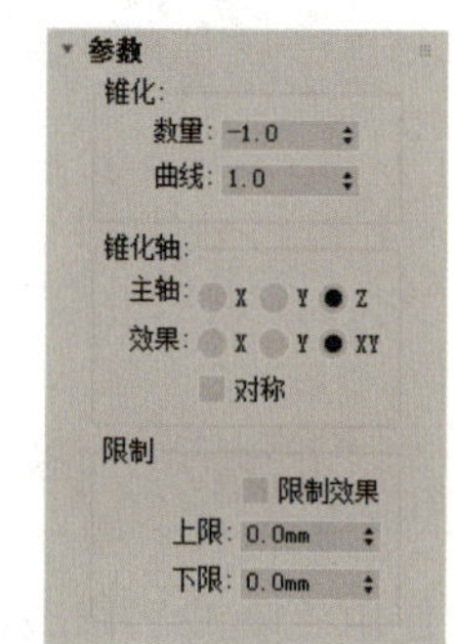

图 3-1-12　“参数”卷展栏

（1）“数量”文本框：用于设置锥化时对象的缩放程度。数值为正值时，锥化端将被放大；

数值为负值时，锥化端将被缩小。

（2）“曲线”文本框：用于设置对象表面的弯曲效果。数值为正值时，对象表面将产生向外凸的效果；数值为负值时，对象表面将产生向内凹的效果。

（3）“主轴：x/y/z”单选钮：用于指定锥化时依据的主轴。

（4）“效果：x/y/z”单选钮：用于指定主轴上锥化方向的轴或平面。

（5）“对称”复选框：用于控制是否以主轴为中心产生对称的锥化效果。

（二）FFD 修改器

FFD 修改器又称“自由形式变形修改器”，为对象添加 FFD 修改器后，该对象会被一个晶格包裹，通过调整晶格上的控制点可以使对象产生形变（图 3-1-13）。

3ds Max 中有“FFD 2×2×2”“FFD 3×3×3”“FFD 4×4×4”“FFD（圆柱体）”和“FFD（长方体）”5 种 FFD 修改器，它们只是控制点的数量不同。其中，“FFD 2×2×2”“FFD 3×3×3”“FFD 4×4×4”修改器有固定的控制点数量，而“FFD（圆柱体）”和“FFD（长方体）”修改器控制点的数量可在“FFD 参数”卷展栏（图 3-1-14）中进行设置。

（a）原模型

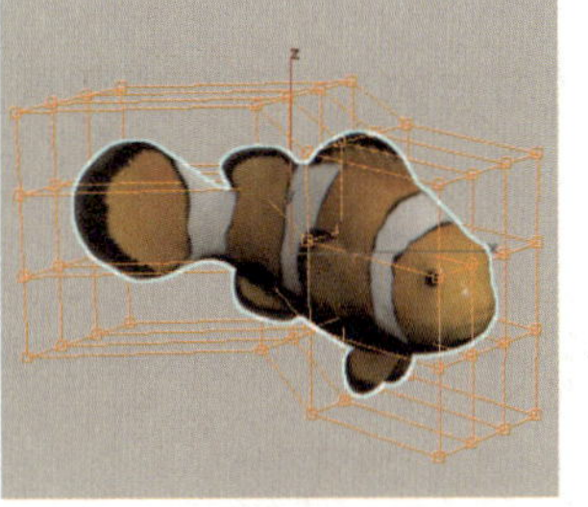

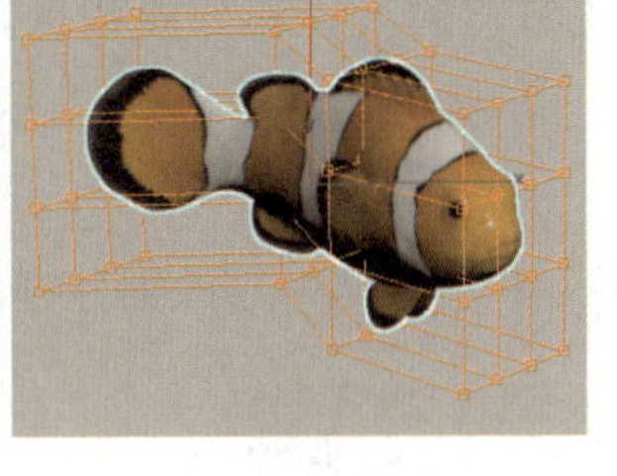

（b）调整控制点后

图 3-1-13　使鱼产生形变

图 3-1-14　“FFD 参数”卷展栏

五、“晶格”修改器

使用“晶格”修改器可以将二维图形或模型的棱边转化为圆柱形结构，并在顶点处生成多面体，常用来制作具有镂空结构的模型（图3-1-15）。为对象添加“晶格”修改器后，可在“参数”卷展栏（图 3-1-16）中设置具体参数。

（a）添加修改器前

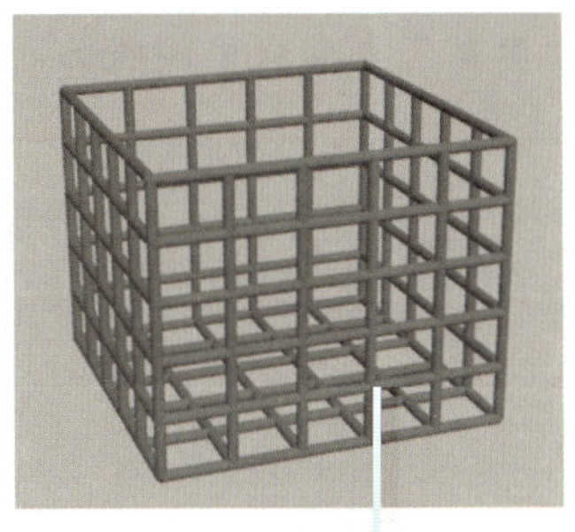

（b）添加修改器后

图 3-1-15　制作铁笼

图 3-1-16　“参数”卷展栏

（1）“应用于整个对象”复选框：勾选该复选框后，“晶格”修改器将应用于对象的所有边和线段上，取消勾选该复选框后，只应用于所选的子对象。

（2）“仅来自顶点的节点”单选钮：单击该单选钮后，视口中只显示在对象的顶点处生成的节点（多面体）。

（3）“仅来自边的支柱”单选钮：单击该单选钮后，视口中只显示在对象的边和线段上生成的支柱（圆柱体）。

（4）“二者”单选钮：单击该单选钮后，视口中同时显示在对象的顶点、边和线段上生成的节点和支柱。

（5）“半径”“分段”“边数”文本框：用于设置支柱的半径、分段数量和边数。

（6）“材质 ID”文本框：用于设置支柱或节点的材质 ID，通常为支柱和节点设置不同的材质 ID，以便赋予它们不同的材质。

（7）“忽略隐藏边”复选框：用于控制在对象的边和线段上生成支柱时，是否忽略隐藏的边和线段。

（8）“末端封口”复选框：用于控制是否对生成的支柱的末端进行封口。

（9）“平滑”复选框：用于控制生成的支柱和节点的边是否平滑。

（10）“四面体”“八面体”“十二面体”单选钮：用于指定在对象的顶点处生成的节点的类型。

（11）“半径”和“分段”文本框：用于设置节点的半径和分段数量。

实例：制作镂空垃圾桶

下面通过制作镂空垃圾桶，介绍使用“晶格”和“锥化”修改器建模的具体操作（图 3-1-17）。

图 3-1-17　镂空垃圾桶

步骤 1　在透视图中按照如图 3-1-18 所示的参数创建一个圆柱体，然后在“修改”面板的修改器列表中选择“晶格”选项，并在“参数”卷展栏中按照如图 3-1-19 所示的参数进行设置。

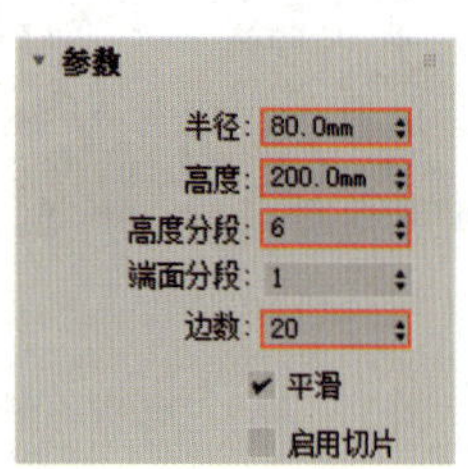

图 3-1-18　圆柱体的参数

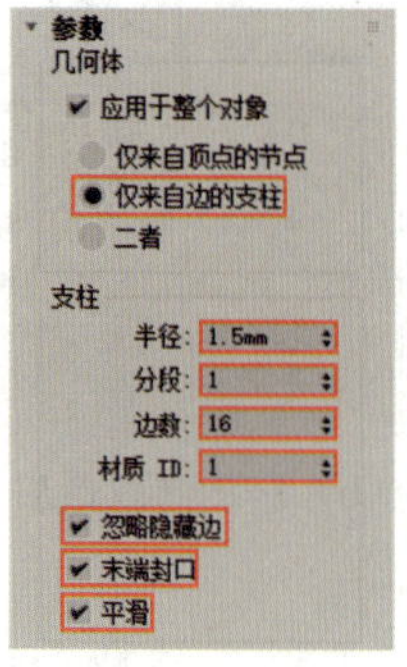

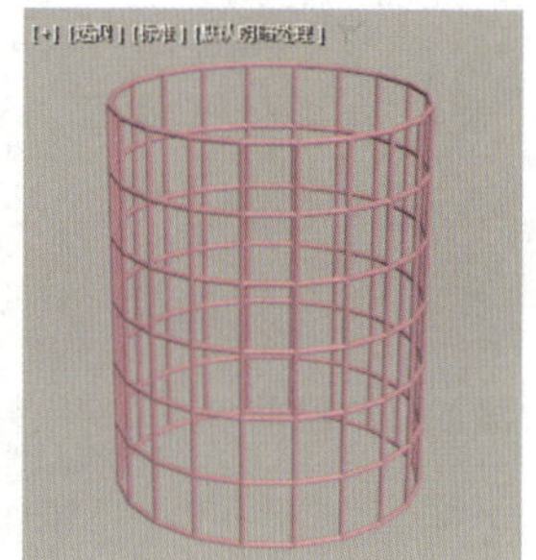

图 3-1-19　添加“晶格”修改器

步骤 2 在透视图中创建一个半径为 80 mm、高度为 2 mm 的圆柱体，然后使用“快速对齐”按钮将该圆柱体与在步骤 1 中创建的圆柱体以轴点为基准对齐（图 3-1-20）。

步骤 3 在透视图中创建一个半径 1 为 80 mm、半径 2 为 4 mm，分段数量为 40 的圆环，然后使用“快速对齐”按钮将该圆环与在步骤 2 中创建的圆柱体以轴点为基准对齐，最后在前视图中将该圆环沿 y 轴方向移至合适位置（图 3-1-21）。

步骤 4 选中所有对象，然后在“修改”面板的修改器列表中选择“锥化”选项，并在“参数”卷展栏中进行设置（图 3-1-22）。至此，镂空垃圾桶便制作完毕了。

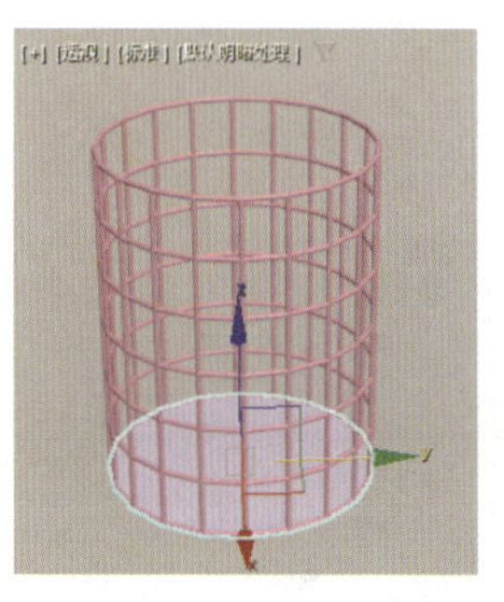

图 3-1-20 圆柱体的位置

图 3-1-21 圆环的位置

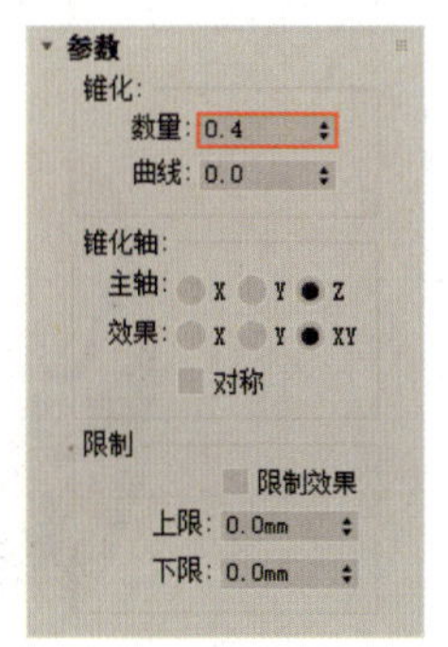

图 3-1-22 添加“锥化”修改器

六、“壳”修改器

使用“壳”修改器可以赋予面片厚度，使其成为有厚度的三维模型（图 3-1-23），常用于赋予面厚度。为对象添加“壳”修改器后，可在“参数”卷展栏（图 3-1-24）中设置具体参数。

（a）添加修改器前

（b）添加修改器后

图 3-1-23 制作鸡蛋壳

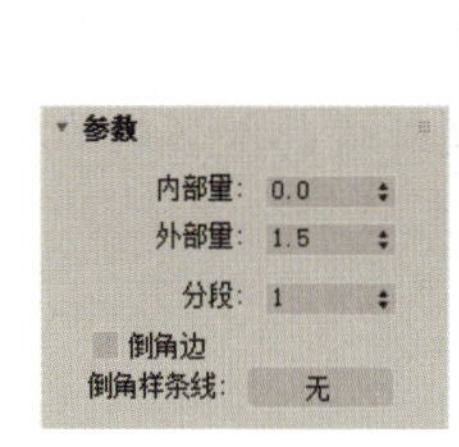

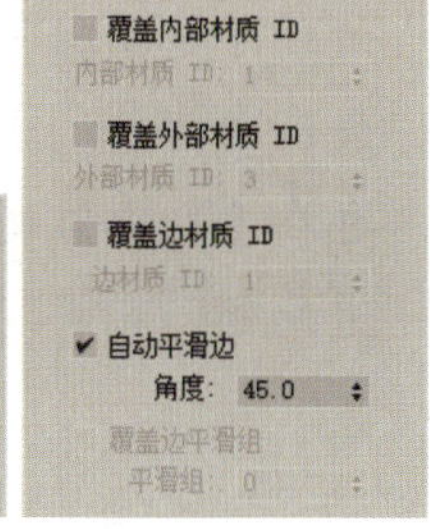

图 3-1-24 “参数”卷展栏

（1）“内部量”和“外部量”文本框：用于设置面片成为三维模型时的厚度。其中，“内部量”文本框用于设置面片向内生成的厚度，“外部量”文本框用于设置面片向外生成的厚度。

（2）“分段”文本框：用于设置模型厚度上的分段。

（3）“倒角边”复选框：勾选该复选框后，单击其下方的“无”按钮，然后选中样条线，即可使模型的边缘产生与该样条线弧度一致的倒角。

（4）“自动平滑边”复选框：勾选该复选框后，软件会根据其下方“角度”文本框中的角度自动对生成的厚度边进行平滑处理。

七、“镜像”修改器

“镜像”修改器可将原对象以指定的坐标轴或坐标平面镜像，常用于制作对称的物体。使用主工具栏中的“镜像”按钮生成的副本与原对象各自独立，而使用“镜像”修改器生成的副本与原对象为整体（图 3-1-25）。因此，主工具栏中的“镜像”按钮适用于摆放对象，“镜像”修改器则适用于建模。为对象添加“镜像”修改器后，可在“参数”卷展栏（图 3-1-26）中设置镜像所依据的轴向、生成的副本的轴点与原始对象的轴点之间的距离，以及是否创建镜像副本。

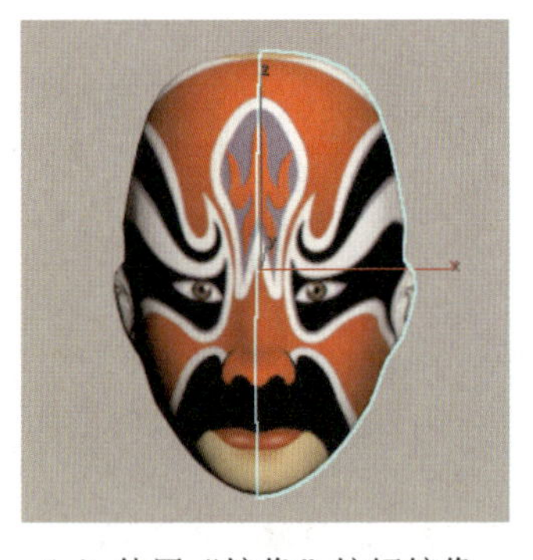

（a）使用“镜像”按钮镜像

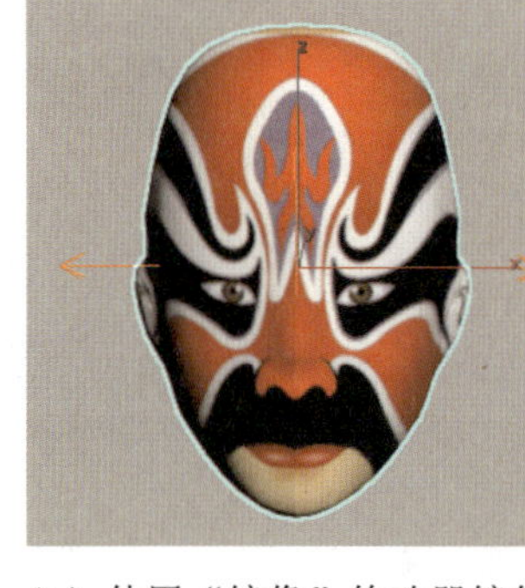

（b）使用“镜像”修改器镜像

图 3-1-25　将京剧脸谱镜像

参数
镜像轴:
X　XY
Y　YZ
Z　ZX
选项:
偏移: 0.0mm
复制

图 3-1-26　“参数”卷展栏

素养之窗

脸谱是传统戏曲中演员面部化妆的一种程式。各种人物大多有特定谱式和色彩，借以突出人物的性格特征，表现对人物的褒贬，如用红色代表忠勇，黑色表示粗直，白色表示奸诈等。观众在观看戏曲时，通过脸谱的色彩和图案就可以直观地感受艺术家对角色善恶、褒贬的评价，这种直观的艺术体验让人沉浸于中国传统艺术的魅力之中。同时，脸谱艺术也在无形中传递着道德教育的力量，使观众在潜移默化中受到熏陶，树立正确的价值观和道德观。

任务实施　制作书本

下面通过制作书本，来学习修改器建模的具体操作（图 3-1-27）。

（a）书本

（b）渲染效果

图 3-1-27　书本及其渲染效果

制作思路

本任务实施中的书本由封面和书页组成。首先绘制 2 条样条线，并进行放样，再使用“壳”修改器使放样生成的面片具有厚度，以制作书本封面；然后创建长方体，使用 FFD 修改器调整长方体的形状，再将调整后的长方体镜像并复制克隆 1 份，以制作书本两侧堆叠的书页；最后创建长方体，使用“弯曲”修改器使长方体弯曲，将其作为弯曲的书页，再将该书页复制克隆 1 份，以制作另一张弯曲的书页。

制作步骤

步骤 1 单击“标准基本体”分类中的“长方体”按钮，在前视图中创建一个 130 mm×120 mm×5 mm 的长方体，将其作为书本的大小参照。

步骤 2 单击“样条线”分类中的“线”按钮，在前视图中绘制一条如图 3-1-28 所示的样条线；然后按“3”键进入样条线编辑状态，在“几何体”卷展栏中勾选“复制”复选框并单击“镜像”按钮，将该样条线沿 x 轴方向镜像并复制克隆 1 份；最后按“W”键，在前视图中将样条线副本沿 x 轴方向移至合适位置（图 3-1-29）。

步骤 3 按“1”键进入顶点编辑状态，在前视图中框选 2 条样条线相交处的顶点，然后依次单击“几何体”卷展栏中的“熔合”按钮和“焊接”按钮，将所选顶点合并为一个顶点。按“1”键退出顶点编辑状态。

步骤 4 单击“样条线”分类中的“线”按钮，在顶视图中绘制一条与如图 3-1-29 所示的样条线垂直的直线（图 3-1-30）。

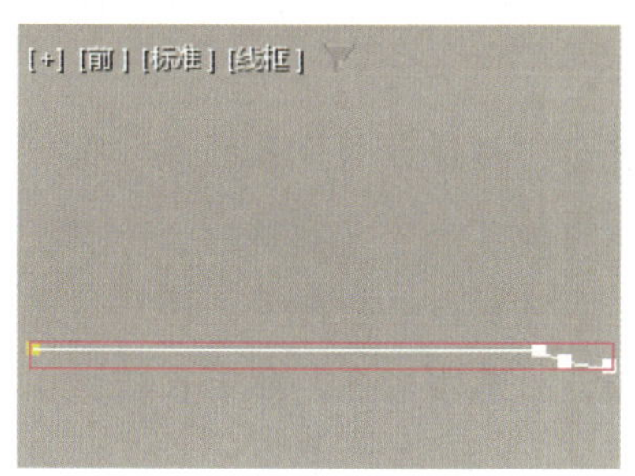

图 3-1-28　绘制样条线

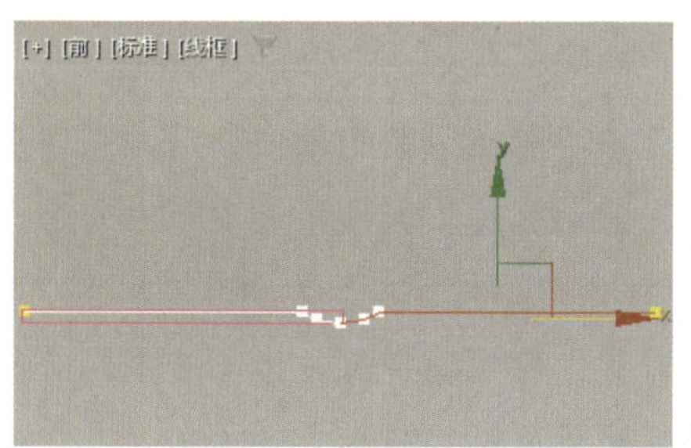

图 3-1-29　样条线副本的位置

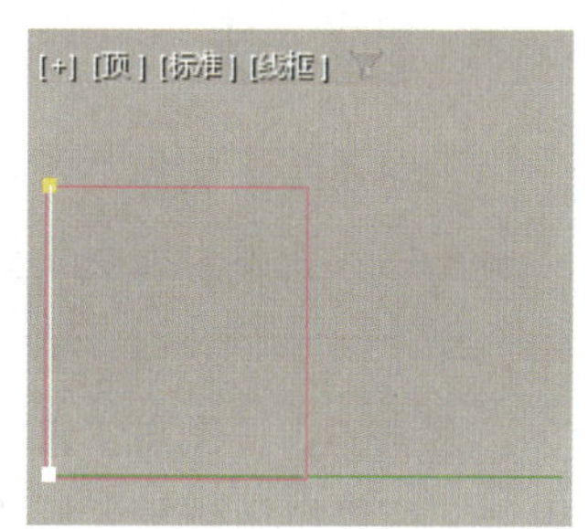

图 3-1-30　绘制直线

步骤 5 选中在步骤 4 中创建的直线，单击“创建”面板“几何体”对象类别“复合对象”分类中的“放样”按钮，然后单击“创建方法”卷展栏中的“获取图形”按钮，最后选中在步骤 3 中创建的样条线，即可对 2 条样条线进行放样（图 3-1-31）。在视口中右击，终止执行“放样”命令，并删除用于放样的样条线。

步骤 6 选中放样生成的面片，然后在“修改”面板的修改器列表中选择“壳”选项，并在“参数”卷展栏中进行设置，书本的封面就制作好了（图 3-1-32）。

步骤 7 单击“标准基本体”分类中的“长方体”按钮，在透视图中按照如图 3-1-33 所示的参数创建一个长方体。

步骤 8 确保长方体处于选中状态，在“修改”面板的修改器列表中选择“FFD（长方体）”选项，然后单击“FFD 参数”卷展栏中的“设置点数”按钮，在弹出的“设置 FFD 尺寸”对话框中设置将宽度方向上控制点的数量设为 10（图 3-1-34）。

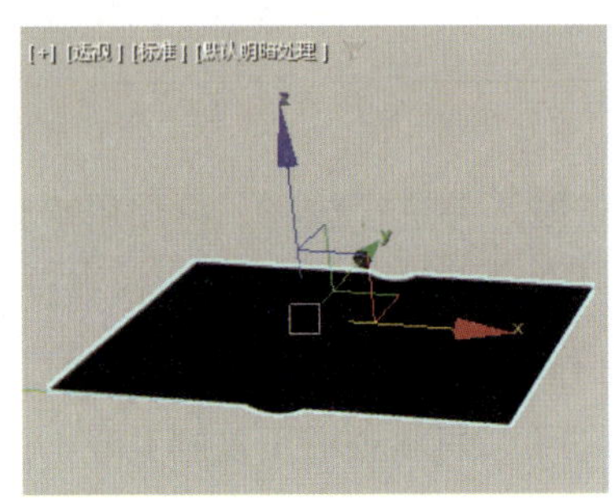

图 3-1-31　放样后的效果

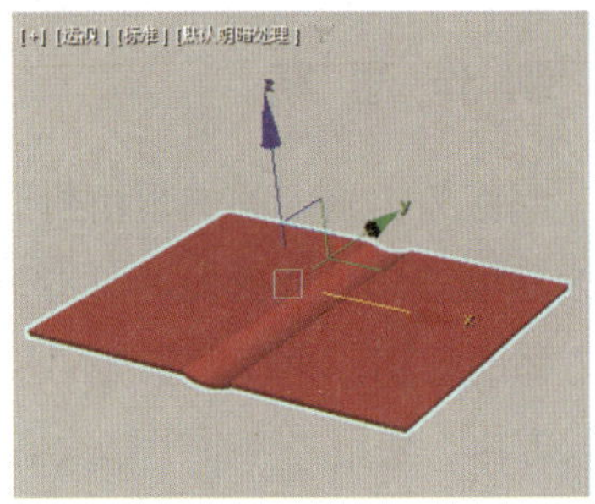

图 3-1-32　添加“壳”修改器

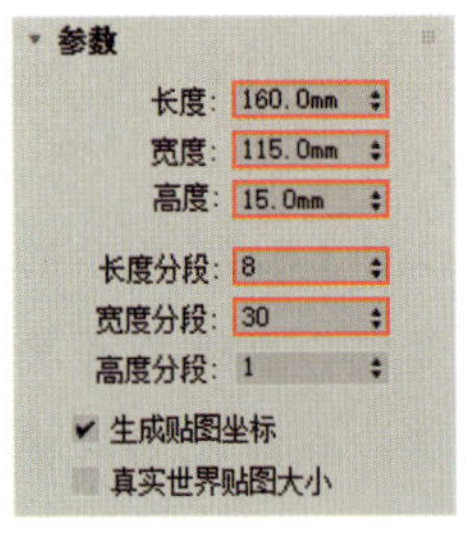

图 3-1-33　长方体的参数

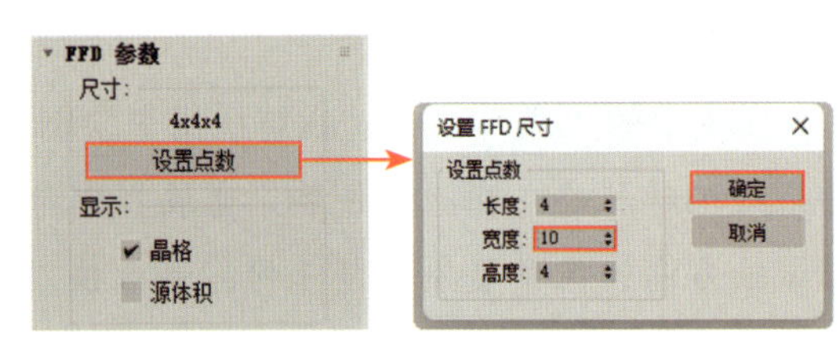

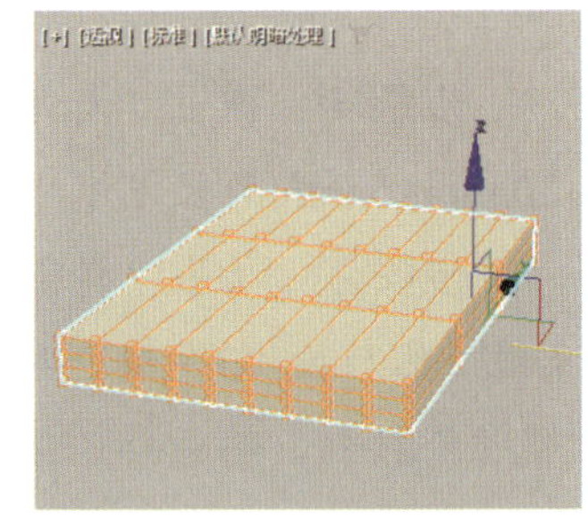

图 3-1-34　设置控制点的数量

步骤 9　单击“层次”面板“调整轴”选项卡中的“仅影响轴”按钮，选中书本封面，再单击“居中到对象”按钮，将书本封面的轴点移至其自身的中心（图 3-1-35）；然后选中长方体，按“S”键启用捕捉功能，将长方体的轴点沿 x 轴方向移至如图 3-1-36 所示的位置。再次单击“仅影响轴”按钮，关闭轴点调整功能。

提示

启用捕捉功能后，若无法将轴点沿某个轴向移动，则需要右击“捕捉开关”按钮，在弹出的“栅格和捕捉设置”对话框的“选项”选项卡中勾选“启用轴约束”复选框。

步骤 10　使用“快速对齐”按钮将长方体与书本封面以轴点为基准对齐，然后在前视图中沿 y 轴方向调整长方体的位置（图 3-1-37）。

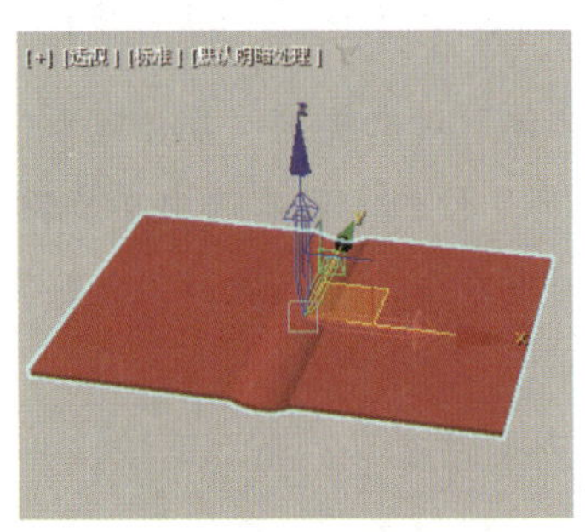

图 3-1-35　书本封面的轴点

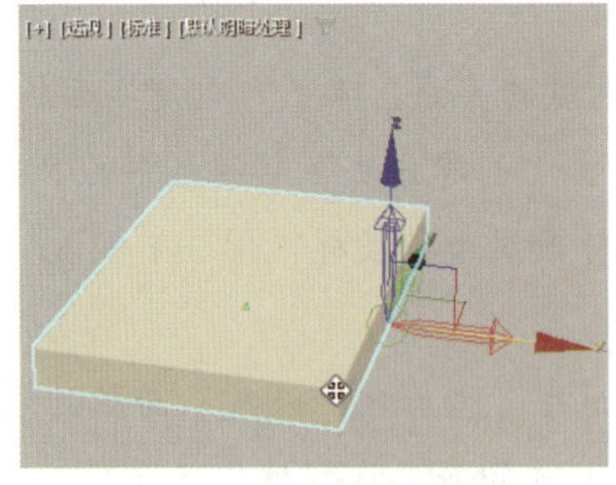

图 3-1-36　长方体的轴点

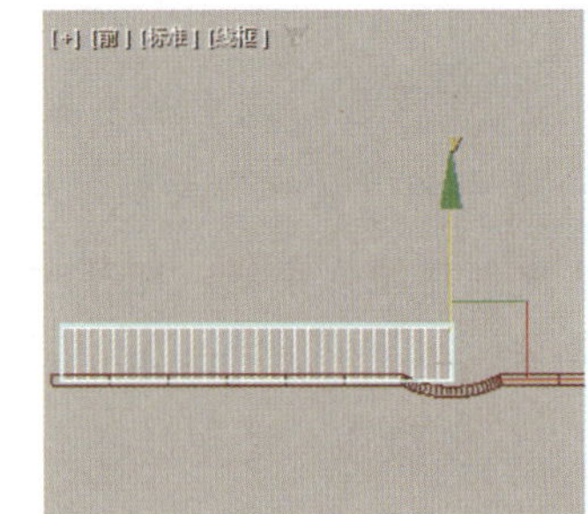

图 3-1-37　长方体的位置

步骤 11　选中长方体，按“1”键进入控制点编辑状态，然后在前视图中框选控制点，调整控制点，以制作书本一侧堆叠的书页（图 3-1-38）。

步骤 12　确保书本一侧堆叠的书页处于选中状态，使用“镜像”按钮，将所选对象沿 x 轴方向镜像并复制克隆 1 份，将其副本作为书本另一侧堆叠的书页（图 3-1-39）。按“1”键退出控制点编辑状态。

步骤 13 单击“标准基本体”分类中的“长方体”按钮，在透视图中按照如图 3-1-40 所示的参数创建一个长方体，然后在前视图将该长方体绕 z 轴按顺时针方向旋转约 25°。

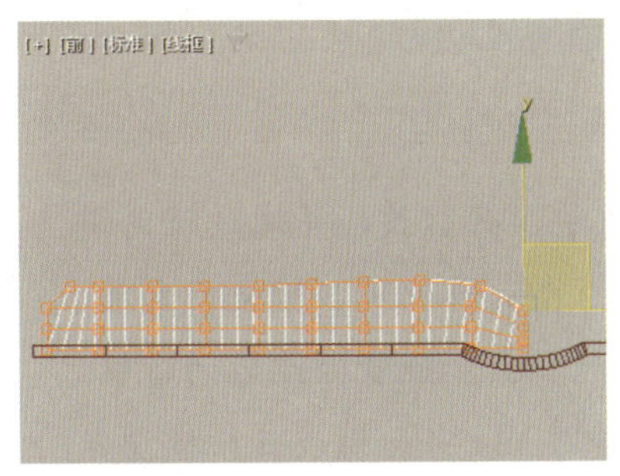

图 3-1-38 调整控制点

图 3-1-39 书本两侧堆叠的书页

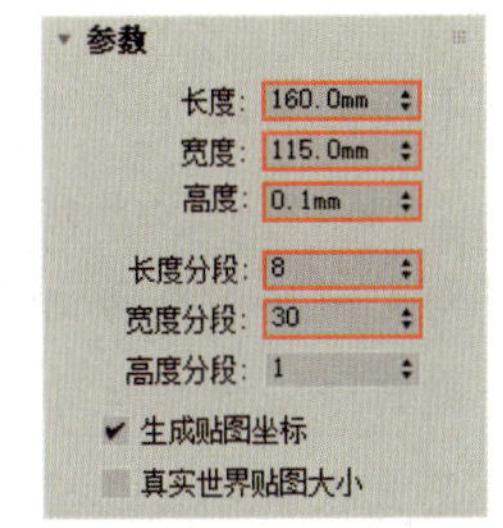

图 3-1-40 长方体的参数

步骤 14 确保长方体处于选中状态，在“修改”面板的修改器列表中选择“弯曲”选项，然后在“参数”卷展栏中设置弯曲的角度和弯曲时依据的轴向（图 3-1-41），以制作弯曲的书页，最后在前视图中将该书页沿 xy 平面移至合适位置（图 3-1-42）。

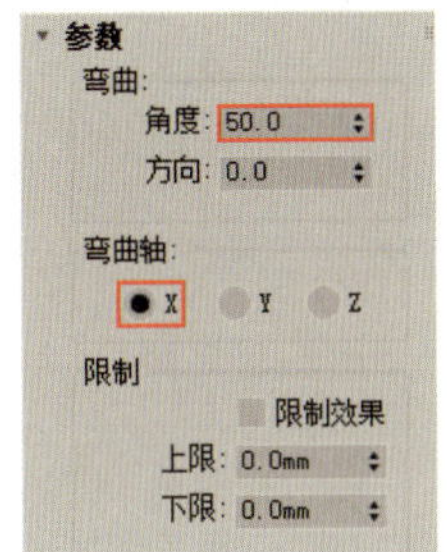

图 3-1-41 设置弯曲参数

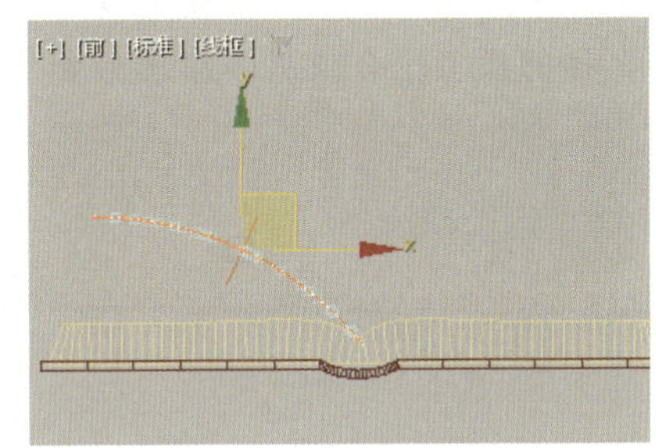

图 3-1-42 书页的位置

探索与分享

图 3-1-42 中的书页弯曲效果不仅可以使用“弯曲”修改器实现，还可以使用 FFD 修改器实现。请读者使用 FFD 修改器制作弯曲的书页。

步骤 15 选中书页，按“Ctrl+V”组合键，将其原位复制克隆 1 份，然后在“参数”卷展栏中将书页副本弯曲的角度设为 20°。

步骤 16 选中书页副本，按“E”键，在前视图中将其绕 z 轴按顺时针方向旋转约 40°，然后按“W”键，将书页副本沿 x 轴方向移至合适位置（图 3-1-43）。至此，书本便制作完毕了。

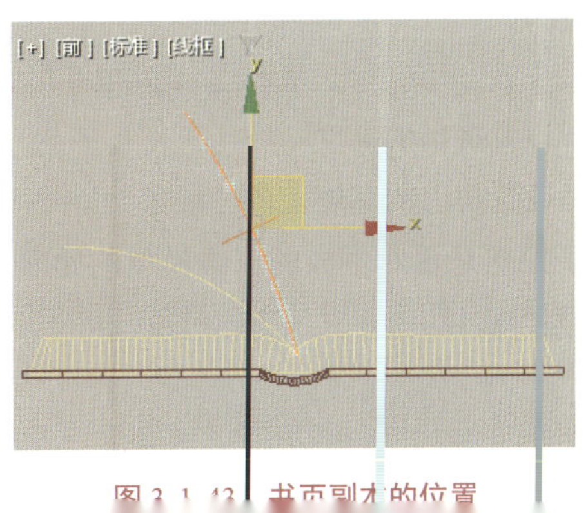

图 3-1-43 书页副本的位置

任务二　使用二维图形和修改器建模

【任务引入】

某学校充分调动学生参加社团的积极性，鼓励人人有所学、有所获，并通过理论讲解、现场实践等方式，拓宽学生成长成才通道，促进学生德、智、体、美、劳全面发展。设计专业的学生小秦因为对陶艺非常感兴趣，所以参加了陶艺社团。她在做陶艺的时候，怎么也做不出想要的效果。于是她便想：“为什么不先将灵感用 3ds Max 做成三维模型保存下来，等以后自己技术成熟了再制作出来呢！”她说做就做，在请教老师之后，使用二维图形和修改器建模的方法，将自己构思的陶艺作品制作成了三维模型。一年后，她已经能做各种各样的工艺品了，便将之前保留的三维模型一一制作了出来。

想一想：

（1）常用于编辑二维图形的修改器有哪些？

（2）什么样的模型适合使用二维图形和修改器来制作？

一、“挤出”修改器

使用“挤出”修改器可以将二维图形沿与其垂直的平面拉伸，从而生成三维模型（图 3-2-1）。为对象添加“挤出”修改器后，可在“参数”卷展栏（图 3-2-2）中设置具体参数。

（a）挤出前

（b）挤出后

图 3-2-1　制作熊猫贴纸

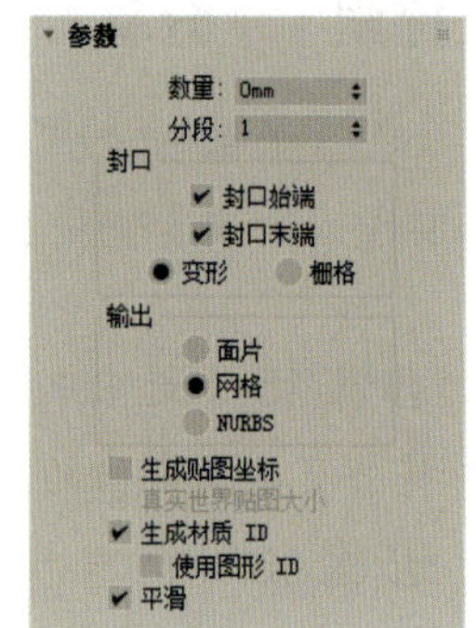

图 3-2-2　“参数”卷展栏

（1）“数量”文本框：用于设置挤出的高度。

（2）“分段”文本框：用于设置挤出的高度上的分段。

（3）“封口”设置区：用于控制是否对生成的三维模型的始端和末端进行封口。如果对两端均进行封口，则生成的三维模型为实体。

二、“倒角”修改器

使用“挤出”修改器只能将二维图形挤出 1 次，但是使用“倒角”修改器可以将二维图形挤出多次（最多 3 次），并且还可以在挤出方向上对相邻面间的棱边进行平滑处理（图 3-2-3）。为对象添加“倒角”修改器后，可在“参数”卷展栏和“倒角值”卷展栏（图 3-2-4）中设置具体参数。

（a）倒角前

（b）倒角后

图 3-2-3　制作三维文本

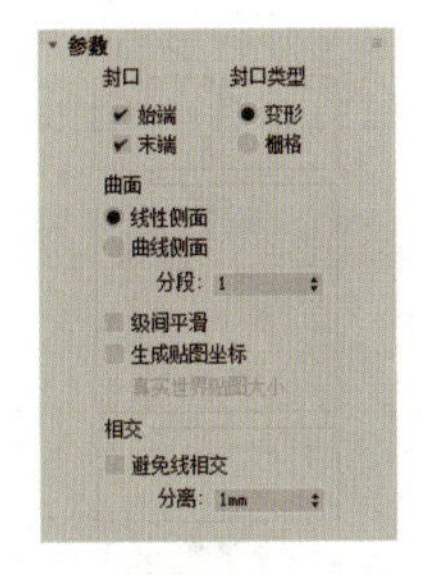

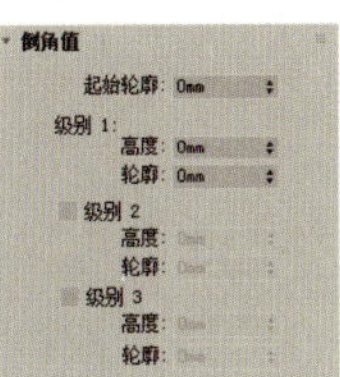

图 3-2-4　“参数”卷展栏

（1）“封口”设置区：用于控制是否对生成的三维模型的始端和末端进行封口。

（2）“线性侧面”单选钮：可以使 3 个级别之间的分段沿直线方向分布。

（3）“曲线侧面”单选钮：可以使 3 个级别之间的分段沿曲线分布。

（4）“级间平滑”复选框：用于控制在挤出方向上，相邻面间的棱边是否产生平滑过渡效果。

（5）“相交”设置区：用于防止在锐角处产生破坏整体造型的变形效果，在“分离”文本框中可设置两条边界线之间应保持的距离。

（6）“起始轮廓”文本框：用于设置生成的三维模型的底面轮廓与二维图形的偏移距离。若偏移距离为正值，则表示三维模型的底面轮廓比二维图形大；若偏移距离为负值，则表示三维模型的底面轮廓比二维图形小。

（7）“高度”文本框：用于设置当前级别与上一级别之间的距离，即挤出的高度。

（8）“轮廓”文本框：用于设置级别 1 中三维模型的底面轮廓与二维图形的偏移距离，或者级别 2、级别 3 中三维模型的底面轮廓与级别 1、级别 2 中三维模型的顶面轮廓的偏移距离。

三、“车削”修改器

使用“车削”修改器可以将二维图形围绕一个轴旋转，从而生成三维模型（图 3-2-5）。为对象添加“车削”修改器后，可在“参数”卷展栏（图 3-2-6）中进行设置。

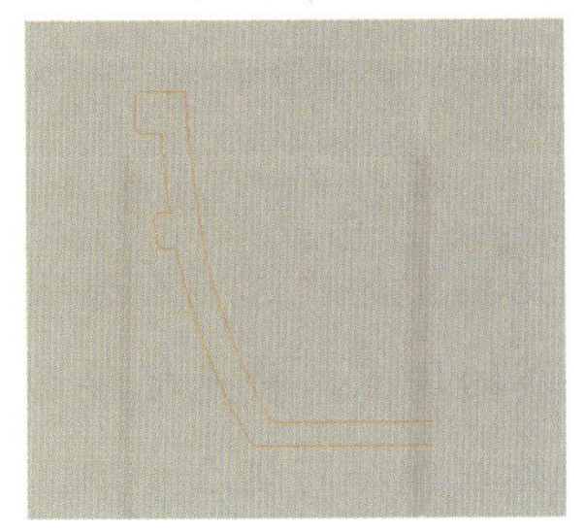

（a）车削前

（b）车削后（渲染效果）

图 3-2-5　制作花盆

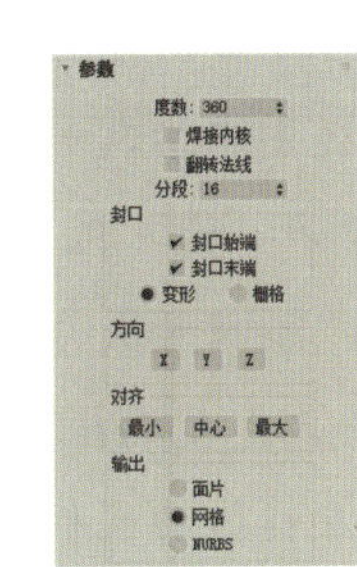

图 3-2-6　“参数”卷展栏

（1）“度数”文本框：用于设置对象绕旋转轴旋转的角度。

（2）“焊接内核”复选框：用于控制是否将旋转轴附近重叠的顶点合并，使端面平滑。

（3）“翻转法线”复选框：用于控制是否将模型的面的法线翻转。若车削后的模型显示为黑色，勾选该复选框可使其显示正常。

（4）“封口”设置区：用于设置旋转角度小于 360° 的车削对象的封口类型。

扫一扫

制作台灯

任务实施 制作台灯

下面通过制作台灯，学习修改器建模的具体操作（图 3-2-7）。

（a）台灯

（b）渲染效果

图 3-2-7 台灯及其渲染效果

制作思路

本任务实施中的台灯由灯座、灯泡、灯罩和支撑杆组成。在前视图中绘制一条样条线并为其添加“车削”修改器，以制作灯座。创建一个软管作为灯泡的底座，然后在前视图中绘制一条样条线，为该样条线添加“车削”修改器，以制作灯泡。绘制一个星形和一条直线，对它们进行放样，然后为放样生成的面片添加“壳”修改器和 FFD 修改器，以制作灯罩外壳，最后创建 2 个圆环，将 2 个圆环和灯罩外壳组成灯罩。在前视图中绘制一条直线，将其旋转 90° 并实例克隆 3 份，然后在“渲染”卷展栏中调整参数，以制作支撑杆。

制作步骤

1. 制作灯座

步骤 1 单击“创建”面板“图形”对象类别“样条线”分类中的“矩形”按钮，在前视图中创建一个 440 mm×100 mm 的矩形，将其作为参照，然后使用“样条线”分类中的“线”按钮，在前视图中绘制一条样条线。删除作为参照的矩形（图 3-2-8）。

步骤 2 选中绘制的样条线，按“1”键进入顶点编辑状态，再按“S”键启用捕捉功能，然后右击“捕捉开关”按钮，在弹出的“栅格和捕捉设置”对话框中的“选项”选项卡中勾选“启用轴约束”复选框。按“W”键，在前视图中选中样条线终端的顶点，将光标移动到其 x 轴上后按住左键拖动鼠标，将光标移动到样条线始端顶点后释放鼠标左键，将这 2 个顶点在 y 轴方向上对齐（图 3-2-9）。按“S”键禁用捕捉功能。

步骤 3 选中样条线上除始端顶点和末端顶点外的所有顶点后右击，在弹出的快捷菜单中选择“Bezier 角点”菜单项，然后按“W”键调整除始端顶点和末端顶点外其他顶点的位置，以及控制柄的方向和长度（图 3-2-10）。

图 3-2-8 绘制样条线

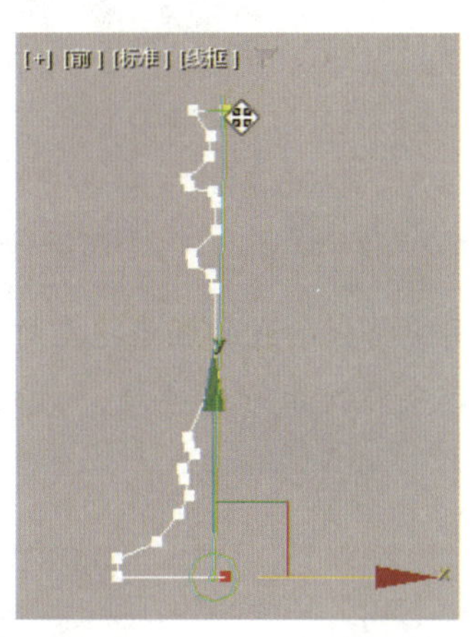

图 3-2-9 对齐顶点

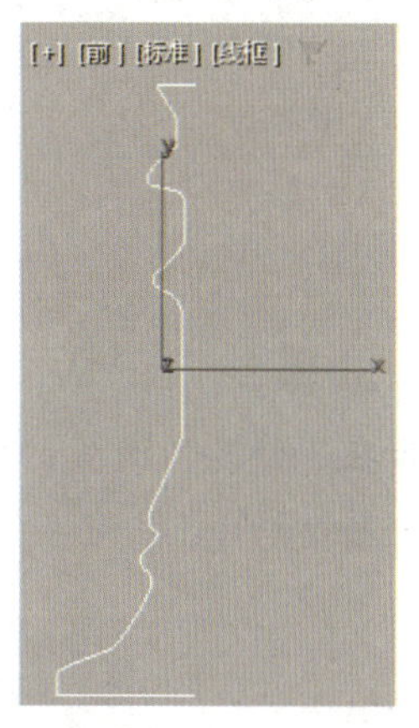

图 3-2-10 调整后的样条线

步骤 4 单击“层次”面板“轴”选项卡中的“仅影响轴”按钮，按“S”键启用捕捉功能，然后按“W”键，将样条线的轴点移至样条线底边的顶点处（图 3-2-11），最后单击“仅影响轴”按钮，关闭轴点调整功能。按“S”键禁用捕捉功能。

步骤 5 选中样条线，在“修改”面板的修改器列表中选择“车削”选项，然后在“参数”卷展栏中进行相关设置，以创建台灯的灯座（图 3-2-12）。

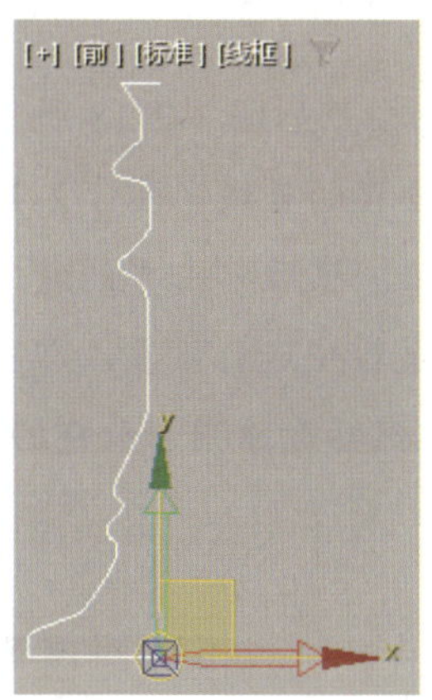

图 3-2-11 轴点的位置

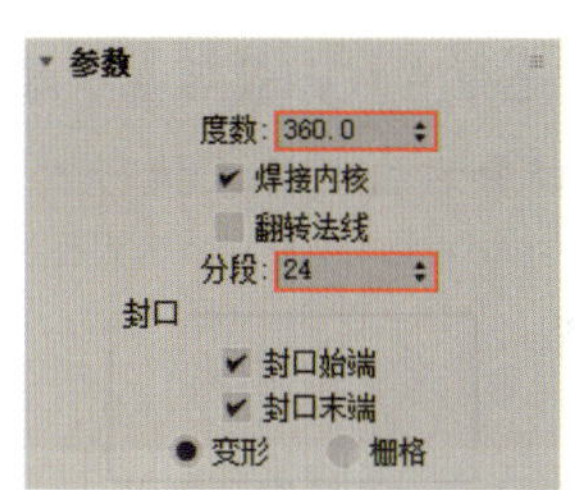

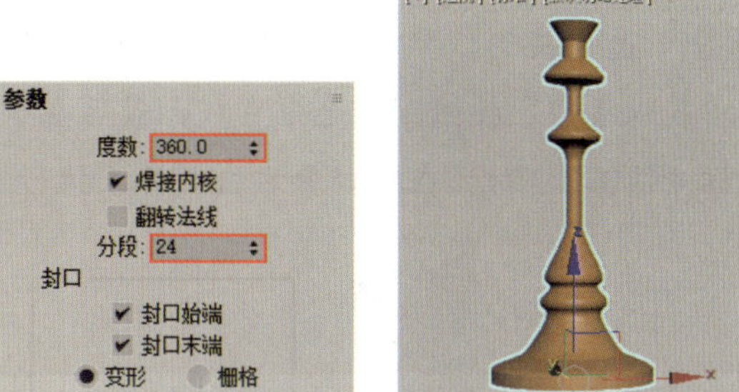

图 3-2-12 添加“车削”修改器

2．制作灯泡

步骤 1 单击“创建”面板“几何体”对象类别“扩展基本体”分类中的“软管”按钮，在透视图中按照如图 3-2-13 所示的参数创建一个软管，然后使用“快速对齐”按钮将软管与灯座以轴点为基准对齐，然后在前视图中将软管沿 y 轴方向移至合适位置，以制作灯泡底座（图 3-2-14）。

步骤 2 在前视图中绘制一条样条线，按“1”键进入顶点编辑状态，再按“S”键启用捕捉功能，然后参照制作灯座的步骤 2，将该样条线始端和末端的顶点对齐，最后将样条线的轴点移至其底边的顶点处（图 3-2-15）。

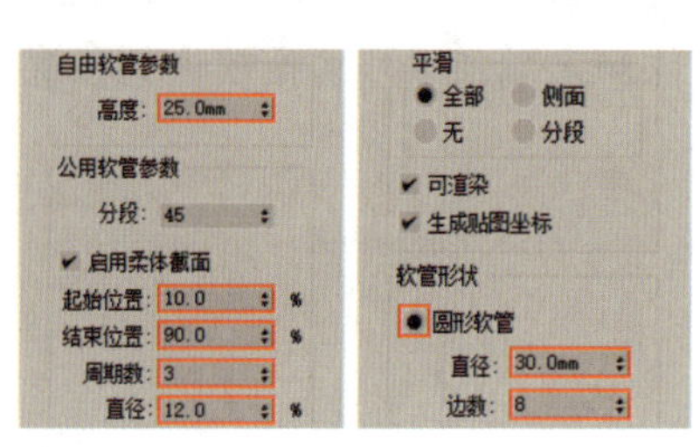

图 3-2-13 软管的参数

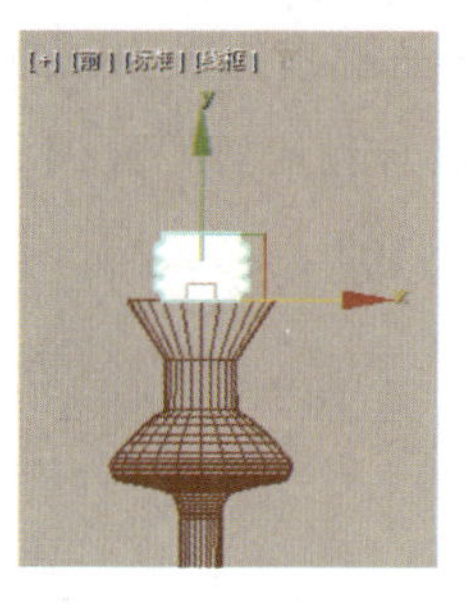

图 3-2-14 灯泡底座的位置

图 3-2-15 绘制样条线

步骤 3 按“W”键，在透视图中将样条线的轴点拖至灯泡底座表面的中心处（图 3-2-16），然后在“修改”面板的修改器列表中选择“车削”选项，以制作灯泡（图 3-2-17）。按“S”键禁用捕捉功能。

图 3-2-16 样条线轴点的位置

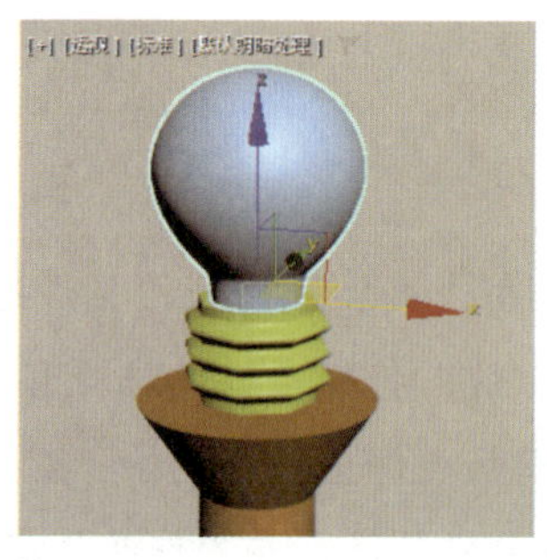

图 3-2-17 灯泡

3．制作灯罩

步骤 1 单击“样条线”分类中的“星形”按钮，在顶视图中按照如图 3-2-18 所示的参数绘制一个星形，然后单击“线”按钮，在前视图中绘制一条与星形垂直的直线（图 3-2-19）。

步骤 2 选中星形，单击“复合对象”分类中的“放样”按钮，然后单击“创建方法”卷展栏中的“获取路径”按钮，再选中直线，最后在“蒙皮参数”卷展栏中进行设置，即可对星形线进行放样（图 3-2-20）。在视口中右击，终止执行“放样”命令，然后删除用于放样的样条线。

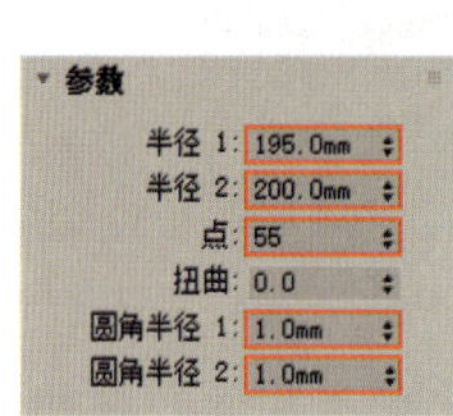

图 3-2-18 星形的参数

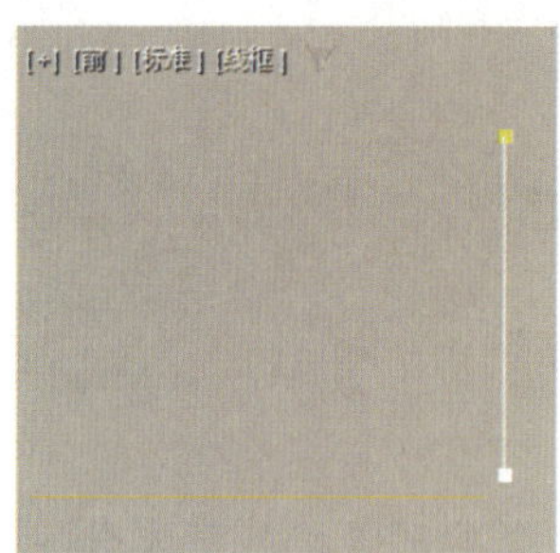

图 3-2-19 绘制直线

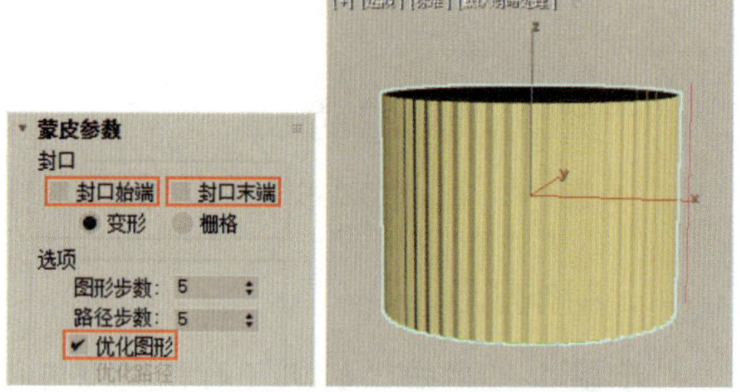

图 3-2-20 对星形线进行放样

步骤 3 选中放样生成的面片，在“修改”面板的修改器列表中选择“壳”选项，然后在“参数”卷展栏中将其厚度设为 1.0 mm，以制作灯罩（图 3-2-21）。

步骤 4 选中灯罩，在“修改”面板的修改器列表中选择“FFD 2×2×2”选项，然后按“1”键进入控制点编辑模式，在前视图中框选晶格上方的所有控制点，再按“R”键，均匀缩小灯罩的顶部（图 3-2-22）。按“1”键退出控制点编辑模式。

步骤 5 使用“快速对齐”按钮将灯罩与灯座以轴点为基准对齐，然后在前视图中将灯罩沿 y 轴方向移至合适位置（图 3-2-23）。

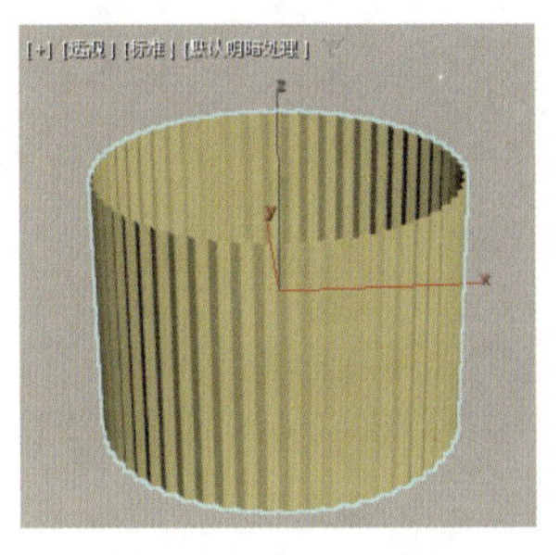

图 3-2-21 添加“壳”修改器后的效果

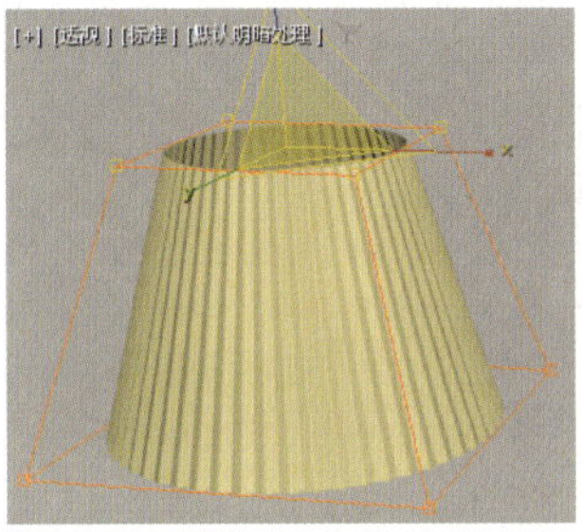

图 3-2-22 缩小灯罩的顶部

图 3-2-23 灯罩的位置

步骤 6 单击“标准基本体”分类中的“圆环”按钮，在透视图中创建一个半径 1 为 199 mm、半径 2 为 5 mm，分段数量为 40 的圆环。使用“快速对齐”按钮将圆环与灯罩以轴点为基准对齐，然后在前视图中将圆环沿 y 轴方向移至灯罩底部（图 3-2-24）。

步骤 7 确保圆环处于选中状态，然后按住“Shift”键在前视图中将该圆环沿 y 轴方向移至灯罩的顶部并复制克隆 1 份，最后在“修改”面板“参数”卷展栏的“半径 1”卷展栏中将圆环副本调整至合适大小（图 3-2-25）。

图 3-2-24 圆环的位置

图 3-2-25 圆环副本

4. 制作支撑杆

步骤 1 单击“样条线”分类中的“线”按钮，在前视图中绘制一条连接灯罩与灯座的直线（图 3-2-26）。

步骤 2 单击“层次”面板“轴”选项卡中的“仅影响轴”按钮，使用“快速对齐”按钮将直线的轴点与灯泡的轴点对齐，最后单击“仅影响轴”按钮，关闭轴点调整功能。

步骤 3 选中直线，按“A”键启用角度捕捉功能，然后按“E”键，在顶视图中将该直线绕 z 轴旋转 90° 并实例克隆 3 份（图 3-2-27）。

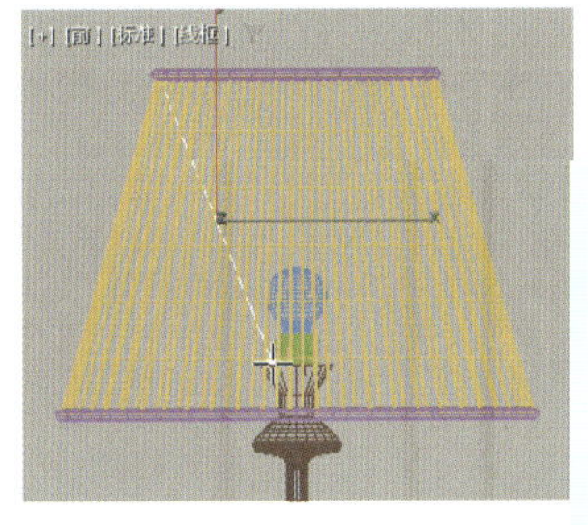

图 3-2-26 绘制直线

图 3-2-27 旋转克隆直线

步骤 4 选中任一直线，在“修改”面板“渲染”卷展栏中勾选“在渲染中启用”和“在视口中启用”复选框，采用默认的径向类型，在“厚度”文本框中输入“5”，完成支撑杆的制作。至此，台灯便制作完毕了。

学习成果自测

自测习题一 制作画卷

利用本项目所学知识制作画卷（图 3-2-28）。

（a）画卷

（b）渲染效果

图 3-2-28 画卷及其渲染效果

提示：

该画卷由画纸和画杆组成。首先创建一个 50 mm×260 mm 的平面，使用“壳”修改器赋予平面厚度（厚度为 0.2 mm），将其作为画纸；然后使用“弯曲”修改器制作画纸两侧卷曲的效果，接着为画纸添加“FFD 4×4×4”修改器，通过移动和旋转晶格上的控制点来制作画纸起伏的效果；最后创建半径为 3 mm、高度为 60 mm 的圆柱体和半径为 2.5 mm 的球体，使用它们制作画杆。

制作画纸两侧卷曲的效果时，需要为画纸添加 2 次“弯曲”修改器（图 3-2-29），然后分别沿 x 轴方向移动 2 个“弯曲”修改器的 Gizmo 的位置，制作部分画纸展开的效果，最后将 Gizmo 绕 z 轴按逆时针方向旋转，以制作画纸一层层堆叠的效果（图 3-2-30）。

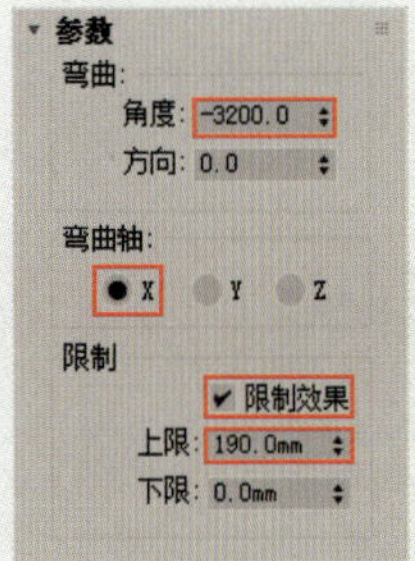

（a）使画纸右侧卷曲

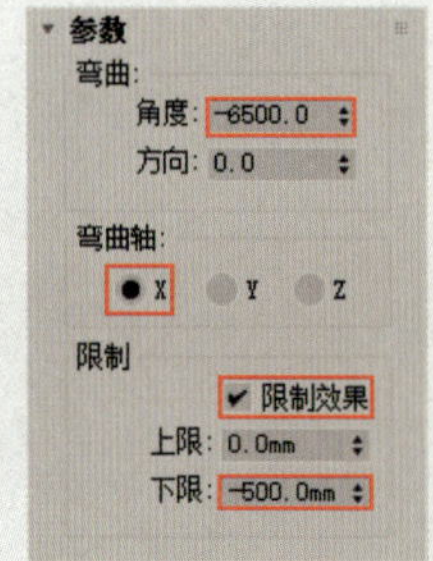

（b）使画纸左侧卷曲

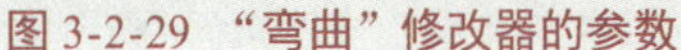
图 3-2-29 “弯曲”修改器的参数

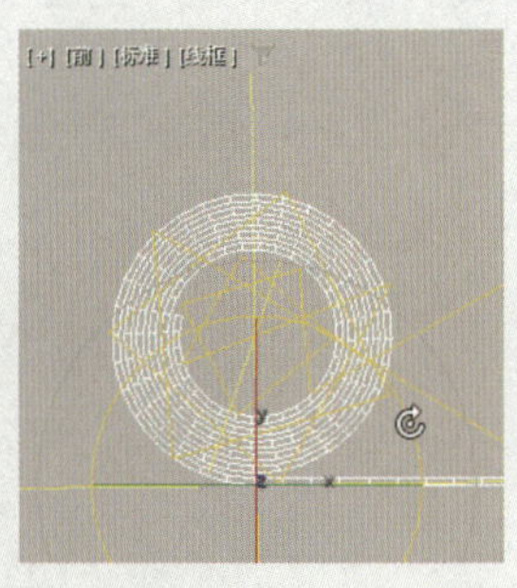

图 3-2-30 画纸一层层堆叠的效果

自测习题二　制作冰淇淋

利用本项目所学知识制作冰淇淋（图 3-2-31）。

（a）冰淇淋

（b）渲染效果

图 3-2-31　冰淇淋及其渲染效果

提示：通过为切角圆柱体添加“锥化”修改器来制作冰淇淋筒。冰淇淋的上部分可使用星形（图 3-2-32）、“挤出”修改器、“扭曲”修改器和“锥化”修改器来制作。需要注意的是，在使用“挤出”修改器为星形赋予厚度时，需要设置合理的分段数量，否则无法获得理想的扭曲效果。

图 3-2-32　星形的参数

自测习题三　制作茶杯

利用本项目所学知识制作茶杯（图 3-2-33）。

（a）茶杯

（b）渲染效果

图 3-2-33　茶杯及其渲染效果

提示：绘制如图 3-2-34 所示的样条线，然后为其添加“车削”修改器，以制作杯身；绘制如图 3-2-35 所示的样条线，然后为其添加“倒角”修改器，以制作杯把。需要注意的是，在将杯把与杯身对齐前，要先将杯把的轴点调整至自身中心。

图 3-2-34　用于制作杯身的样条线

图 3-2-35　用于制作杯把的样条线

学习成果评价

请进行学习成果评价，并将评价结果填入表 3-2-1。

表 3-2-1　学习成果评价表

评价项目	评价内容	分值	评价分数		
			自评	他评	师评
知识（40%）	应用修改器的方法	4			
	“弯曲”修改器和“扭曲”修改器	8			
	“噪波”修改器	4			
	“锥化”修改器和 FFD 修改器	8			
	“晶格”修改器、“壳”修改器、“镜像”修改器	8			
	“挤出”修改器、“倒角”修改器、“车削”修改器	8			
技能（40%）	能够使用三维模型和修改器建模	20			
	能够使用二维图形和修改器建模	20			
素养（20%）	积极参加教学活动，按时完成学习任务	10			
	具有举一反三的能力和勇于创新的精神	10			
合计		100			
总评	自评（20%）+ 他评（20%）+ 师评（60%）= ________	指导教师（签名）：________			

项目四

多边形建模

多边形建模就是通过编辑对象的顶点、边、面、体来建模。与基本体建模、样条线建模、复合建模和修改器建模相比，多边形建模更加灵活。对于复杂且不规则的模型，可使用多边形建模的方法来制作。本项目将通过介绍多边形建模的流程、转换为可编辑多边形对象的方法、法线和卡线、选择子对象的方法、编辑子对象的方法等内容，带领读者学习多边形建模。

知识目标

- 了解多边形建模的流程。
- 了解法线和卡线。
- 掌握编辑子对象的方法。

能力目标

- 能够将对象转换为可编辑多边形对象。
- 能够熟练地选择需要的子对象。
- 能够通过编辑子对象进行建模。

素质目标

- 学生通过了解多边形建模的流程，学习“先整体、后局部、再细节”的建模思路，培养全局意识。
- 学生通过制作复杂的模型，培养严谨细致的作风和精益求精的态度。

任务一　认识多边形建模

【任务引入】

小玲报名了学校举办的校园文创设计大赛，她准备制作一个印有校徽的保温杯。小玲很快画好了设计图并开始建模。在建模的最后一步，小玲对保温杯模型进行了平滑处理。可是，平滑效果并不理想。保温杯模型不仅没有变得更精细，其原本的形状也遭到了破坏，这让小玲有些灰心。小玲的室友发现小玲遇到了困难，于是告诉小玲，在对模型进行平滑处理之前，需要先对模型的边进行卡线，以保持模型原本的形状。室友耐心地讲解了卡线的方法，还给小玲分享了一些多边形建模的教学视频。小玲在认真观看视频后重新调整了模型，最终顺利完成了自己的作品，取得了满意的名次。

想一想：

（1）多边形建模的流程是怎样的？

（2）进行多边形建模时，应注意哪些事项？

一、多边形建模的流程

使用多边形建模方法建模时，应遵循“先整体、后局部、再细节”的原则。多边形建模的流程大致可以分为以下 4 步：

（1）创建模型的基本形体。使用“创建”面板“几何体”对象类别“标准基本体”和“扩展基本体”分类中的按钮，或者“图形”对象类别“样条线”分类中的按钮创建模型的基本形体，同时确定模型各部分的比例。

（2）将所创建的对象转换为可编辑多边形对象。

（3）调整模型的外观。通过编辑多边形对象的顶点、边、面、体，以及为多边形对象添加修改器，调整模型的外观。

（4）完善模型的细节。调整好模型的外观后，使用“切角”“插入顶点”“连接”等命令对模型的边线进行处理，再使用“涡轮平滑”修改器对模型进行平滑处理，以完善模型的细节。

图 4-1-1 为药水瓶的制作流程。

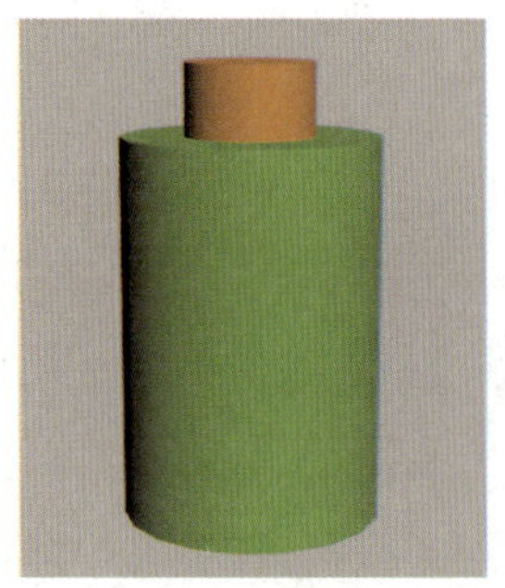

（a）创建模型的基本形体

（b）调整模型的外观

（c）完善模型的细节

图 4-1-1　药水瓶的制作流程

提示

模型的基本形体最好使用标准基本体来创建，并且在保证基本形体满足建模需求的前提下，尽量减少模型的边数和分段数量，以方便后续调整。

二、转换为可编辑多边形对象的方法

若想使用多边形建模方法建模，需要先将其他对象转换为可编辑多边形对象。转换为可编辑多边形对象方法有 3 种：

方法一：在视口中选中要转换的对象并右击，在弹出的快捷菜单中选择“转换为”→“转换为可编辑多边形”菜单项。

方法二：在视口中选中要转换的对象，然后在修改器堆栈中右击，在弹出的快捷菜单中选择“可编辑多边形”菜单项。

方法三：在视口中选中要转换的对象，为其添加“编辑多边形”修改器。

提示

使用方法一后，软件会自动清除修改器堆栈中基本体、样条线和所选对象使用的修改器的名称，读者无法通过修改参数编辑该对象，如无法修改基本体的分段数量和尺寸参数，无法通过修改参数改变对象的弯曲、锥化等效果。使用方法二只能将没有应用修改器的对象转换为可编辑多边形对象。使用方法三后，软件会保留修改器堆栈中基本体、样条线和所选对象使用的修改器的名称，读者可通过修改基本体和所使用的修改器中的参数编辑可编辑多边形对象。

三、法线和卡线

（一）法线

法线垂直于多边形表面，是定义面或顶点指向方向的向量。使用法线可以判断面与面之间的过渡效果（图 4-1-2），区分面的正反。在 3ds Max 中选中面后，若该面显示为红色，则为正面；若该面显示为暗红色，则为反面（图 4-1-3）。

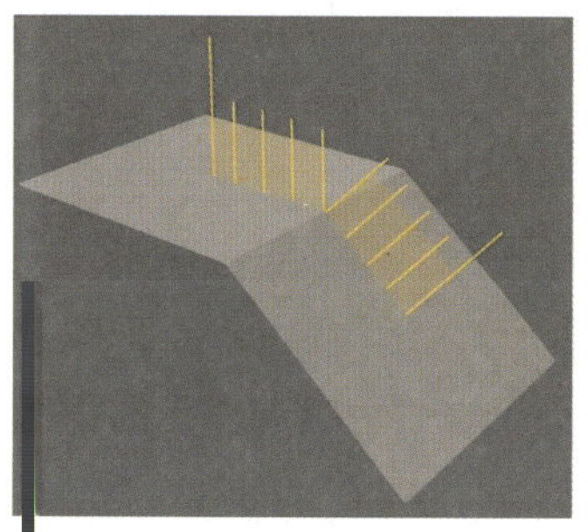

（a）转折

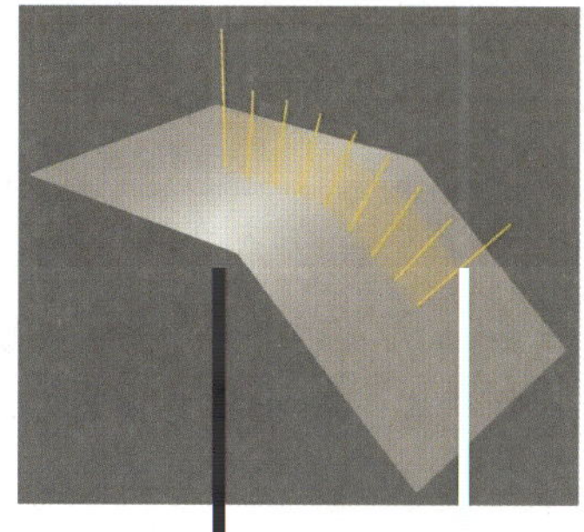

（b）平滑过渡

图 4-1-2　面与面之间的过渡效果

图 4-1-3　正面和反面的显示效果

（二）卡线

在进行多边形建模时，通常需要为模型添加平滑类修改器，以增加模型的面数，使模型变得平滑、精细。由于直接添加平滑类修改器容易破坏模型原有的结构而使模型失真，因此，在添加平滑类修改器前，需要在模型结构转折处的边的两侧添加 2 条边（保护边）来保护结构。在模型结构转折处添加边，以免破坏模型原本形状的操作称为“卡线”。模型在卡线前后的平滑效果如图 4-1-4 所示。添加的边与转折处的边的距离越近，平滑后，模型产生的形变越小；添加的边与转折处的边的距离越远，平滑后，模型产生的形变越大。

（a）卡线前

（b）卡线后

图 4-1-4　模型在卡线前后的平滑效果

常用的平滑类修改器有“网格平滑”和“涡轮平滑”修改器。常用于卡线的命令有“切角”“连接”“插入”等。本项目任务二中将详细介绍这些命令的功能和操作方法。

知识拓展

“涡轮平滑”修改器

使用“涡轮平滑”修改器可以增加模型的面数，使模型表面变得平滑。“涡轮平滑”修改器是“网格平滑”修改器的升级版，二者的区别在于“涡轮平滑”修改器对计算机性能的要求较低，并且平滑处理效率高；而“网格平滑”修改器更加稳定，模型不容易出错。

为模型添加“涡轮平滑”修改器后，通常只需要在“修改”面板的“涡轮平滑”卷展栏（图 4-1-5）的“迭代次数”文本框中设置对模型表面网格进行细分的次数。

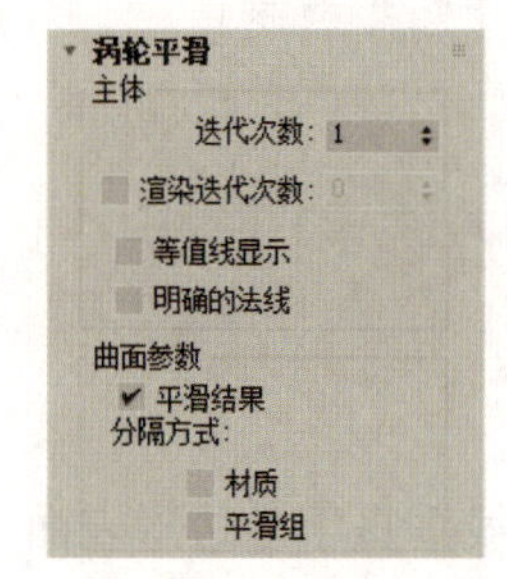

图 4-1-5　“涡轮平滑”卷展栏

四、选择子对象的方法

选中可编辑多边形对象后，单击“修改”面板“选择”卷展栏（图 4-1-6）中的“顶点”“边”“边界”“多边形”“元素”按钮，软件会自动进入相应子对象的编辑状态。此时在要编辑的子对象上单击，就可以将其选中。

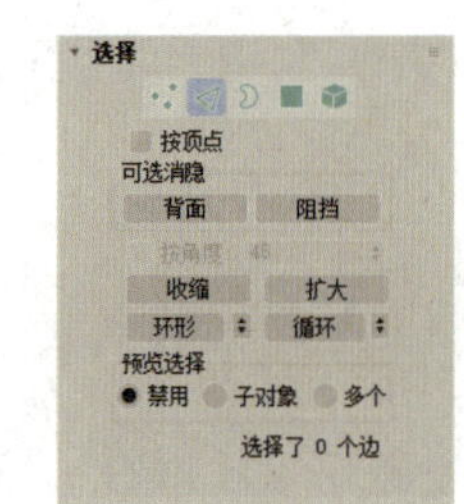

图 4-1-6　“选择”卷展栏

图 4-1-6 中的“顶点”“边”“边界”“多边形”“元素”按钮对应的快捷键分别为“1”键、“2”键、“3”键、“4”键、“5”键。

下面介绍使用“选择”卷展栏中的按钮、鼠标和快捷键选择子对象的方法。

（一）使用“选择”卷展栏中的按钮选择子对象

选中可编辑多边形对象上的一条或多条边后，使用“选择”卷展栏中的“收缩”“扩大”“环形”“循环”按钮可选中与所选边具有一定关系的其他边。

（1）“收缩”按钮。选中可编辑多边形对象上多条首尾相连的边后单击该按钮，可在取消选择最外部的边的同时，缩小子对象的选择区域，并且使该区域内已选中的边处于选中状态。

（2）“扩大”按钮。选中可编辑多边形对象上的一条或多条边后单击该按钮，可选中以所选边的两个端点为端点的所有边。

探索与分享

通过使用“收缩”和“扩大”按钮选中可编辑多边形对象上的其他子对象，如顶点、多边形（面），探索这 2 个按钮的功能，然后在课堂上进行分享。

（3）“环形”按钮。选中可编辑多边形对象上的一条边后单击该按钮，可选中与该边平行或近似平行的多条边（图 4-1-7）。

（4）“循环”按钮。选中可编辑多边形对象上的一条边后单击该按钮，可选中由该边构成的循环边（图 4-1-8）。

图 4-1-7　选中与所选边近似平行的边

图 4-1-8　选中由所选边构成的循环边

循环边由多条边构成，这些边必须都是四边形的边。循环边可以是封闭的，也可以是非封闭的。

（二）使用鼠标和快捷键选择子对象

（1）双击选择多个子对象。双击多边形对象上的某个顶点，可选中该多边形对象上的所有顶点。双击多边形对象上的某条边，可选中由该边构成的循环边。双击多边形对象上的某个面，可选中该多边形对象上的所有面

（2）使用鼠标和“Shift”键选择多个子对象。按住“Shift”键，然后将光标移至多边形对象的某个子对象上并按住左键拖动鼠标，以选择所需子对象，接着在视口中单击，结束对象的选择，最后释放“Shift”键。选中多边形对象上的面，按住“Shift”键单击“选择”卷展栏中的“顶点”按钮或“边”按钮，可选中所选面上的所有顶点或边（图 4-1-9）。

（a）选中多边形对象上的面

（b）单击“顶点”按钮后的效果

（c）单击“边”按钮后的效果

图 4-1-9　选中子对象

（3）使用鼠标和“Ctrl”键选择多个子对象。选中多边形对象上的一条边，按住“Ctrl”键双击与其平行或近似平行的边，可选中与已选中的边平行或近似平行的边。选中多边形对象上的某个面（必须为四边形），按住“Ctrl”键双击与其相邻的面，可选中与已选中的面在同一经度线或纬度线上的其他面。

（4）使用鼠标和“Alt”键选择多个子对象。框选某个范围内的子对象，然后按住“Alt”键选择该范围内不需要选中的子对象。通常使用这种方法选择模型顶部、底部和边缘处不方便被选中的顶点、边、面。

任务实施　制作礼盒

扫一扫

制作礼盒

下面通过制作礼盒，学习多边形建模的具体操作（图 4-1-10）。

（a）礼盒

（b）渲染效果

图 4-1-10　礼盒及其渲染效果

制作思路

本任务实施中的礼盒由礼盒主体、礼盒盖、丝带和蝴蝶结组成。

（1）创建一个立方体，将其作为礼盒主体。

（2）将立方体移动克隆并修改立方体副本的参数，以制作礼盒盖，然后对礼盒主体和礼盒盖的棱边进行切角。

（3）缩小克隆礼盒主体的面，调整克隆的面的形状并为其添加“壳”修改器，以制作一条丝带。

（4）绘制样条线并设置“渲染”卷展栏来制作蝴蝶结（一部分）。

（5）将丝带和蝴蝶结旋转克隆，并对它们的棱边进行切角。

制作步骤

步骤 1 在透视图的“按视图首选项视口标签”菜单中选择“边面”菜单项，然后在透视图中创建一个长度、宽度和高度均为 100 mm 的立方体，将其作为礼盒主体，最后将其沿 z 轴方向向上移动并复制克隆 1 份，将礼盒主体的副本作为礼盒盖。将礼盒盖的长度和宽度设为 115 mm、高度设为 23 mm，并将其移至合适位置（图 4-1-11）。

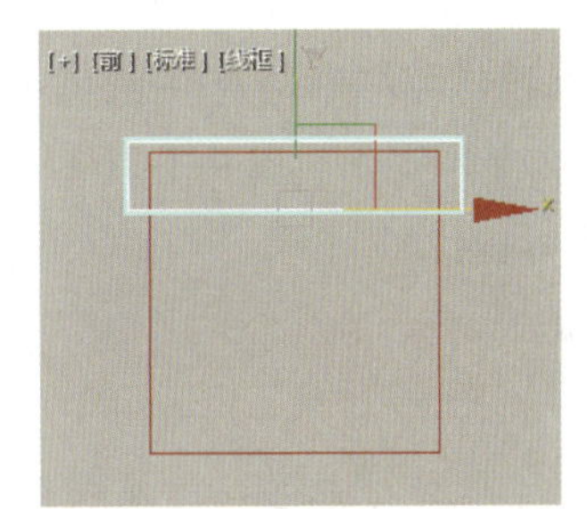

图 4-1-11　礼盒主体和礼盒盖的位置

步骤 2 选中礼盒主体和礼盒盖并右击，在弹出的快捷菜单中选择“转换为”→“转换为可编辑多边形”菜单项，将它们转换为可编辑多边形对象。

步骤 3 选中礼盒主体，按“2”键进入边编辑状态，然后按“Ctrl+A”组合键，选中所有的边，接着单击“修改”面板“编辑边”卷展栏中“切角”按钮右侧的“设置”按钮，在弹出的小盒控件中进行切角设置并单击“确定”按钮，最后按“2”键退出边编辑状态（图 4-1-12）。

步骤 4 选中礼盒盖，参照步骤 3 对礼盒盖的边进行切角，切角参数②如图 4-1-13 所示。

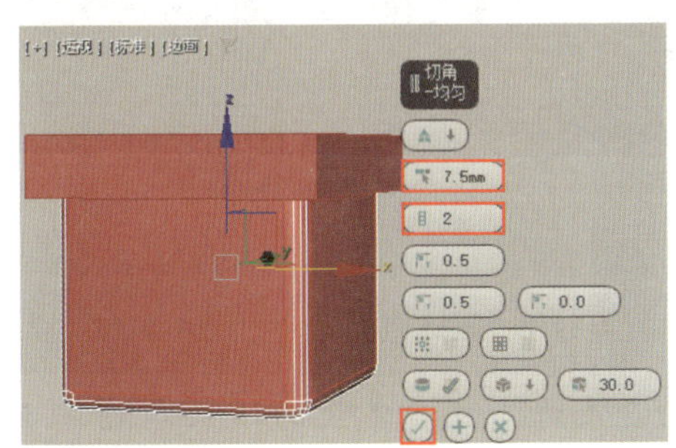

图 4-1-12　切角参数①

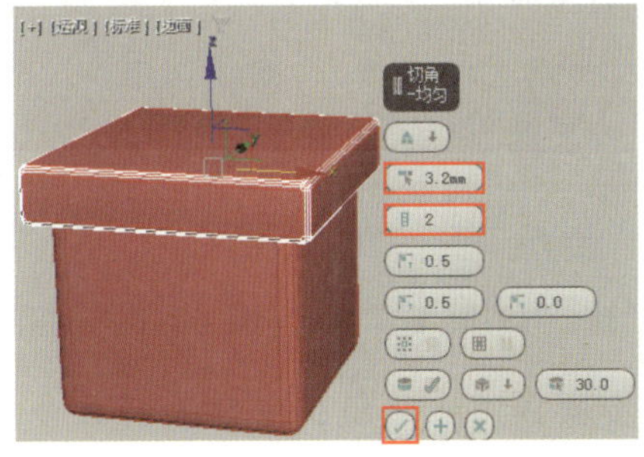

图 4-1-13　切角参数②

步骤 5 选中礼盒主体，按“4”键进入多边形编辑状态，然后在左视图中框选如图 4-1-14 所示的面，接着按住“Ctrl+Shift”组合键并沿 x 轴方向缩小所选的面，最后在弹出的“克隆部分网格”对话框中选择“克隆到对象”单选钮并单击“确定”按钮，将所选的面缩小克隆 1 份（图 4-1-15）。按“4”键退出多边形编辑状态。

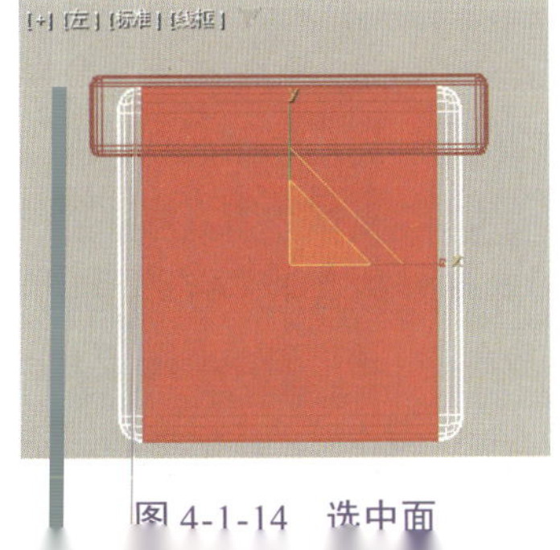

图 4-1-14　选中面

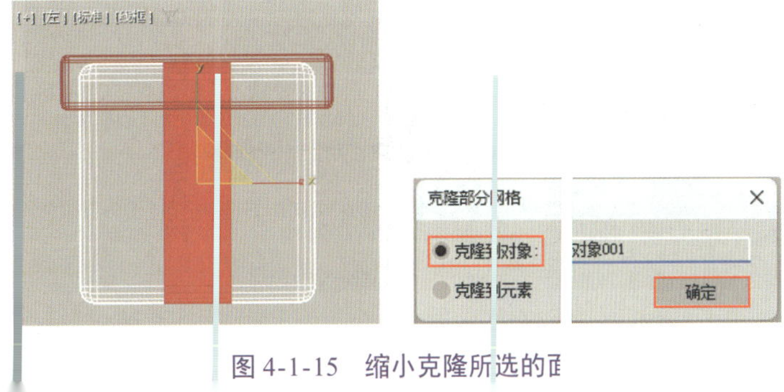

图 4-1-15　缩小克隆所选的面

提示

选中多边形对象的部分子对象，按住“Ctrl+Shift”组合键后对子对象进行移动、旋转、缩放等操作，可以克隆所选的子对象。在弹出的“克隆部分网格”对话框中可选择将克隆的子对象作为独立的对象，或作为当前对象中的元素。

步骤 6 选中在步骤 5 中缩小克隆生成的面片，按“1”键进入顶点编辑状态，按“S”键启用捕捉功能，然后在前视图中框选丝带右上角的一个顶点，将其与礼盒盖上相应位置的顶点沿 *xy* 平面对齐（图 4-1-16），最后依次将丝带右上角的其他顶点与礼盒盖上相应位置的顶点对齐（图 4-1-17）。

提示

选择顶点时，一定要在前视图中框选顶点，避免漏选丝带另一侧的顶点；移动顶点时，要拖动顶点的 Gizmo 的 *xy* 平面，不能拖动 Gizmo 的坐标原点。

步骤 7 参照步骤 6，将丝带左上角的顶点与礼盒盖上相应位置的顶点对齐。

步骤 8 按“2”键进入边编辑状态，在左视图中框选如图 4-1-18 所示的边，然后单击“修改”面板“编辑边”卷展栏中的“连接”按钮，在所选的边之间插入 2 条边（图 4-1-19）。

图 4-1-16 对齐顶点①

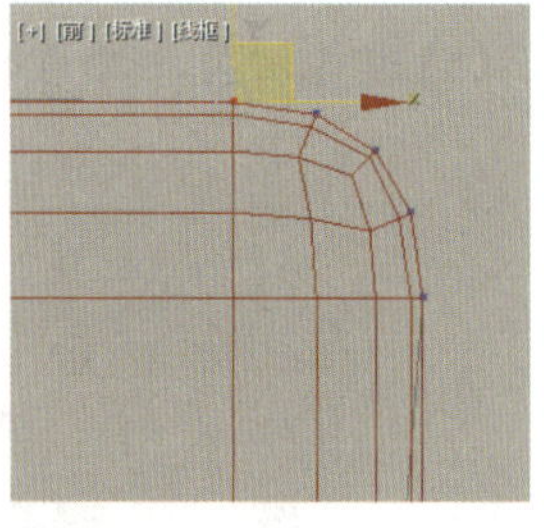

图 4-1-17 对齐顶点②

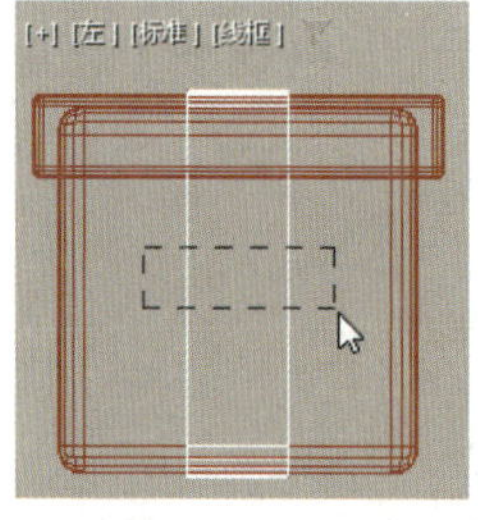

图 4-1-18 框选边

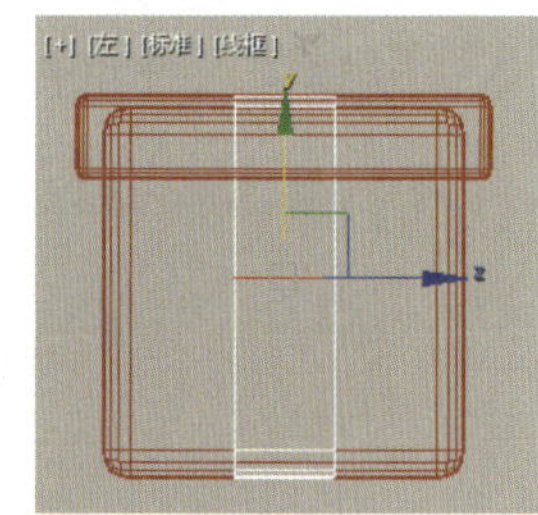

图 4-1-19 插入边

步骤 9 在透视图中分别将在步骤 8 中插入的 2 条边与礼盒盖上的顶点沿 *xz* 平面对齐（图 4-1-20）。按“2”键退出边编辑状态。

步骤 10 确保丝带处于选中状态，然后为其添加“壳”修改器，将丝带向外生成的厚度设为 1 mm。

步骤 11 在前视图中绘制一条如图 4-1-21 所示的样条线，将其始端和终端的顶点沿 *x* 轴方向对齐，最后将样条线的轴点调整至其始端或末端的顶点处（图 4-1-22）。按“S”键禁用捕捉功能。

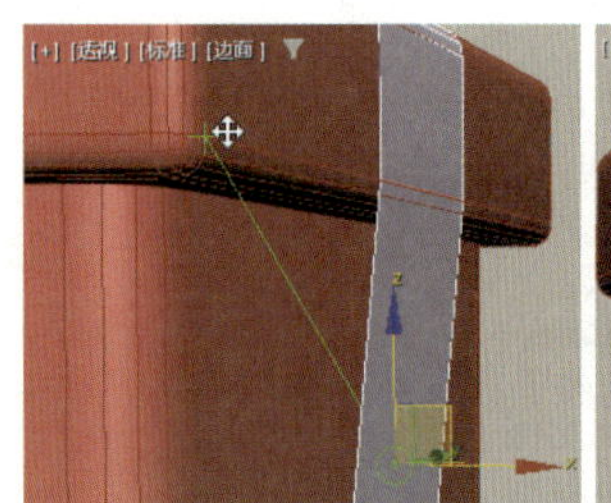

图 4-1-20 将边与顶点对齐

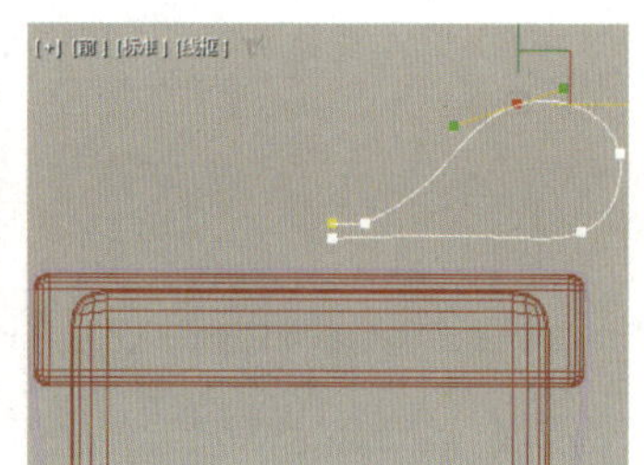

图 4-1-21 绘制样条线

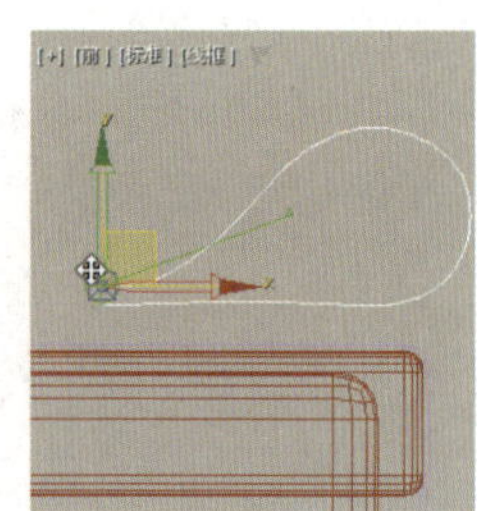

图 4-1-22 样条线的轴点

步骤 12 使用“快速对齐”按钮将样条线与礼盒盖以轴点为基准对齐，然后在前视图中将样条线沿 y 轴方向移至合适位置（图 4-1-23）。

步骤 13 按“3”键进入样条线编辑状态，然后在“几何体”卷展栏中勾选“复制”和“以轴为中心”复选框，再单击“镜像”按钮，将该样条线沿 x 轴方向镜像克隆 1 份（图 4-1-24）。

步骤 14 按“1”键进入顶点编辑状态，框选 2 条样条线相交处的顶点（图 4-1-25），单击“焊接”按钮，将重合的顶点合并。按“1”键退出顶点编辑状态。

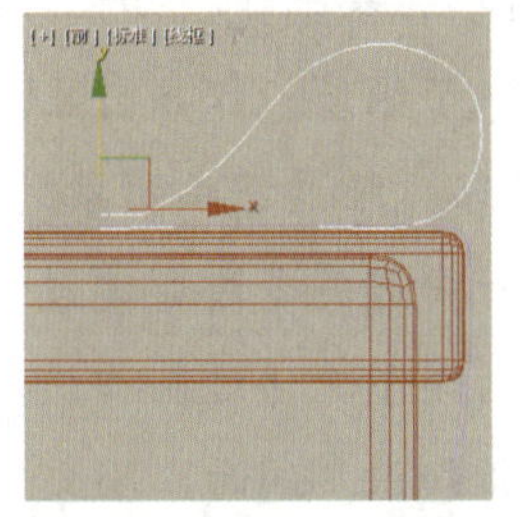
图 4-1-23 样条线的位置

图 4-1-24 镜像克隆样条线

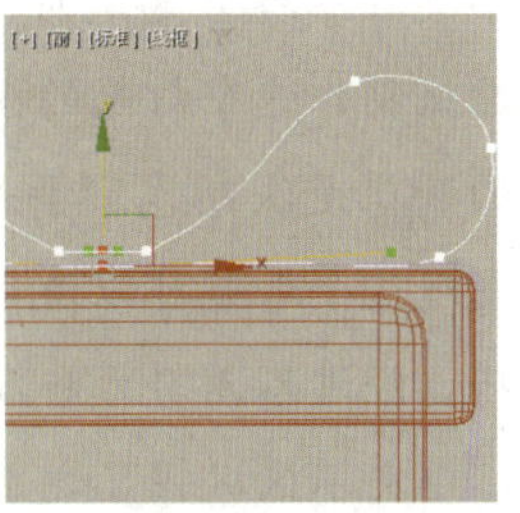
图 4-1-25 框选两条样条线相交处的顶点

步骤 15 在“渲染”卷展栏中进行设置，使样条线显示为三维模型（图 4-1-26）。右击，在弹出的快捷菜单中选择“转换为”→“转换为可编辑多边形”菜单项，将该三维模型转换为可编辑多边形对象。

步骤 16 选中丝带和步骤 15 中制作的三维模型，按“A”键启用角度捕捉功能，在透视图中将这 2 个对象绕 z 轴旋转 90° 并实例克隆 1 份（图 4-1-27）。

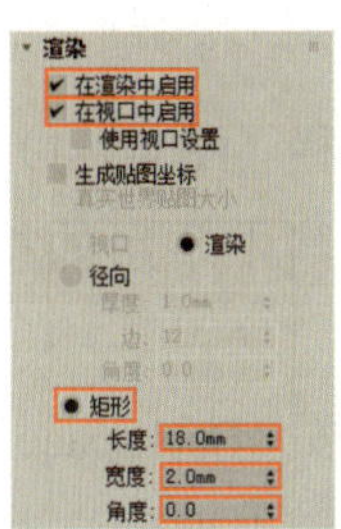

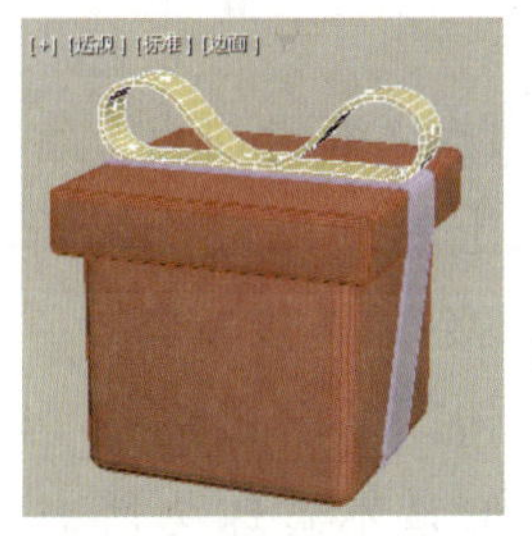
图 4-1-26 使样条线显示为三维模型

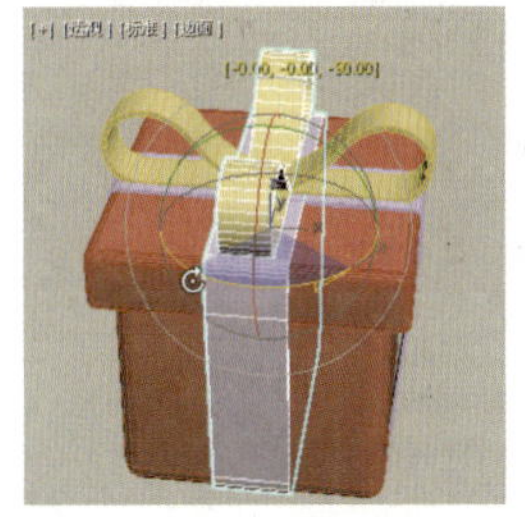
图 4-1-27 旋转克隆对象

步骤 17 选中蝴蝶结，按“2”键进入边编辑状态，按住“Ctrl”键后双击选中如图 4-1-28 所示的 4 条循环边，然后单击“编辑边”卷展栏中“切角”按钮右侧的“设置”按钮，在弹出的小盒控件中进行切角设置并单击“确定”按钮（图 4-1-29），最后按“2”键退出边编辑状态。

步骤 18 参照步骤 17，对丝带的边进行切角，切角参数③如图 4-1-29 所示。

图 4-1-28 选中循环边

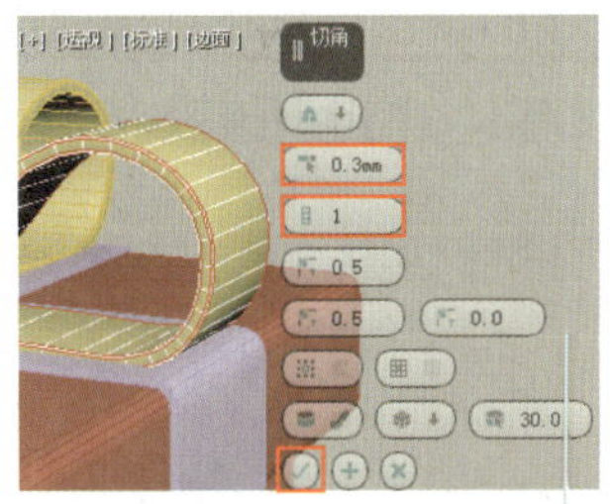

图 4-1-29 切角参数③

步骤 19 选中创建的所有模型，为其添加“涡轮平滑”修改器，在“涡轮平滑”卷展栏中将“迭代次数”设为 3。至此，礼盒便制作完成了。

任务二　编辑多边形对象

【任务引入】

小文在参观古建筑时，被挂在其上的灯笼深深吸引，他联想到刚学的基础建模知识，便想尝试制作这个灯笼的模型。但真正开始制作时，小文发现灯笼的细节很多，仅靠自己掌握的知识无法制作。于是，小文翻开教材，开始探索后续课程的内容。经过仔细研读，小文发现这个灯笼可以使用多边形建模方法来制作，于是认真学习教材中有关多边形建模的技巧。经过不懈努力和反复修改，小文终于成功制作出了这个灯笼的模型。通过制作该模型，小文不仅巩固了之前所学的知识，还提前掌握了后续课程中的新知识。同时，小文也体会到了学习带来的乐趣和成就感。

想一想：

多边形建模中常用的按钮有哪些？

一、编辑顶点

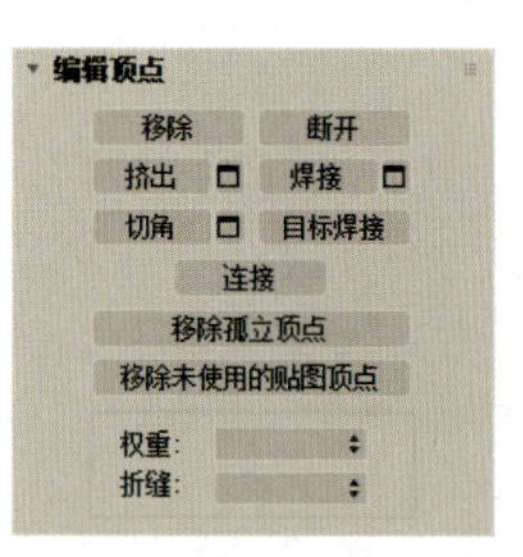

图 4-2-1 “编辑顶点”卷展栏

使用“修改”面板“编辑顶点”卷展栏（图 4-2-1）中的按钮可以对多边形对象上的顶点进行编辑，其中常用的按钮有“移除”“焊接”“目标焊接”“连接”等。

（1）“移除”按钮。单击该按钮（或按“Backspace”键），可移除所选的顶点，但是不破坏多边形对象表面的完整性；若按“Delete”键，则可移除所选的顶点及与其相关联的面（图 4-2-2）。

（2）“焊接”按钮。单击该按钮，可将所选的位于焊接阈值范围内的多个顶点合并为一个顶点，单击“焊接”按钮右侧的“设置”按钮▣，在弹出的小盒控件中可设置焊接阈值。

（3）“目标焊接”按钮。单击该按钮，选择要焊接的顶点，再选择与其相邻的顶点（目标顶点），即可将要焊接的顶点焊接在目标顶点处。

（4）“连接”按钮。单击该按钮，可在所选的顶点之间创建新的边（图 4-2-3）。

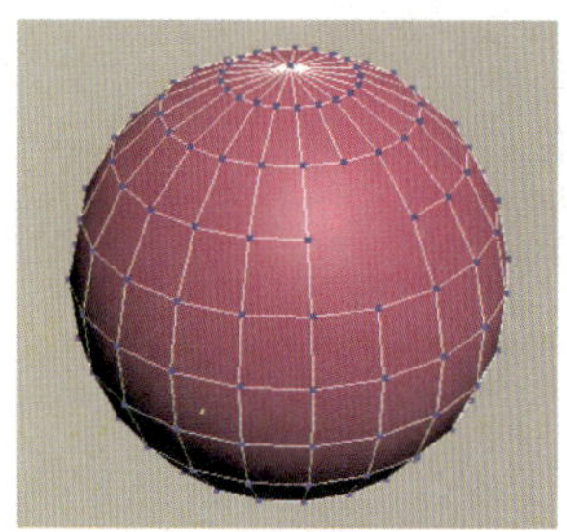

（a）单击“移除”按钮

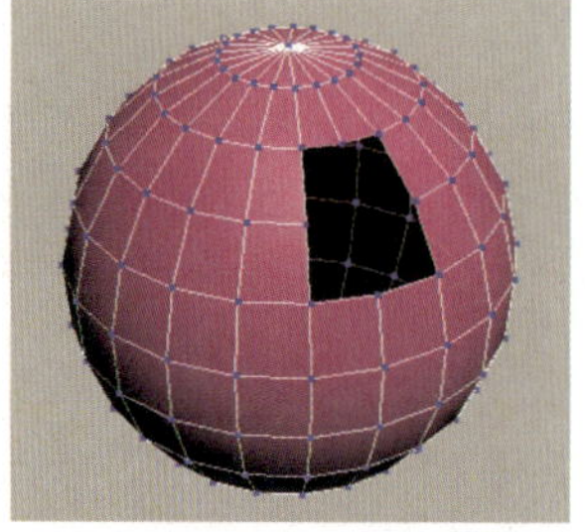

（b）按“Delete”键

图 4-2-2　使用不同方法移除顶点的效果

图 4-2-3　连接顶点

二、编辑边

使用“修改”面板“编辑边”卷展栏（图 4-2-4）中的按钮可以对多边形对象上的边进行编辑，其中常用的按钮有“移除”“分割”“切角”“桥”“连接”等。

（1）“移除”按钮。单击该按钮（或按“Backspace”键），可移除所选的边，但是不破坏多边形对象表面的完整性；若按“Ctrl+Backspace”组合键，则可移除所选的边及与之相关联的顶点（图 4-2-5）。

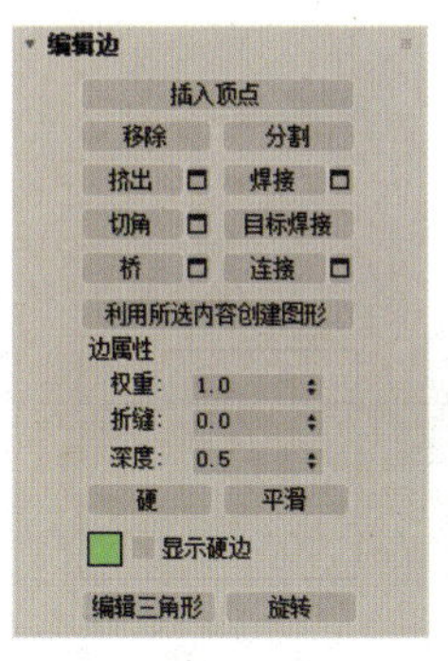

图 4-2-4 “编辑边”卷展栏

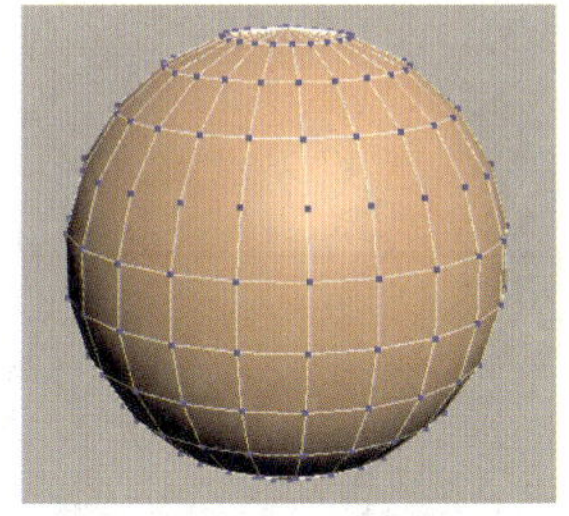

（a）单击“移除”按钮

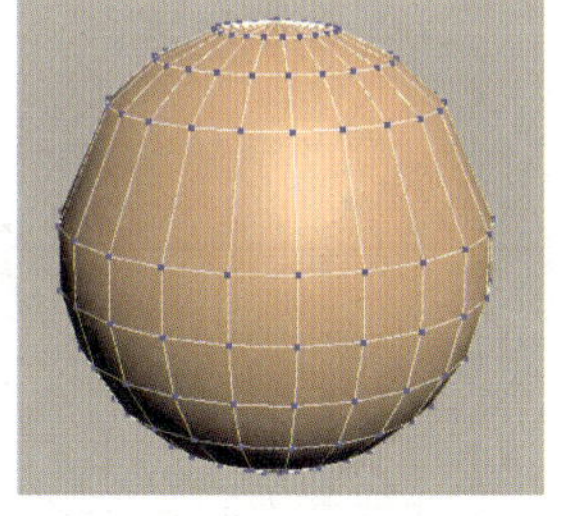

（b）按“Ctrl+Backspace”组合键

图 4-2-5 使用不同方法移除边的效果

（2）“分割”按钮。单击该按钮，可以对所选的两条或多条边共享的顶点进行分割，常用于分离相邻的面。

（3）“切角”按钮。单击该按钮，然后拖动要进行切角处理的边，可将该边切掉，同时生成一个或多个连接新边的面。切角效果取决于切角的类型和切角区域内的分段数量。单击“切角”按钮右侧的“设置”按钮▣，在弹出的小盒控件（图 4-2-6）中可设置切角的类型和参数。

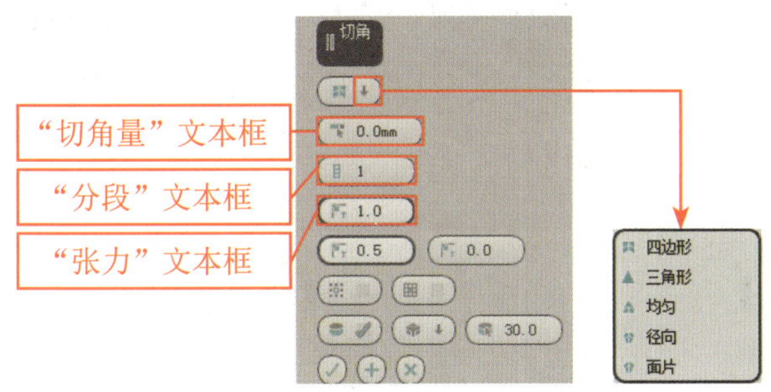

图 4-2-6 小盒控件

① 图标▣：单击该图标，在弹出的下拉列表中可选择切角的类型。该图标前的图标▣用于显示当前的切角类型，单击图标▣可按如图 4-2-6 所示的下拉列表中的顺序切换切角类型。常用的切角类型有“四边形”“三角形”和“均匀”。切角效果如图 4-2-7 所示。

②“切角量”文本框：用于设置切角的范围。

③“分段”文本框：用于设置切角区域内的分段数量。

④“张力”文本框：当切角类型为“四边形”时，小盒控件中会出现“张力”文本框，在该文本框中可设置在对多边形对象上的边进行切角处理后生成的多边形（以下简称“新面”）之间

的角度。当张力值为1时，新面位于同一平面上（共面）；当张力值逐渐减小时，新面之间的角度逐渐增大；当张力值为0时，新面位于多边形对象原有的面（图4-2-8）。

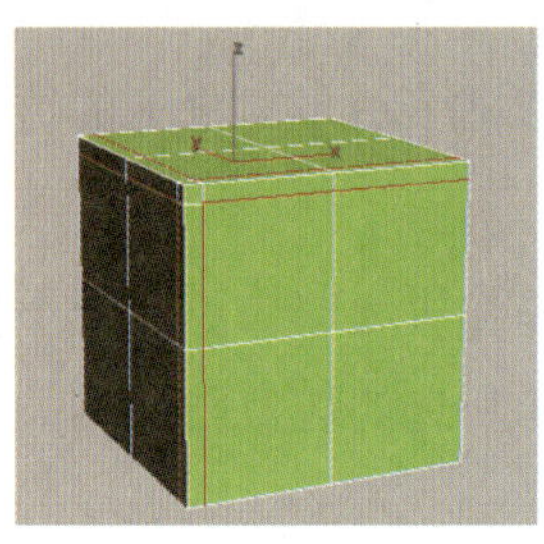
（a）“四边形”

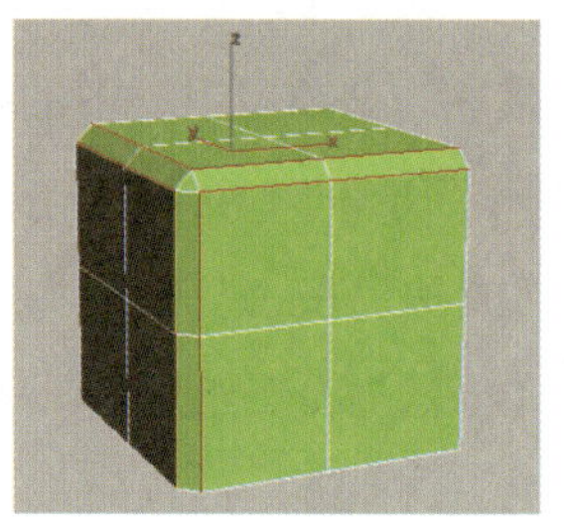
（b）“三角形”

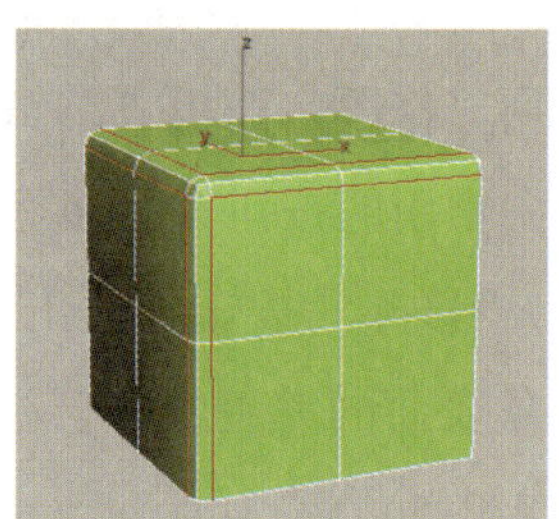
（c）“均匀”

图4-2-7　切角效果

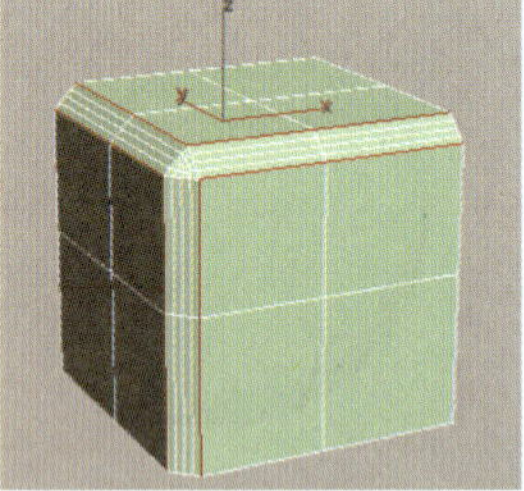
（a）张力值为1

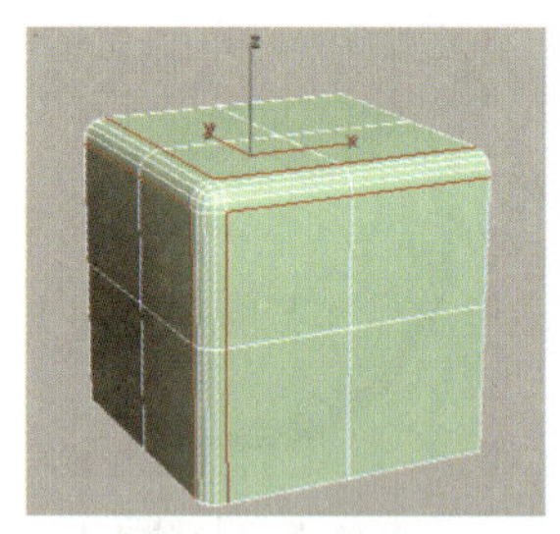
（b）张力值为0.5

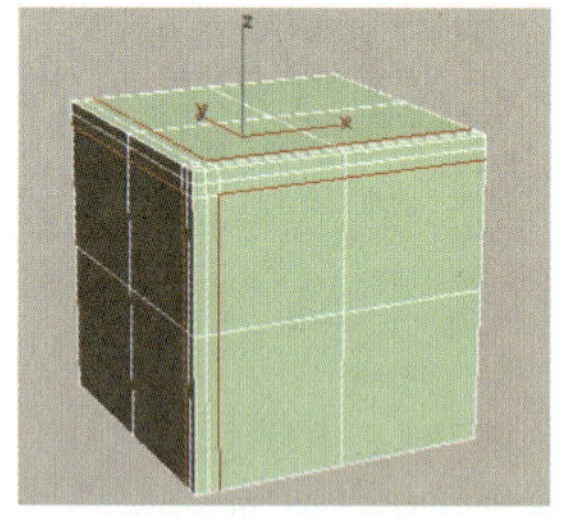
（c）张力值为0

图4-2-8　张力值不同时的切角效果

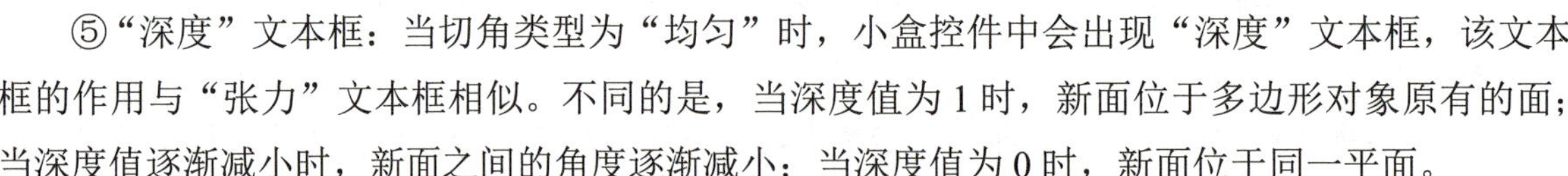

⑤“深度”文本框：当切角类型为“均匀”时，小盒控件中会出现“深度”文本框，该文本框的作用与“张力”文本框相似。不同的是，当深度值为1时，新面位于多边形对象原有的面；当深度值逐渐减小时，新面之间的角度逐渐减小；当深度值为0时，新面位于同一平面。

⑥“确定”按钮：单击该按钮后，可将设置应用于所选对象，并关闭小盒控件。

⑦“应用并继续”按钮：单击该按钮后，可将设置应用于所选对象，并保留小盒控件。

⑧“取消”按钮：单击该按钮后，不将设置应用于所选对象，并关闭小盒控件。

（4）“桥”按钮。单击该按钮，可用多边形连接多边形对象上的两条或更多条边，但是所连接的边只能是边界边，即孔、洞的边（图4-2-9）。

（a）桥接前

（b）桥接后

图4-2-9　桥接效果

（5）“连接”按钮。单击该按钮，可在同一多边形的边之间插入新边，常用于在多条边之间插入循环边（图4-2-10）。单击“连接”按钮右侧的“设置”按钮，在弹出的小盒控件（图4-2-11）中可设置生成边的数量和位置。

（a）连接前

（b）连接后

图 4-2-10　连接效果

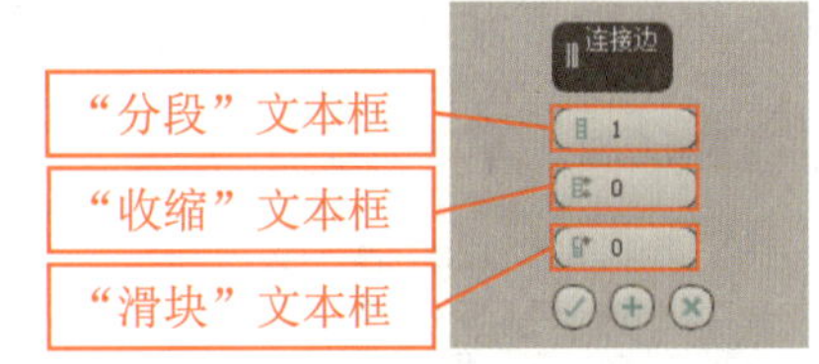

图 4-2-11　小盒控件

①“分段”文本框：用于设置生成边的数量。

②“收缩”文本框：用于设置生成的边之间的相对距离。该文本框中的数值仅在生成两条或多条边时有效。

③“滑块”文本框：默认情况下，生成边的位置位于所选边的正中间，而该文本框用于设置生成的边与所选边正中间位置的相对距离。

三、编辑边界

边界是指多边形对象上孔、洞的边。使用“修改”面板“编辑边界”卷展栏（图 4-2-12）中的按钮可以对多边形对象上的边界进行编辑。由于边界是一种特殊的边，所以“编辑边界”卷展栏中按钮的功能与“编辑边”卷展栏中相应按钮的功能相同。

使用边界编辑模式可以检查制作好的模型是否存在孔、洞，具体操作：框选模型，若没有对象被选中，则说明模型中没有孔、洞；若有对象被选中，则说明模型中存在孔、洞。通常情况下，制作好的模型是没有孔、洞的。若模型存在孔、洞，则需要对孔、洞进行封口。

“封口”按钮是“编辑边界”卷展栏中特有的，也是编辑边界时最常用的按钮。单击“封口”按钮可将所选边界用一个多边形封住（图 4-2-13）。

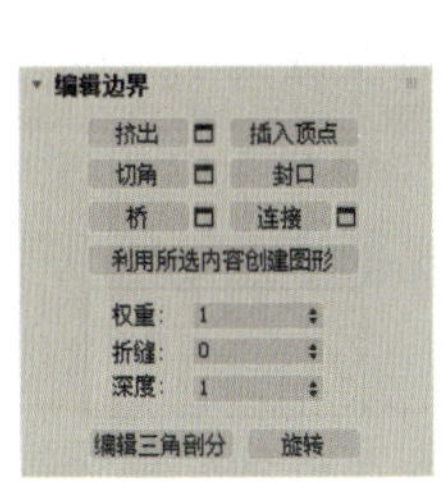

图 4-2-12　“编辑边界”卷展栏

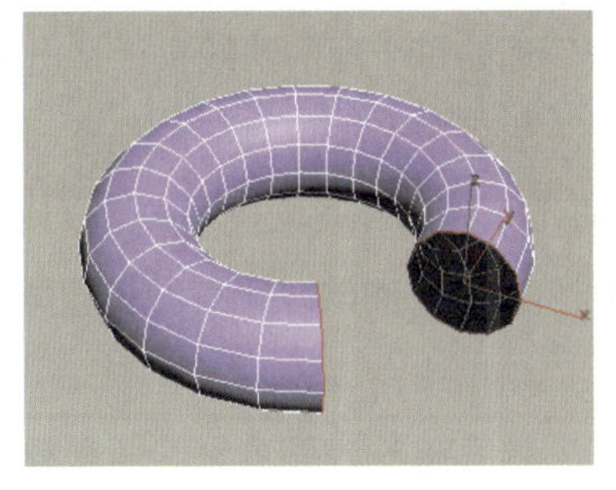

（a）封口前

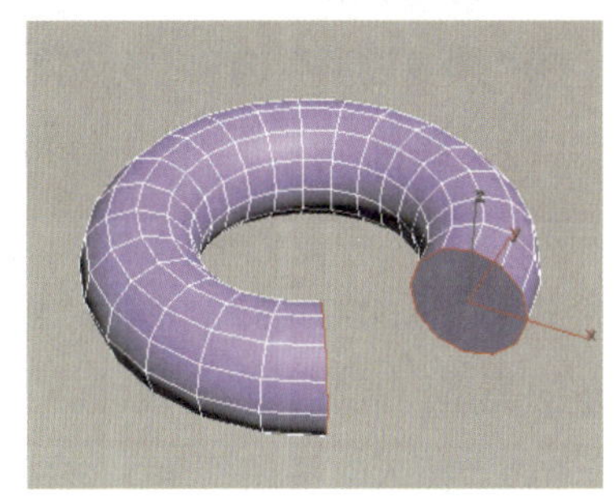

（b）封口后

图 4-2-13　封口效果

四、编辑面

使用“修改”面板“编辑多边形”卷展栏（图 4-2-14）中的按钮可以对多边形对象上的面进行编辑，其中常用的按钮有“挤出”“倒角”“插入”“翻转”等。

（1）“挤出”按钮。单击该按钮，在多边形对象的任一面按住左键拖动鼠标至合适位置后松开左键，可将该面挤出。单击“挤出”按钮右侧的“设置”按钮，在弹出的小盒控件（图 4-2-15）中可设置挤出的类型和高度。

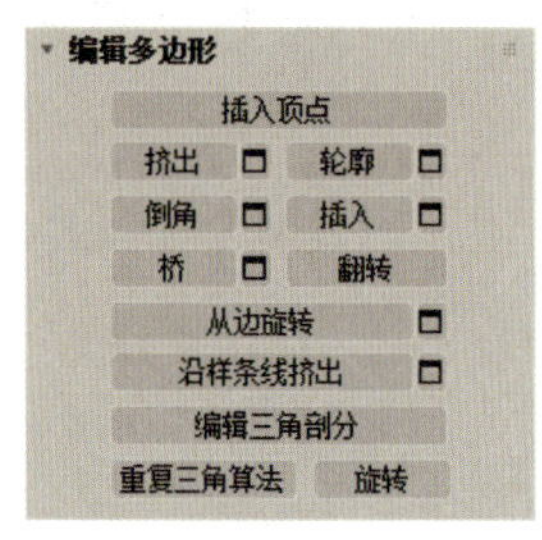

图 4-2-14 “编辑多边形”卷展栏

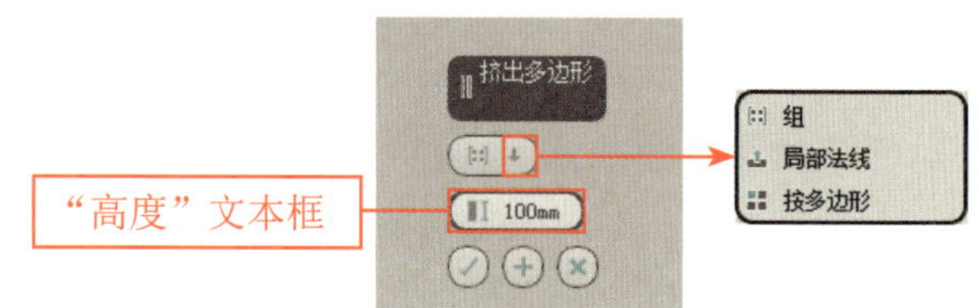

图 4-2-15 小盒控件

① 图标：单击该图标，在弹出的下拉列表中可选择挤出的类型。若单击该图标前的图标，可按如图 4-2-15 所示的下拉列表中的顺序切换挤出的类型。3 种挤出类型对应的挤出效果如图 4-2-16 所示。

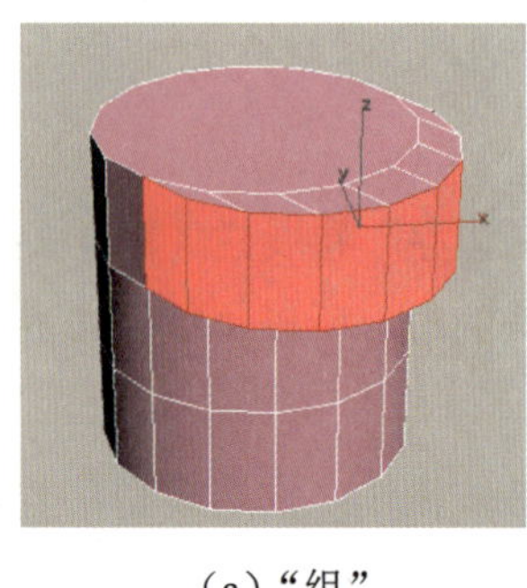

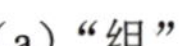
（a）“组”

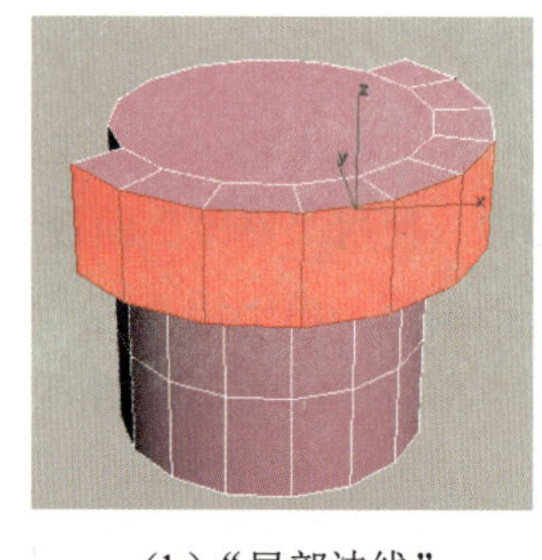
（b）“局部法线”

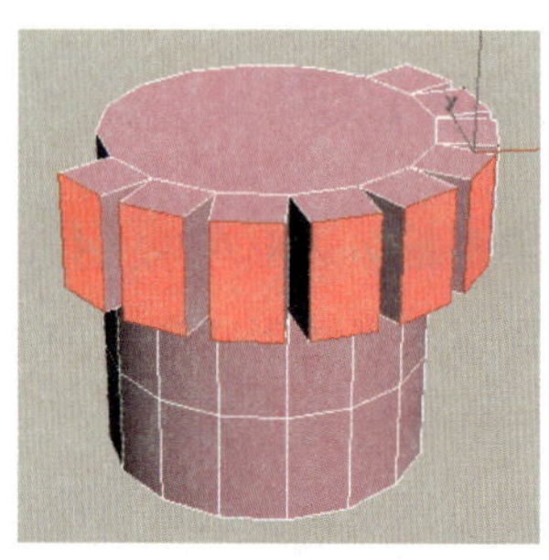
（c）“按多边形”

图 4-2-16 3 种挤出类型对应的挤出效果

②“组”选项：沿着每个组的法线（所选多个连续面的平均法线）执行挤出操作［图 4-2-16（a）］。

③“局部法线”选项：沿着所选的每个面的法线执行挤出操作［图 4-2-16（b）］。

④“按多边形”选项：分别沿着所选的每个面的法线执行挤出操作［图 4-2-16（c）］。

（2）“倒角”按钮。单击该按钮，然后在多边形对象的任意一个面按住左键拖动鼠标，可对该面执行挤出操作，释放左键后移动光标并在合适位置单击，以确定挤出轮廓的大小，同时产生倒角效果（图 4-2-17）。单击“倒角”按钮右侧的“设置”按钮，在弹出的小盒控件中可设置倒角的类型、高度和轮廓尺寸。

（3）“插入”按钮。单击该按钮，然后在多边形对象的任意一个面按住左键拖动鼠标，可对该面执行没有高度的倒角操作（图 4-2-18）。单击“插入”按钮右侧的“设置”按钮，在弹出的小盒控件中可设置面的插入方式和尺寸。

（4）“翻转”按钮。单击该按钮，可将所选面的法线进行翻转，常用于解决面的法线反向的问题。若可编辑多边形对象的面显示为黑色，且被选中后显示为暗红色，则表示该面的法线指向朝内。

（a）倒角前

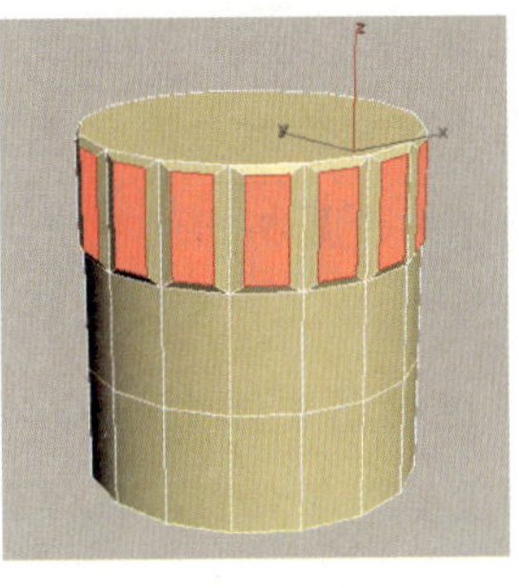

（b）倒角后

图 4-2-17　倒角效果

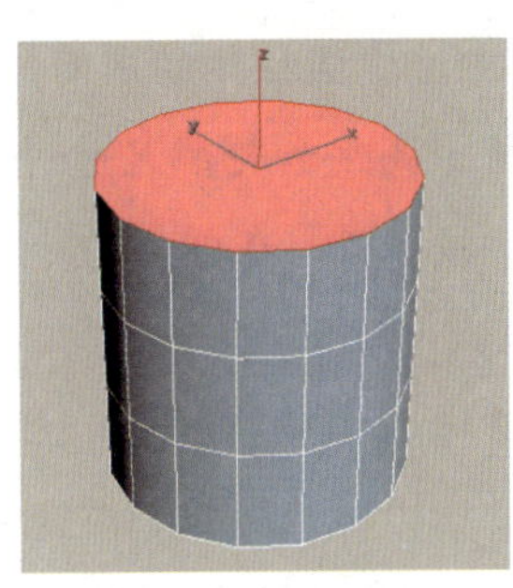

（a）插入前

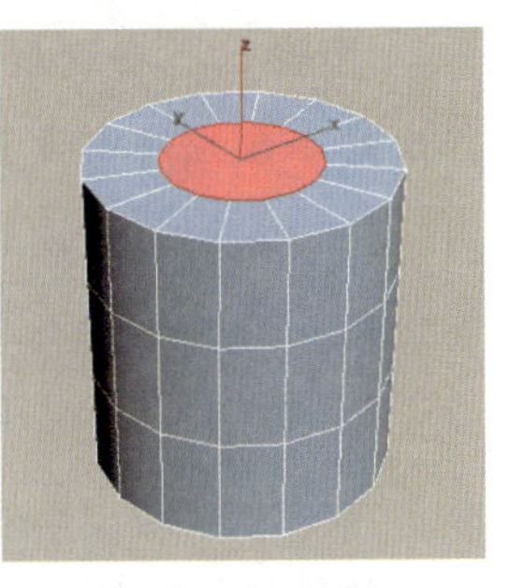

（b）插入后

图 4-2-18　插入效果

实例：制作铅笔

下面通过制作铅笔，来介绍“挤出”和“倒角”的具体操作（图 4-2-19）。

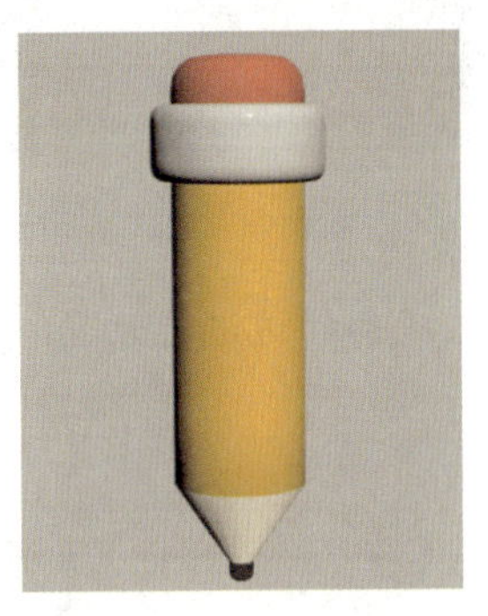

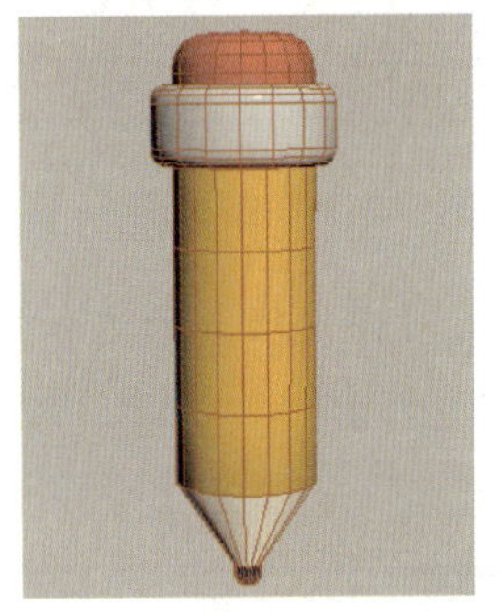

图 4-2-19　铅笔

步骤 1　在透视图的“按视图首选项视口标签”菜单中选择“边面”菜单项，然后在透视图中创建一个半径为 10 mm、高度为 55 mm、高度分段数为 5 的圆柱体。

步骤 2　选中圆柱体并右击，在弹出的快捷菜单中选择“转换为”→“转换为可编辑多边形”菜单项，将其转换为可编辑多边形对象。

步骤 3　按“4”键进入多边形编辑模式，然后在前视图中框选如图 4-2-20 所示的面（注意不要选中圆柱体顶部的面），接着单击“编辑多边形”卷展栏中“挤出”按钮右侧的“设置”按钮，在弹出的小盒控件中设置挤出类型和高度，最后单击“确定”按钮，以制作固定橡皮的铁箍（图 4-2-21）。

步骤 4　在透视图中选中如图 4-2-22 所示的面，然后单击“挤出”按钮右侧的“设置”按钮，在弹出的小盒控件中设置挤出高度，最后单击“确定”按钮，以制作铅笔上的橡皮（图 4-2-23）。

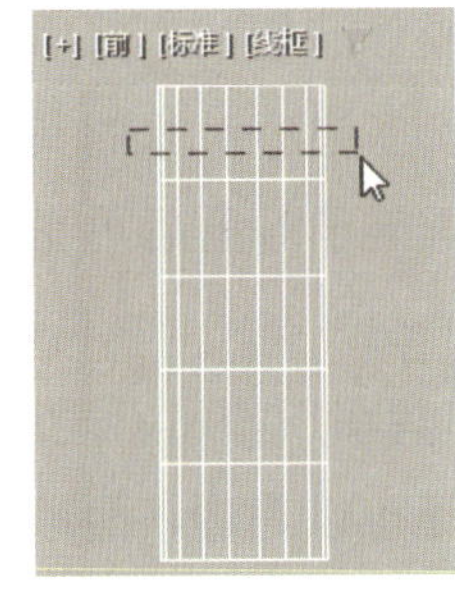

图 4-2-21　挤出面①

图 4-2-22　选中面

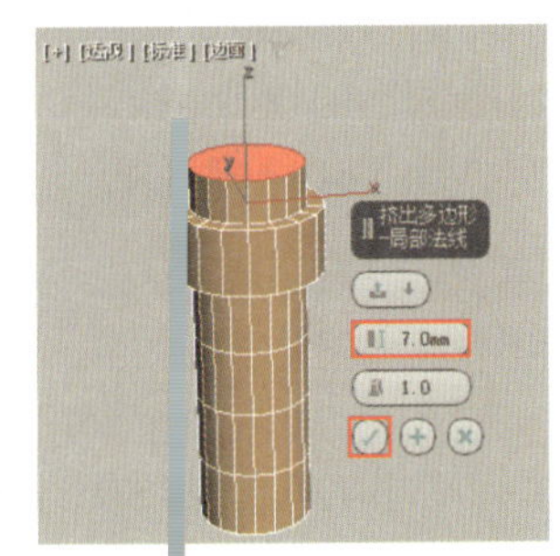

图 4-2-23　挤出面②

步骤 5 在透视图中选中圆柱体的底面，然后单击“倒角”按钮右侧的“设置”按钮，在弹出的小盒控件中设置挤出高度和轮廓尺寸并单击“确定”按钮（图 4-2-24）；再次单击“挤出”按钮右侧的“设置”按钮，在弹出的小盒控件中设置挤出高度并单击“确定”按钮，以制作铅笔芯（图 4-2-25）。

步骤 6 按“2”键进入边编辑模式，然后在透视图中选中如图 4-2-26 所示的循环边，接着单击“编辑边”卷展栏中“切角”按钮右侧的“设置”按钮，在弹出的小盒控件中设置切角量和分段数，最后单击“确定”按钮（图 4-2-27）。

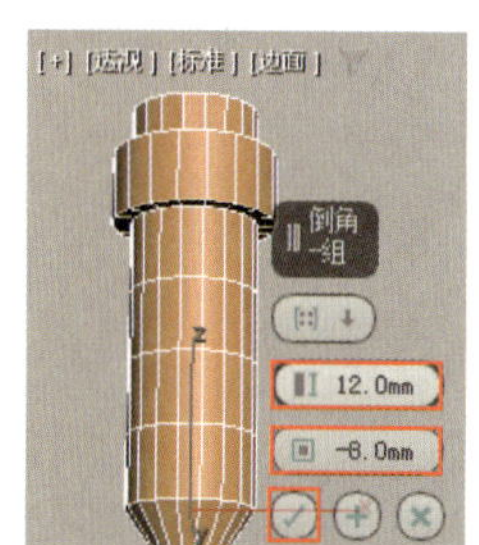

图 4-2-24 对面进行倒角

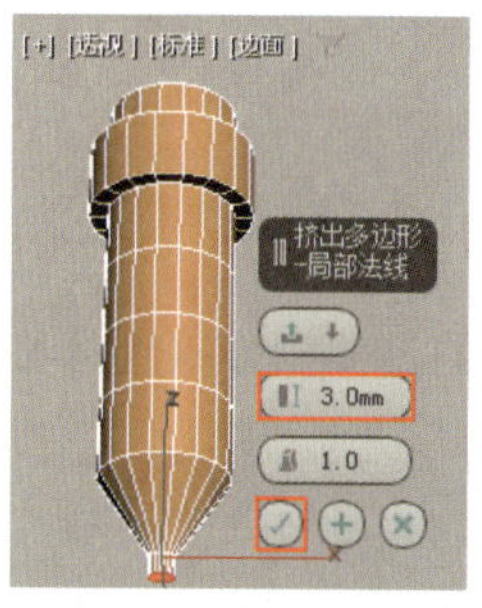

图 4-2-25 挤出面③

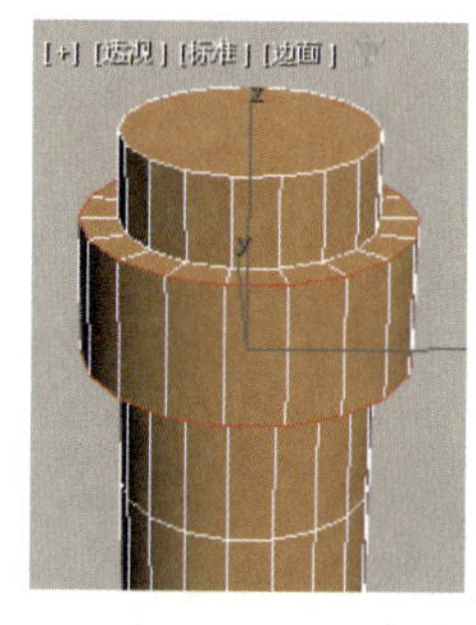
图 4-2-26 选中循环边

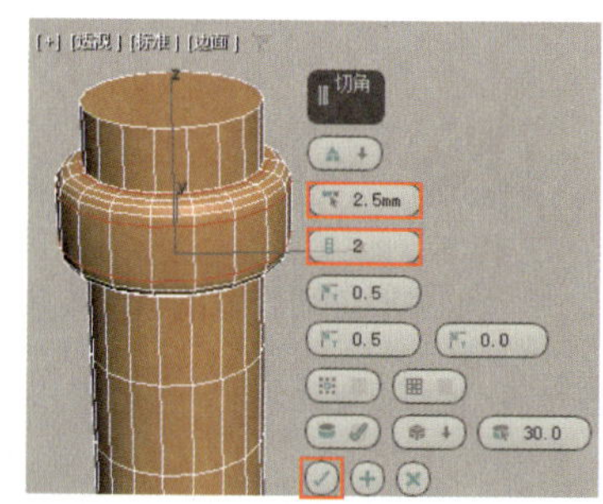

图 4-2-27 对循环边进行切角

步骤 7 参照步骤 6 对橡皮顶部的边和铅笔芯底部的边进行切角（图 4-2-28、图 4-2-29）。至此，铅笔便制作完毕了。

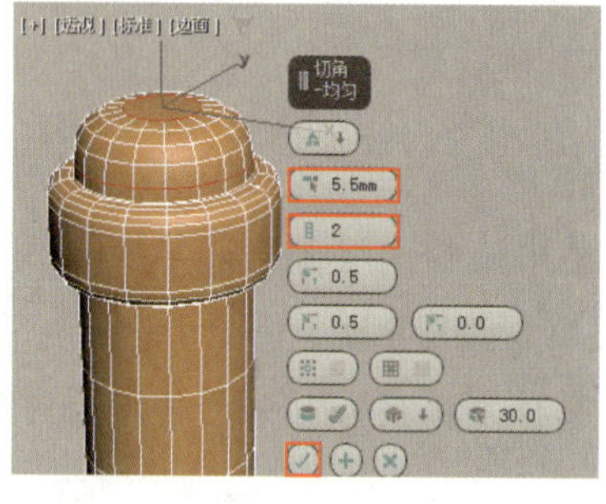

图 4-2-28 对橡皮顶部的边进行切角

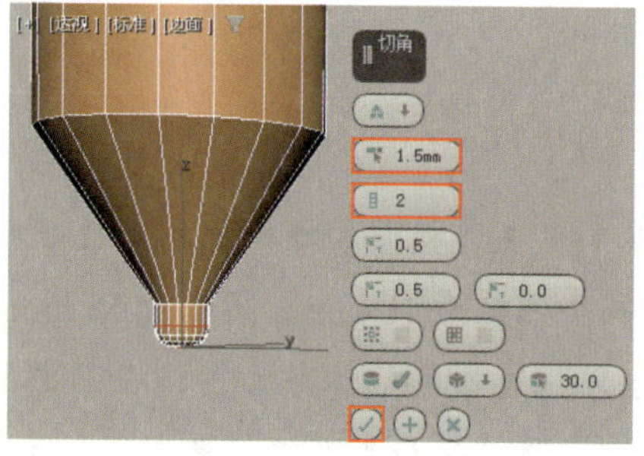

图 4-2-29 对铅笔芯底部的边进行切角

五、编辑几何体

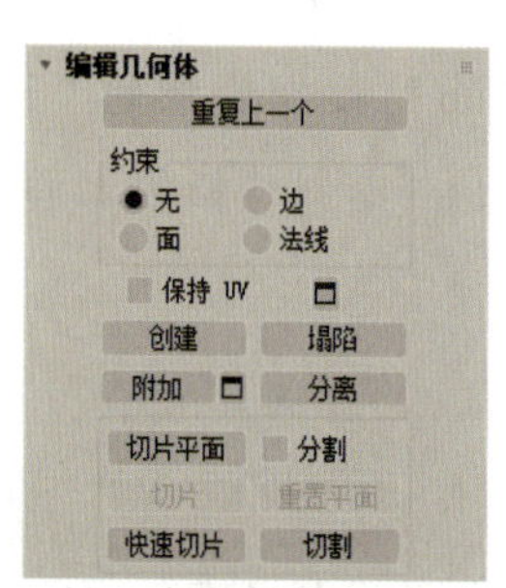

图 4-2-30 “编辑几何体”卷展栏

“编辑几何体”卷展栏（图 4-2-30）中的按钮可用于编辑所有子对象，其中常用的按钮有“重复上一个”“塌陷”“附加”“分离”等。

（1）“重复上一个”按钮。单击该按钮（或按“；”键），可对所选的子对象重复执行上一步所执行的操作。例如，对多边形对象上的面执行挤出操作后，如果要使该多边形对象的其他子对象产生同样的挤出效果，则可在选中所需子对象后单击“重复上一个”按钮。

（2）“塌陷”按钮。单击该按钮，可使所选子对象上的所有顶点合并。与“焊接”按钮不同，执行“塌陷”按钮时无须设置阈值，且使用该按钮不仅可以对顶点进行塌陷，还可以对边、面进行塌陷（图 4-2-31）。

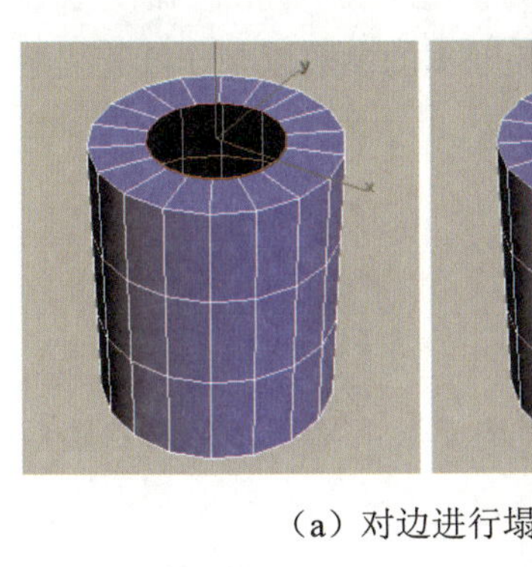
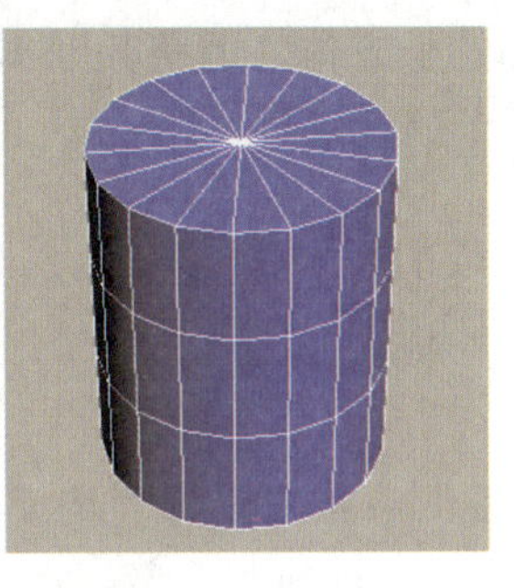

（a）对边进行塌陷

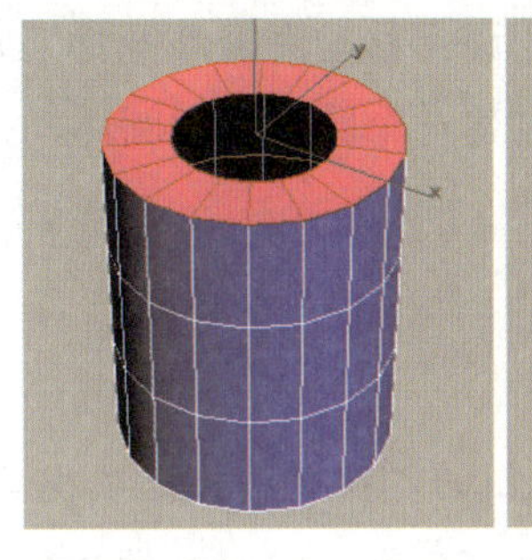
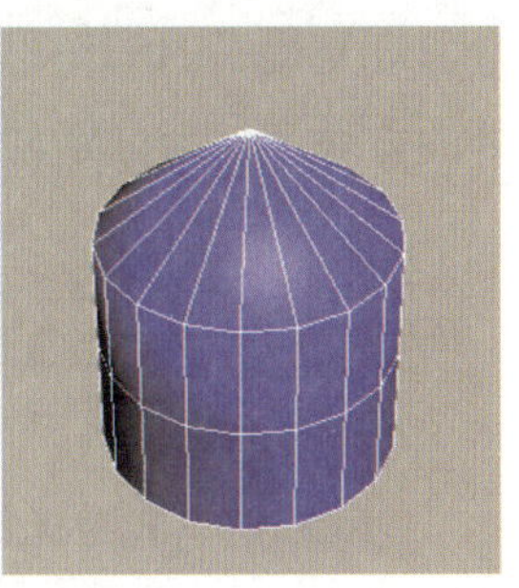

（b）对面进行塌陷

图 4-2-31　塌陷效果

（3）“附加”按钮：单击该按钮，然后在视口中选择对象，可使所选的对象与当前对象成为整体。

（4）“分离”按钮：单击该按钮，可使所选子对象与当前对象分离，分离后的 2 个对象相互独立。

扫一扫

制作灯笼

任务实施　制作灯笼

下面通过制作灯笼，来学习多边形建模的具体操作（图 4-2-32）。

（a）灯笼

（b）渲染效果

图 4-2-32　灯笼及其渲染效果

制作思路

本任务实施中的灯笼由灯笼盖、灯笼骨架、灯笼主体、灯笼提手和灯笼穗组成。可依次制作灯笼盖、灯笼骨架、灯笼主体和灯笼提手，然后对它们的棱边进行切角并对模型进行平滑处理，最后导入灯笼穗。

灯笼盖的制作思路：创建一个四棱锥，通过挤出四棱锥的底面来制作灯笼盖，然后绘制样条线，将其显示为三维模型后，再将该模型转换为可编辑多边形对象，接着对其顶点进行编辑，以制作灯笼盖上的飞檐，最后将飞檐旋转克隆。

灯笼骨架的制作思路：创建一个长方体，将其移动克隆，调整其副本的参数后，将副本旋转克隆，以制作灯笼骨架中的 4 根木条，然后通过编辑木条的边和面来制作木条上的凹槽；再次移动克隆长方体，调整其副本的参数，以制作灯笼骨架中的底座；最后对长方体的边和面进行编辑，使长方体镂空，将其作为灯笼盖与灯笼骨架的连接部分。

灯笼主体的制作思路：移动克隆灯笼骨架中的底座，然后调整其副本的参数，最后通过编辑灯笼提手的制作思路：移动克隆灯笼骨架底部的长方体，调整其副本的参数以制作灯笼提手处的方块，然后分别创建一个圆柱体和圆环，并将它们移动到合适位置。

制作步骤

1．制作灯笼盖

步骤 1 在透视图的“按视图首选项视口标签”菜单中选择“边面”菜单项，然后在透视图中创建一个 205 mm×205 mm×52 mm 的四棱锥。

步骤 2 选中四棱锥并右击，在弹出的快捷菜单中选择“转换为”→“转换为可编辑多边形”菜单项，将其转换为可编辑多边形对象，然后按“1”键进入顶点编辑模式，选中四棱锥底面中心的顶点（图 4-2-33），按“Backspace”键将其移除。

步骤 3 按“4”键进入多边形编辑模式，然后在透视图中选中四棱锥的底面，接着单击“编辑多边形”卷展栏中“挤出”按钮右侧的“设置”按钮，在弹出的小盒控件中将挤出高度设为 13.0 mm（图 4-2-34），最后单击“确定”按钮，以制作灯笼盖。按“4”键退出多边形编辑模式。

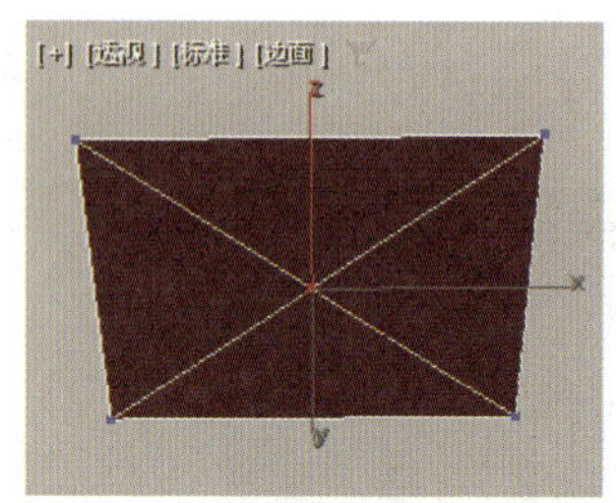

图 4-2-33　选中四棱锥底面中心的顶点

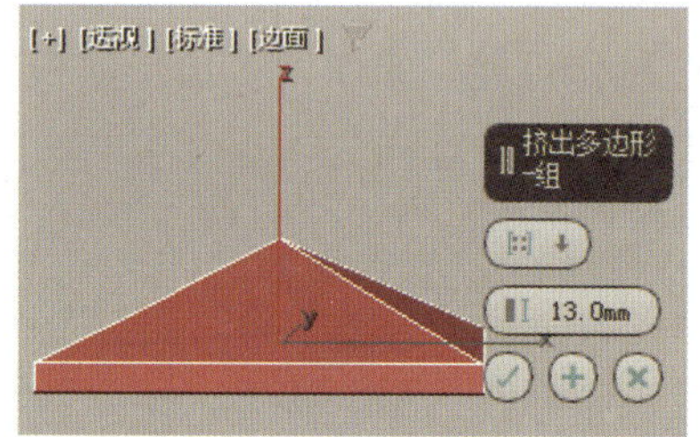

图 4-2-34　设置挤出参数

步骤 4 在透视图中将灯笼盖绕 z 轴按逆时针方向旋转 45°。在前视图中沿着灯笼盖的棱边绘制一条如图 4-2-35 所示的样条线，然后在“渲染”卷展栏中进行设置（图 4-2-36），使样条线显示为三维模型，最后在视口中右击，在弹出的快捷菜单中选择“转换为”→“转换为可编辑多边形”菜单项，将样条线的三维模型转换为可编辑多边形对象。

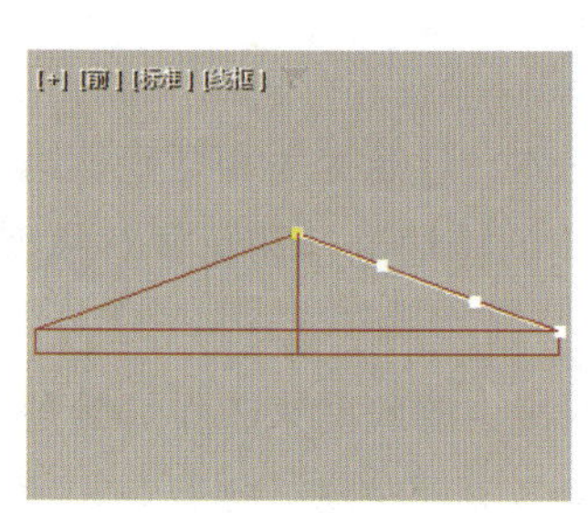

图 4-2-35　绘制样条线

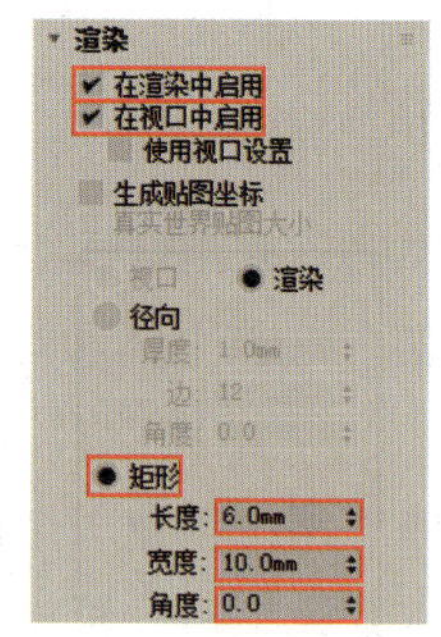

图 4-2-36　设置样条线的参数

答疑解惑

问： 在步骤 4 中为什么要旋转灯笼盖？

答： 旋转灯笼盖后，可以在前视图中参照灯笼盖的棱边绘制飞檐，且便于后续摆放灯笼骨架中木条的位置。

步骤 5　按“1”键进入顶点编辑模式，在前视图中采用框选方式选择顶点，然后移动顶点，以制作灯笼盖上的飞檐。调整完毕后按“1”键，退出顶点编辑模式（图 4-2-37）。

步骤 6　使用“快速对齐”按钮将飞檐与灯笼盖对齐，然后在前视图中将飞檐沿 *xy* 平面移至灯笼盖的棱边上。使用“快速对齐”按钮将飞檐的轴点与灯笼盖的轴点对齐，然后在顶视图中将飞檐绕 *z* 轴旋转 90° 并实例克隆 3 份（图 4-2-38）。

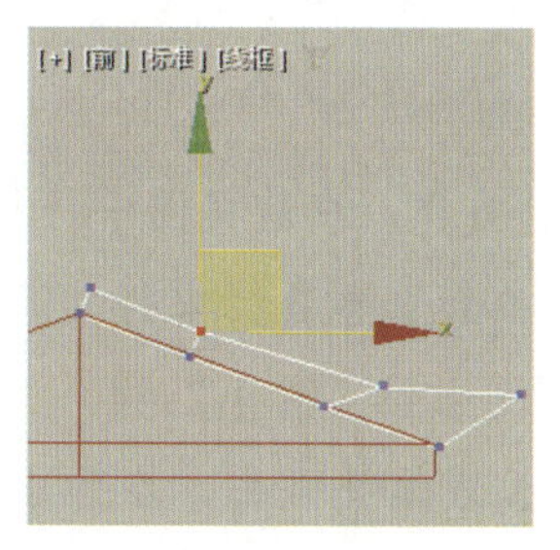

图 4-2-37　调整模型的形状

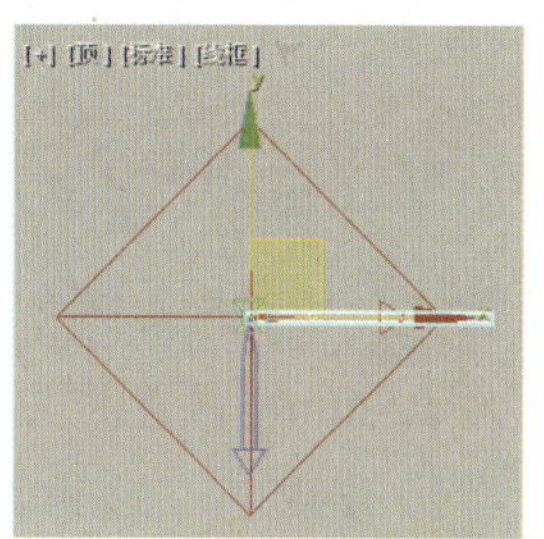

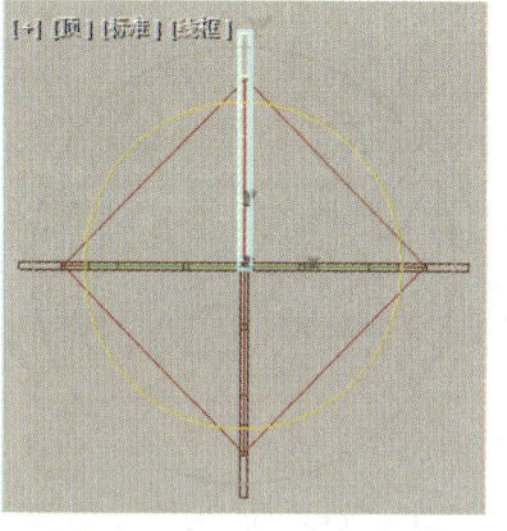

图 4-2-38　旋转克隆飞檐

2. 制作灯笼骨架

步骤 1　在透视图中创建一个 135 mm×135 mm×17 mm 的长方体，然后将其绕 *z* 轴按逆时针方向旋转 45°，接着使用“快速对齐”按钮将该长方体与灯笼盖对齐，最后在前视图中将该长方体沿 *y* 轴方向移至合适位置（图 4-2-39）。

步骤 2　在前视图中将长方体沿 *x* 轴方向移动并复制克隆 1 份，然后在“参数”卷展栏中将该长方体副本的长度和宽度设为 14 mm、高度设为 175 mm，最后在前视图中将该长方体副本沿 *xy* 平面移至合适位置（图 4-2-40）。

步骤 3　选中长方体副本并右击，在弹出的快捷菜单中选择“转换为”→“转换为可编辑多边形”菜单项，将其转换为可编辑多边形对象，然后使用“快速对齐”按钮将长方体副本的轴点与灯笼盖的轴点对齐，最后在顶视图中将长方体副本绕 *z* 轴旋转 90° 并实例克隆 3 份（图 4-2-41）。

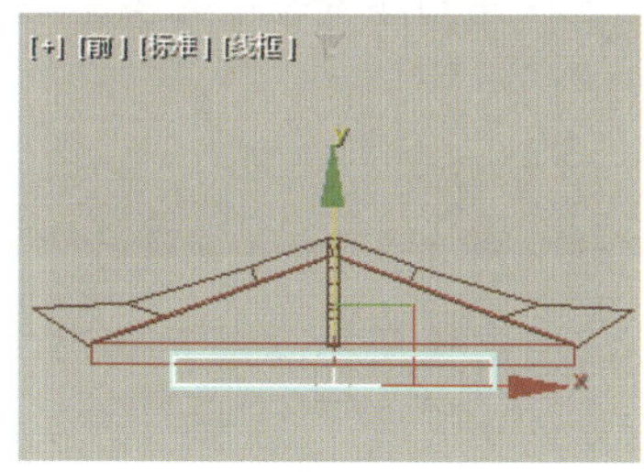

图 4-2-39　长方体的位置

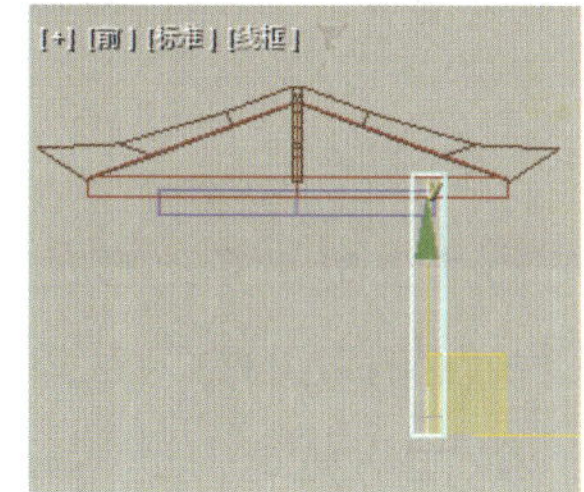

图 4-2-40　长方体副本的位置

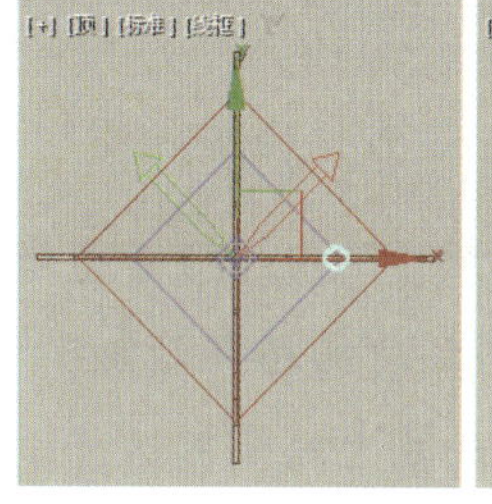

图 4-2-41　旋转克隆长方体副本

步骤 4　选中任一长方体副本，按“2”键进入边编辑模式，然后在前视图中框选其 4 条侧棱，接着单击“编辑边”卷展栏中“连接”按钮右侧的“设置”按钮，在弹出的小盒控件中设置生成边的数量和位置，最后单击“确定”按钮（图 4-2-42）。

步骤 5　按“4”键进入多边形编辑模式，在前视图中框选插入的 2 条循环边之间的面，然后单击“编辑多边形”卷展栏中“倒角”按钮右侧的“设置”按钮，在弹出的小盒控件中设置倒角的类型、挤出高度和轮廓尺寸，最后单击“确定”按钮。按“4”键退出多边形编辑模式（图 4-2-43）。

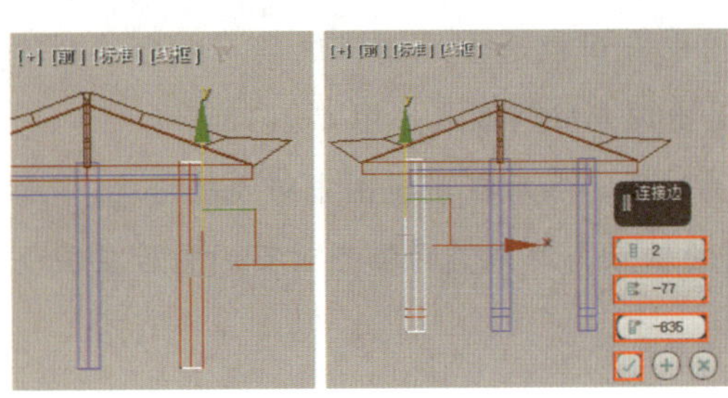

图 4-2-42　连接边

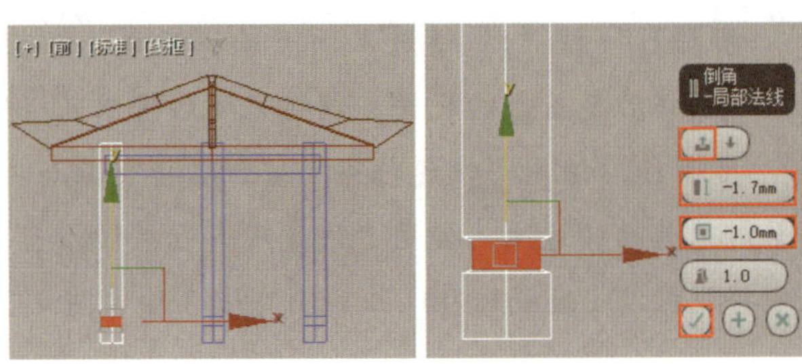

图 4-2-43　对面进行倒角

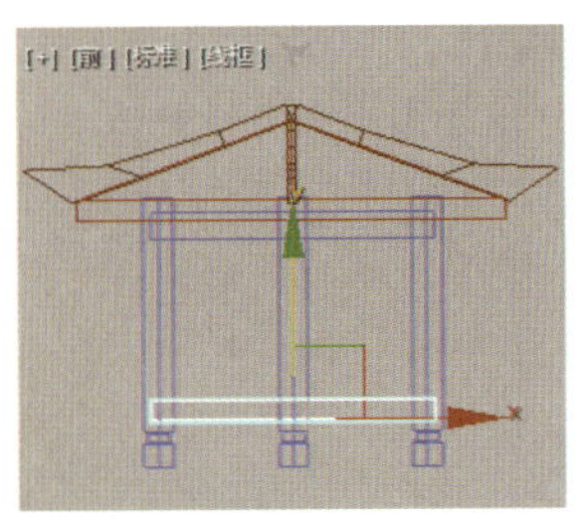

图 4-2-44　移动克隆长方体①

步骤 6　选中在步骤 1 中创建的长方体，在前视图中将其沿 y 轴方向移动并复制克隆 1 份，然后在“参数”卷展栏中将其高度设为 12 mm，接着将其沿 y 轴方向移至合适位置（图 4-2-44）。

步骤 7　选中在步骤 1 中创建的长方体并右击，在弹出的快捷菜单中选择“转换为”→“转换为可编辑多边形”菜单项，将其转换为可编辑多边形对象，然后单击工作界面下方的“孤立当前选择”按钮（或按“Alt+Q”组合键），将该长方体孤立显示。

步骤 8　按“4”键进入多边形编辑模式，按住“Ctrl”键在透视图中选中长方体的顶面和底面，然后单击“编辑多边形”卷展栏中“插入”按钮右侧的“设置”按钮，在弹出的小盒控件中设置面的插入类型和尺寸并单击“确定”按钮（图 4-2-45），最后按“Delete”键删除所选的面。

步骤 9　按“2”键进入边编辑模式，选中模型内侧边界处上下 2 条边，然后单击“编辑边”卷展栏中的“桥”按钮，软件将自动用多边形连接这 2 条边（图 4-2-46）。

答疑解惑

问：为什么要使用“桥”按钮而不是“封口”按钮来连接模型边界？

答：“封口”按钮只能用于编辑边界，并且在选择边界时，软件会自动选中边界处连续的多条边，不能单独选中 2 条相对的边。此处若用“封口”按钮，则会使模型变回如图 4-2-45 所示的状态。

步骤 10　参照步骤 9，将模型边界处的其他边用多边形进行连接（图 4-2-47）。单击工作界面下方的“孤立当前选择”按钮（或按“Ctrl+Alt+Q”组合键），退出模型孤立显示状态，可以看到灯笼骨架的基本结构已搭建完成。按“2”键退出边编辑模式。

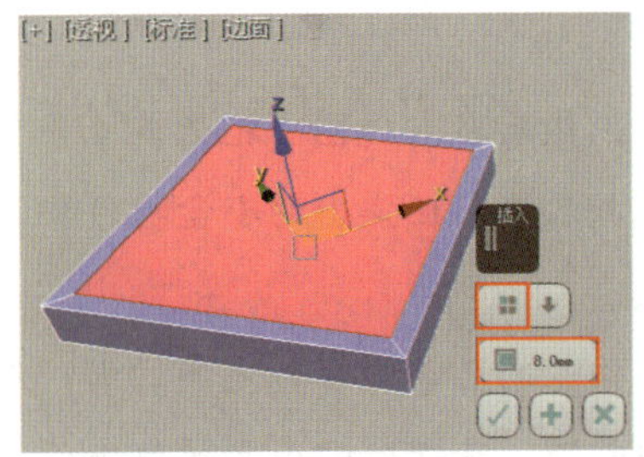

图 4-2-45　插入面①

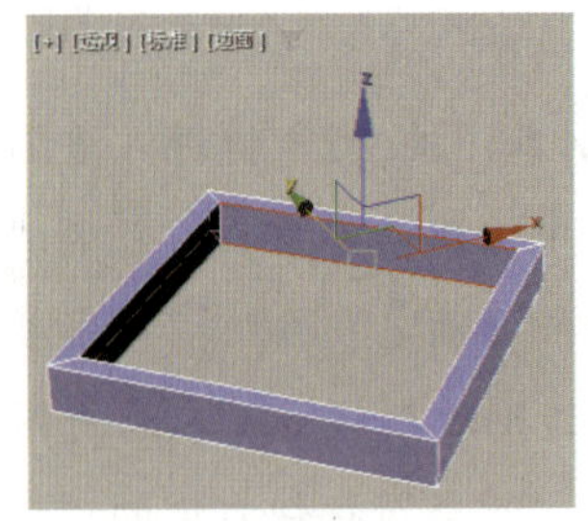

图 4-2-46　桥接边①

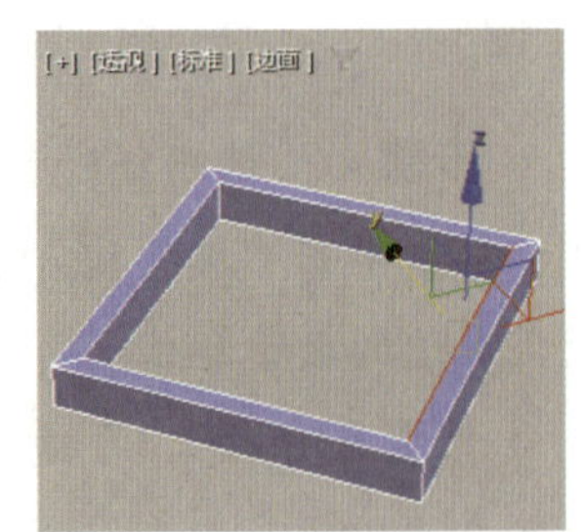

图 4-2-47　桥接边②

3. 制作灯笼主体

步骤 1 选中灯笼骨架底部的长方体，在前视图中将其沿 y 轴方向移动并复制克隆 1 份，然后在“参数”卷展栏中将长方体副本的长度和宽度均设为 90 mm、高度设为 124 mm，最后将其沿 y 轴方向移动到合适位置（图 4-2-48）。选中长方体副本并右击，在弹出的快捷菜单中选择“转换为”→“转换为可编辑多边形”菜单项，将其转换为可编辑多边形对象。

提示

为了便于区分模型各部分结构，本书修改了步骤 1 中长方体副本的颜色，具体操作时可不进行修改。

步骤 2 按“4”键进入多边形编辑模式，在前视图中框选长方体副本的 4 个侧面，然后单击“编辑多边形”卷展栏中“插入”按钮右侧的“设置”按钮，在弹出的小盒控件中设置面的插入类型和尺寸并单击“确定”按钮（图 4-2-49）；接着单击“挤出”按钮右侧的“设置”按钮，在弹出的小盒控件中设置挤出的类型和高度并单击“确定”按钮（图 4-2-50）。按“4”退出多边形编辑模式。

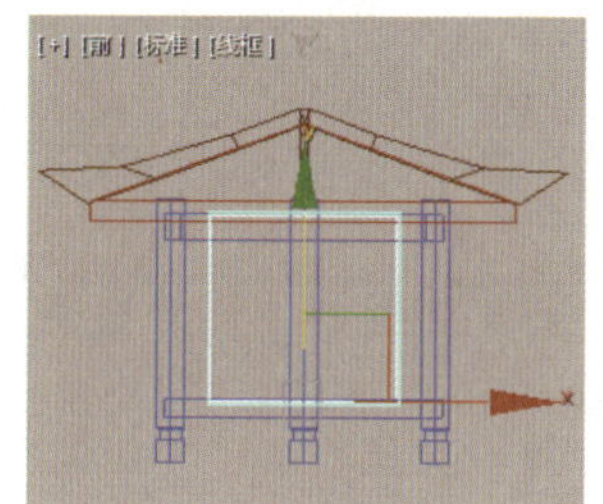
图 4-2-48 移动克隆长方体②

图 4-2-49 插入面②

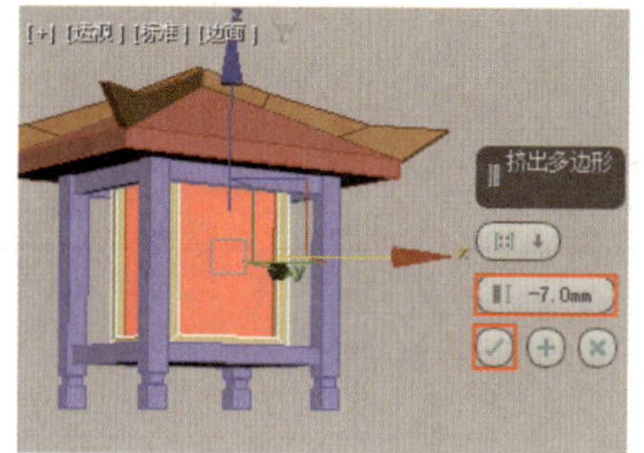

图 4-2-50 挤出面

4. 制作灯笼提手

步骤 1 将灯笼骨架底部的长方体复制克隆 1 份，然后在“参数”卷展栏中将长方体副本的长度和宽度均设为 28 mm、高度设为 25 mm，最后在前视图中将其沿 y 轴方向移至灯笼盖顶部（图 4-2-51）。

步骤 2 在透视图中创建一个半径为 8 mm、高度为 15 mm 的圆柱体，然后在前视图中创建一个半径 1 为 15 mm、半径 2 为 2 mm 的圆环，接着使用“快速对齐”按钮将圆柱体和圆环与灯笼盖对齐，最后在前视图中将它们分别沿 y 轴方向移至合适位置（图 4-2-52）。

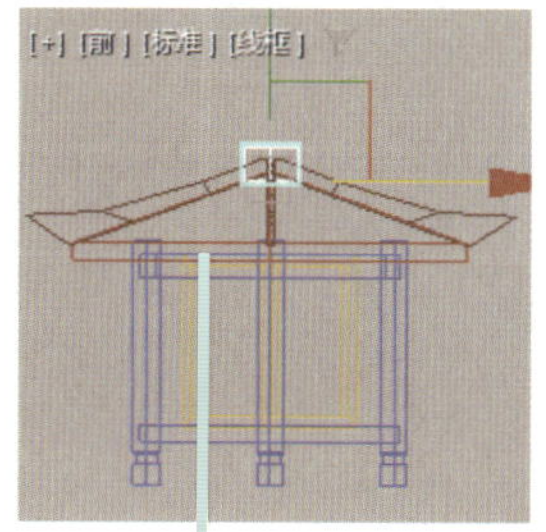
图 4-2-51 移动克隆长方体③

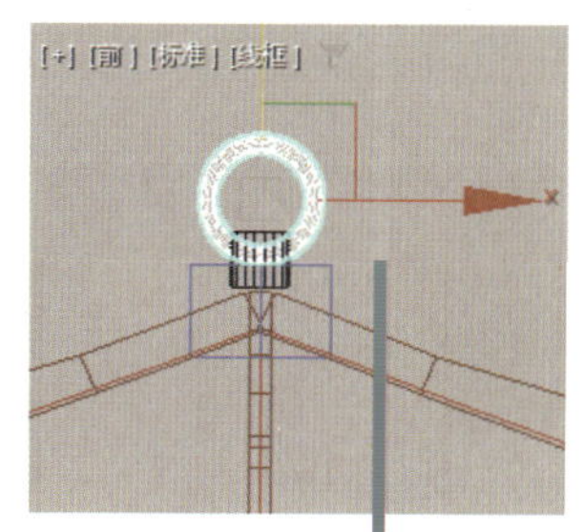
图 4-2-52 圆柱体和圆环的位置

步骤 3 选中视口中除圆环和圆柱体外的所有模型，在透视图中将它们绕 z 轴按顺时针方

5．对模型进行卡线和平滑处理

步骤 1 选中灯笼骨架底部的长方体、灯笼提手处的圆柱体和长方体并右击，在弹出的快捷菜单中选择“转换为”→“转换为可编辑多边形”菜单项，将其转换为可编辑多边形对象。

步骤 2 选中灯笼盖上的任意飞檐，按“2”键进入边编辑模式，双击选中如图 4-2-53（a）所示的循环边，然后单击“切角”按钮右侧的“设置”按钮，对其进行切角［图 4-2-53（b）］。

步骤 3 选中飞檐的所有棱边（图 4-2-54），然后单击“切角”按钮右侧的“设置”按钮，在弹出的小盒控件中将切角范围设为 0.2 mm，最后单击“确定”按钮。按“2”键退出边编辑状态。

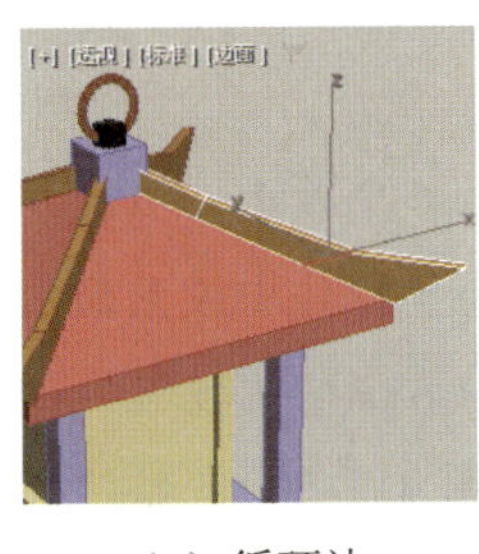

（a）循环边

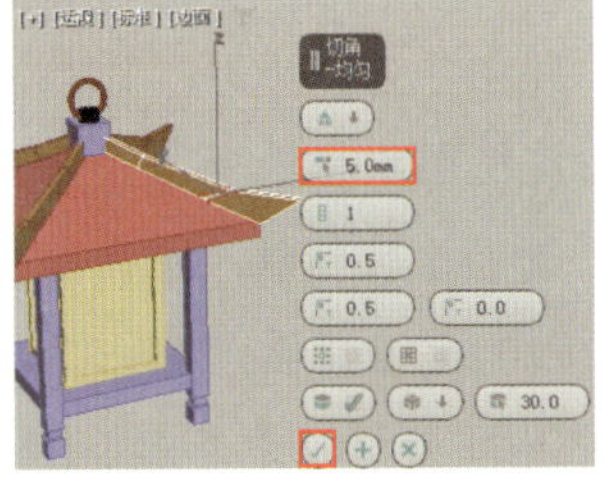

（b）切角参数

图 4-2-53　对边进行切角

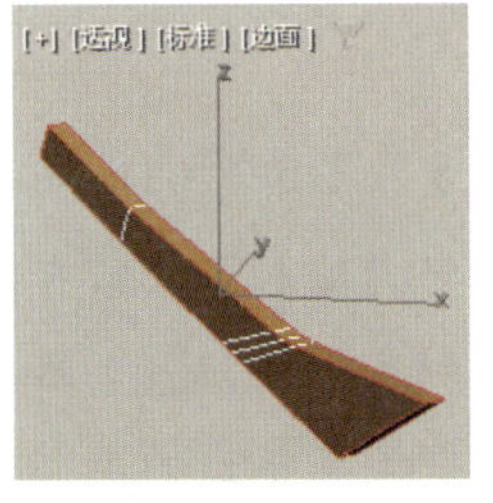

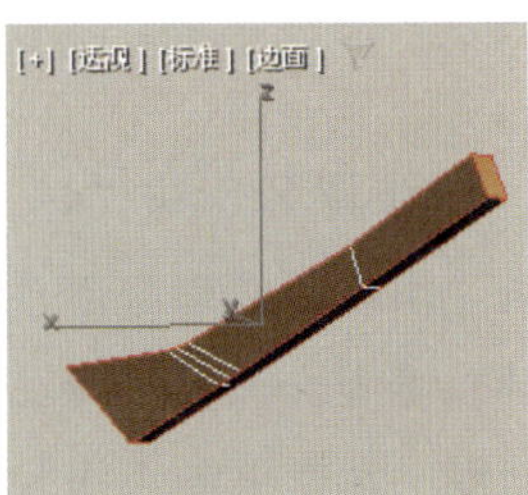

图 4-2-54　选中飞檐的所有棱边

提示

为了使读者看清楚所选中的棱边，本书特意将图 4-2-54 中的模型孤立显示，读者在操作时可不将模型孤立显示。

步骤 4 依次对灯笼盖、灯笼骨架、灯笼主体、灯笼提手的圆柱体和长方体的棱边（图 4-2-55）进行切角，切角范围均为 0.2 mm，其他参数采用默认设置即可。

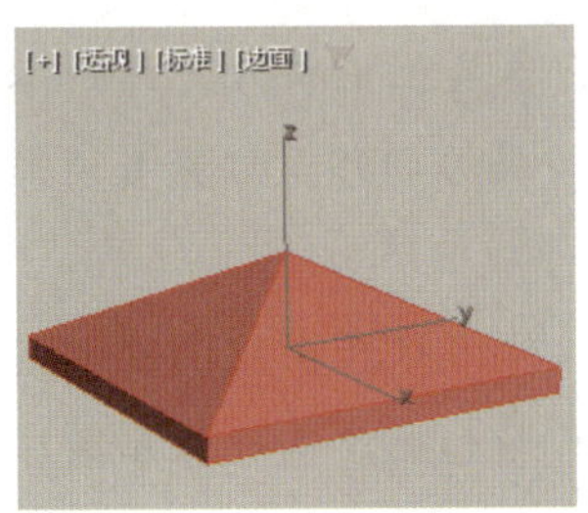

（a）灯笼盖

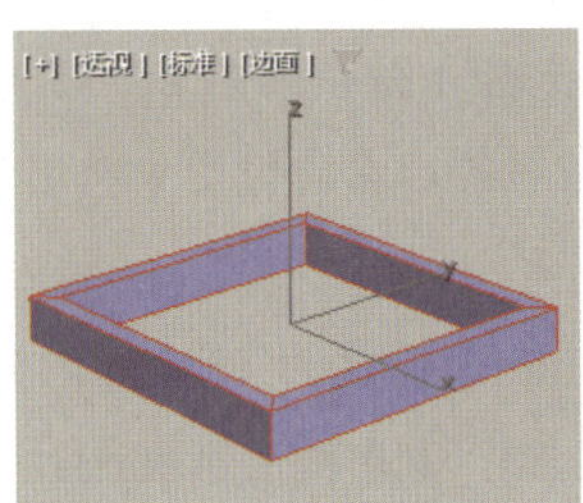

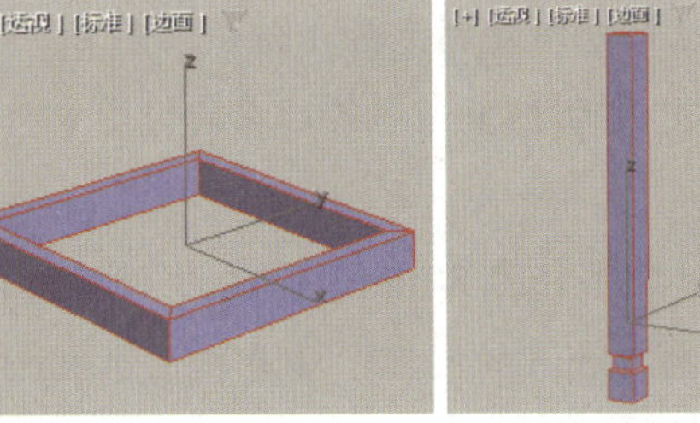

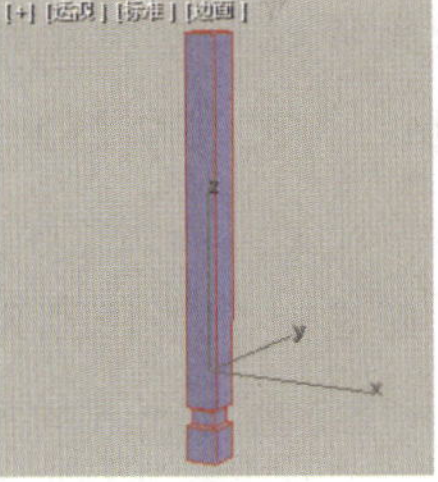

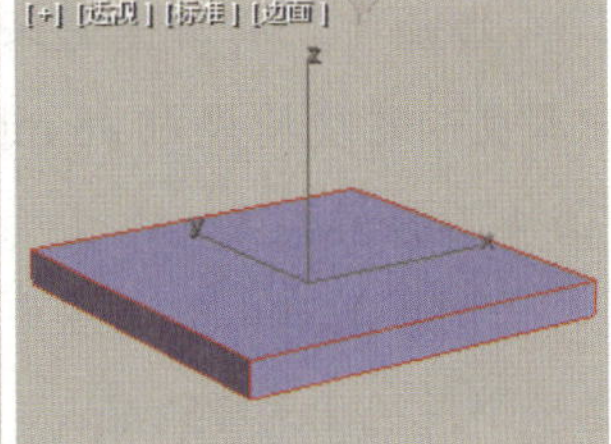

（b）灯笼骨架

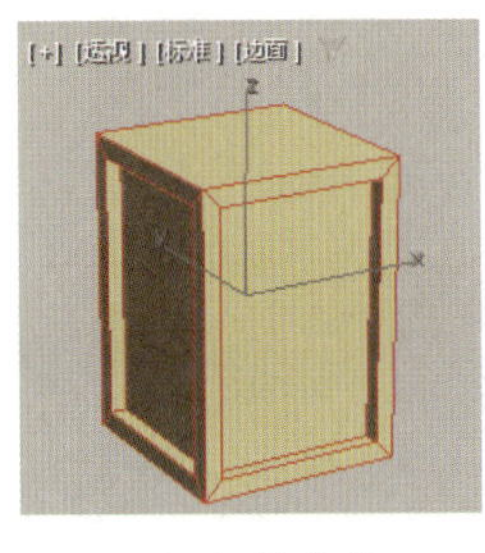

（c）灯笼主体

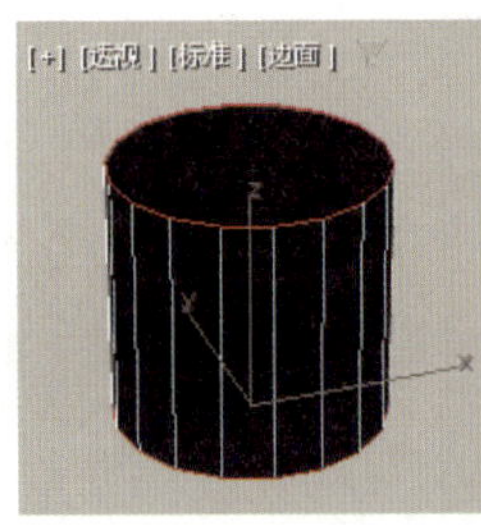

（d）灯笼提手

图 4-2-55　灯笼各部分的棱边

步骤 5 框选视口中的所有模型，然后在“修改”面板的修改器列表中选择“涡轮平滑”

选项，在“涡轮平滑”卷展栏中将迭代次数设为 3。

6. 导入灯笼穗

步骤 1 选择“文件”→“导入”→“导入”菜单项，在弹出的“选择要导入的文件”对话框中选择“素材与实例\项目四”中的“灯笼穗.fbx”文件后单击“打开”按钮，接着单击“FBX 导入”对话框中的“确定”按钮，将素材文件中的灯笼穗导入当前场景。

步骤 2 确保灯笼穗处于选中状态，单击主工具栏中的“对齐”按钮，然后选中灯笼主体，在弹出的“对齐当前选择”对话框中勾选“x 位置”和“y 位置”复选框，取消勾选“z 位置”复选框，接着单击“确定”按钮，使灯笼穗与灯笼主体在 x 轴方向和 y 轴方向上对齐，最后将灯笼穗沿 z 轴方向移动到合适位置（图 4-2-56）。至此，灯笼便制作完成了。

图 4-2-56　对齐灯笼穗与灯笼主体

自测习题一　制作足球

利用本项目所学知识制作足球（图 4-2-57）。

（a）足球

（b）渲染效果

图 4-2-57　足球及其渲染效果

提示：异面体的参数如图 4-2-58 所示。参照其中的参数创建一个异面体，将其转换为可编辑多边形对象，然后对模型的所有边进行切割，接着依次为模型添加“涡轮平滑”修改器（迭代次数为 2）和“球形化”修改器。再次将模型转换为可编辑多边形对象，并对模型的所有面进行挤出（挤出类型为“组”，挤出高度为 5 mm），然后选中模型的所有顶点，对它们进行焊接，最后为模型添加“涡轮平滑”修改器（迭代次数为 3）。

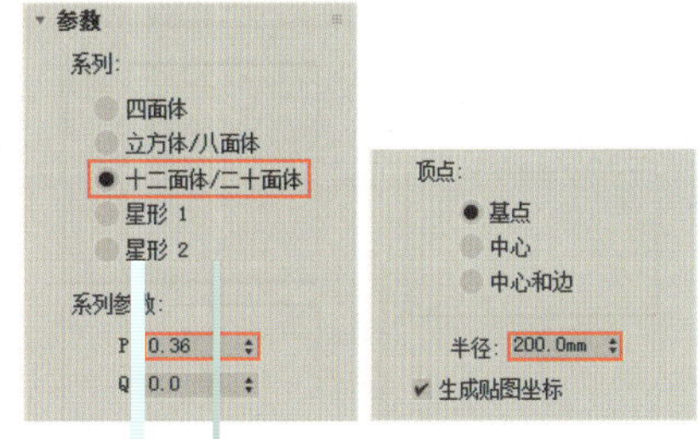

图 4-2-58　异面体的参数

自测习题二　制作铃铛

利用本项目所学知识制作铃铛（图 4-2-59）。

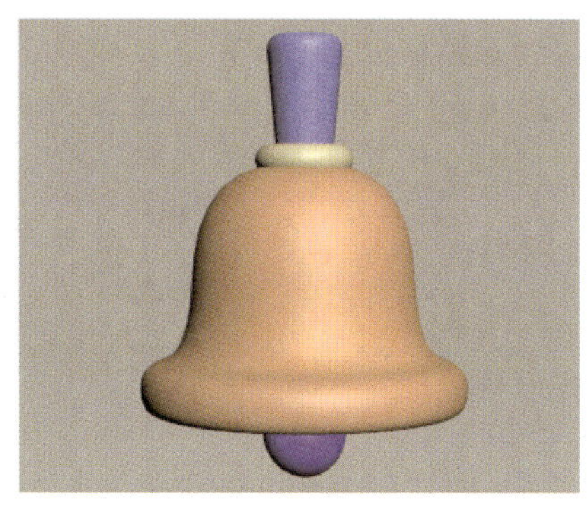

（a）铃铛

（b）渲染效果

图 4-2-59　铃铛及其渲染效果

提示：　该铃铛由铃柄、铃体和铃锤组成。铃柄可以使用圆柱体和圆环来制作，铃体可以使用圆柱体来制作，铃锤可以使用圆柱体和球体来制作。

制作铃体的具体操作：创建一个圆柱体（高度分段数为 1，其他参数可自行设置），将其转换为可编辑多边形对象，然后对圆柱体顶部的边进行切角，对圆柱体底部的面进行倒角，再调整铃铛的大致形状，接着删除模型的底面，为其添加“壳”修改器后，再次将模型转换为可编辑多边形对象，最后调整模型的形状并对模型进行切角和平滑处理（图 4-2-60）。

图 4-2-60　制作铃体

学习成果评价

请进行学习成果评价，并将评价结果填入表 4-2-1。

表 4-2-1 学习成果评价表

评价项目	评价内容	分值	评价分数		
			自评	他评	师评
知识（40%）	多边形建模的流程	5			
	转换为可编辑多边形对象的方法	5			
	法线和卡线	5			
	选择子对象的方法	5			
	编辑顶点、边、边界、面、几何体	20			
技能（40%）	能够将对象转换为可编辑多边形对象	10			
	能够熟练地选择需要的子对象	10			
	能够通过编辑子对象进行建模	20			
素养（20%）	积极参加教学活动，按时完成学习任务	10			
	掌握正确的建模思路，培养全局意识	10			
合计		100			
总评	自评（20%）+ 他评（20%）+ 师评（60%）= ________	指导教师（签名）：____________			

项目五

材质与贴图

材质是指一个物体的质地，如金属材质、玻璃材质、塑料材质等。使用 3ds Max 能模拟真实世界中物体的材质，甚至能制作出比真实世界中更好的视觉效果。创建材质时，首先需要确定物体的质地，然后考虑物体的颜色、纹理、透明度和高光等细节，这些属性影响着模型的逼真程度。本项目将介绍材质编辑器、3ds Max 材质、V-Ray 材质、应用贴图的方法、常用的贴图等内容，带领读者学习使用材质与贴图表现物体的材质。

知识目标

- 了解材质编辑器的功能。
- 了解常用的 3ds Max 材质。
- 了解常用的 V-Ray 材质。
- 了解贴图的作用和常用的贴图类型。

能力目标

- 能够使用 3ds Max 材质表现物体的质感。
- 能够使用 V-Ray 材质表现物体的质感。
- 能够使用贴图表现物体的质感。

素质目标

- 学生通过制作生活中常见物体的材质，培养善于观察、勤于思考、勇于探索的良好习惯。
- 学生通过制作青花瓷材质，感受中国传统文化的魅力，提升审美能力，增强文化自信。

任务一　使用 3ds Max 材质表现物体的质感

【任务引入】

某日，小欣在参观某学院的毕业设计展时，被一件角色建模作品吸引了目光。展板上角色的服饰、皮肤、头发等部位都栩栩如生，并且展板上还展示了作品的创作过程：从二维的角色设计图，到纯色的三维模型，再到线框覆盖效果的渲染图，最后是赋予材质后的角色模型。小欣在展板前驻足观看，不禁感叹："这个角色模型做得好逼真。"作品的作者注意到小欣的专注，主动上前与她交流，介绍了作品的设计理念，并告诉她，使用 3ds Max 制作模型并赋予模型材质后，才会有如此逼真的效果。听完作者的介绍，小欣对材质产生了浓厚的兴趣。

想一想：

（1）怎样赋予模型材质？

（2）常用 3ds Max 材质有哪些？

一、材质编辑器

在 3ds Max 中创建材质需要用到材质编辑器。材质编辑器的功能有创建材质、设置材质的参数、将材质赋予模型等。3ds Max 中的材质编辑器有 Slate 材质编辑器和精简材质编辑器 2 种，在主工具栏的"材质编辑器"弹出按钮中单击按钮或按钮，即可打开 Slate 材质编辑器或精简材质编辑器（图 5-1-1）。

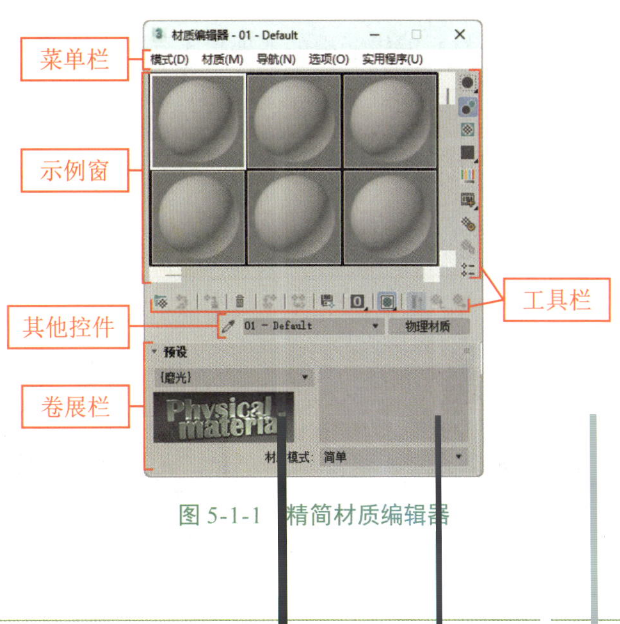

图 5-1-1　精简材质编辑器

提示

按"M"键可打开上一次打开的材质编辑器。与 Slate 材质编辑器相比，精简材质编辑器的界面更加简洁，读者在其中可以方便、快捷地创建材质，因此本书仅介绍精简材质编辑器的功能。

精简材质编辑器（以下简称“材质编辑器”）由菜单栏、示例窗、工具栏、其他控件和卷展栏组成。

（1）菜单栏。菜单栏由“模式”“材质”“导航”“选项”“实用程序”5个菜单组成，使用“模式”菜单可切换材质编辑器的类型。

（2）示例窗。示例窗中包含24个材质球，使用这些材质球可预览材质的效果。

（3）工具栏。工具栏中的按钮用于管理材质，其中常用的按钮及其功能如下：

①“将材质指定给选定对象”按钮：选中某个材质球并单击该按钮，可将该材质赋予所选中的对象。

②“重置贴图/材质为默认设置”按钮：选中某个材质球并单击该按钮，可使该材质恢复至默认状态。

③“视口中显示明暗处理材质”按钮：该按钮处于启用状态时，视口中会显示模型的材质和贴图效果；该按钮处于禁用状态时，视口中只会显示模型的材质效果，不显示贴图效果。

④“转到父对象”按钮：单击该按钮，可返回到当前层级的父层级。

⑤“转到下一个同级项”按钮：单击该按钮，可转换到与当前层级平级的层级。

⑥“背景”按钮：单击该按钮，可改变当前材质球的背景。制作透明材质时，通常需要改变材质球的背景。

（4）其他控件。其他控件包括“从对象拾取材质”按钮、“名称”字段和“类型”按钮。

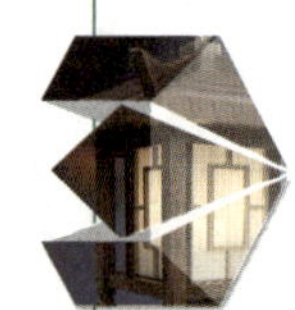

①“从对象拾取材质”按钮：选中任一未使用的材质球，单击该按钮后在视口中的模型上单击，可将该模型的材质实例克隆到所选的材质球上。

②“名称”字段：用于显示和设置材质的名称。

③“类型”按钮：单击该按钮，在弹出的“材质/贴图浏览器”对话框中可根据需要选择材质类型。

（5）卷展栏。材质类型不同，材质编辑器中的卷展栏不同，在这些卷展栏中可以设置材质的参数。

实例：为蓝莓模型添加材质

下面通过为如图5-1-2（a）所示的蓝莓模型添加如图5-1-2（b）所示的蓝莓材质，介绍材质编辑器的基本操作。

（a）蓝莓模型

（b）蓝莓材质

图5-1-2　蓝莓模型及材质

步骤 1 打开本书配套素材“素材与实例\项目五\蓝莓”中的“蓝莓素材.max”文件，可以看到素材文件中只有一个蓝莓模型有材质，下面使用材质编辑器中的按钮拾取该蓝莓模型的材质，再将所拾取的材质赋予其他蓝莓模型。

步骤 2 单击主工具栏中的“材质编辑器”按钮打开材质编辑器，选中任一未使用的材质球，然后单击“从对象拾取材质”按钮，将光标移至视口中已有材质的蓝莓模型上并单击，以拾取该模型的材质（图 5-1-3）。

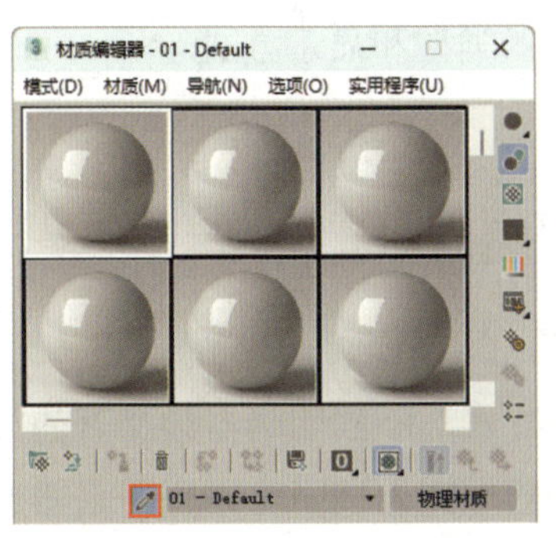

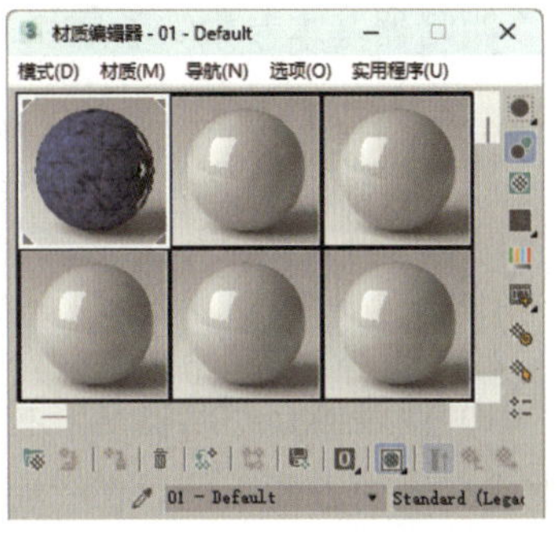

图 5-1-3　拾取蓝莓的材质

步骤 3 在“名称”字段中将所选材质球的名称设为“蓝莓”。

步骤 4 选中任一显示为灰色的蓝莓模型并右击，在弹出的快捷菜单（图 5-1-4）中选择“选择类似对象”菜单项，以选中所有显示为灰色的蓝莓模型，然后单击“将材质指定给选定对象”按钮，即可将“蓝莓”材质赋予所选对象（图 5-1-5）。

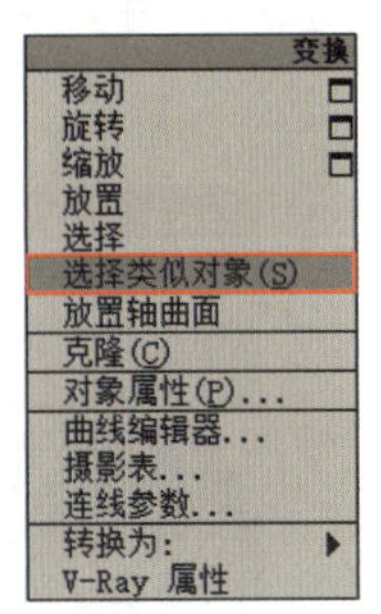

图 5-1-4　快捷菜单

图 5-1-5　赋予材质后的蓝莓模型

步骤 5 按“C”键，将透视图切换为摄影机视图，然后按“F9”键对摄影机视图进行渲染，最后查看蓝莓的材质效果。

二、“标准（旧版）”材质

“标准（旧版）”材质是通过设置模型表面的反射属性来表现物体的材质的。“标准（旧版）”材质是 3ds Max 材质中最常用的材质类型，许多复杂的材质都需要以“标准（旧版）”材质为基础来制作。将材质的类型设为“标准（旧版）”后，在材质编辑器的“明暗器基本参数”和“基本参数”卷展栏中可设置材质的具体参数。

默认情况下，“材质/贴图浏览器”对话框中只会显示当前渲染器兼容的材质类型，所以在创建材质前，需要先设置适合该材质的渲染器类型。在 3ds Max 2022 中，除 Arnold 渲

染器外的其他渲染器都兼容“标准（旧版）”材质（如扫描线渲染器、V-Ray 渲染器等）。设置渲染器类型的具体操作为：单击主工具栏中的“渲染设置”按钮或按“F10”键，在弹出的“渲染设置”对话框的“渲染器”下拉列表中选择渲染器类型。

（一）“明暗器基本参数”卷展栏

“明暗器基本参数”卷展栏（图 5-1-6）用于设置材质的明暗器类型和显示方式。

图 5-1-6 “明暗器基本参数”卷展栏

（1）明暗器。明暗器是一种算法，用于描述曲面响应灯光的方式，不同明暗器最显著的区别是生成高光的方式不同。在“明暗器基本参数”卷展栏的“明暗器”列表框中可设置明暗器的类型，其中常用的有“Blinn”“金属”和“半透明”。

①“Blinn”明暗器：使用“Blinn”明暗器制作的材质具有柔和的弧形高光，可用于制作白瓷等大部分物体的材质［图 5-1-7（a）］。

②“金属”明暗器：使用“金属”明暗器制作的材质高光区与阴影区具有明显的边界，具有掠射高光效果，可用于制作具有强烈反光的金属和其他光亮的材质［图 5-1-7（b）］。

③“半透明”明暗器：使用“半透明”明暗器制作的材质具有半透明效果，可用于制作玉石、冰块、玻璃等半透明材质［图 5-1-7（c）］。

（a）Blinn 材质

（b）金属材质

（c）半透明材质

图 5-1-7 使用不同明暗器制作的材质

（2）显示方式。使用“线框”“双面”“面贴图”和“面状”复选框可以设置材质在视口中的显示效果和渲染效果，其中常用的有“线框”和“双面”。

① 线框：勾选“线框”复选框后，可使模型表面显示线框，从而渲染出线框覆盖的特殊效果（图 5-1-8）。

② 双面：勾选“双面”复选框后，可对模型的正反面应用不同的材质，常用于制作正反两面为不同材质的物体，如书本、名片、胶带等的材质（图 5-1-9）。

图 5-1-8 勾选“线框”复选框后的效果

图 5-1-9 勾选“双面”复选框后的效果

（二）“基本参数”卷展栏

“基本参数”卷展栏用于设置材质的颜色、反光效果、透明度、光泽度等基本属性，其具体名称和可设置的参数取决于所选明暗器的类型。下面以默认的“Blinn 基本参数”卷展栏（图 5-1-10）为例，介绍其中颜色控件和各设置区的功能。

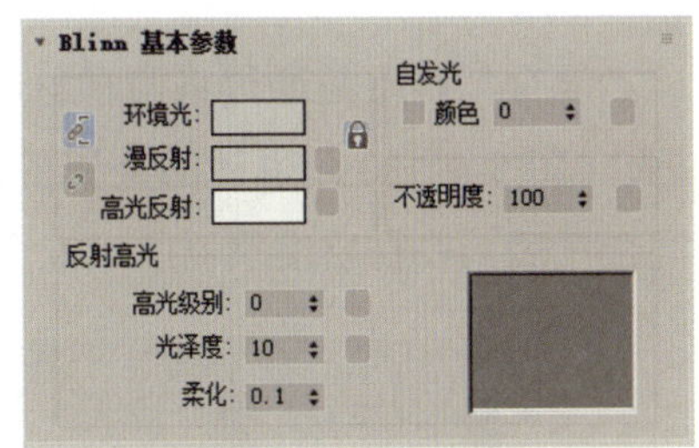

图 5-1-10 “Blinn 基本参数”卷展栏

（1）颜色控件：包含“环境光”“漫反射”“高光反射”3 个颜色组件。“环境光”右侧的“颜色”按钮用于指定对象在阴影中的颜色，“漫反射”右侧的“颜色”按钮用于指定对象在光照下的颜色，“高光反射”右侧的“颜色”按钮用于指定对象高光处的颜色。

（2）“自发光”设置区：用于设置材质的自发光效果。

（3）“不透明度”设置区：用于设置材质的不透明度。

（4）“反射高光”设置区：其中的“高光级别”文本框用于控制高光的强度，数值越大，高光越亮；“光泽度”文本框用于控制高光的范围，数值越大，高光范围越小；“柔化”文本框用于柔化高光效果，常用于优化剧烈背光的效果，使背光处的光影效果更自然。

三、“多维 / 子对象”材质

“多维 / 子对象”材质是通过设置模型的子对象的材质来表现物体材质的，常用于制作包含多种材质的物体的材质。卷轴的材质如图 5-1-11 所示。

创建“多维 / 子对象”材质前，需要先为模型的不同材质顶点子对象设置不同的材质 ID，再为各材质 ID 所对应的子对象制作不同的材质。设置材质 ID 的具体操作为：选中模型的部分面或元素，然后在“修改”面板“多边形：材质 ID”卷展栏的“设置 ID”文本框中输入 ID 编号。

“多维 / 子对象基本参数”卷展栏（图 5-1-12）中常用按钮的功能如下：

（1）“设置数量”按钮：单击该按钮，可在弹出的“设置材质数量”对话框中设置子材质的数量。

（2）“ID”按钮：该按钮列中的文本框用于显示和排列材质 ID 的顺序。

（3）“子材质”按钮：该按钮列中为按材质 ID 顺序排列的“子材质”按钮，单击“子材质”按钮可指定子材质的材质类型并设置子材质的参数。

图 5-1-11　卷轴的材质

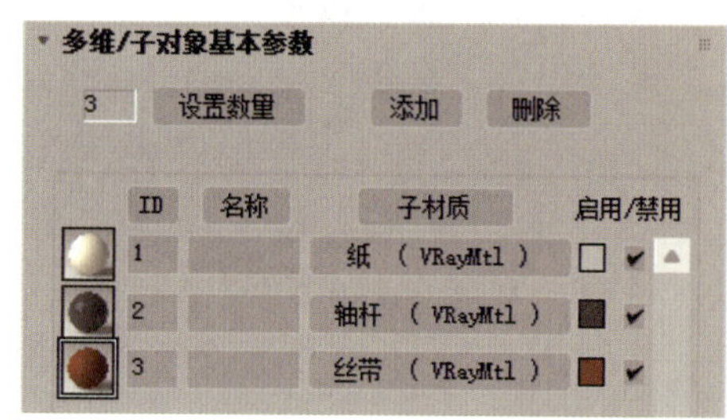

图 5-1-12　“多维 / 子对象基本参数”卷展栏

四、“混合”材质

“混合”材质是通过将两种材质混合来表现物体的材质的，常用于制作带图案的纺织制品的材质（图 5-1-13）、生锈的金属的材质或其他具有复杂层次感的物体的材质。将材质类型设为“混合”后，在材质编辑器的“混合基本参数”卷展栏（图 5-1-14）中可设置材质的具体参数。

图 5-1-13　带图案的纺织制品的材质

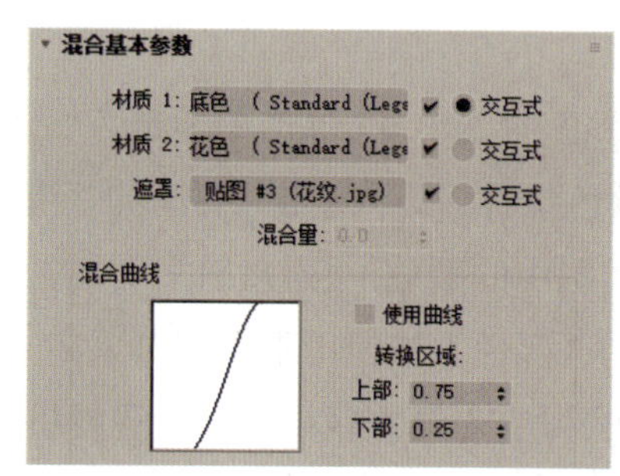

图 5-1-14　“混合基本参数”卷展栏

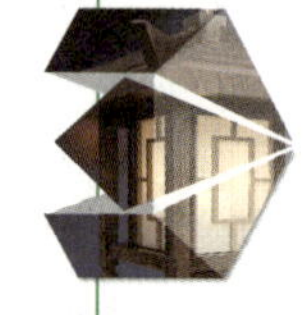

“混合基本参数”卷展栏中材质控件和设置区的功能如下：

（1）材质控件：单击“材质 1”和“材质 2”右侧的按钮，可在打开的面板中设置 2 种子材质的材质类型和参数。“材质 1”和“材质 2”右侧的复选框用于控制是否启用相应的子材质，“交互式”单选钮用于控制视口中的对象上显示哪种材质。

（2）“遮罩”设置区：使用该设置区中的“无贴图”按钮可设置遮罩贴图的类型和参数，遮罩贴图中较亮的区域显示的主要是“材质 1”通道中的材质，较暗的区域显示的主要是“材质 2”通道中的材质；“混合量”文本框用于设置 2 种子材质混合的比例，数值为 0 时只显示“材质 1”通道中的材质，数值为 100 时只显示“材质 2”通道中的材质。

（3）“混合曲线”设置区：用于设置进行混合的 2 种子材质之间的过渡效果，只有添加遮罩贴图后，混合曲线才会影响过渡效果。

知识拓展

怎样更好地表现物体材质

物体的材质不仅体现在物体的颜色、反光效果、透明度、光泽度等基本属性，还体现在物体边缘的细节。仔细观察生活中的物体，我们可以发现大多数物体的边缘处都是有弧度的，而不同材质的物体的边缘效果不同（图 5-1-15）。所以，在建模时根据物体的材质特性对模型的结构转折处进行卡线，可以使模型看起来更加真实。

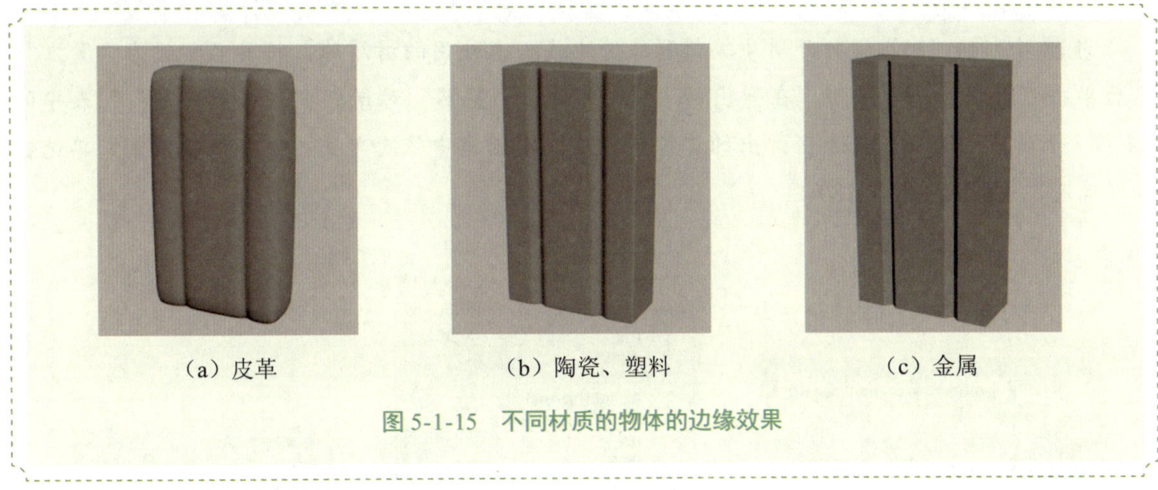

（a）皮革　　（b）陶瓷、塑料　　（c）金属

图 5-1-15　不同材质的物体的边缘效果

任务实施　为魔方模型添加材质

下面通过为如图 5-1-16（a）所示的魔方模型添加如图 5-1-16（b）所示的魔方材质，学习使用 3ds Max 材质表现物体质感的方法。

（a）魔方模型

（b）魔方材质

图 5-1-16　魔方模型及材质

制作思路

打开素材文件，分别为魔方主体和魔方 6 个面的贴纸设置材质 ID，然后在材质编辑器中创建一个“多维 / 子对象”材质，并将其赋予魔方模型，再分别设置各子材质的参数。

制作步骤

步骤 1　打开本书配套素材“素材与实例 \ 项目五 \ 魔方”中的“魔方素材 .max”文件，然后选中视口中的魔方模型，按“Alt+Q”组合键将其孤立显示。

步骤 2　按“5”键进入元素编辑状态，选中魔方主体，接着在“修改”面板“多边形：材质 ID”卷展栏中将所选元素的材质 ID 设为 1（图 5-1-17）。

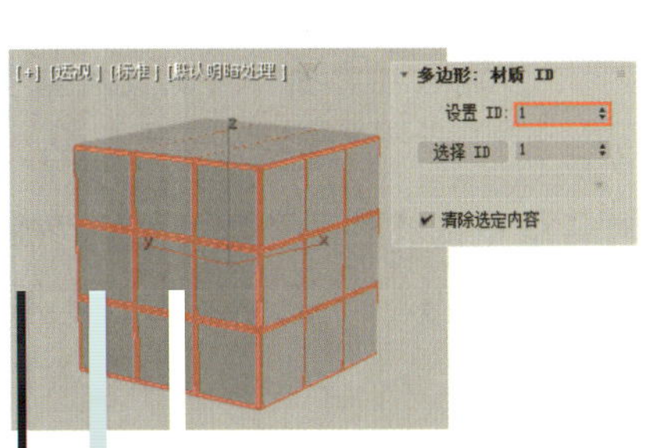

图 5-1-17　设置魔方主体的材质 ID

步骤 3　参照步骤 2，分别将魔方前、后、左、右、上、下 6 个面贴纸的材质 ID 设为 2、3、4、5、6、7；然后按“5”键退出元素编辑状态

步骤 4 按“M”键打开材质编辑器，选中任一未使用的材质球，将其名称设为“魔方”，然后单击“物理材质”按钮，在弹出的“材质 / 贴图浏览器”对话框中双击“通用”列表中的“多维 / 子对象”选项，接着在弹出的“替换材质”对话框中依次单击“丢弃旧材质？”单选钮和“确定”按钮（图 5-1-18）。

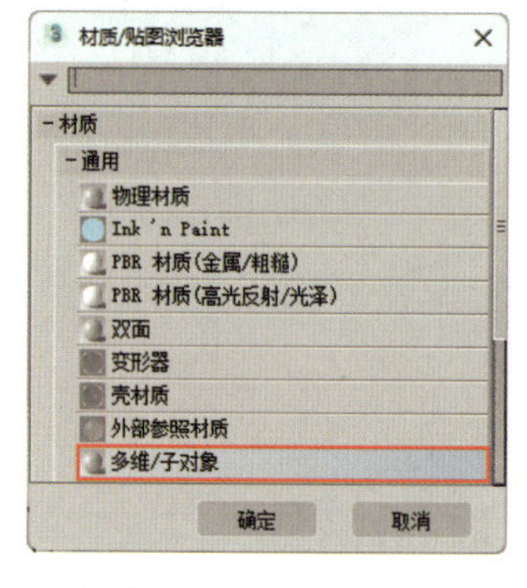

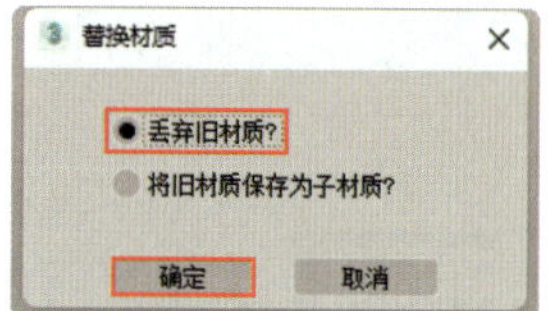

图 5-1-18 创建“多维 / 子对象”材质

步骤 5 选中魔方模型并单击“将材质指定给选定对象”按钮，将“魔方”材质赋予所选对象。

步骤 6 单击“多维 / 子对象基本参数”卷展栏中的“设置数量”按钮，在弹出的“设置材质数量”对话框中将子材质的数量设为 7，最后单击“确定”按钮（图 5-1-19）。

步骤 7 单击“多维 / 子对象基本参数”卷展栏中材质 ID1 的“子材质”按钮，在弹出的“材质 / 贴图浏览器”对话框中双击“扫描线”列表中的“标准（旧版）”选项，然后在打开的面板中将该子材质的名称设为“魔方主体”，最后在“Blinn 基本参数”卷展栏中设置该材质的基本颜色和高光的强度与范围（图 5-1-20）。

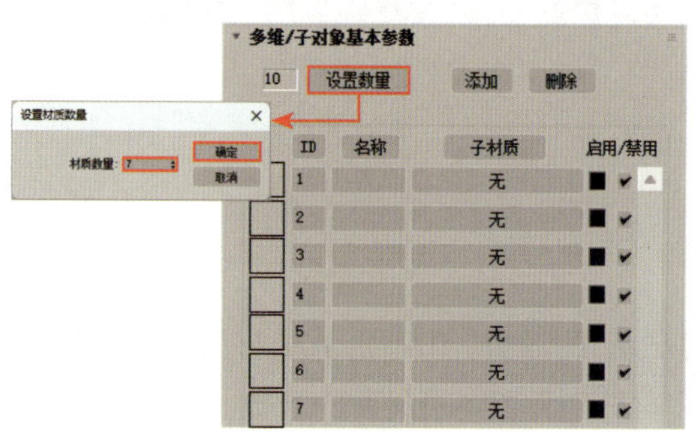

图 5-1-19 设置子材质的数量

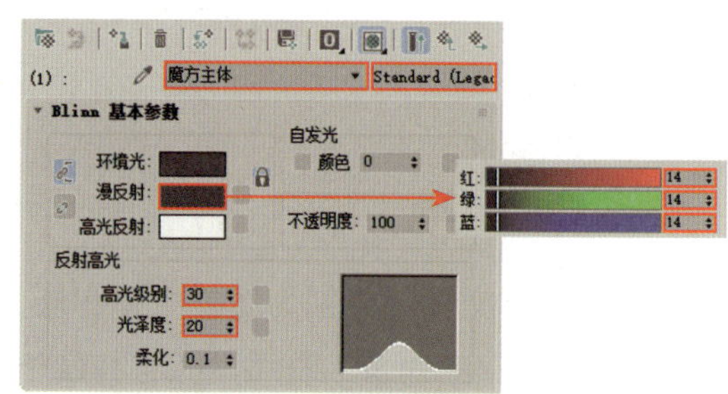

图 5-1-20 设置“魔方主体”子材质的参数

步骤 8 单击“转到父对象”按钮，返回“魔方”材质的第 1 层级，按住鼠标左键将“魔方主体”子材质拖至材质 ID2 的“子材质”按钮上后释放左键，在弹出的“实例（副本）材质”对话框中依次单击“复制”和“确定”按钮，将“魔方主体”子材质复制克隆 1 份（图 5-1-21）。

步骤 9 单击材质 ID2 的“子材质”按钮，在打开的面板中将该子材质的名称设为“红色贴纸”，然后在“Blinn 基本参数”卷展栏中设置该材质的基本颜色、高光的强度和高光的范围（图 5-1-22）。

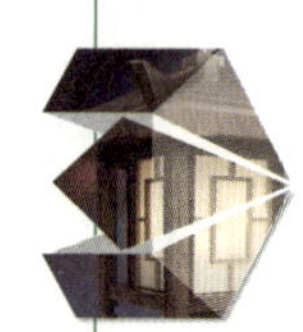

图 5-1-21　复制克隆子材质

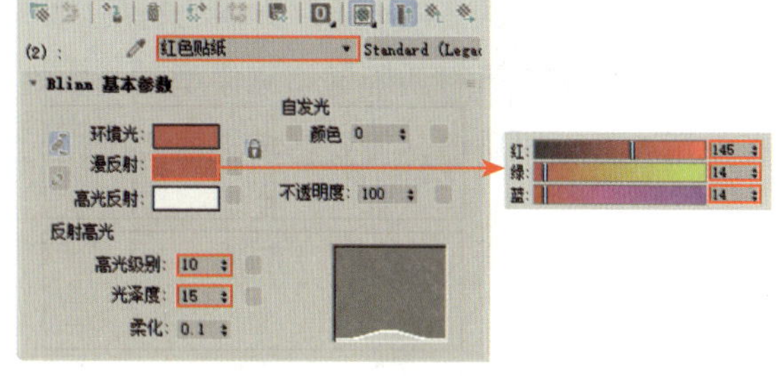

图 5-1-22　设置“红色贴纸”子材质的参数

步骤 10　参照步骤 8，将“红色贴纸”子材质分别复制克隆至材质 ID3、材质 ID4、材质 ID5、材质 ID6、材质 ID7 的“子材质”按钮上，然后参照步骤 9，设置各子材质的名称和颜色，以制作橙色贴纸、绿色贴纸、蓝色贴纸、黄色贴纸和白色贴纸的材质（图 5-1-23）。

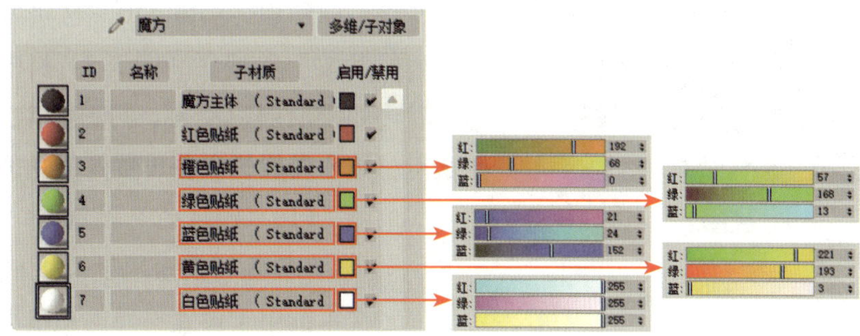

图 5-1-23　5 个子材质的名称和颜色

步骤 11　按“Ctrl+Alt+Q”组合键，退出模型孤立显示状态，然后按“C”键，将透视图切换为摄影机视图，最后按“F9”键即可对摄影机视图进行渲染，查看魔方的材质效果。

任务二　使用 V-Ray 材质表现物体的质感

【任务引入】

小林对建模有着浓厚的兴趣，经常通过为朋友建模来钻研自己的建模技术。某日，小林接到朋友的一份委托——为某卡通角色制作一个三维模型。小林很快在 3ds Max 中制作好了模型，但这个卡通角色的服饰上有许多配饰，材质十分复杂，小林使用 3ds Max 提供的材质为模型添加材质时，总是达不到预期效果。于是他在网络上搜寻教程，发现用 V-Ray 插件提供的 V-Ray 材质制作出的模型的材质效果更加逼真。小林认真学习了使用 V-Ray 材质表现物体材质的方法，终于完成了这件作品。小林将作品交付给朋友时，对方十分满意，对小林赞不绝口。

想一想：

（1）V-Ray 材质与 3ds Max 材质有什么区别？

（2）常用的 V-Ray 材质有哪些？

V-Ray 材质是 V-Ray 插件提供的材质。与 3ds Max 自带的材质相比，V-Ray 材质的质地更加细腻，使用 V-Ray 材质能够增强模型的真实性。V-Ray 材质适用的渲染器为 V-Ray 渲染器，所以在使用 V-Ray 材质前，需要将渲染器类型设为“V-Ray 6 Hotfix 1”或“V-Ray GPU 6 Hotfix 1”。

一、“VRayMtl”材质

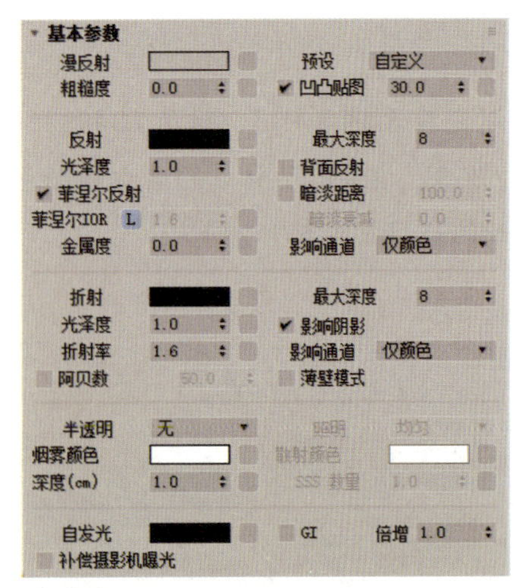

图 5-2-1 “基本参数”卷展栏

“VRayMtl”材质相当于 3ds Max 中的“标准（旧版）”材质，但是“VRayMtl”材质能够更加精准、便捷地表现物体材质的反射、折射、粗糙度和纹理等效果，生活中的大部分材质都可以使用“VRayMtl”材质制作。

创建“VRayMtl”材质后，在材质编辑器的“基本参数”卷展栏（图 5-2-1）中可设置材质的基本属性，如漫反射、反射、折射、半透明和自发光等。“基本参数”卷展栏中各设置区的功能如下：

（1）“漫反射”设置区：用于设置材质的漫反射效果。“颜色”按钮用于设置材质的基本颜色；“粗糙度”文本框用于设置材质的粗糙度，数值越大，粗糙效果越明显；“凹凸贴图”文本框用于设置材质受凹凸贴图影响的程度。

（2）“反射”设置区：用于设置材质的反射效果。

①“颜色”按钮：用于设置物体反射光线的程度，颜色越浅，反射效果越明显（默认为黑色，即不反射光线）（图 5-2-2）。

②“光泽度”文本框：用于设置反射区域的模糊程度，数值越大，反射区域越清晰，高光越亮，材质越光滑（图 5-2-3）。

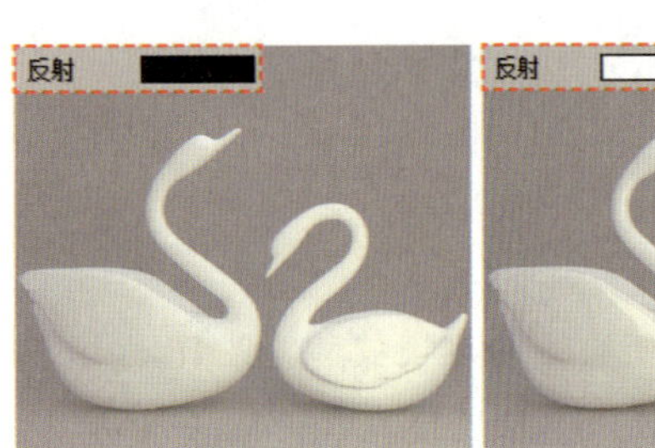

（a）颜色为黑色

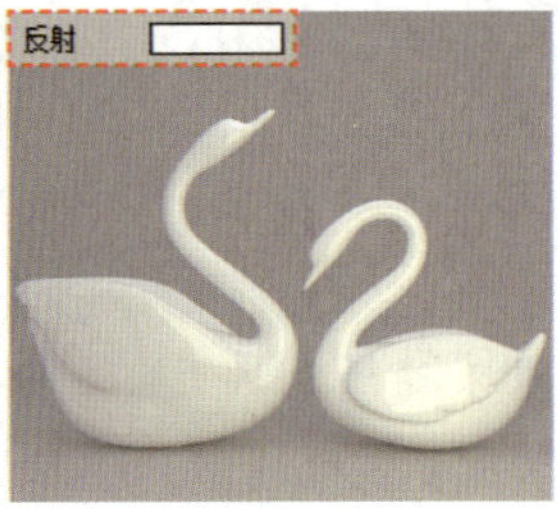

（b）颜色为白色

图 5-2-2 反射效果①

（a）光泽度为 0.5

（b）光泽度为 1

图 5-2-3 反射效果②

③“菲涅尔反射”复选框：菲涅尔反射是指光线从一种介质射入另一种介质时，部分光线会被反射回原介质的现象。勾选该复选框后，制作的材质具有真实世界的反射效果，即当光线与物体垂直时，物体几乎不反射光线；当光线与物体不垂直时，入射角越大，反射效果越明显。不勾选该复选框与设置不同菲涅尔 IOR（折射率）数值后产生的反射效果有所不同（图 5-2-4）。

（a）不勾选“菲涅尔反射”复选框

（b）菲涅尔 IOR 为 1.6

（c）菲涅尔 IOR 为 3

图 5-2-4　反射效果③

默认的菲涅尔 IOR 为 1.6，单击图标 L 解除锁定状态后，才能在“菲涅尔 IOR”文本框中输入数值。

④“金属度”文本框：当该文本框中的数值为 0 时，制作的材质为非金属材质；当该文本框中的数值为 1 时，制作的材质为金属材质（图 5-2-5）。

⑤“最大深度”文本框：用于设置光线反射的最多次数，该值越大，材质的细节越多，渲染花费的时间也越多。

（3）“折射”设置区：用于设置材质的折射效果。

①“颜色”按钮：用于控制材质的透光程度，颜色越浅，材质的透光性越好（越透明）（图 5-2-6）。

（a）金属度为 0

（b）金属度为 1

图 5-2-5　不同金属度产生的材质效果

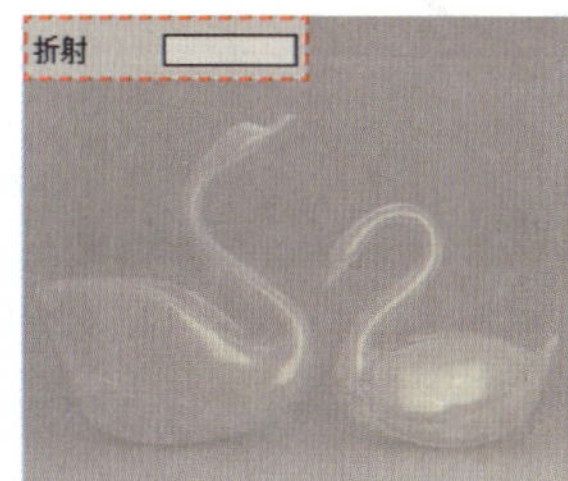

（a）颜色为灰色

（b）颜色为白色

图 5-2-6　材质的透光效果

材质是否呈现透明效果，是由“折射”设置区中色块颜色的灰度决定的，色块的颜色越浅，材质就越透明。在制作透明材质时，一般将“反射”设置区中用于控制材质反射光线强弱的色块的颜色设为深色，将“折射”设置区中用于控制材质透光程度的色块的颜色设为浅色，从而使材质的折射效果比反射效果强烈。

②“光泽度”文本框：用于设置折射区域的模糊程度，数值越大，折射区域越清晰。

③“折射率”文本框：用于设置折射的程度，数值越大，光线产生的折射效果越明显。

④“最大深度”文本框：用于设置折射的最多次数。

知识拓展

常见物质的折射率

在 3ds Max 中制作材质时，通常将真空的折射率设为 1，水的折射率设为 1.33，玻璃的折射率设为 1.5，水晶的折射率设为 1.5，钻石的折射率设为 2.4。

（4）“半透明”设置区：该设置区用于设置材质的半透明属性。使用“半透明”列表框中的选项可以实现材质的半透明效果（默认为“无”），其中，“SSS”选项常用于制作皮肤和玉石的材质，“烟雾颜色”右侧的“颜色”按钮用于设置透明材质的颜色，“深度（cm）”文本框用于设置“烟雾颜色”的强弱程度。

（5）“自发光”设置区：该设置区用于设置材质的自发光属性。“颜色”按钮用于设置材质自发光的颜色，“倍增”文本框用于设置自发光的强度。

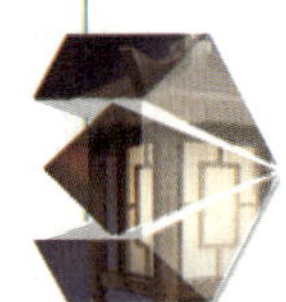

实例：制作玻璃材质

下面通过为如图 5-2-7（a）所示的茶具模型添加如图 5-2-7（b）所示的茶具材质，学习使用“VRayMtl”材质制作清玻璃和磨砂玻璃材质的方法。

（a）茶具模型

（b）茶具材质

图 5-2-7 茶具模型及材质

1．制作清玻璃材质

步骤 1 打开本书配套素材“素材与实例 \ 项目五 \ 茶具”中的“茶具素材 .max”文件。

步骤 2 按“M”键打开材质编辑器，选中任一未使用的材质球，将其名称设为“清玻璃”，然后单击“物理材质”按钮，在弹出的“材质 / 贴图浏览器”对话框中双击“V-Ray”列表中的“VRayMtl”选项。

步骤 3 选中 3 个茶杯并单击“将材质指定给选定对象”按钮 ，将“清玻璃”材质赋予所选对象，然后在“基本参数”卷展栏中设置该材质的基本颜色和反射和折射效果（图 5-2-8）。

步骤 4 按“C”键，将透视图切换为摄影机视图，然后按“F9”键，即可查看“清玻璃”材质的渲染效果。

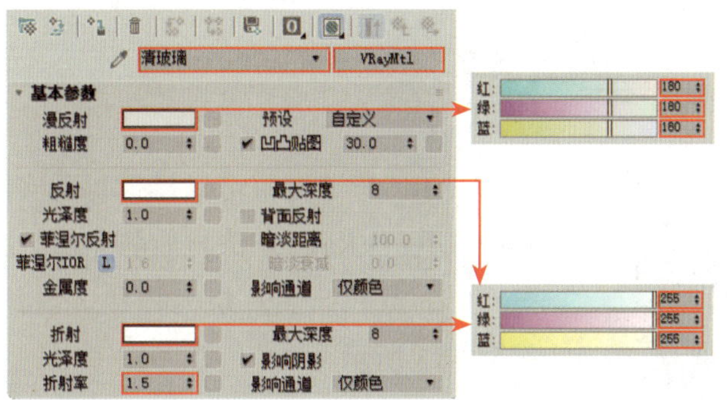

图 5-2-8　设置"清玻璃"材质的参数

2. 制作磨砂玻璃材质

步骤 1　按住鼠标左键将"清玻璃"材质球拖至任一未使用的材质球上后松开鼠标，将复制克隆的材质的名称设为"磨砂玻璃"（图 5-2-9）。

步骤 2　选中茶壶并单击"将材质指定给选定对象"按钮，将"磨砂玻璃"材质赋予所选对象，然后在"基本参数"卷展栏中设置该材质的基本颜色和反射和折射效果（图 5-2-10）。

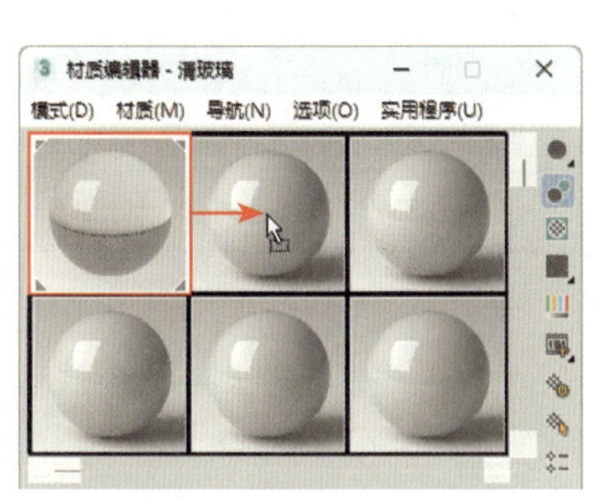

图 5-2-9　复制克隆材质

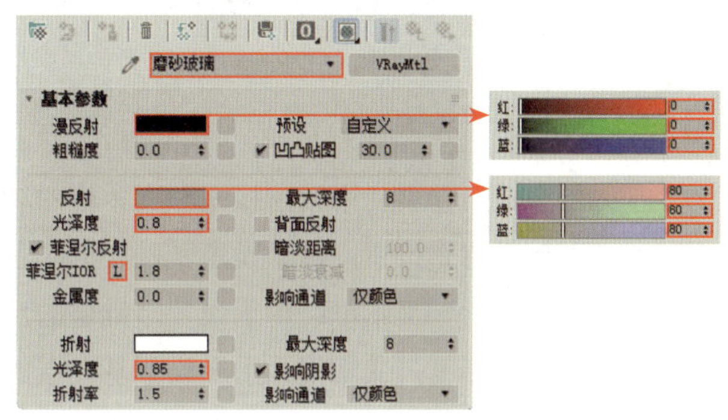

图 5-2-10　设置"磨砂玻璃"材质的参数

步骤 3　按"F9"键对摄影机视图进行渲染，即可查看"磨砂玻璃"材质的渲染效果。

二、VRay_ 灯光材质

VRay_ 灯光材质主要用于制作材质自发光的效果，常用于制作发光屏幕的材质、霓虹灯带的材质（图 5-2-11）等。创建 VRay_ 灯光材质后，在"灯光材质参数"卷展栏（图 5-2-12）中可设置由物体产生的光线的颜色、强度和用于遮挡发光部分的贴图等。

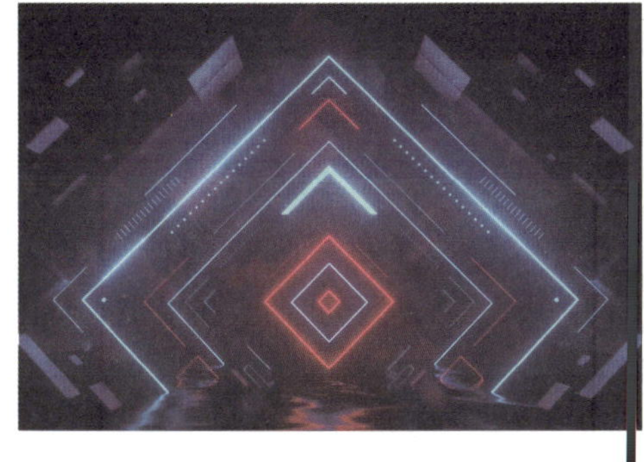

图 5-2-11　霓虹灯带的材质

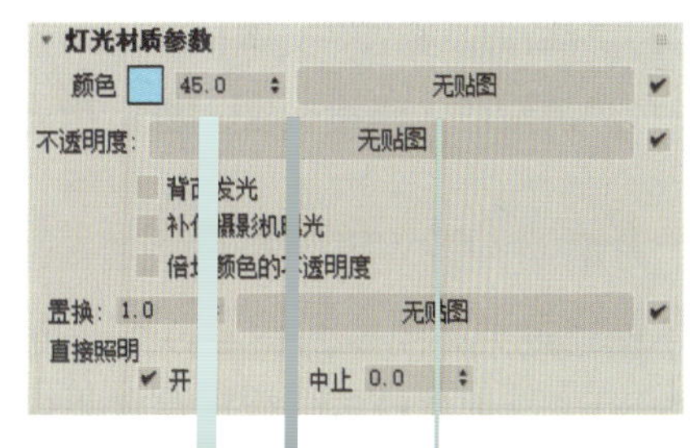

图 5-2-12　"灯光材质参数"卷展栏

三、VRay_ 车漆材质

图 5-2-13　车漆材质效果

VRay_ 车漆材质可以模拟出真实的车漆效果，通常用于制作汽车车漆材质。VRay_ 车漆材质将车漆分为基础层、亮片层和清漆层，当基础层为蓝色、亮片层为白色、清漆层为红色时，车漆材质效果如图 5-2-13 所示。

创建 VRay_ 车漆材质后，可在“基础层参数”卷展栏、“亮片层参数”卷展栏和“清漆层参数”卷展栏中设置材质的参数（图 5-2-14）。

（a）“基础层参数”卷展栏

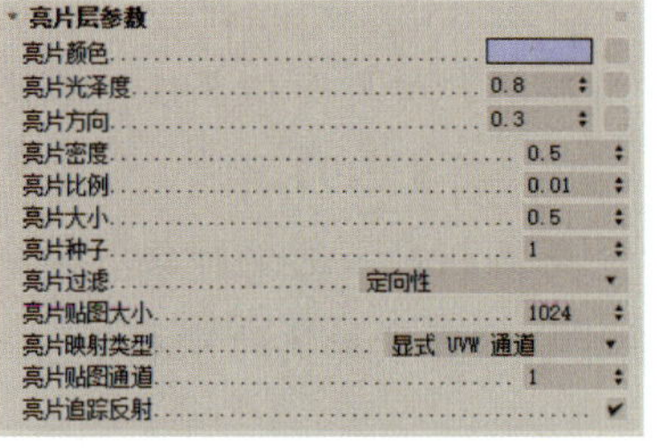

（b）“亮片层参数”卷展栏

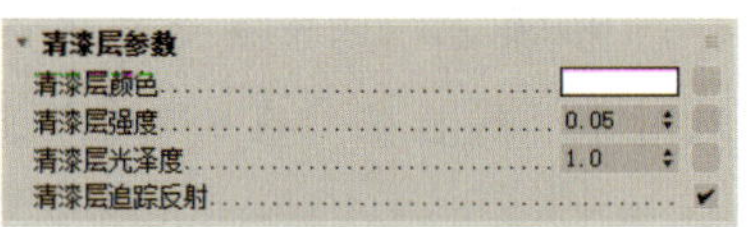

（c）“清漆层参数”卷展栏

图 5-2-14　卷展栏

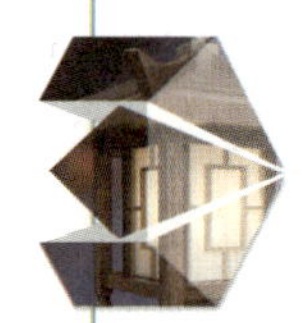

“基础层参数”卷展栏中常用按钮和文本框的功能如下：

（1）“基础颜色”按钮：用于设置基础层的颜色。

（2）“基础反射”文本框：用于设置基础层的反射率。

（3）“基础光泽度”文本框：用于设置基础层的光泽度。

（4）“基础跟踪反射”复选框：取消勾选该复选框时，基础层仅产生高光，不产生反射效果。

“亮片层参数”卷展栏中常用按钮和文本框的功能如下：

（1）“亮片颜色”按钮：用于设置金属亮片的颜色，通常比基础颜色层的颜色浅。

（2）“亮片光泽度”文本框：用于设置金属亮片的光泽度，通常比基础层的光泽度高。

（3）“亮片方向”文本框：用于设置亮片与模型表面法线的相对方向。

（4）“亮片密度”文本框：用于设置固定区域中的亮片密度。

（5）“亮片比例”文本框：用于设置亮片的整体比例。

（6）“亮片大小”文本框：用于设置亮片的颗粒大小。

“清漆层参数”卷展栏中常用按钮和文本框的功能如下：

（1）“清漆层颜色”按钮：用于设置清漆层的颜色。

（2）“清漆层强度”文本框：用于设置清漆层的反射率。

（3）“清漆层光泽度”文本框：用于设置清漆层的光泽度。

实例：制作汽车车漆材质

下面通过为如图 5-2-15（a）所示的汽车模型添加如图 5-2-15（b）所示的汽车车漆材质，学习使用 VRay_ 车漆材质制作汽车车漆材质的方法。

（a）汽车模型

（b）汽车车漆材质

图 5-2-15　汽车模型及汽车车漆材质

步骤 1　打开本书配套素材“素材与实例 \ 项目五 \ 汽车”中的“汽车素材 .max”文件。

步骤 2　按“M”键打开材质编辑器，选中任一未使用的材质球，将其名称设为“车漆”，然后单击“物理材质”按钮，在弹出的“材质 / 贴图浏览器”对话框中双击“V-Ray”列表中的“VRay_ 车漆”选项。

步骤 3　选中汽车外壳并单击“将材质指定给选定对象”按钮，将“车漆”材质赋予所选对象。

步骤 4　分别在“基础层参数”卷展栏、“亮片层参数”卷展栏和“清漆层参数”卷展栏中设置基础层、亮片层和清漆层的材质参数（图 5-2-16）。

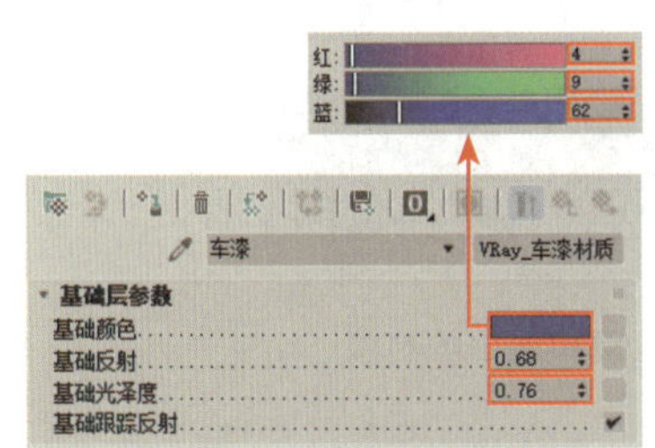

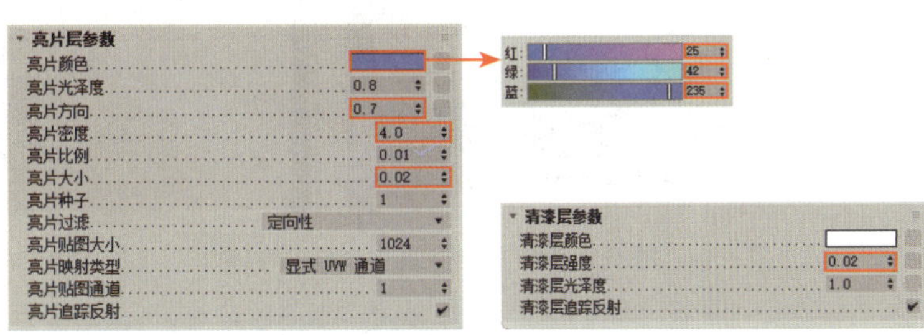

图 5-2-16　设置“车漆”材质的参数

步骤 5　按“C”键，将透视图切换为摄影机视图，然后按“F9”键对摄影机视图进行渲染，最后查看汽车车漆的材质效果。

四、VRay_ 材质包裹器

VRay_ 材质包裹器可以控制材质的色溢现象（大面积高饱和度的材质对其他材质的颜色产生影响），使材质在渲染时显示正确的颜色。在渲染时，接近药水瓶的白墙受药水的影响变成了绿色，为药水的材质添加 VRay_ 材质包裹器后，白墙就不受药水的影响了（图 5-2-17）。

VRay_ 材质包裹器需要在已有的材质上添加，具体操作方法：选中需要控制色溢的材质球，然后将该材质球的材质类型设为“VRay_ 材质包裹器”，在弹出的“替换材质”对话框中单击“将旧材质保存为子材质？”单选钮并单击“确定”按钮。

为材质添加 VRay_ 材质包裹器后，可在“VRay_ 材质包裹器参数”卷展栏（图 5-2-18）的“生成 GI”文本框中设置材质生成光照的强度，数值越小，对其他材质颜色的影响越小；在“接受 GI”文本框中设置材质接受光照的强度，数值越小，受其他材质颜色的影响越小。

（a）添加 VRay_ 材质包裹器前

（b）添加 VRay_ 材质包裹器后

图 5-2-17　渲染效果

图 5-2-18　“VRay_ 材质包裹器参数”卷展栏

任务实施　为浴室镜和洗手池模型添加材质

下面通过为如图 5-2-19（a）所示的浴室镜和洗手池模型添加如图 5-2-19（b）所示的浴室镜和洗手池材质，学习使用 V-Ray 材质表现物体质感的方法。

（a）浴室镜和洗手池模型

（b）浴室镜和洗手池材质

图 5-2-19　浴室镜和洗手池模型及材质

制作思路

打开素材文件，创建一个“VRayMtl”材质，将其赋予镜面模型，然后设置该材质的基本颜色和反射效果；创建一个 VRay_ 灯光材质，将其赋予灯带模型，然后设置该材质自发光的颜色和强度；创建一个“VRayMtl”材质，将其赋予洗手池模型，然后设置该材质的基本颜色和反射效果；创建一个“VRayMtl”材质，将其赋予水龙头模型，然后设置该材质的基本颜色和反射效果。

制作步骤

步骤 1　打开本书配套素材“素材与实例\项目五\浴室镜和洗手池”中的“浴室镜和洗手池素材 .max”文件。

步骤 2　按“M”键打开材质编辑器，选中任一未使用的材质球，将其名称设为“镜面”，然后单击“物理材质”按钮，在弹出的“材质 / 贴图浏览器”对话框中双击“VRayMtl”选项，接着将“镜面”材质赋予镜面模型，最后在“基本参数”卷展栏中设置该材质的反射效果（图 5-2-20）。

步骤 3 在材质编辑器中选中任一未使用的材质球，将其名称设为“灯带”，然后单击“物理材质”按钮，在弹出的“材质 / 贴图浏览器”对话框中双击“V-Ray”列表中的“VRay_灯光材质”选项，接着将“灯带”材质赋予灯带模型，最后在“灯光材质参数”卷展栏中设置该材质自发光的颜色和强度（图 5-2-21）。

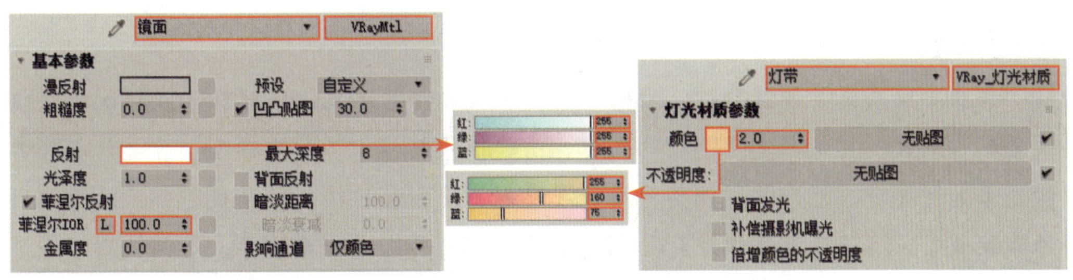

图 5-2-20 设置“镜面”材质的参数　　　　图 5-2-21 设置“灯带”材质的参数

步骤 4 在材质编辑器中选中任一未使用的材质球，将其名称设为“洗手池”，然后单击“物理材质”按钮，在弹出的“材质 / 贴图浏览器”对话框中双击“VRayMtl”选项，接着将“洗手池”材质赋予洗手池模型，最后在“基本参数”卷展栏中设置该材质的基本颜色和反射效果（图 5-2-22）。

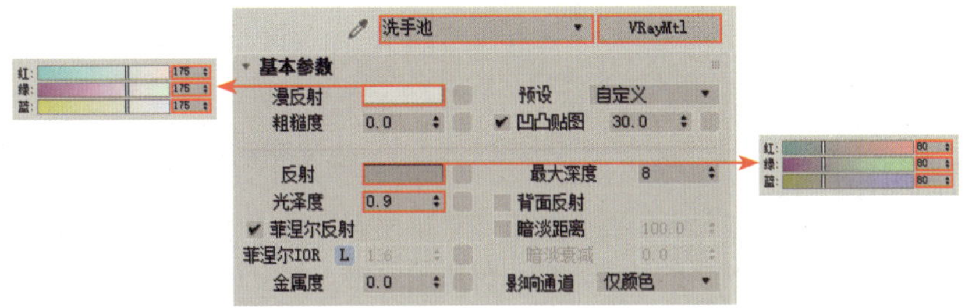

图 5-2-22 设置“洗手池”材质的参数

步骤 5 在材质编辑器中选中任一未使用的材质球，将其名称设为“水龙头”，然后单击“物理材质”按钮，在弹出的“材质 / 贴图浏览器”对话框中双击“VRayMtl”选项，接着将“水龙头”材质赋予水龙头模型，最后在“基本参数”卷展栏中设置该材质的基本颜色和反射效果（图 5-2-23）。

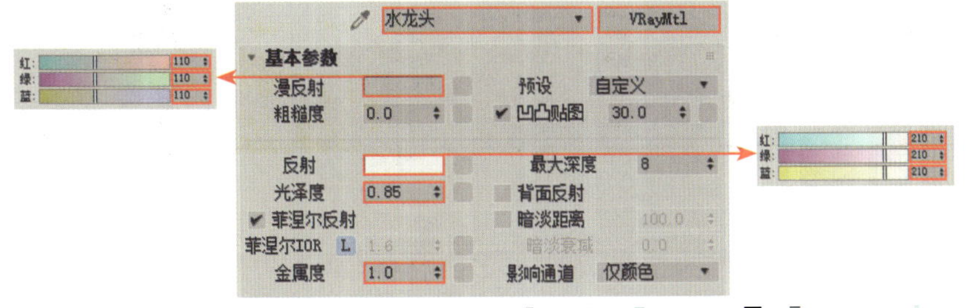

图 5-2-23 设置“水龙头”材质的参数

步骤 6 按“F9”键即可对摄影机视图进行渲染，查看浴室镜和洗手池的材质效果。

任务三　使用贴图表现物体的质感

【任务引入】

小伟在参观某家具展览会时，看到了一个造型独特的沙发，便想在 3ds Max 中将该沙发模型制作出来。凭借课堂上学过的知识，小伟很快制作出了沙发模型。可是，小伟尝试为沙发添加材质时，无论怎样调整材质的漫反射、反射和粗糙度等参数，都无法模拟出沙发的布纹效果。小伟没有气馁，开始在网上寻找答案，经过一番搜寻，小伟找到了一个关于制作布纹材质的详细教程。原来，要呈现布纹效果，除了调整参数，还需巧妙地运用贴图。按照教程的指导，小伟一步步操作，最终成功地制作出了布纹材质。该布纹材质不仅表现出了布纹的凹凸感，还表现出了布料从浅至深的层次，显得十分真实。

想一想：

（1）贴图的作用是什么？

（2）常用的贴图有哪些？

一、应用贴图的方法

使用贴图能够更好地表现材质的纹理，增强材质的质感。单击材质属性右侧的按钮（图 5-3-1）或“贴图”卷展栏中“贴图类型”列中的“无贴图”按钮（图 5-3-2），在弹出的“材质 / 贴图浏览器”对话框（图 5-3-3）中可选择需要的贴图类型。常用的贴图有“位图”贴图、“噪波”贴图、“平铺”贴图、“渐变”贴图、“渐变坡度”贴图、“衰减”贴图等。

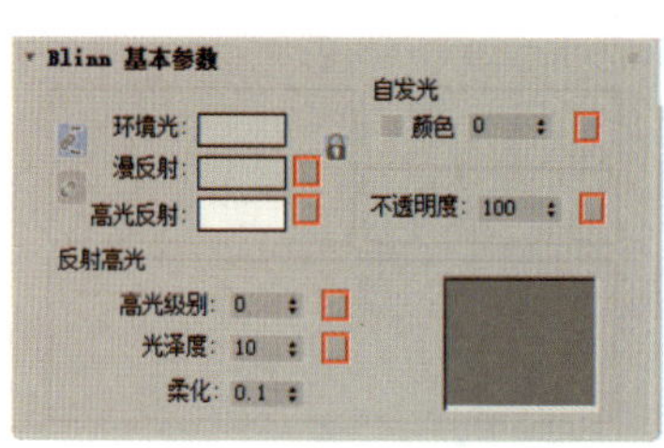

图 5-3-1　材质属性右侧的按钮

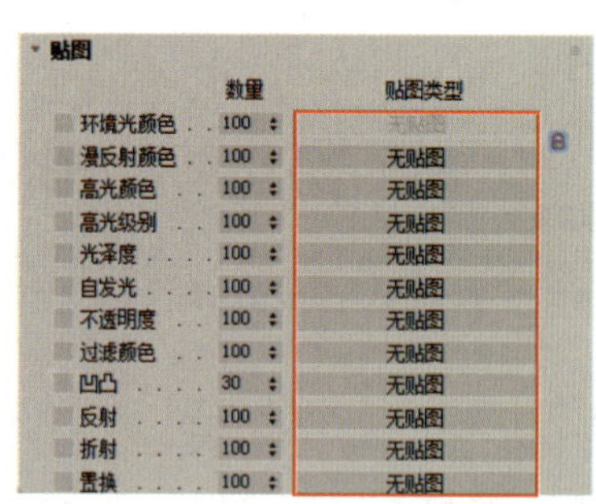

图 5-3-2　“无贴图”按钮

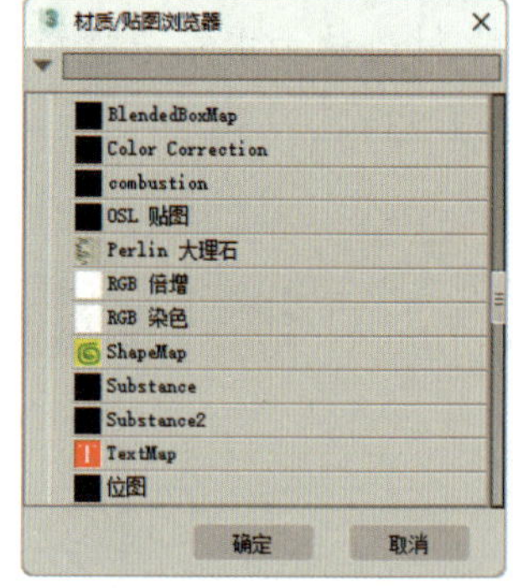

图 5-3-3　“材质 / 贴图浏览器”对话框

在应用贴图时，除了要选择合适的贴图类型，还要选择合适的贴图通道。在材质编辑器中，材质的漫反射、折射、反射、凹凸等属性都带有相应的贴图通道，在不同的贴图通道中添加贴图会产生不同的效果。例如，在“漫反射”贴图通道中添加贴图，会使材质的基本颜色产生变化；在“凹凸”贴图通道中添加贴图，会使材质的凹凸纹理产生变化（图 5-3-4）。

（a）原模型

（b）在“漫反射”贴图通道中添加贴图的效果

（c）在“凹凸”贴图通道中添加贴图的效果

图 5-3-4　在不同贴图通道中添加贴图的效果

二、“位图”贴图

位图是一种由像素构成的图像，每个像素都包含颜色和位置信息。位图常以“.png”“.jpg”“.bmp”格式被储存。

“位图”贴图是最常用的贴图类型之一，常用于制作表面有图案和花纹的材质，如照片材质（图 5-3-5）、书页材质等。在“材质 / 贴图浏览器”对话框中双击“通用”列表中的“位图”选项，然后在弹出的“选择位图图像文件”对话框中可选择用于模拟物体材质的图像。添加“位图”贴图后，在材质编辑器的“坐标”卷展栏（图 5-3-6）和“位图参数”卷展栏（图 5-3-7）中可设置位图的显示方式和输出效果。

图 5-3-5　照片材质

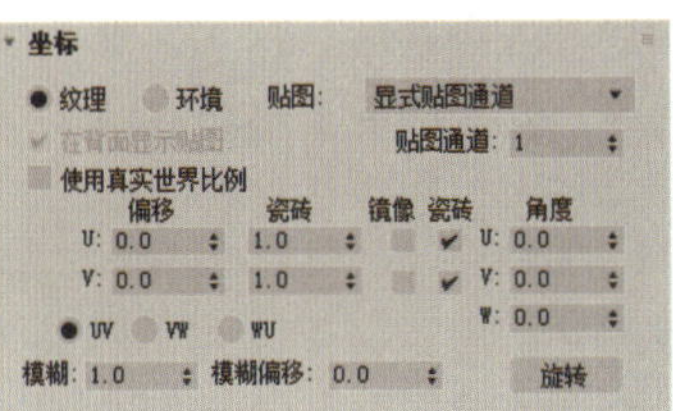

图 5-3-6　“坐标”卷展栏

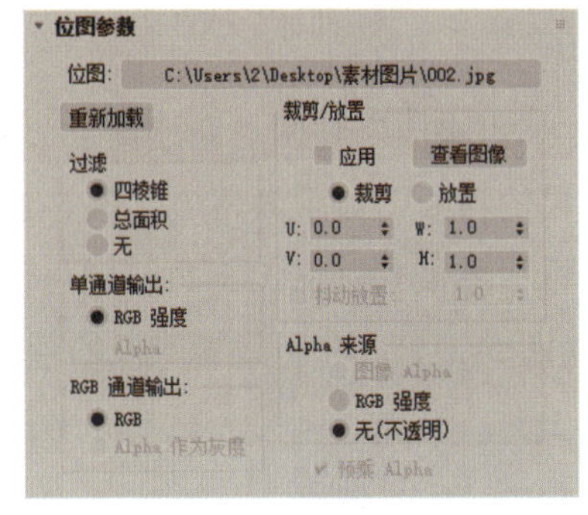

图 5-3-7　“位图参数”卷展栏

“坐标”卷展栏中常用文本框的功能如下：

（1）“偏移 U/V”文本框：用于设置贴图在 *U* 向和 *V* 向上的偏移效果。

（2）“瓷砖 U/V”文本框：用于设置贴图在 *U* 向和 *V* 向上平铺的次数，通常将“U”和“V”文本框中的数值设为相同的数值，以免贴图产生形变。“U”和“V”文本框中的数值均为 1 和均为 2.5 时，不同“U”“V”数值的显示效果如图 5-3-8 所示。

（3）“角度 U/V/W”文本框：用于设置贴图在 *U* 向、*V* 向和 *W* 向上的旋转角度。

提示

在 3ds Max 中，*X*、*Y*、*Z* 代表空间的 3 个维度，*U*、*V*、*W* 代表贴图上的 3 个维度，*U*、*V*、*W* 分别对应空间的 *X*、*Y*、*Z* 轴。通过设置贴图在 *U* 向、*V* 向和 *W* 向上的坐标和比例，可以调整贴图的位置和大小。

“位图参数”卷展栏中常用按钮和设置区的功能如下：

（1）“位图”按钮：单击该按钮可重新选择作为“位图”贴图的图像。

（2）“RGB 通道输出”设置区：用于设置输出 RGB 通道的来源。选中“RGB”单选钮时，将输出图像像素完整的颜色值；选中“Alpha 作为灰度”单选钮时，将输出图像基于 Alpha 通道的灰度色调（图 5-3-9）。

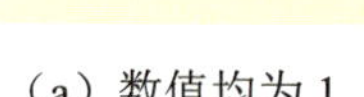
（a）数值均为 1

（b）数值均为 2.5

图 5-3-8　不同“U”“V”数值的显示效果

（a）“RGB”

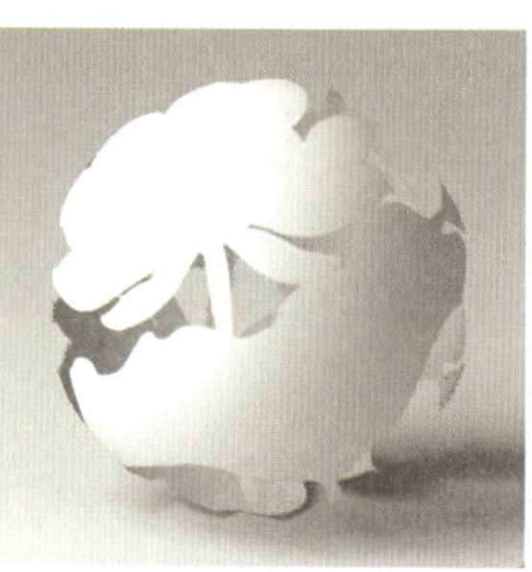
（b）“Alpha 作为灰度”

图 5-3-9　图像输出的颜色

（3）“Alpha 来源”设置区：用于设置输出 Alpha 通道的来源，通常在“不透明度”贴图通道中进行设置。选中“图像 Alpha”单选钮时，将输出图像 Alpha 通道的颜色，若图像没有 Alpha 通道，则该单选钮禁用；选中“RGB 强度”单选钮时，将输出图像中的颜色的灰度值；选中“无（不透明）”单选钮时，将不使用透明度。

三、“噪波”贴图

“噪波”贴图是通过混合 2 种颜色或贴图的明暗产生波纹效果的，常用于制作表面有波纹效果的材质、如水面材质（图 5-3-10）、草地材质等。添加“噪波”贴图后，在材质编辑器的“坐标”卷展栏（图 5-3-11）中可设置贴图坐标和贴图的比例、旋转角度，在“噪波参数”卷展栏（图 5-3-12）中可设置噪波的效果。

图 5-3-10　水面材质

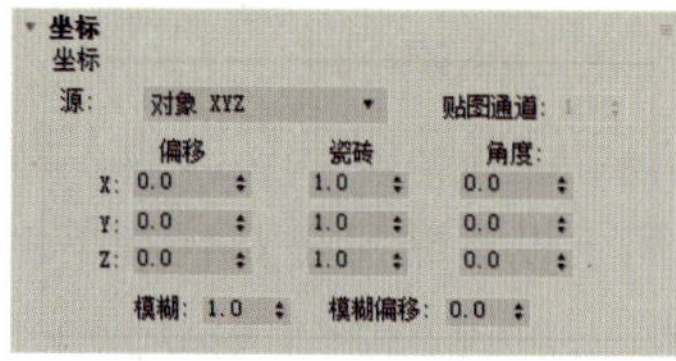

图 5-3-11　“坐标”卷展栏

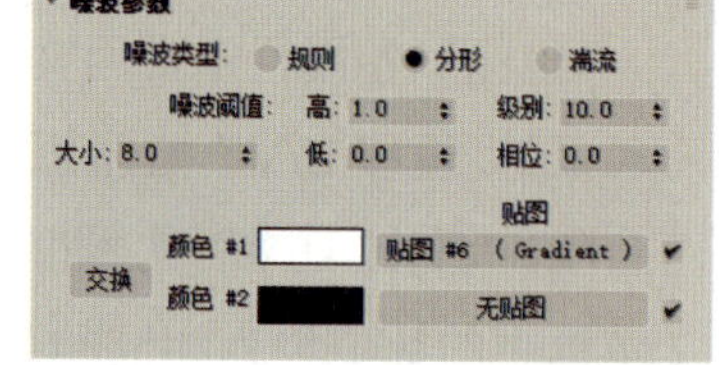

图 5-3-12　“噪波参数”卷展栏

“噪波参数”卷展栏中常用单选钮、文本框和颜色控件的功能如下：

（1）“噪波类型：规则 / 分形 / 湍流”单选钮：用于设置噪波的类型。不同噪波类型产生的噪波效果如图 5-3-13 所示。

（2）“级别”文本框：在选择“分形”或“湍流”噪波类型时，可在该文本框中设置噪波的迭代次数。

（3）“大小”文本框：用于设置噪波的比例大小。

（a）规则　　（b）分形　　（c）湍流

图 5-3-13　不同噪波类型产生的噪波效果

（4）颜色控件：用于设置噪波的强度。“颜色 #1”和“颜色 #2”色块（或贴图）颜色的灰度差距越大，噪波的强度就越高。

四、“平铺”贴图

“平铺”贴图常用于制作表面按一定规则排列且有接缝的材质，如墙砖材质、地砖材质（图 5-3-14）等。添加“平铺”贴图后，在材质编辑器的“坐标”卷展栏（与“位图”贴图的“坐标”卷展栏相同）中可设置贴图坐标和贴图的比例、旋转角度，在“标准控制”卷展栏（图 5-3-15）中可设置贴图的平铺类型，在“高级控制”卷展栏（图 5-3-16）中可设置贴图的纹理。

图 5-3-14　地砖材质

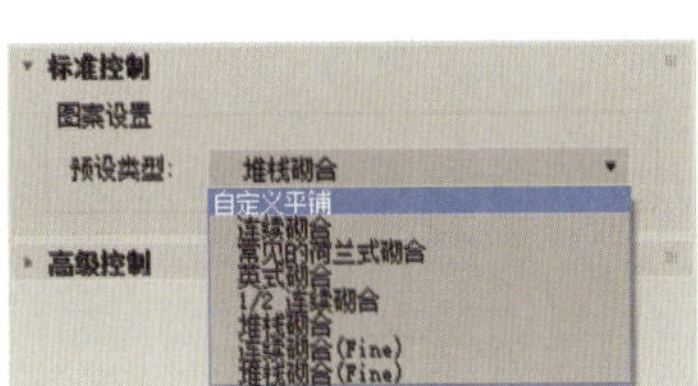

图 5-3-15　“标准控制”卷展栏

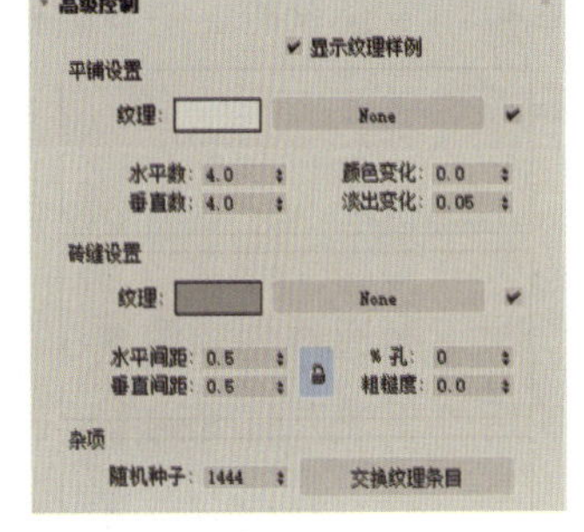

图 5-3-16　“高级控制”卷展栏

在“标准控制”卷展栏的“预设类型”下拉列表中可选择贴图的平铺类型，其中常用的平铺类型有连续砌合、常见的荷兰式砌合、英式砌合、1/2 连续砌合、堆栈砌合，不同平铺类型的平铺效果如图 5-3-17 所示。

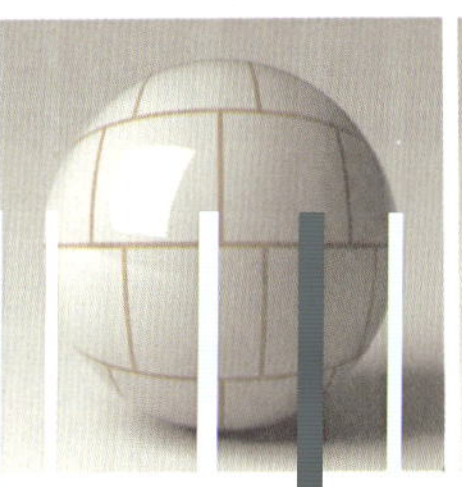

（a）连续砌合　（b）常见的荷兰式砌合　（c）英式砌合　（d）1/2 连续砌合　（e）堆栈砌合

图 5-3-17　不同平铺类型的平铺效果

“高级控制”卷展栏中各设置区的功能如下：

（1）“平铺设置”设置区：用于设置砖块的颜色和数量。该设置区中“纹理”右侧的“颜色”按钮用于设置砖块的颜色，单击“None”按钮可添加作为砖块颜色或图案的贴图；“水平数”和“垂直数”文本框分别用于设置行、列的砖块数量；“颜色变化”和“淡出变化”文本框用于设置砖块的颜色变化程度，其中，“颜色变化”文本框中的数值不同时，砖块的颜色变化程度如图 5-3-18 所示。

（2）“砖缝设置”设置区：用于设置砖缝的颜色和大小。该设置区中“纹理”右侧的“颜色”按钮用于设置砖缝的颜色，单击“None”按钮可添加作为砖缝图案的贴图；“水平间距”和“垂直间距”文本框分别用于设置砖块间水平砖缝和垂直砖缝的大小；“粗糙度”文本框用于设置砖缝边缘的粗糙程度（图 5-3-19）。

（a）颜色变化为 0.2

（b）颜色变化为 2

图 5-3-18　砖块的颜色变化程度

（a）粗糙度为 2

（b）粗糙度为 5

图 5-3-19　砖缝边缘的粗糙程度

（3）“杂项”设置区：用于设置砖块和砖缝图案的分布状况。该设置区中的“随机种子”文本框用于设置砖块图案随机变化的效果，单击“交换纹理条目”按钮，可将砖块和砖缝的纹理互相调换。

实例：制作地砖材质

下面通过为如图 5-3-20（a）所示的地砖模型添加如图 5-3-20（b）所示的地砖材质，学习使用“平铺”贴图制作地砖材质的方法。

（a）地砖模型

（b）地砖材质

图 5-3-20　地砖模型及材质

步骤 1　打开本书配套素材“素材与实例 \ 项目五 \ 地砖”中的“地砖素材 .max”文件。

步骤 2　按“M”键打开材质编辑器，选中任一未使用的材质球，将其名称设为“地砖”，然后单击“物理材质”按钮，在弹出的“材质 / 贴图浏览器”对话框中双击“VRayMtl”选项。

步骤 3　选中地砖模型并单击“将材质指定给选定对象”按钮，将“地砖”材质赋予所选对象，然后在“基本参数”卷展栏中设置该材质的反射效果（图 5-3-21）。

步骤 4 单击“基本参数”卷展栏中“漫反射”右侧的“无”按钮，在弹出的“材质 / 贴图浏览器”对话框中双击“平铺”选项，在“漫反射”贴图通道中添加平铺贴图。

步骤 5 在“高级控制”卷展栏中设置砖块的数量、砖缝的颜色和大小，然后单击“平铺设置”设置区中“纹理”右侧的“None”按钮，在弹出的“材质 / 贴图浏览器”对话框中双击“位图”选项，并在弹出的“选择位图图像文件”对话框中双击本书配套素材“素材与实例 \ 项目五 \ 地砖 \maps”中的“地砖 .jpg”文件，作为砖块上的图案（图 5-3-22）。

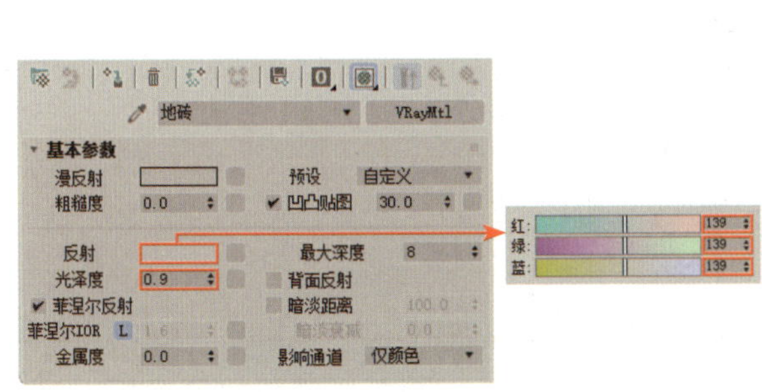

图 5-3-21 设置“地砖”材质的参数

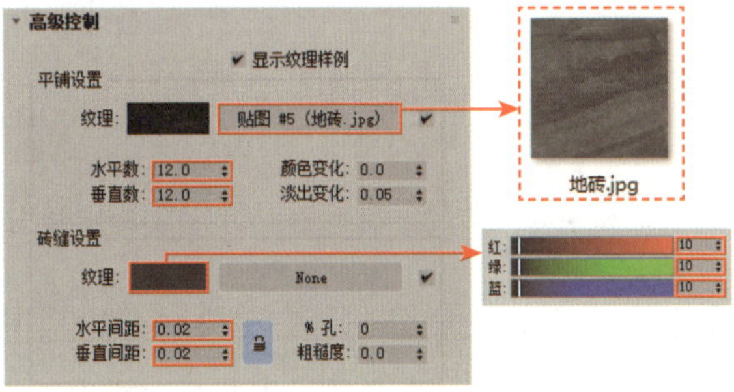

图 5-3-22 设置“平铺”贴图的参数

步骤 6 按“C”键，将透视图切换为摄影机视图，然后按“F9”键，即可对摄影机视图进行渲染，查看地砖的材质效果。

五、“渐变”贴图和“渐变坡度”贴图

“渐变”贴图和“渐变坡度”贴图可以制作有渐变效果的材质，如渐变颜色的甜品材质（图 5-3-23）、彩虹材质等。它们的区别在于，使用“渐变”贴图只能制作由 3 种颜色产生渐变效果的材质，而使用“渐变坡度”贴图可以制作由 2 种及 2 种以上的颜色产生渐变效果的材质。

图 5-3-23 渐变颜色的甜品材质

（一）“渐变”贴图

添加“渐变”贴图类型后，在材质编辑器的“坐标”卷展栏（与“位图”贴图的“坐标”卷展栏相同）中可设置贴图坐标和贴图的比例、旋转角度，在“渐变参数”卷展栏（图 5-3-24）中可设置渐变颜色（或贴图）、渐变类型、渐变颜色（或贴图）之间的过渡效果等。

不同渐变类型产生的渐变效果如图 5-3-25 所示。

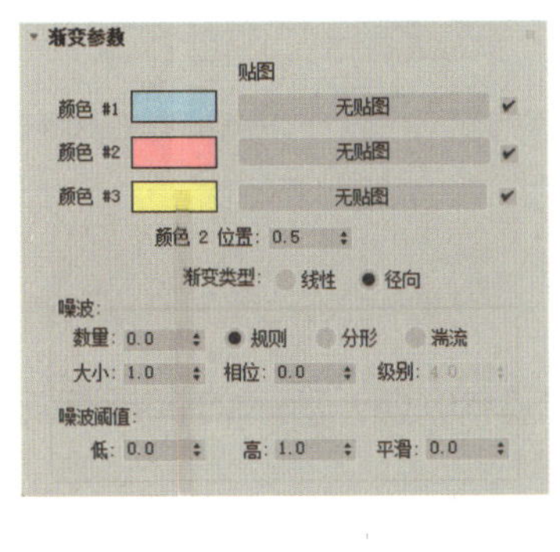

图 5-3-24 “渐变参数”卷展栏

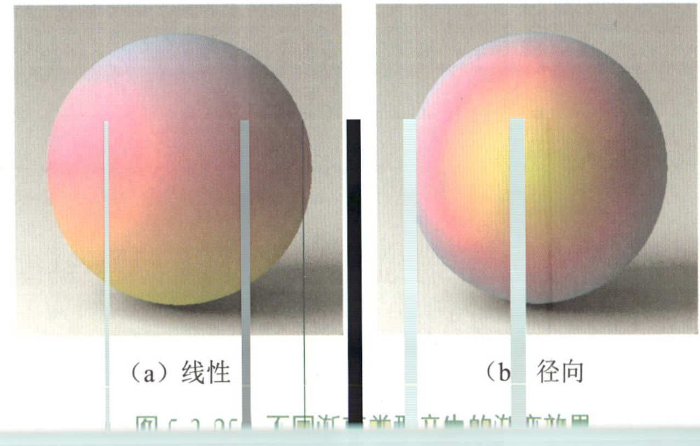

（a）线性 （b）径向

图 5-3-25 不同渐变类型产生的渐变效果

（二）“渐变坡度”贴图

添加“渐变坡度”贴图后，在材质编辑器的“坐标”卷展栏（与“位图”贴图的“坐标”卷展栏相同）中可设置贴图坐标和贴图的比例、旋转角度，在“渐变坡度参数”卷展栏（图 5-3-26）中可设置渐变颜色（或贴图）、渐变类型和差值类型等。

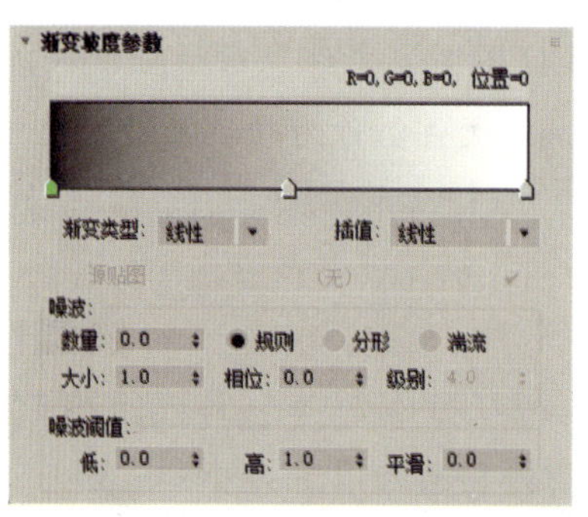

图 5-3-26 “渐变坡度参数”卷展栏

“渐变坡度参数”卷展栏中的渐变栏用于显示参与渐变的颜色，渐变栏底部的每个标志都控制着一种颜色或贴图。当标志被选中时，显示为绿色；在渐变栏底部单击，可添加标志；拖动标志，可调整其控制的颜色或贴图的位置；双击标志，在弹出的窗口中可修改该标志所控制的颜色。

六、“衰减”贴图

“衰减”贴图可以使材质的颜色产生由深到浅或由浅到深的过渡效果，让材质更有质感，常用于制作半透明材质和颜色有深浅过渡效果的布料材质，如丝绒材质（图5-3-27）、纱帘材质等。添加“衰减”贴图后，在材质编辑器的“衰减参数”卷展栏（图 5-3-28）中可设置影响材质衰减的颜色（或贴图）和衰减的类型、方向等，在“混合曲线”卷展栏（图 5-3-29）中可调整材质衰减曲线。

图 5-3-27 丝绒材质

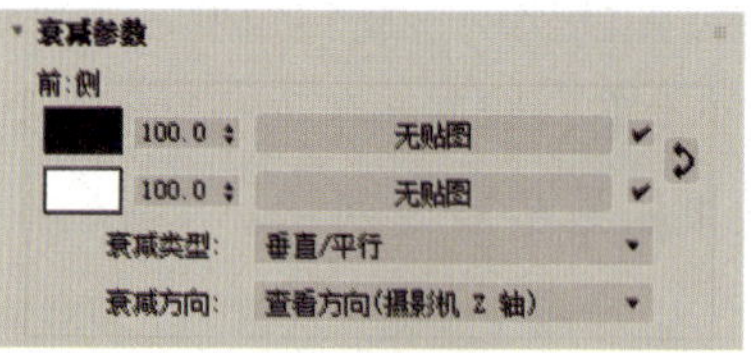

图 5-3-28 “衰减参数”卷展栏

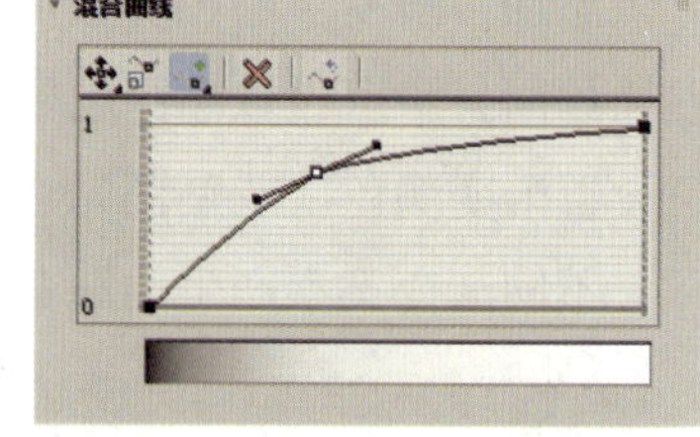

图 5-3-29 “混合曲线”卷展栏

任务实施一 为青花瓷瓶模型添加材质

下面通过为如图 5-3-30（a）所示的青花瓷瓶模型添加如图 5-3-30（b）所示的青花瓷瓶材质，学习使用贴图表现物体质感的方法。

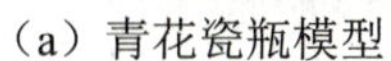

（a）青花瓷瓶模型

（b）青花瓷瓶材质

图 5-3-30　青花瓷瓶模型及材质

制作思路

打开素材文件，创建一个“混合”材质，将其赋予青花瓷瓶模型，然后设置“材质 1”通道中材质的基本颜色和反射效果，制作青花瓷瓶顶部和底部的渐变效果；接着将“材质 1”通道中的材质复制克隆到“材质 2”通道中，并在材质副本的“漫反射”贴图通道中添加“位图”贴图，制作青花瓷瓶上的花纹；最后在“遮罩”通道中添加“渐变”贴图，控制青花瓷瓶上花纹和渐变部分的分布状况。

制作步骤

步骤 1　打开本书配套素材“素材与实例 \ 项目五 \ 青花瓷瓶”中的“青花瓷瓶素材 .max”文件。

步骤 2　按“M”键打开材质编辑器，选中任一未使用的材质球，将其名称设为“青花瓷”，然后单击“物理材质”按钮，在弹出的“材质 / 贴图浏览器”对话框中双击“通用”列表中的“混合”选项，接着在弹出的“替换材质”对话框中依次单击“丢弃旧材质？”单选钮和“确定”按钮，最后将“青花瓷”材质赋予青花瓷瓶模型。

提示

若“材质 / 贴图浏览器”对话框中没有“混合”选项，则需要在“材质 / 贴图浏览器”对话框中单击▾按钮，在弹出的快捷菜单中选择“显示不兼容”选项。

步骤 3　单击“混合基本参数”卷展栏中“材质 1”右侧的按钮，然后单击“物理材质”按钮，在弹出的“材质 / 贴图浏览器”对话框中双击“VRayMtl”选项，在打开的面板中将该子材质的名称设为“渐变”，接着在“基本参数”卷展栏中设置该材质的基本颜色和反射效果，最后在“反射”贴图通道中添加“衰减”贴图（图 5-3-31）。

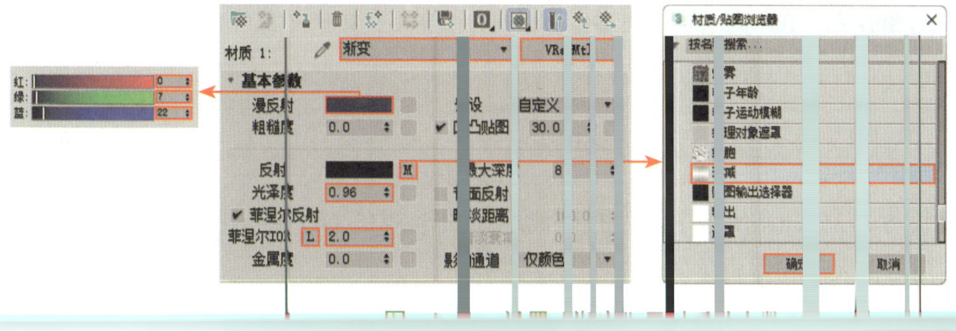

步骤 4 单击2次“转到父对象”按钮，返回至“青花瓷瓶”材质的第1层级，然后按住鼠标左键将“渐变”子材质拖到“材质2”右侧的按钮上后释放左键，在弹出的“实例（副本）材质”对话框中依次单击“复制”单选钮和“确定”按钮，将“渐变”子材质复制克隆1份。

步骤 5 单击“材质2”右侧的按钮，在打开的面板中将该子材质的名称设为“花纹”，然后单击“基本参数”卷展栏中“漫反射”右侧的“无”按钮，在弹出的“材质/贴图浏览器”对话框中双击“位图”选项，在弹出的“选择位图图像文件”对话框中双击本书配套素材“素材与实例\项目五\青花瓷瓶\maps”中的“花纹.jpg”文件（图5-3-32）。

步骤 6 在“坐标”卷展栏中设置“位图”贴图的偏移效果和平铺次数（图5-3-33）。

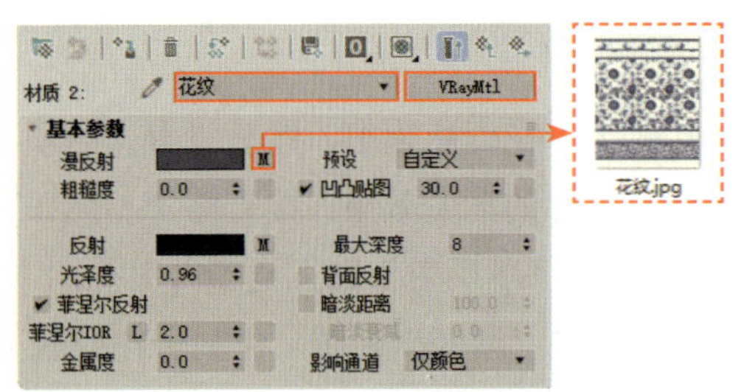

图 5-3-32 设置“花纹”子材质的参数

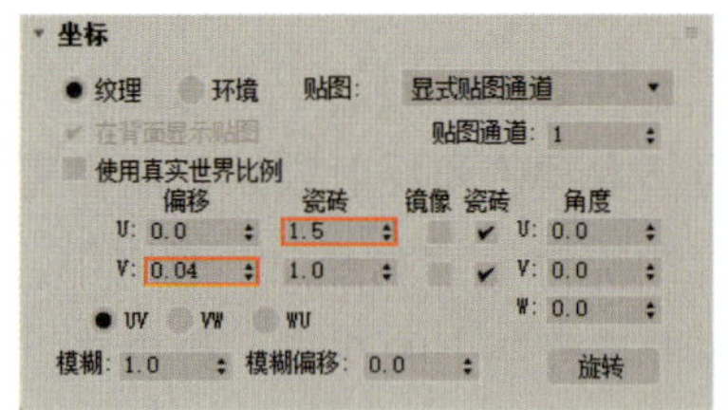

图 5-3-33 设置“位图”贴图的参数

步骤 7 单击两次“转到父对象”按钮，返回至“青花瓷瓶”材质的第1层级，然后单击“遮罩”右侧的“无贴图”按钮，在弹出的“材质/贴图浏览器”对话框中双击“渐变”选项，最后在“渐变参数”卷展栏中设置渐变颜色及渐变颜色之间的过渡效果（图5-3-34）。

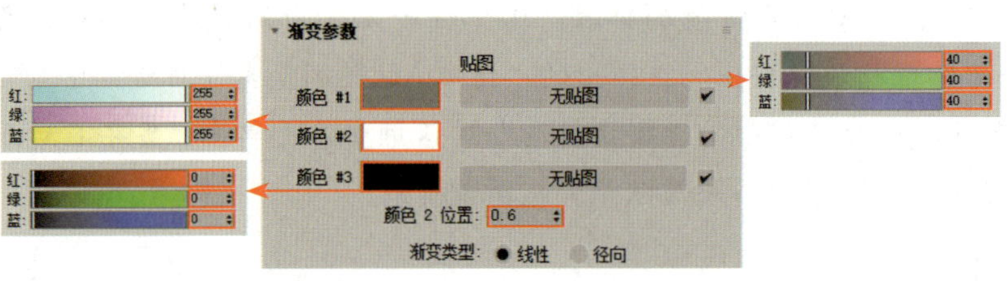

图 5-3-34 设置“渐变”贴图的参数

步骤 8 按“C”键，将透视图切换为摄影机视图，然后按“F9”键对摄影机视图进行渲染，最后查看青花瓷瓶的材质效果。

素养之窗

青花瓷是一种釉下彩瓷，是先在瓷器毛坯上用含氧化钴的钴土矿描绘纹饰，再上一层五色透明釉，以高温烧制的。青花瓷作为中华文化的载体，承载着丰富的历史信息和民族记忆，对于传承和弘扬中华文化具有不可替代的作用。我们要珍视和保护好这一宝贵的文化遗产，让更多人领略青花瓷的魅力，为中华文化的传承与发展贡献更多的力量。

任务实施二 为沙发模型添加材质

扫一扫

为沙发模型添加材质

下面通过为如图5-3-35（a）所示的沙发模型添加如图5-3-35（b）所示的沙发材质，学习使用贴图表现物体质感的方法。

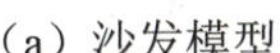

（a）沙发模型

（b）沙发材质

图 5-3-35　沙发模型及材质

制作思路

打开素材文件，先制作沙发布的材质：创建一个“VRayMtl”材质，将其赋予沙发布模型，然后在该材质的“漫反射”贴图通道中添加“衰减”贴图，在“凹凸”贴图通道中添加“位图”贴图，最后设置该材质的粗糙度和贴图效果的强度。

接着制作沙发架的材质：创建一个“VRayMtl”材质，将其赋予沙发架模型，然后在该材质的“漫反射”贴图通道中添加“位图”贴图，再将该贴图实例克隆至“凹凸贴图”贴图通道中，最后设置该材质的粗糙度和贴图效果的强度。

制作步骤

步骤 1　打开本书配套素材“素材与实例 \ 项目五 \ 沙发”中的“沙发素材 .max”文件。

步骤 2　按“M”键打开材质编辑器，选中任一未使用的材质球，将其名称设为“沙发布”，然后单击“物理材质”按钮，在弹出的“材质 / 贴图浏览器”对话框中双击“V-Ray”列表中的“VRayMtl”选项。

步骤 3　将“沙发布”材质赋予沙发布模型，然后单击“基本参数”卷展栏中“漫反射”右侧的“无”按钮，在弹出的“材质 / 贴图浏览器”对话框中双击“衰减”选项。

步骤 4　单击“衰减参数”卷展栏中的第 1 个“无贴图”按钮，在弹出的“材质 / 贴图浏览器”对话框中双击“位图”选项，然后在弹出的“选择位图图像文件”对话框中双击本书配套素材“素材与实例 \ 项目五 \ 沙发 \maps”中的“布料 01.jpg”文件，最后单击“转到父对象”按钮。使用同样的方法，在第 2 个“无贴图”按钮中添加“位图”贴图（“布料 02.jpg”文件）（图 5-3-36）。

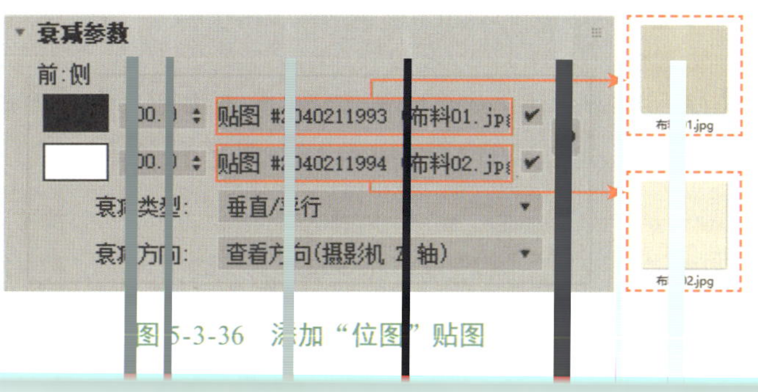

图 5-3-36　添加“位图”贴图

步骤 5 单击“转到父对象”按钮，返回至“沙发布”材质的第 1 层级，在“基本参数”卷展栏中将该材质的粗糙度设为 0.3；然后参照步骤 4，在“凹凸贴图”贴图通道中添加“位图”贴图（“布料 01.jpg”文件）；最后单击“转到父对象”按钮，将贴图效果的强度设为 80（图 5-3-37）。

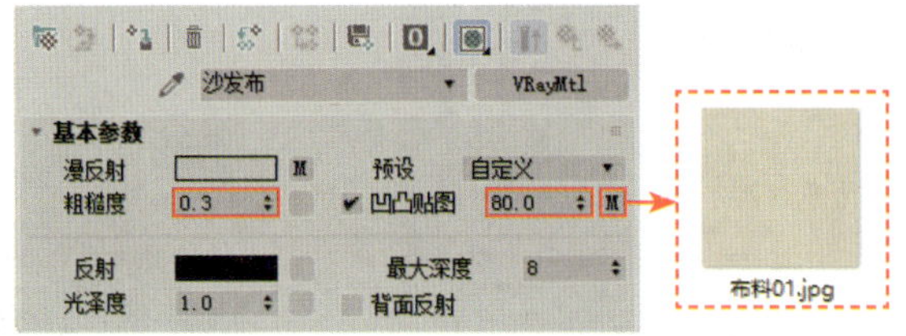

图 5-3-37 设置“沙发布”材质的参数

步骤 6 选中任一未使用的材质球，将其名称设为“木架”，然后单击“物理材质”按钮，在弹出的“材质 / 贴图浏览器”对话框中双击“V-Ray”列表中的“VRayMtl”选项。

步骤 7 将“木架”材质赋予沙发架模型，然后参照步骤 4，在“漫反射”贴图通道中添加“位图”贴图（“木纹 .jpg”文件），最后在“坐标”卷展栏中设置贴图的旋转角度（图 5-3-38）。

步骤 8 单击“转到父对象”按钮，返回至“木架”材质的第 1 层级，然后按住鼠标左键将“漫反射”贴图通道中的贴图拖至“凹凸贴图”贴图通道上后松开鼠标，将该贴图实例克隆 1 份，最后将“木架”材质的粗糙度设为 0.1，再将“凹凸贴图”贴图通道中贴图效果的强度设为 50（图 5-3-39）。

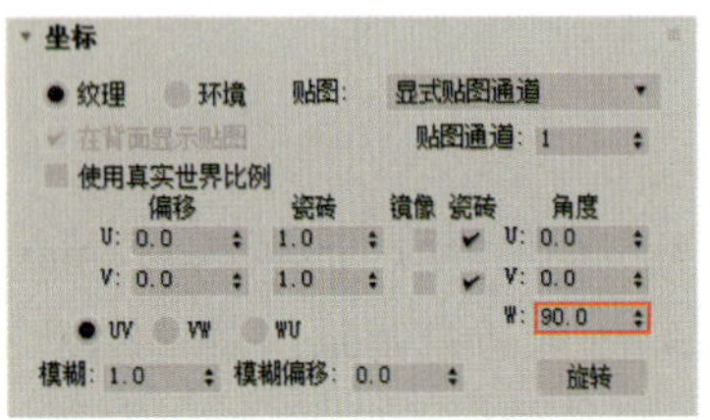

图 5-3-38 设置贴图的旋转角度

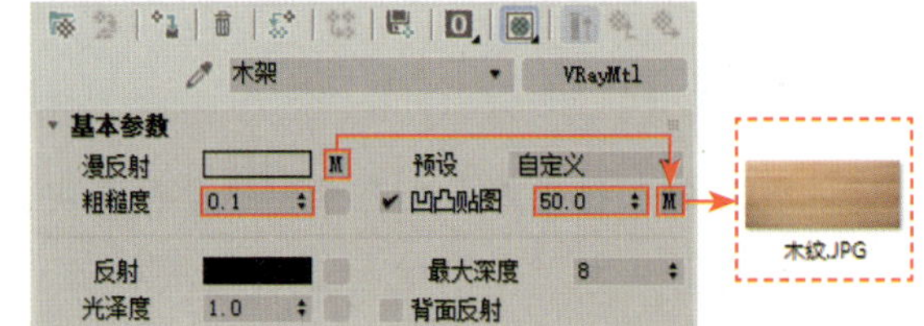

图 5-3-39 设置“木架”材质的参数

步骤 9 按“C”键，将透视图切换为摄影机视图，然后按“F9”键，即可对摄影机视图进行渲染，查看沙发的材质效果。

学习成果自测

自测习题一 为不锈钢水壶模型添加材质

利用本项目所学知识为如图 5-3-40（a）所示的不锈钢水壶模型添加如图 5-3-40（b）所示的不锈钢水壶材质。

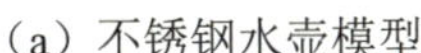

（a）不锈钢水壶模型

（b）不锈钢水壶材质

图 5-3-40　不锈钢水壶模型及材质

提示：　该不锈钢水壶的壶体为 2 种不同颜色的不锈钢材质，手柄为塑料材质。先为不锈钢水壶壶体和手柄设置材质 ID，然后创建一个“多维 / 子对象”材质，在相应材质 ID 的“子材质”按钮中添加相应的材质。

不锈钢材质的制作方法：创建一个“VRayMtl”材质，设置其基本颜色（深灰）和反射效果，以制作黑色不锈钢材质；然后将该材质复制克隆 1 份，调整材质副本的基本颜色（浅灰），以制作银色不锈钢材质。

塑料材质的制作方法：创建一个“VRayMtl”材质，设置其基本颜色和反射效果。

自测习题二　为窗帘模型添加材质

利用本项目所学知识为如图 5-3-41（a）所示的窗帘模型添加如图 5-3-41（b）所示的窗帘材质。

（a）窗帘模型

（b）窗帘材质

图 5-3-41　窗帘模型及材质

提示：　该窗帘的材质分为遮光布和纱布 2 部分。遮光布材质的制作方法：创建一个“VRayMtl”材质，然后设置其基本颜色和粗糙度，接着在“漫反射”贴图通道中添加“衰减”贴图并设置影响衰减的颜色（与漫反射颜色相近，一深一浅即可），最后在“凹凸贴图”贴图通道中添加“位图”贴图（图 5-3-42）。

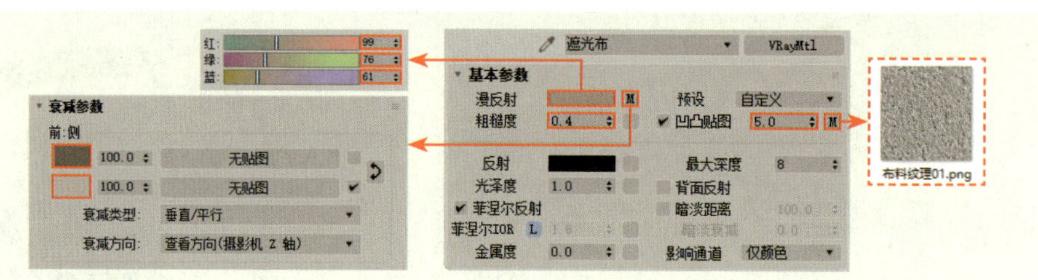

图 5-3-42 设置“遮光布”材质的参数

纱布材质的制作方法：创建一个“VRayMtl”材质，然后设置其基本颜色和折射效果，接着在“折射”贴图通道中添加“衰减”贴图并设置影响衰减的颜色（与漫反射颜色相近，一深一浅即可），最后在“凹凸贴图”贴图通道中添加“位图”贴图（图 5-3-43）。

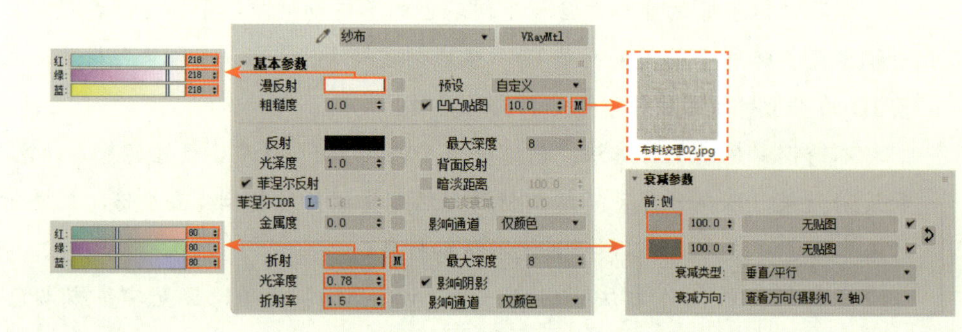

图 5-3-43 设置“纱布”材质的参数

自测习题三 为装茶水的茶杯模型添加材质

利用本项目所学知识为如图 5-3-44（a）所示的装茶水的茶杯模型添加如图 5-3-44（b）所示的装茶水的茶杯材质。

（a）装茶水的茶杯模型

（b）装茶水的茶杯材质

图 5-3-44 装茶水的茶杯模型及材质

提示：

该茶杯的材质分为茶杯、茶水和茶叶 3 部分。茶杯材质的制作方法：创建一个“VRayMtl”材质，然后设置其基本颜色和反射、折射、半透明效果。

茶水材质的制作方法：创建一个“VRayMtl”材质，然后设置其基本颜色和反射、折射、半透明效果，最后在“烟雾颜色”右侧的“颜色”按钮和“深度（cm）”文本框中设置茶水的颜色（图 5-3-45）。

茶叶材质的制作方法：创建一个“VRayMtl”材质，然后设置其反射效果，最后在“贴图”卷展栏的“漫反射”和“不透明度”贴图通道中添加“位图”贴图（图 5-3-46）。

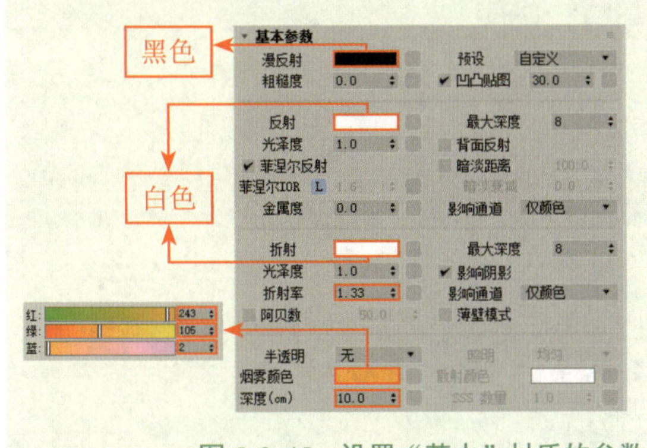

图 5-3-45　设置“茶水”材质的参数

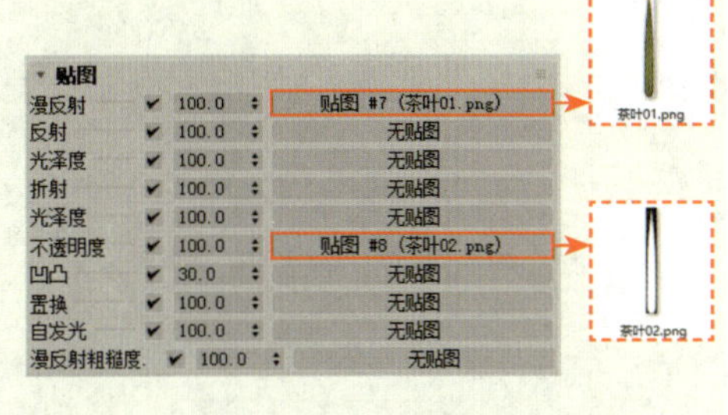

图 5-3-46　设置“茶叶”材质的参数

学习成果评价

请进行学习成果评价，并将评价结果填入表 5-3-1。

表 5-3-1　学习成果评价表

评价项目	评价内容	分值	评价分数		
			自评	他评	师评
知识（40%）	材质编辑器	6			
	“标准（旧版）”材质、“多维 / 子对象”材质、“混合”材质	8			
	“VRayMtl”材质、VRay_灯光材质、VRay_车漆材质、VRay_材质包裹器	8			
	应用贴图的方法	6			
	“位图”贴图、“噪波”贴图、“平铺”贴图	6			
	“渐变”贴图、“渐变坡度”贴图、“衰减”贴图	6			
技能（40%）	能够使用 3ds Max 材质表现物体的质感	15			
	能够使用 V-Ray 材质表现物体的质感	15			
	能够使用贴图表现物体的质感	10			
素养（20%）	积极参加教学活动，按时完成学习任务	10			
	培养善于观察、勤于思考、勇于探索的良好习惯	10			
合计		100			
总评	自评（20%）+ 他评（20%）+ 师评（60%）= ______	指导教师（签名）：______			

项目六

摄影机与灯光

制作好模型及模型的材质后，需要创建摄影机并布置灯光，这样才能渲染出理想的画面。摄影机与灯光在 3ds Max 中扮演着非常重要的角色，它们相互关联，共同影响着图像和动画的效果。本项目将通过介绍摄影机的作用，标准摄影机和 VRay 摄影机的功能，布置灯光的流程，标准灯光、VRay 灯光、VRay 太阳光的主要参数等内容，带领读者学习创建摄影机和布置灯光的方法。

知识目标

- 了解摄影机的作用。
- 了解常用摄影机的功能。
- 熟悉布置灯光的流程。
- 了解常用灯光的功能。

能力目标

- 能够熟练地创建不同类型的摄影机。
- 能够使用摄影机制作景深效果和运动模糊效果。
- 能够熟练地创建不同类型的灯光。
- 能够为模型布置灯光。
- 能够为场景布置灯光。

素质目标

- 学生通过为梅花创建摄影机，了解梅花的象征意义，培养坚忍不拔、百折不挠的奋斗精神。
- 学生通过学习为单个模型和场景布置灯光的流程，培养具体问题具体分析的能力。

任务一　创建摄影机

【任务引入】

小鑫的室友使用3ds Max制作了一段风扇展示动画，他在扇叶旋转过程中巧妙地运用了运动模糊效果，还原了物体在高速运动时的视觉特性，极大地增强了动画的生动性和真实性。小鑫感到十分有趣，好奇地询问室友这种效果是怎么制作的。室友告诉他，在3ds Max中设置摄影机的参数就可以制作逼真的运动模糊效果。小鑫听后更加坚定了学好3ds Max的决心。

想一想：

（1）3ds Max中的摄影机有什么作用？

（2）怎样制作运动模糊效果？

一、摄影机的作用

3ds Max中的摄影机主要用于构图和制作特殊的镜头效果。构图合理的作品（图6-1-1）不仅能够有效突出主题和主体，传达丰富的情感，还能够给人以极强的视觉冲击力。在3ds Max中，可通过调整摄影机的位置、设置摄影机的参数来构图。

图6-1-1　构图合理的作品

特殊的镜头效果包括景深效果和运动模糊效果。景深是指拍摄有限距离的景物时，在画面上构成清晰影像的景物的深度，景深效果如图6-1-2所示。运动模糊是指拍摄高速运动的物体时，使画面局部模糊的现象（图6-1-3）。通过调整3ds Max中摄影机的光圈、镜头的焦距、快门的速度，可获得景深效果和运动模糊效果。

图 6-1-2 景深效果

图 6-1-3 运动模糊效果

知识拓展

光圈和快门

光圈是摄影机上配合快门的速度来控制曝光量的装置，光圈的大小决定了进入镜头的光束的多少，通常通过设置光圈的大小来控制画面的亮度和景深。快门是摄影机上控制曝光时间的装置，快门的速度与拍摄运动中的物体的清晰度密切相关。快门速度越快，运动物体的影像越清晰。

探索与分享

2 人一组，讨论当摄影机对焦于物体 A（图 6-1-4）时的景深范围和影响景深大小的因素，教师随机选择几名学生回答。

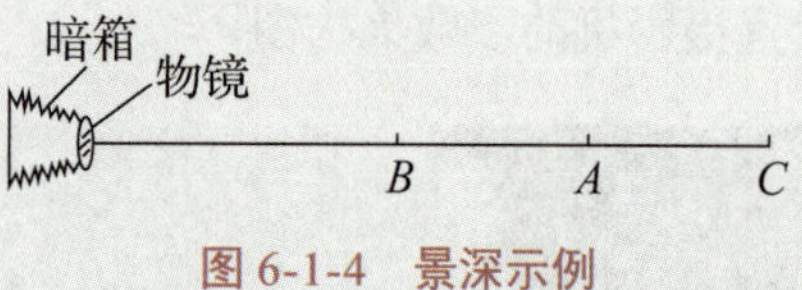

图 6-1-4 景深示例

二、标准摄影机

标准摄影机是 3ds Max 提供的摄影机，包括物理摄影机、目标摄影机和自由摄影机 3 种（图 6-1-5）。使用“创建”面板“摄影机”对象类别“标准”分类中的按钮（图 6-1-6），可以创建上述 3 种标准摄影机。

（a）物理摄影机

（b）目标摄影机

（c）自由摄影机

图 6-1-5 标准摄影机

图 6-1-6 “标准”分类中的按钮

（一）物理摄影机

单击“创建”面板“摄影机”对象类别“标准”分类中的“物理”按钮，然后在视口中按住左键拖动鼠标，在释放鼠标左键后，即可创建物理摄影机。激活透视图并按“Ctrl+C”组合键，系统会以当前视口中的视角创建物理摄影机。

创建物理摄影机后，视口中会出现物理摄影机的图标和目标点，调整该图标和目标点的位置，摄影机所拍摄的画面也会随之改变。选中物理摄影机的图标后，在“修改”面板的“物理摄影机”卷展栏（图 6-1-7）中可设置焦距、光圈、快门等参数，在“曝光”卷展栏（图 6-1-8）中可设置曝光量和画面的色彩平衡。

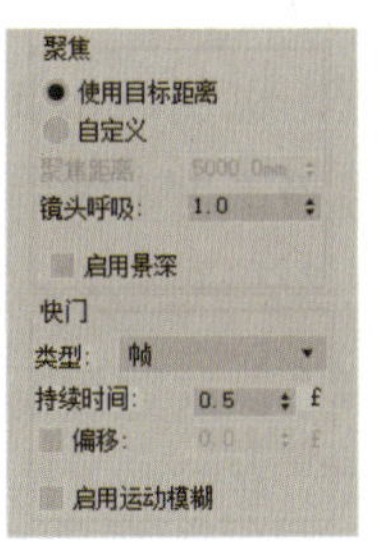

图 6-1-7 “物理摄影机”卷展栏

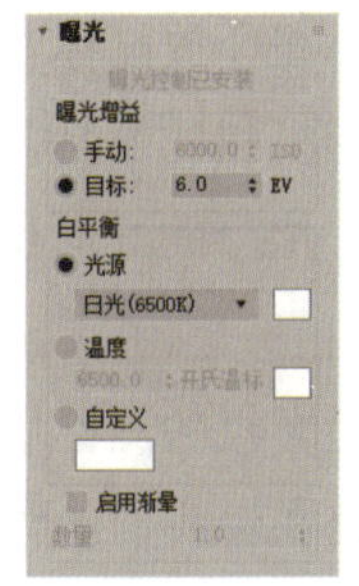

图 6-1-8 “曝光”卷展栏

“物理摄影机”卷展栏的部分设置区中的常用文本框、单选钮、复选框等的功能如下：

（1）“镜头”设置区。该设置区中的“焦距”文本框用于设置镜头的焦距，“光圈”文本框用于设置光圈的大小。在快门速度一定的情况下，光圈值越小，景深越小，景深外画面的虚化程度越大（图 6-1-9）。

（a）光圈值为 8

（b）光圈值为 5

图 6-1-9 不同光圈值的画面效果

（2）“聚焦”设置区。单击“使用目标距离”单选钮后，目标物体与焦平面（通过焦点并垂直于主光轴的平面）之间的距离为焦距；单击“自定义”单选钮后，可自行设置焦距。勾选“启用景深”复选框，可启用景深功能。

（3）“快门”设置区。该设置区中的“类型”列表框用于设置快门速度的单位；“持续时间”文本框用于设置快门的速度，快门的速度会影响景深、曝光程度和运动模糊效果。

“曝光”卷展栏的部分设置区中常用单选钮的功能如下：

（1）“曝光增益”设置区。单击“手动”单选钮，在其右侧的文本框中输入 ISO 值（感光度），软件将会根据该值、快门速度和光圈大小计算曝光量，ISO 值越大，生成图像的亮度越高；

单击“目标”单选钮，可通过在其右侧的文本框中输入 EV 值（曝光值）来获得曝光效果，EV 值越大，生成图像的亮度越低。

（2）“白平衡”设置区。单击“光源”单选钮，可通过在其下方的列表框中选择所需光源来调整画面的色彩平衡；单击“温度”单选钮，可通过在其下方的文本框中输入色温值来调整画面的色彩平衡。色温等于 6 500 K 时，光源发出的光为白光；大于 6 500 K 时，光源发出的光为冷光；小于 6 500 K 时，光源发出的光为暖光。

（二）目标摄影机

单击“创建”面板“摄影机”对象类别“标准”分类中的“目标”按钮，然后在视口中按住左键拖动鼠标，在释放鼠标左键后，即可创建目标摄影机。

与物理摄影机相同的是，目标摄影机也包括摄影机图标和目标点 2 部分，调整摄影机图标和目标点的位置，拍摄的画面也会随之改变。与物理摄影机不同的是，目标摄影机的参数少，设置起来比较简单。

选中目标摄影机的图标后，在“修改”面板的“参数”卷展栏（图 6-1-10）中可设置镜头的焦距，剪切遮挡在镜头前的物体等；在“景深参数”卷展栏（图 6-1-11）中可设置景深外画面虚化的程度。“参数”卷展栏中常用文本框和设置区的功能如下：

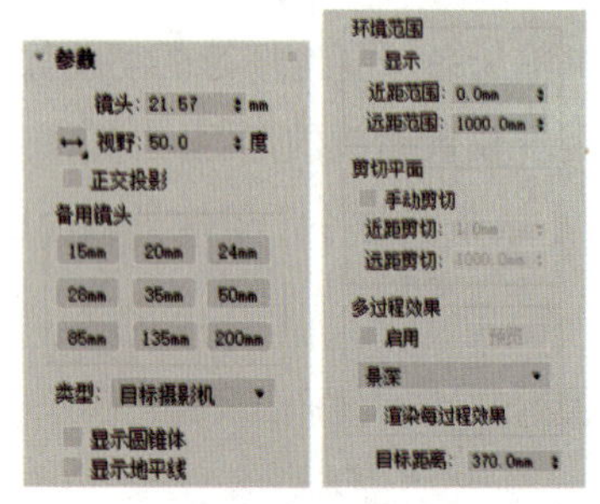

图 6-1-10 “参数”卷展栏

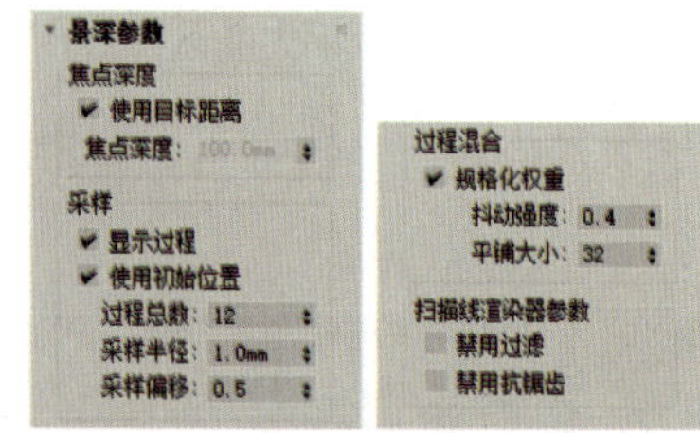

图 6-1-11 “景深参数”卷展栏

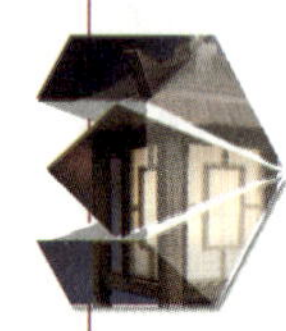

（1）“镜头”文本框。该文本框用于设置镜头的焦距。

（2）“剪切平面”设置区。该设置区中的“手动剪切”复选框用于设置是否启用剪切平面功能，“近距剪切”和“远距剪切”文本框分别用于设置摄影机镜头与近距剪切平面、远距剪切平面之间的距离。

知识拓展

剪切平面的功能

当镜头前的物体遮挡了要拍摄的物体时，可使用剪切平面将遮挡在镜头前的物体移除，以调整摄影机视图的显示效果。

勾选“剪切平面”设置区中的“手动剪切”复选框后，在“近距剪切”和“远距剪切”文本框中输入不同数值，视口中会出现 2 个红色的线框。从目标摄影机的图标到第 1 个红色线框的距离为近距剪切的距离，从目标摄影机的图标到第 2 个红色线框的距离为远距剪切的距离（图 6-1-12）。开启剪切平面功能后，近距剪切平面和远距剪切平面之间的对象将显示在摄影机视图中，其余对象将不显示在摄影机视图中。

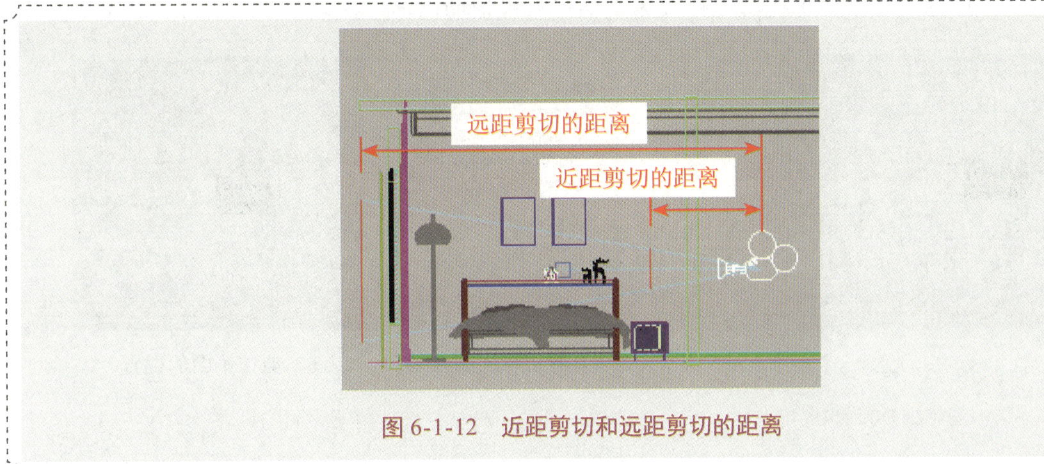

图 6-1-12　近距剪切和远距剪切的距离

（3）“多过程效果”设置区。该设置区用于控制是否启用景深功能和运动模糊功能。勾选“启用”复选框后，可在“景深参数”和“运动模糊参数”卷展栏中设置相关参数。值得注意的是，只有当场景中的渲染器为扫描线渲染器时，这 2 个卷展栏中的相关设置才有效。在实际应用中，使用物理摄影机或 V-Ray 渲染器能够更加方便地实现景深和运动模糊效果，所以这里对“多过程效果”设置区中的内容不做详细介绍。

实例：剪切平面的应用

下面通过为如图 6-1-13（a）所示的卧室添加摄影机，学习创建目标摄影机和使用剪切平面调整摄影机视图的显示效果的方法。卧室的渲染效果如图 6-1-13（b）所示。

（a）卧室

（b）卧室的渲染效果

图 6-1-13　卧室及其渲染效果

步骤 1　打开本书配套素材“素材与实例\项目六\卧室”中的“卧室素材 .max”文件。

步骤 2　单击“创建”面板“摄影机”对象类别“标准”分类中的“目标”按钮，然后在顶视图中卧室的右下角按住左键拖动鼠标，当目标点位于合适位置时释放鼠标左键，以指定目标摄影机的图标和目标点的位置（图 6-1-14）。

步骤 3　选中目标摄影机图标，然后在“修改”面板的“参数”卷展栏中勾选“手动剪切”复选框并设置近距剪切和远距剪切的距离，使近距剪切平面位于房间内，远距剪切平面位于房间外（图 6-1-15）。

步骤 4　激活透视图并按“Shift+F”组合键，以显示安全框，然后按“C”键，将透视图切换为摄影机视图，最后一边观察摄影机视图，一边在顶、前视图中调整目标摄影机的图标和目标点的位置（图 6-1-16），最后使用工作界面右下角视口导航控件中的“推拉摄影机”按钮和

“平移摄影机”按钮对摄影机视图进行微调，摄影机视图的画面如图 6-1-17 所示。

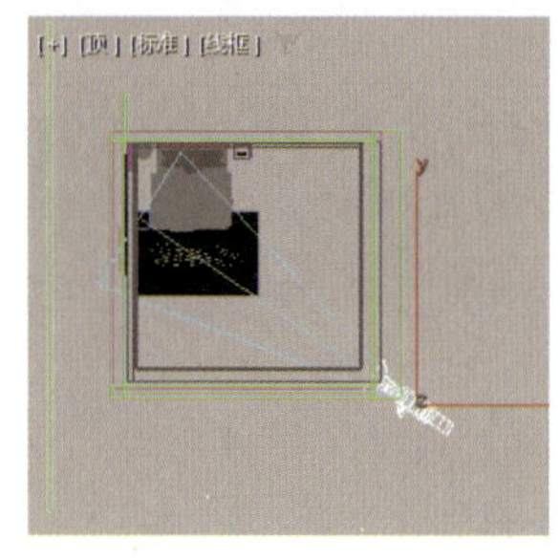

图 6-1-14　创建目标摄影机

参数
剪切平面
手动剪切
近距剪切：2500.0mm
远距剪切：14400.0mm
多过程效果
启用　预览
景深
渲染每过程效果

（a）剪切平面的参数

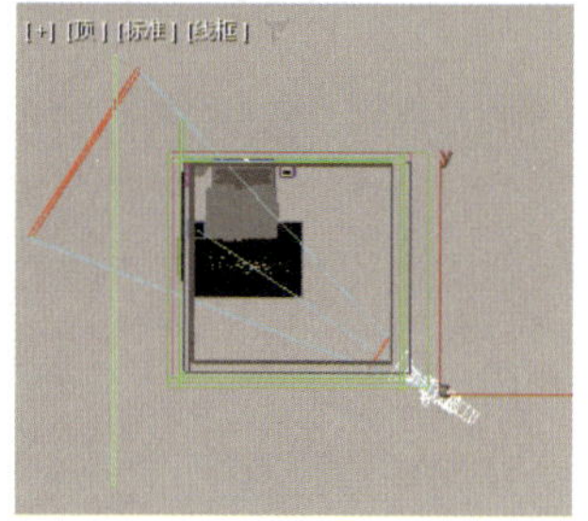

（b）剪切平面的位置

图 6-1-15　剪切平面的设置

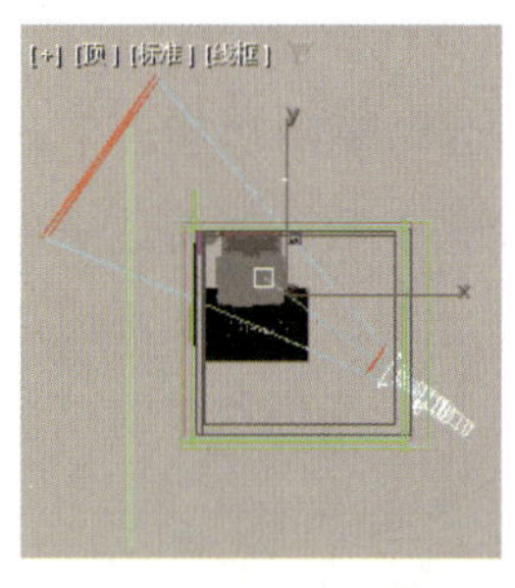

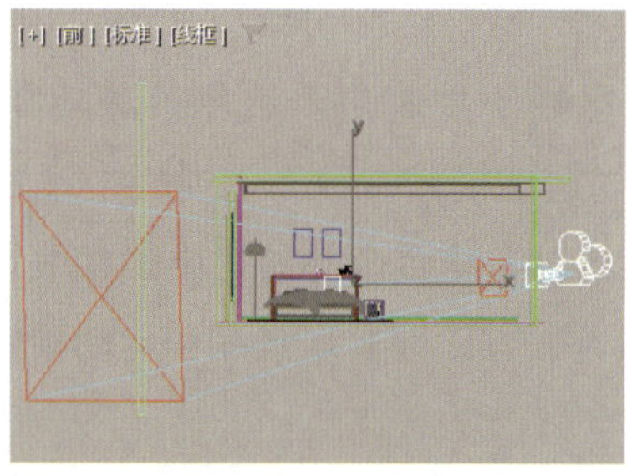

图 6-1-16　目标摄影机的图标和目标点的位置

图 6-1-17　摄影机视图的画面

步骤 5　激活摄影机视图，然后按“F9”键对摄影机视图进行渲染。

（三）自由摄影机

单击“创建”面板“摄影机”对象类别“标准”分类中的“自由”按钮，然后在视口中单击，即可创建自由摄影机。自由摄影机的功能与目标摄影机类似，但自由摄影机没有目标点，读者只能通过移动和旋转摄影机的图标来调整要拍摄的画面。自由摄影机的“修改”面板中的内容与目标摄影机的“修改”面板中的内容相同。

三、VRay 摄影机

VRay 摄影机是 V-Ray 插件提供的摄影机，包括 VRay 物理摄影机和 VRay 穹顶摄影机（图 6-1-18）。使用“创建”面板“摄影机”对象类别“VRay”分类中的按钮（图 6-1-19）可以创建上述 2 种 VRay 摄影机。

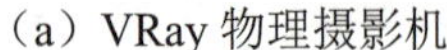

（a）VRay 物理摄影机

（b）VRay 穹顶摄影机

图 6-1-18　VRay 摄影机

图 6-1-19　“VRay”分类中的按钮

（一）VRay 物理摄影机

单击“创建”面板“摄影机”对象类别“VRay”分类中的“VRay 物理相机”按钮，然后在视口中按住左键拖动鼠标，在释放鼠标左键后，即可创建 VRay 物理摄影机。VRay 物理摄影机的功能与 3ds Max 提供的物理摄影机的功能相似。VRay 物理摄影机的“修改”面板中常用的卷展栏如图 6-1-20 所示。

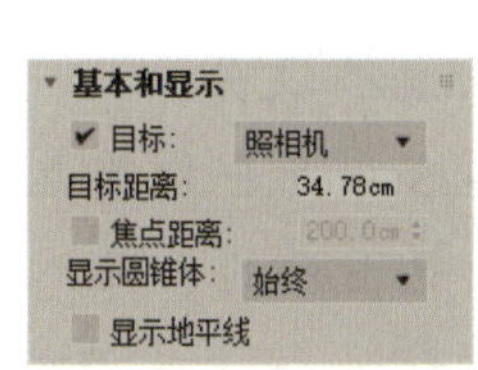

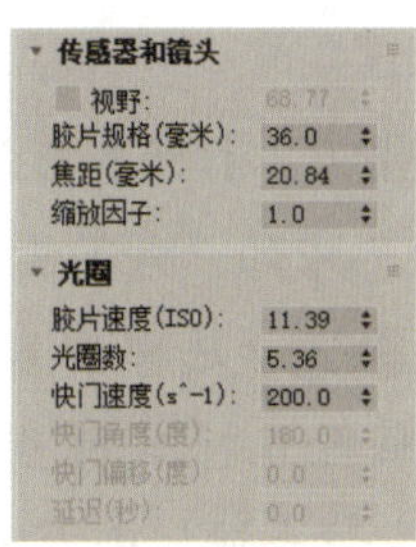

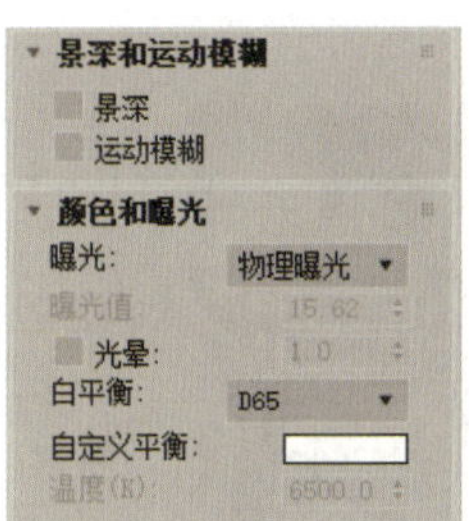

图 6-1-20　VRay 物理摄影机的“修改”面板中常用的卷展栏

（二）VRay 穹顶摄影机

单击“创建”面板“摄影机”对象类别“VRay”分类中的“VRay 穹顶相机”按钮，然后在视口中单击即可创建 VRay 穹顶摄影机。VRay 穹顶摄影机的图标和目标点呈直线，并且不能单独移动。使用 VRay 穹顶摄影机可渲染全景效果（图 6-1-21）。

选中 VRay 穹顶摄影机的图标后，在“修改”面板的“VRay 穹顶相机参数”卷展栏（图 6-1-22）中可设置图像的翻转效果和视野范围。

图 6-1-21　全景效果

图 6-1-22　“VRay 穹顶相机参数”卷展栏

任务实施一　为梅花创建摄影机

下面通过为如图 6-1-23（a）所示的梅花创建摄影机，学习创建物理摄影机和使用物理摄影机制作景深效果的方法。梅花的渲染效果如图 6-1-23（b）所示。

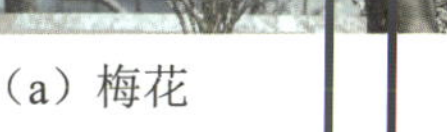

（a）梅花

（b）梅花的渲染效果

制作思路

打开素材文件，根据需要调整透视图中的画面，然后使用快捷键创建物理摄影机，并调整物理摄影机的图标和目标点的位置，使目标点位于梅花盛开的树枝附近，接着在“物理摄影机”卷展栏中开启景深功能、设置摄影机的光圈大小，最后在“曝光”卷展栏中设置曝光效果。

制作步骤

图 6-1-24 透视图中的画面

步骤 1 打开本书配套素材“素材与实例 \ 项目六 \ 梅花”中的“梅花素材 .max”文件。

步骤 2 选中图 6-1-23（b）中梅花盛开的树枝，参照图 6-1-24 调整透视图中的画面，然后按“Ctrl+C”组合键创建物理摄影机。此时，透视图将自动切换为摄影机视图。

步骤 3 按“Shift+F”组合键显示安全框，然后一边观察摄影机视图，一边在顶、左视图中调整物理摄影机的图标和目标点的位置（图 6-1-25），摄影机视图中的画面如图 6-1-26 所示。

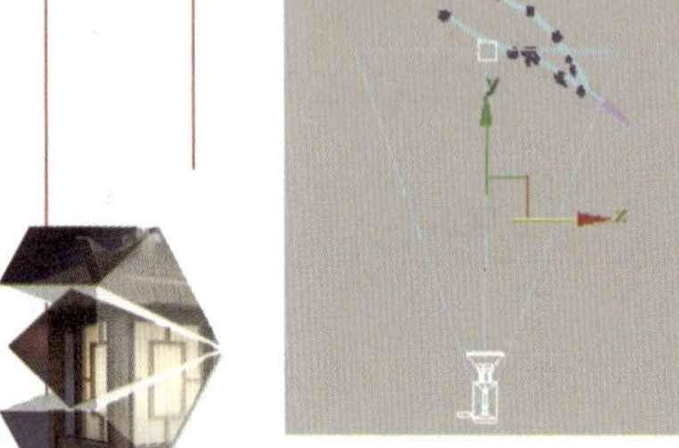

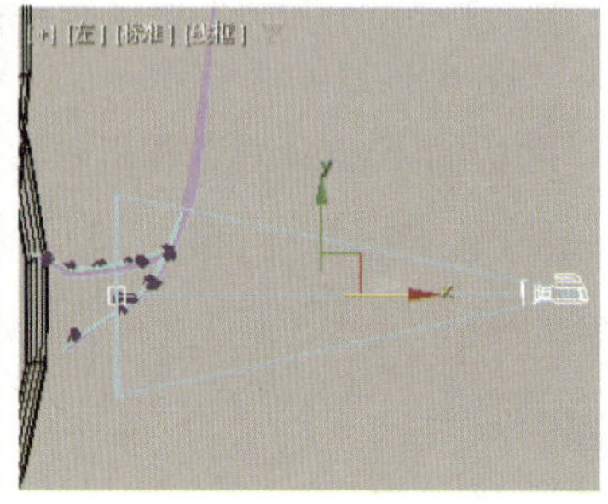

图 6-1-25 物理摄影机的图标和目标点的位置

图 6-1-26 摄影机视图中的画面

步骤 4 选中物理摄影机的图标，然后在“修改”面板“物理摄影机”卷展栏中勾选“启用景深”复选框，设置摄影机光圈的大小，再在“曝光”卷展栏中设置曝光值（图 6-1-27）。此时，在摄影机视图中可看到景深外画面的虚化效果（图 6-1-28）。

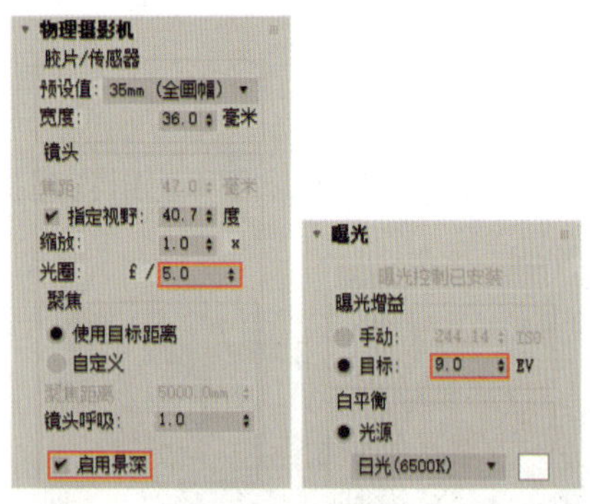

图 6-1-27 设置摄影机的参数

图 6-1-28 景深外画面的虚化效果

步骤 5 激活摄影机视图，然后按“F9”键对摄影机视图进行渲染。

梅花不畏风雪，在寒冬傲然绽放，这种坚忍不拔、百折不挠的精神正是中华民族在面对困难与挑战时顽强拼搏的真实写照。当代青年要像梅花一样，在困难和挑战面前不屈不挠，始终保持积极向上的精神状态，为实现个人理想不懈奋斗，为社会进步贡献自己的力量。

任务实施二　为投篮动画创建摄影机

为投篮动画创建摄影机

下面通过为如图 6-1-29（a）所示的投篮动画创建摄影机，学习创建物理摄影机和使用物理摄影机制作运动模糊效果的方法。投篮动画的渲染效果如图 6-1-29（b）所示。

（a）投篮动画（截图）

（b）投篮动画的渲染效果

图 6-1-29　投篮动画及其渲染效果

制作思路

打开素材文件，根据需要调整透视图中的画面，然后使用快捷键创建物理摄影机，并对摄影机视图进行微调，接着在“物理摄影机”卷展栏中开启运动模糊功能并设置快门速度，最后在“渲染设置”对话框中开启运动模糊功能并设置快门速度。

制作步骤

步骤 1　打开本书配套素材“素材与实例 \ 项目六 \ 投篮动画”中的“投篮动画素材 .max”文件。

步骤 2　将时间滑块拖至第 14 帧（图 6-1-30），调整透视图中的画面，然后按“Ctrl+C”组合键创建物理摄影机（图 6-1-31）。

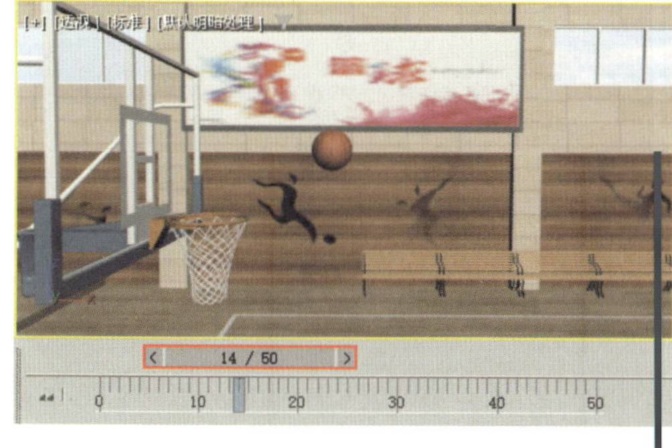

图 6-1-30　时间滑块的位置

图 6-1-31　透视图中的画面

步骤 3 激活摄影机视图并按“Shift+F”组合键显示安全框，使用工作界面右下角视口导航控件中的“推拉摄影机”按钮和“平移摄影机”按钮对摄影机视图进行微调。

步骤 4 选中物理摄影机的图标，在“修改”面板“物理摄影机”卷展栏中勾选“启用运动模糊”复选框并设置快门速度（图 6-1-32）。

步骤 5 单击主工具栏中的“渲染设置”按钮，在弹出的“渲染设置”对话框“V-Ray”选项卡的“相机”卷展栏中勾选“运动模糊”复选框，然后将快门在相邻两帧间的持续开启时间设为 0.15 帧（图 6-1-33）。

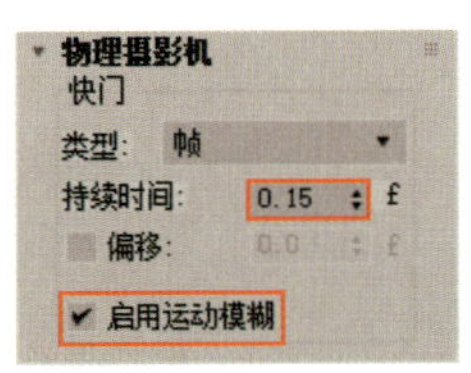

图 6-1-32 设置摄影机的参数

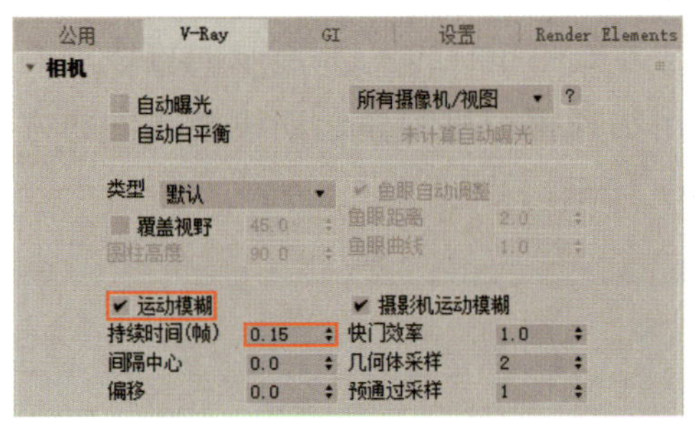

图 6-1-33 设置渲染参数

步骤 6 激活摄影机视图，然后按“F9”键对摄影机视图进行渲染。

任务二 布置灯光

【任务引入】

小伟制作了某产品的模型，但在为其布置灯光时遇到了困难。当他布置单个灯光时，画面显得单调且没有层次感；而在布置多个灯光时，光线和阴影又显得杂乱，影响观感。面对这一难题，小伟向老师寻求帮助。老师向小伟介绍了三点布光法，使用这种方法可以让画面中的灯光更有层次感。同时，老师建议小伟要适当弱化或禁止部分灯光投射的阴影，以解决阴影杂乱的问题。得到老师的悉心指导后，小伟对灯光效果进行了细致的调整和优化，最终成功渲染出了令人满意的作品。

想一想：

（1）什么是三点布光法？

（2）怎样设置灯光的阴影？

一、布置灯光的流程

3ds Max 中的灯光可以模拟自然光照和各种灯具的照明效果，从而照亮场景。合理地布置灯光可以增强画面的真实感和纵深感，突出画面中的重要元素，让画面更具视觉冲击力。下面分别介绍在 3ds Max 中为单个模型布置灯光和为场景布置灯光的流程。

(一)为单个模型布置灯光

在为单个模型布置灯光时，通常采用影视中为人物布置灯光的三点布光法，即在模型周围的3个点位依次布置主光、副光和逆光（图6-2-1）。

（1）布置主光。主光通常位于模型的前方一侧，是照亮模型的主要光源，用于突出模型的形态。布置主光后的效果如图6-2-2（a）所示。

（2）布置副光。副光通常位于与主光相对的一侧，用于增加柔和的层次，减弱主光生成的阴影。布置副光后的效果如图6-2-2（b）所示。

（3）布置逆光。逆光通常位于模型的后方，用于勾勒模型的轮廓，因此也被称为轮廓光。布置逆光后的效果如图6-2-2（c）所示。

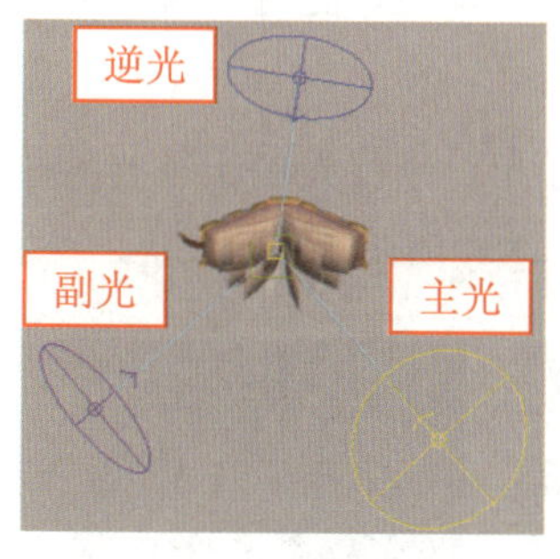

图6-2-1 三点布光法

（a）布置主光后的效果

（b）布置副光后的效果

（c）布置逆光后的效果

图6-2-2 为魔法书布置灯光

(二)为场景布置灯光

在为场景布置灯光时，应遵循“先整体、后局部、再细节”的原则，在场景中的合适位置依次布置主光、辅助光和点缀光。

（1）布置主光。主光能够起到照亮整个场景的作用，它的颜色决定了整个场景的氛围。在布置主光时，要先确认主光的来源，以控制主光的方向。室内场景中的主光通常来源于门、窗外的太阳或场景中最亮的灯具，而室外场景中的主光通常来源于太阳。布置主光后的效果如图6-2-3（a）所示。

（2）布置辅助光。辅助光主要用于照亮场景中光线较暗的区域或突出场景中的某一区域。布置辅助光后的效果如图6-2-3（b）所示。

（3）布置点缀光。点缀光通常是体积较小的灯球、灯带等发出的光线，它不会影响场景整体的亮度，但是能够使场景更具层次感。布置点缀光后的效果如图6-2-3（c）所示。

（a）布置主光后的效果

（b）布置辅助光后的效果

（c）布置点缀光后的效果

图6-2-3 为书房布置灯光

二、标准灯光

（一）标准灯光的类型

标准灯光是 3ds Max 提供的灯光，包括目标聚光灯、自由聚光灯、目标平行光、自由平行光、泛光和天光 6 种类型。使用“创建”面板“灯光”对象类别“标准”分类中的按钮（图6-2-4）可以创建这 6 种标准灯光。

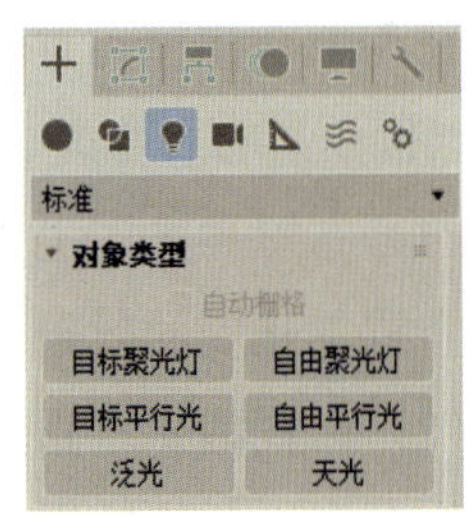

图 6-2-4 “标准”分类中的按钮

（1）目标聚光灯和自由聚光灯。目标聚光灯和自由聚光灯均为聚光灯。聚光灯发出的光束为锥形，常用于照亮场景中的特定对象，或者模拟舞台灯光、汽车灯光、手电筒灯光等。聚光灯的灯光效果如图 6-2-5 所示。

（2）目标平行光和自由平行光。目标平行光和自由平行光均为平行光。平行光由平行光线构成且具有方向，平行光线呈圆柱状或棱柱形。平行光的灯光效果如图 6-2-6 所示。

图 6-2-5 聚光灯的灯光效果

图 6-2-6 平行光的灯光效果

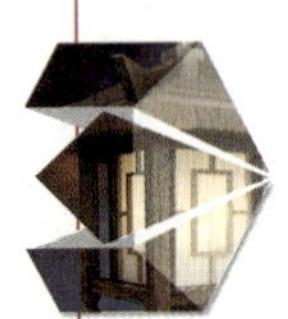

目标聚光灯和目标平行光有目标点，可以通过分别调整灯光的图标和目标点来调整灯光的照射范围。自由聚光灯和自由平行光无目标点，只能通过旋转灯光的图标来调整灯光的照射范围。

（3）泛光。泛光是一种点状光源，由一个点向四周发出均匀、柔和的光线，可模拟壁灯、吊灯等灯具发出的灯光。泛光的灯光效果如图 6-2-7 所示。

（4）天光。天光虽然没有可见光束，但是可以将场景均匀地照亮。天光自然、柔和，通常用于模拟环境中的自然光。天光的灯光效果如图 6-2-8 所示。

图 6-2-7 泛光的灯光效果

图 6-2-8 天光的灯光效果

（二）标准灯光的主要参数

虽然标准灯光各不相同，但是“修改”面板中用于设置灯光参数的卷展栏大致相同。下面介绍常用的卷展栏及其功能。

（1）“常规参数”卷展栏（图 6-2-9）。该卷展栏用于设置是否启用灯光、灯光的类型、灯光是否投射阴影和阴影的类型等。其中，常用复选框和列表框的功能如下：

①“启用”复选框：“灯光类型”设置区和“阴影”设置区中的“启用”复选框分别用于控制是否启用灯光和灯光是否投射阴影。

②“类型”列表框：用于选择灯光的类型。

③“使用全局设置”复选框：勾选该复选框后，场景中的所有灯光都将采用所选灯光的阴影设置。

（2）“强度 / 颜色 / 衰减”卷展栏（图 6-2-10）。该卷展栏用于设置灯光的强度、颜色和衰减效果。其中，常用文本框、按钮和设置区的功能如下：

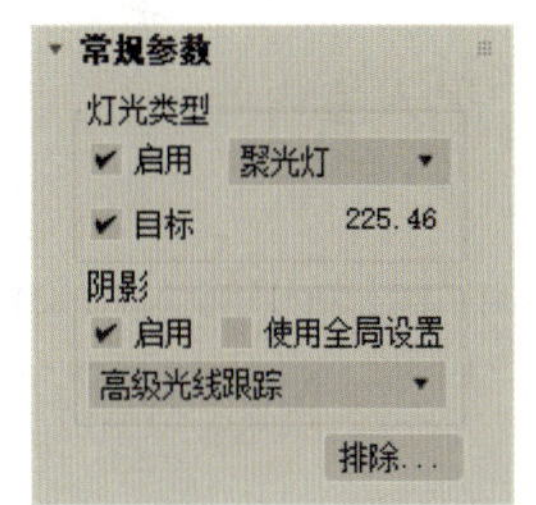

图 6-2-9 “常规参数”卷展栏

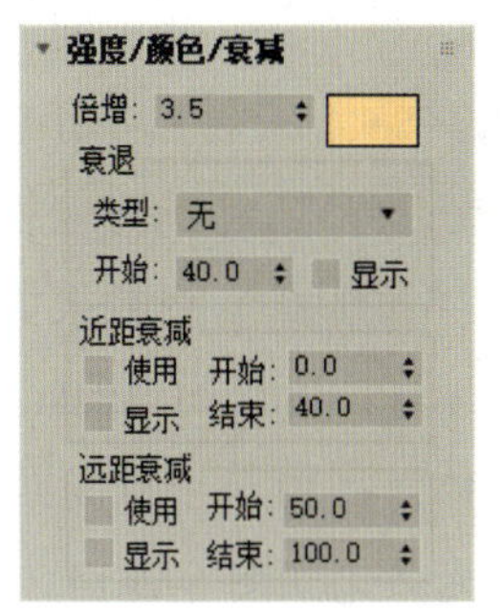

图 6-2-10 “强度 / 颜色 / 衰减”卷展栏

①“倍增”文本框：用于设置灯光的强度。

②“颜色”按钮：用于设置灯光的颜色。

③“近距衰减”设置区：该设置区中的“开始”和“结束”文本框用于设置光线开始淡入的位置和灯光强度增加到最大时的位置，“使用”复选框用于控制是否启用近距衰减功能，“显示”复选框用于控制衰减区域外的对象是否可见。

④“远距衰减”设置区：该设置区中的“开始”和“结束”文本框用于设置光线开始减弱的位置和光线消失的位置。

（3）“聚光灯参数”和“平行光参数”卷展栏（图 6-2-11）。这两个卷展栏用于设置聚光区和灯光衰减区的大小、聚光灯光束的形状等。其中，常用复选框和文本框的功能如下：

①“显示光锥”复选框：用于控制在未选中灯光图标时是否仍显示聚光灯或平行光的线框。

②“泛光化”复选框：用于控制灯光是否像泛光一样在所有方向上投射光线。

③“聚光区 / 光束”文本框：用于设置聚光区的大小，该区域内光线的强度相同。

④“衰减区 / 区域”文本框：用于设置灯光衰减区的大小，在该区域内光线的强度逐渐减弱。

（4）“阴影参数”卷展栏（图 6-2-12）。该卷展栏用于设置灯光投射的阴影的颜色、密度等。

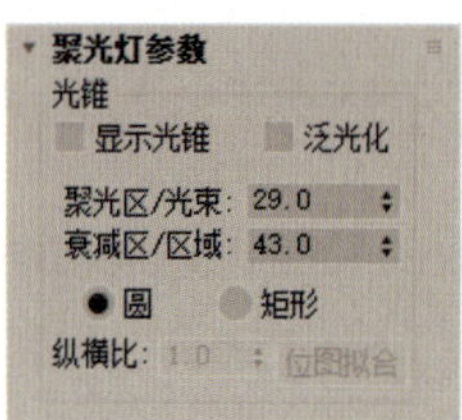

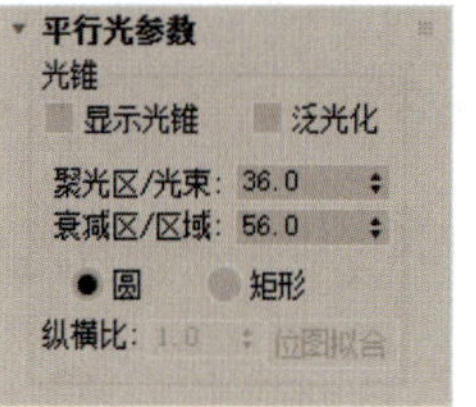

图 6-2-11 “聚光灯参数”和“平行光参数”卷展栏

图 6-2-12 “阴影参数”卷展栏

三、VRay 灯光

（一）VRay 灯光的类型

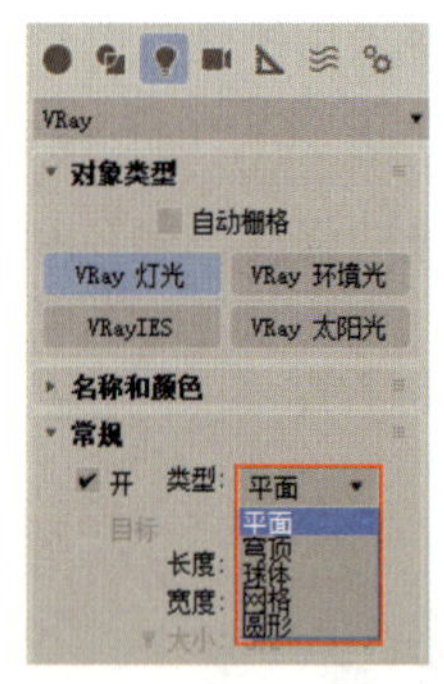

图 6-2-13 “类型”下拉列表

VRay 灯光是 V-Ray 插件提供的灯光，包括平面、穹顶、球体、网格、圆形 5 种类型，功能强大，应用范围十分广泛。单击“创建”面板“灯光”对象类别“VRay”分类中的“VRay 灯光”按钮，即可在“常规”卷展栏的“类型”下拉列表中（图 6-2-13）选择不同的灯光类型。

（1）VRay 平面灯：沿一个方向照射的矩形灯，光线具有很强的方向性，常用于模拟从窗口射入室内的光线。VRay 平面灯的灯光效果如图 6-2-14（a）所示。

（2）VRay 穹顶灯：可以均匀地照亮场景，与 3ds Max 标准灯光中的天光类似。

（3）VRay 球体灯：由一个点向四周发出均匀的光线，与 3ds Max 标准灯光中的泛光类似。VRay 球体灯的灯光效果如图 6-2-14（b）所示。

（4）VRay 网格灯：可以将物体设为光源并由该物体向外发光。

（5）VRay 圆形灯：沿一个方向照射的圆形灯，与 3ds Max 标准灯光中的目标平行光类似。VRay 圆形灯的灯光效果如图 6-2-14（c）所示。

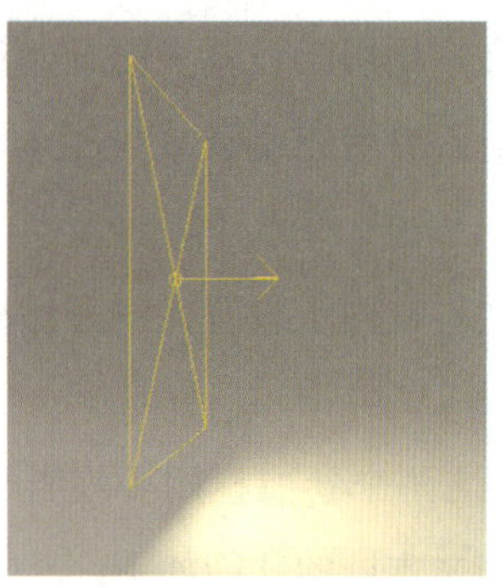

（a）VRay 平面灯的灯光效果

（b）VRay 球体灯的灯光效果

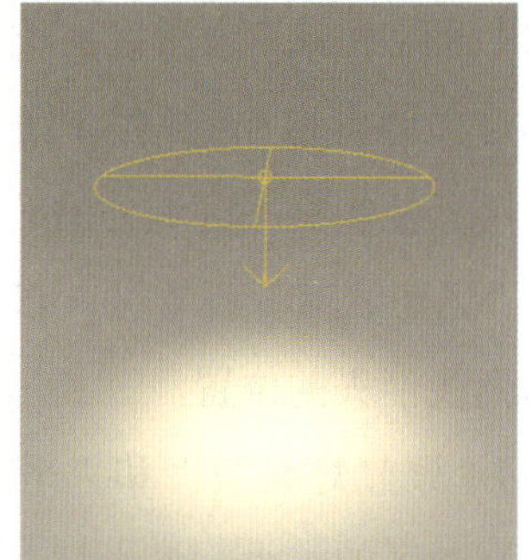

（c）VRay 圆形灯的灯光效果

图 6-2-14 VRay 灯光的类型

（二）VRay 灯光的主要参数

创建 VRay 灯光后，在“修改”面板的“常规”卷展栏（图 6-2-15）中可设置 VRay 灯光的类型、强度、颜色（或色温）和灯光图标的尺寸等，在“选项”卷展栏（图 6-2-16）中可设置灯光是否投射阴影、灯光对物体的材质属性是否产生影响及影响的程度等。

图 6-2-15 “常规”卷展栏

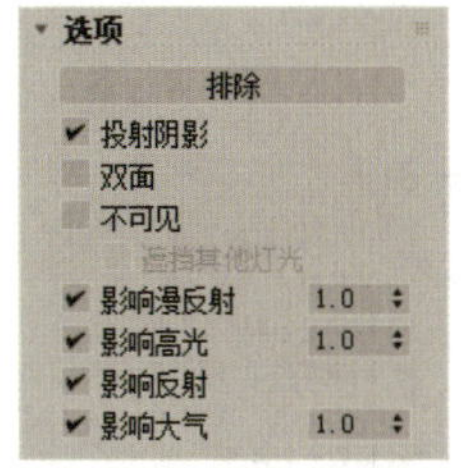

图 6-2-16 “选项”卷展栏

“常规”卷展栏中常用复选框、列表框和文本框的功能如下：

（1）“开”复选框：用于控制是否启用所选灯光。

（2）“类型”列表框：用于选择灯光的类型。

（3）“单位”列表框：用于选择灯光强度所用的单位。

（4）“倍增”文本框：用于设置灯光的强度。

（5）“模式”列表框：在该列表框中可选择颜色和温度 2 种模式。选择颜色模式时，可使用“颜色”按钮设置灯光的颜色；选择温度模式时，可在“温度”文本框中设置灯光的色温。

“选项”卷展栏中常用复选框的功能如下：

（1）“投射阴影”复选框：用于控制灯光是否投射阴影。

（2）“双面”复选框：用于控制灯光的正反两面是否都能发光。

（3）“不可见”复选框：用于控制在渲染时是否渲染灯光本身。

（4）“影响漫反射”复选框：用于控制灯光是否影响物体材质的漫反射效果。勾选该复选框后，可在其右侧的文本框中设置灯光影响漫反射的程度。

（5）“影响高光”复选框：用于控制灯光是否影响物体材质的高光效果。勾选该复选框后，可在其右侧的文本框中设置灯光影响高光的程度。

（6）“影响反射”复选框：用于控制灯光是否影响物体材质的反射效果。勾选该复选框后，物体表面会出现该灯光的反射效果，在其右侧的文本框中可设置灯光影响反射效果的程度。

四、VRay 太阳光

VRay 太阳光是 V-Ray 插件提供的一种模拟太阳光的灯光，常用于制作正午、黄昏和夜晚时的光照效果。创建 VRay 太阳光后，在“太阳参数”卷展栏（图 6-2-17）中可设置灯光的强度、颜色和灯光图标的大小，在“天空参数”卷展栏（图 6-2-18）中可设置天空环境贴图的类型、地平线偏移的程度、太阳光的浊度、臭氧层的厚度等，在“选项”卷展栏（图 6-2-19）中可设置是否渲染灯光本身和渲染时灯光是否对物体的材质属性产生影响及影响的程度等，在“云”卷展栏（图 6-2-20）中可设置天空贴图中云层的效果。

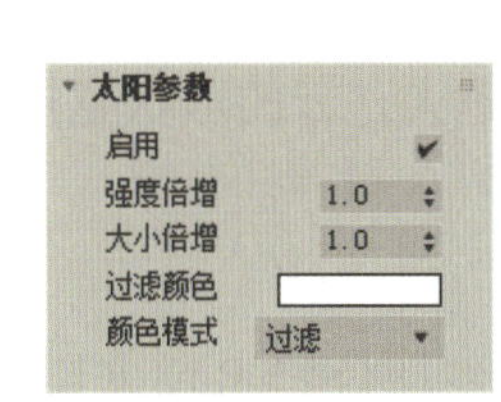

图 6-2-17 “太阳参数”卷展栏

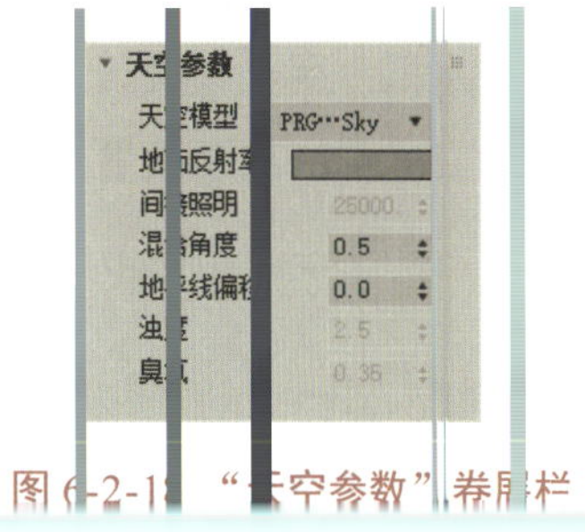

图 6-2-1[illegible] “[illegible]空参数”卷展栏

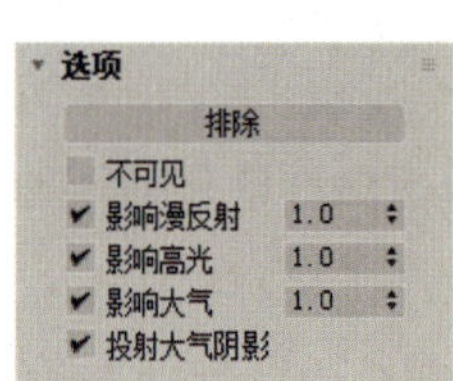

图 6-2-19 “选项”卷展栏

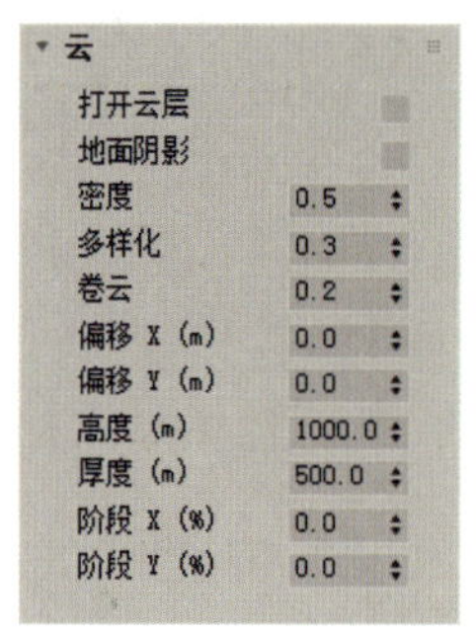

图 6-2-20 “云”卷展栏

“天空参数”卷展栏中常用列表框和文本框的功能如下：

（1）“天空模型”列表框：用于设置天空环境贴图的类型。VRay 天空环境贴图与 VRay 太阳光配合使用，能够使画面产生不同的亮度、颜色和光照效果。VRay 太阳光提供了 5 种天空环境贴图，分别用于模拟阴天、晴天等不同的天气，常用的有“Preethem et al.”“CIE 晴天”“CIE 阴天”和“PRG Clear Sky”。在其他参数相同的情况下，不同天空环境贴图产生的灯光效果如图 6-2-21 所示。

（a）Preethem et al.

（b）CIE 晴天

（c）CIE 阴天

（d）PRG Clear Sky

图 6-2-21 不同天空环境贴图产生的灯光效果

（2）“地平线偏移”文本框：用于设置地平线的偏移程度。默认的地平线位于绝对水平线处，在渲染得到的画面中比较突兀。使用该文本框可调整地平线的偏移程度，以弱化地平线在视觉上的突兀感。

（3）“浊度”文本框：用于设置 VRay 太阳光的浊度。该文本框中的数值会影响 VRay 太阳光的颜色，数值越大，灯光的颜色就越接近暖色调。通常情况下，可将正午时太阳光的浊度设为 3，傍晚太阳光的浊度设为 10。除此之外，VRay 太阳光的颜色还与其所处的位置有关。VRay 太阳光与地平线的夹角越小，灯光的颜色就越接近暖光。

（4）“臭氧”文本框：用于控制天空环境贴图中臭氧层的厚度，数值越大，天空的颜色就越浅。

“云”卷展栏中常用复选框和文本框的功能如下：

（1）“打开云层”复选框：用于设置是否开启云层效果。

（2）“密度”文本框：用于设置云层的密度。

（3）“多样化”文本框：用于设置云的形状变化，数值越大，云的形状越丰富。

实例：使用 VRay 太阳光制作黄昏效果

下面通过为如图 6-2-22（a）所示的庭院布置灯光，学习创建 VRay 太阳光和使用 VRay 太阳光制作黄昏效果的方法。庭院的渲染效果如图 6-2-22（b）所示。

（a）庭院

（b）庭院的渲染效果

图 6-2-22　庭院及其渲染效果

步骤 1　打开本书配套素材“素材与实例 \ 项目六 \ 庭院”中的“庭院素材 .max”文件。

步骤 2　单击“创建”面板“灯光”对象类别“VRay”分类中的“VRay 太阳光”按钮，将光标移至顶视图中庭院的右下角，然后按住左键拖动鼠标，当目标点位于庭院中时释放鼠标左键，最后在弹出的“V-Ray 太阳光”对话框中单击“是”按钮，添加 VRay 天空环境贴图（图 6-2-23）。

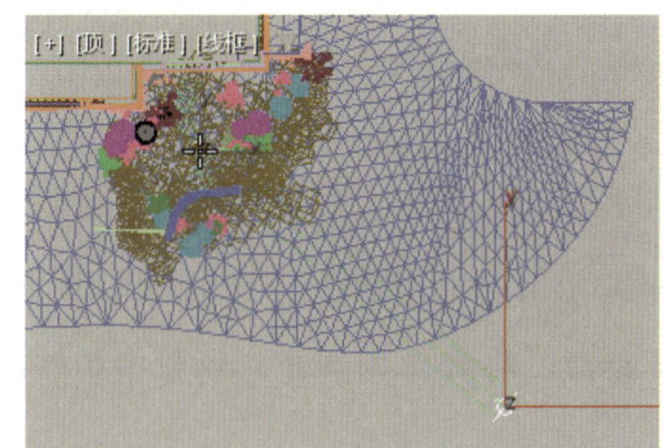

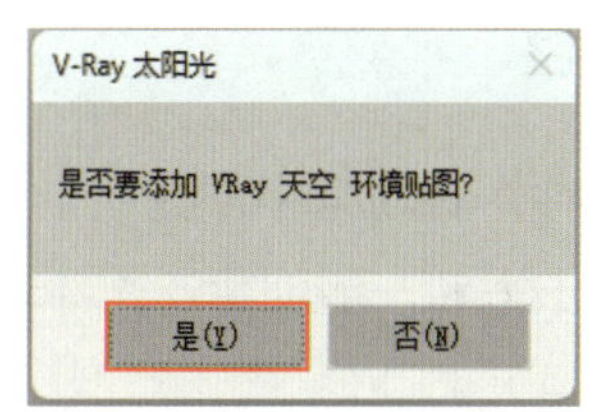

图 6-2-23　创建 VRay 太阳光

步骤 3　在顶、左视图中调整 VRay 太阳光的图标和目标点的位置（图 6-2-24）。

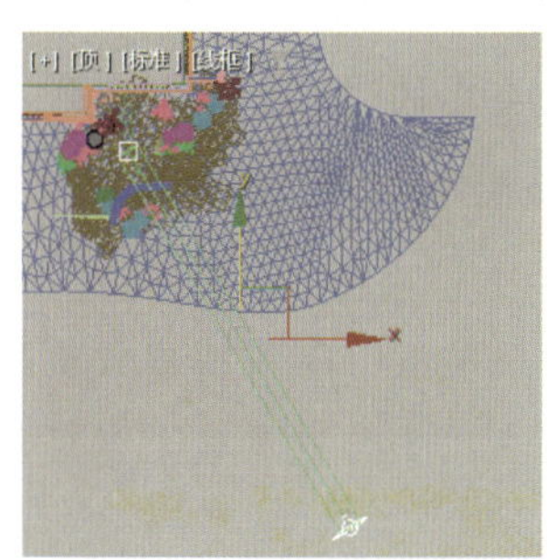

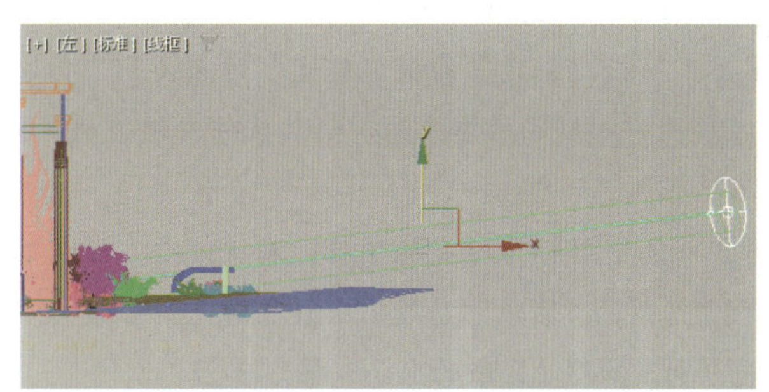

图 6-2-24　VRay 太阳光的图标和目标点的位置

步骤 4　选中 VRay 太阳光的图标，在“修改”面板的“太阳参数”卷展栏中设置灯光的强度和过滤颜色（图 6-2-25）。

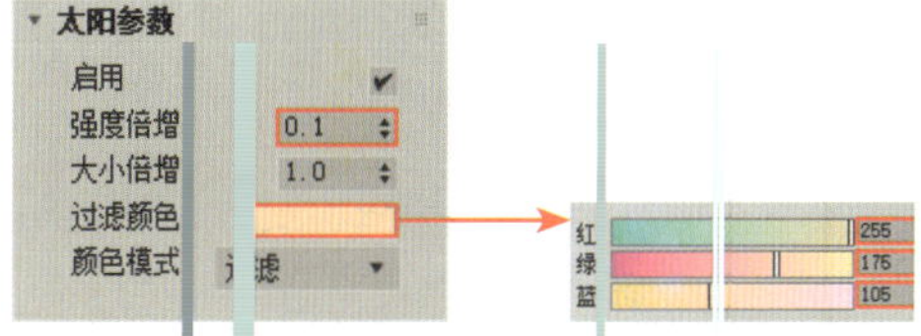

图 6-2-25　设置 VRay 太阳光的参数

步骤 5　激活摄影机视图，然后按“F9”键对摄影机视图进行渲染。

任务实施一 为护肤品布置灯光

下面通过为如图 6-2-26（a）所示的护肤品布置灯光，学习使用标准灯光为单个模型布置灯光的方法。护肤品的渲染效果如图 6-2-26（b）所示。

（a）护肤品

（b）护肤品的渲染效果

图 6-2-26 护肤品及其渲染效果

制作思路

打开素材文件，在场景中创建一个目标平行光并调整其参数，将其作为照亮护肤品的主光，然后在护肤品的上方和一侧创建泛光并调整其参数，将其作为副光。场景中护肤品的背面有其他模型，无须布置逆光。

制作步骤

步骤 1 打开本书配套素材“素材与实例\项目六\护肤品”中的“护肤品素材.max”文件。

步骤 2 单击“创建”面板“灯光”对象类别“标准”分类中的“目标平行光”按钮，将光标移至左视图中护肤品的右上角，然后按住左键拖动鼠标，当目标点位于护肤品处时释放鼠标左键（图 6-2-27）。

步骤 3 选中目标平行光的图标，在“修改”面板的“常规参数”卷展栏中设置阴影的类型，在“强度 / 颜色 / 衰减”卷展栏中设置灯光的强度和颜色，在“平行光参数”卷展栏中设置聚光区 / 光束和衰减区 / 区域的大小（图 6-2-28）。

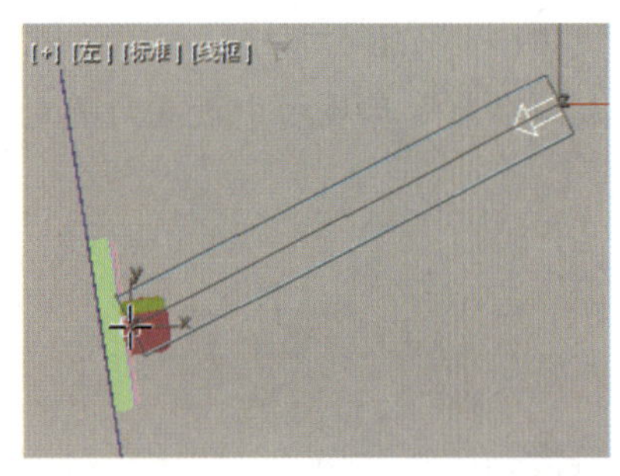

图 6-2-27 创建目标平行光

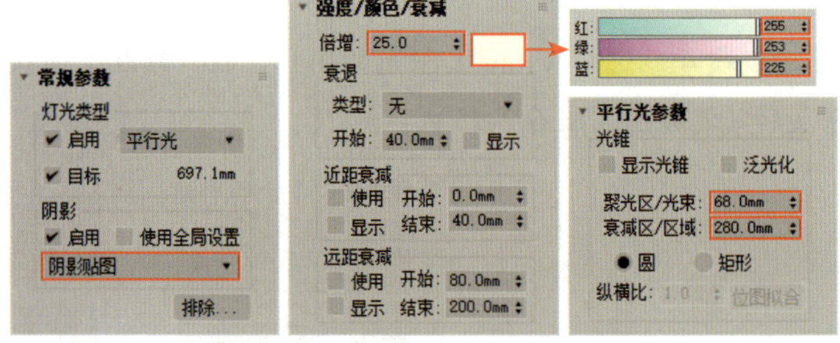

图 6-2-28 设置目标平行光的参数

步骤 4 在顶、左视图中调整目标平行光的图标和目标点的位置（图 6-2-29）。

步骤 5 按“F9”键对摄影机视图进行渲染，可以看到渲染得到的画面很暗，因此需要在护肤品周围添加泛光。

步骤6 单击“创建”面板“灯光”对象类别“标准”分类中的“泛光”按钮，将光标移至顶视图中护肤品的中间位置后单击，创建一个泛光，然后在左视图中将其移至合适位置（图6-2-30）。

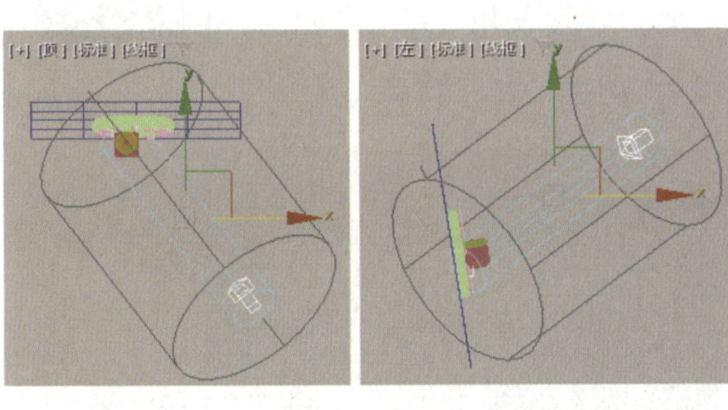

图6-2-29 目标平行光的图标和目标点的位置

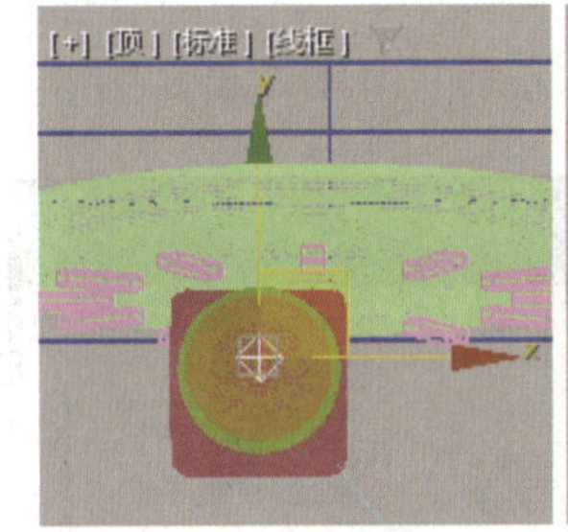

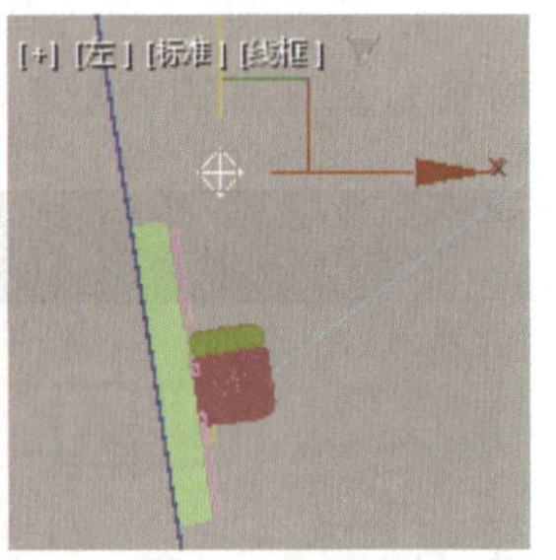

图6-2-30 泛光的位置

步骤7 在“修改”面板“常规参数”卷展栏的“阴影”设置区中取消勾选“启用”复选框，在“强度/颜色/衰减”卷展栏中设置灯光的强度和颜色（与目标平行光的颜色相同）（图6-2-31）。

步骤8 在顶视图中将在步骤6中创建的泛光沿y轴方向向下移动并复制克隆1份，然后在左视图中调整泛光副本的位置（图6-2-32），最后在“修改”面板的“强度/颜色/衰减”卷展栏中将该灯光的强度设为40。

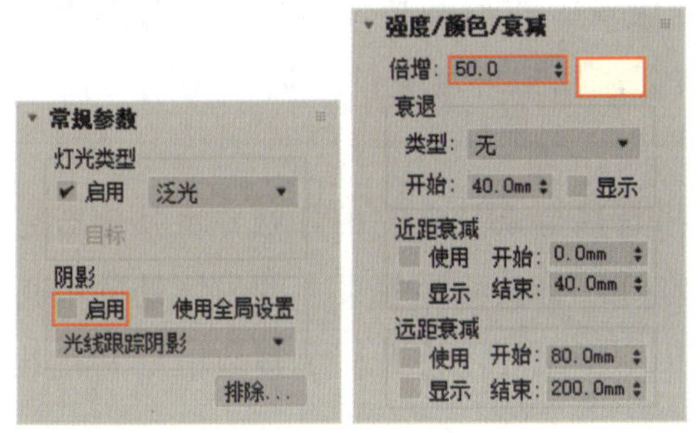

图6-2-31 设置泛光的参数

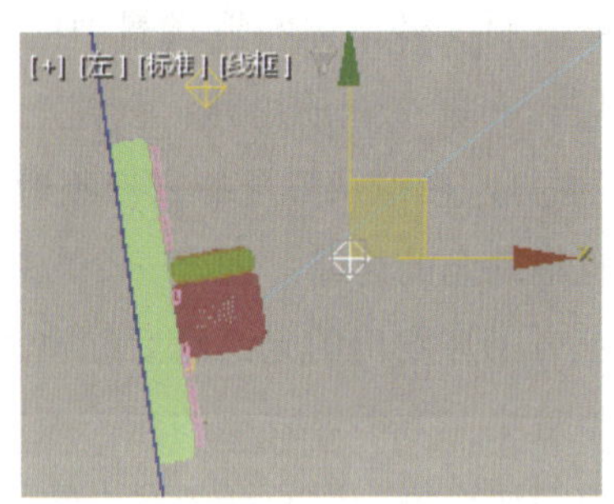

图6-2-32 泛光副本的位置①

步骤9 在顶视图中将在步骤6中创建的泛光移动并复制克隆1份，然后在顶、左视图中调整泛光副本的位置（图6-2-33），最后在“修改”面板的“强度/颜色/衰减”卷展栏中设置该灯光的强度和颜色（图6-2-34）。

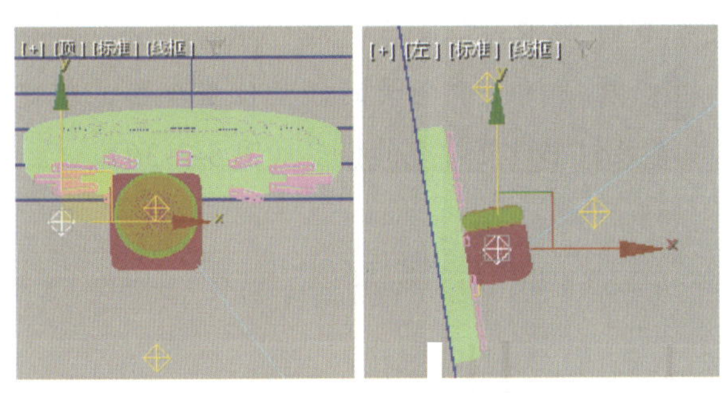

图6-2-33 泛光副本的位置②

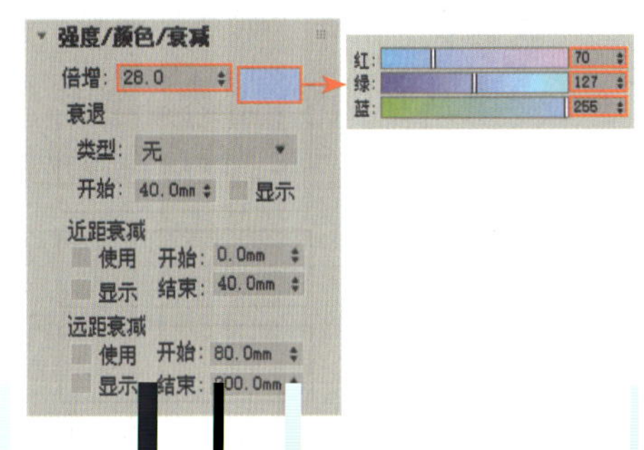

图6-2-34 设置泛光副本的参数

步骤10 激活摄影机视图，然后按“F9”键对摄影机视图进行渲染。

任务实施二　为客厅布置灯光

为客厅布置灯光

下面通过为如图 6-2-35（a）所示的客厅布置灯光，学习使用 VRay 灯光为场景布置灯光的方法。客厅的渲染效果如图 6-2-35（b）所示。

（a）客厅

（b）客厅的渲染效果

图 6-2-35　客厅及其渲染效果

制作思路

打开素材文件，先布置场景中的主光，再布置场景中的辅助光。场景中已有点缀光，故无须再布置。布置主光的思路：创建一个 VRay 穹顶灯，模拟环境光；然后在房间一侧创建一个 VRay 平面灯，模拟从阳台的窗户照射进来的阳光。

布置辅助光的思路：创建一个 VRay 球体灯，将其移至茶几上的吊灯处并将其旋转克隆，模拟茶几上方吊灯发出的光；然后创建一个 VRay 圆形灯，将其移至餐桌上的吊灯处并将其移动克隆，模拟餐桌上方吊灯发出的光；最后创建一个 VRay 平面灯，将其移至餐边柜处并将其移动克隆，模拟餐边柜每一层的灯带发出的光。

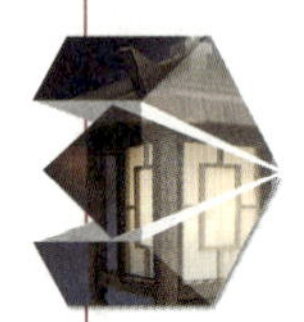

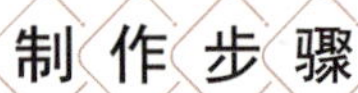

制作步骤

1. 布置主光

步骤 1　打开本书配套素材“素材与实例＼项目六＼客厅”中的“客厅素材 .max”文件。

步骤 2　单击“创建”面板“灯光”对象类别“VRay”分类中的“VRay 灯光”按钮，在“常规”卷展栏中将灯光类型设为“穹顶”，然后在顶视图中场景的任意位置单击，创建一个 VRay 穹顶灯，最后在“修改”面板的“常规”卷展栏中设置灯光的强度（图 6-2-36）。

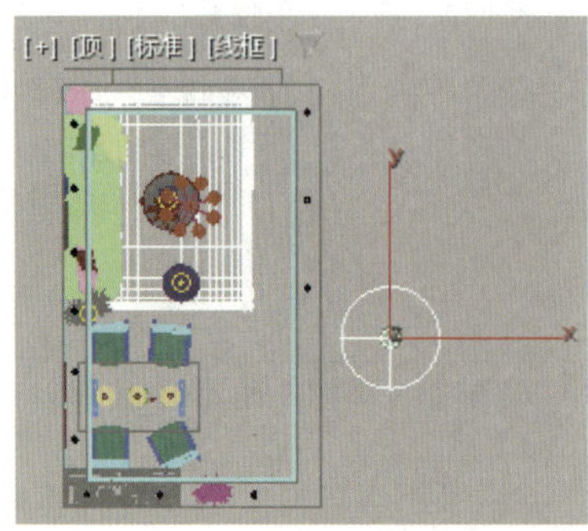

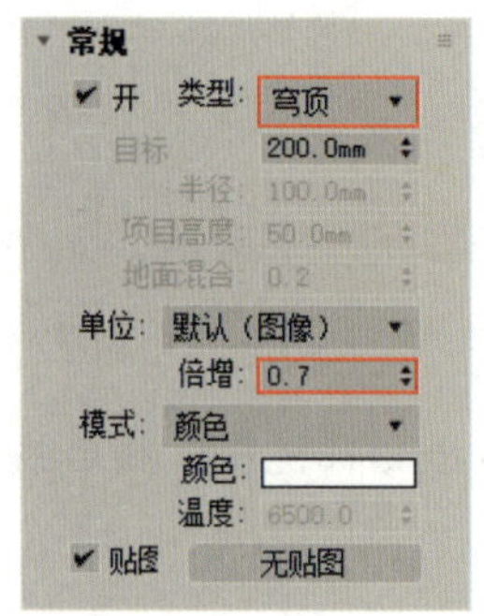

图 6-2-36　创建 VRay 穹顶灯并设置其参数

步骤 3 单击“创建”面板“灯光”对象类别“VRay”分类中的“VRay 灯光”按钮，在“常规”卷展栏中将灯光类型设为“平面”，然后在前视图中按住左键拖动鼠标，根据客厅的大小创建一个 VRay 平面灯，最后在“修改”面板的“常规”卷展栏中设置灯光的强度和色温（图 6-2-37）。

步骤 4 选中 VRay 平面灯，然后使用主工具栏中的“镜像”按钮在左视图中将所选对象沿 x 轴方向镜像，最后在左视图中将 VRay 平面灯沿 x 轴方向移至合适位置（图 6-2-38）。

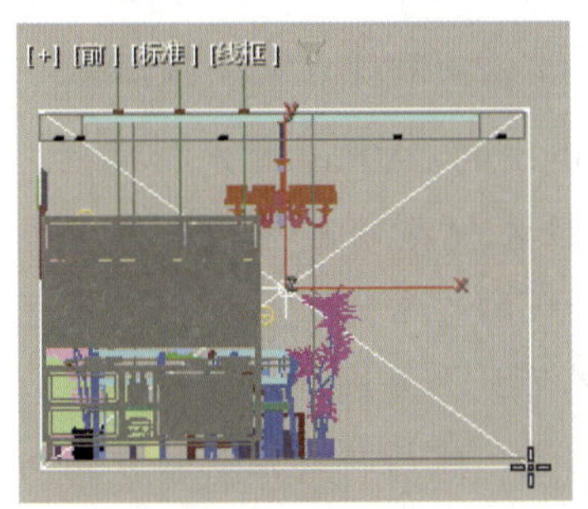

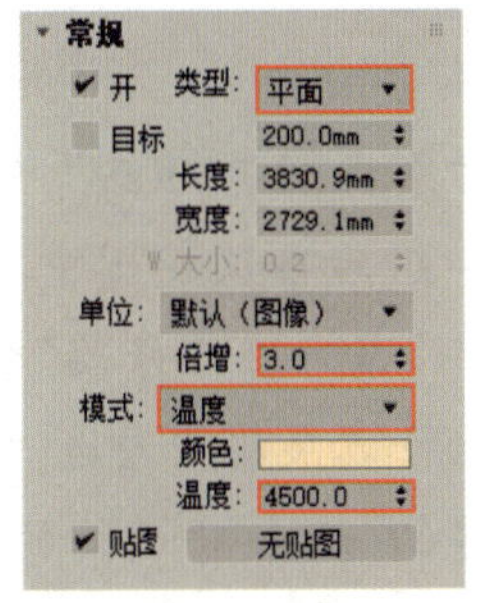

图 6-2-37 创建 VRay 平面灯并设置其参数

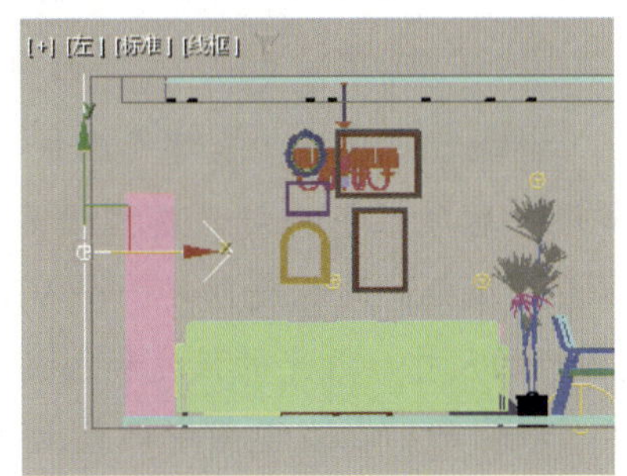

图 6-2-38 VRay 平面灯的位置

2. 布置辅助光

步骤 1 单击“创建”面板“灯光”对象类别“VRay”分类中的“VRay 灯光”按钮，在“常规”卷展栏中将灯光类型设为“球体”，然后在顶视图中茶几上吊灯的任一灯泡的中心处按住左键拖动鼠标，创建一个 VRay 球体灯，最后在前视图中将其沿 y 轴方向移至合适位置（图 6-2-39）。

步骤 2 确认 VRay 球体灯为选中状态，然后在“修改”面板的“常规”卷展栏中设置灯光图标的尺寸以及灯光的强度和色温（图 6-2-40），最后使用“快速对齐”按钮将 VRay 球体灯的轴点与吊灯的轴点对齐，然后将在顶视图中将 VRay 球体灯绕 z 轴旋转 45° 并实例克隆 7 份。

图 6-2-39 创建 VRay 球体灯并调整其位置

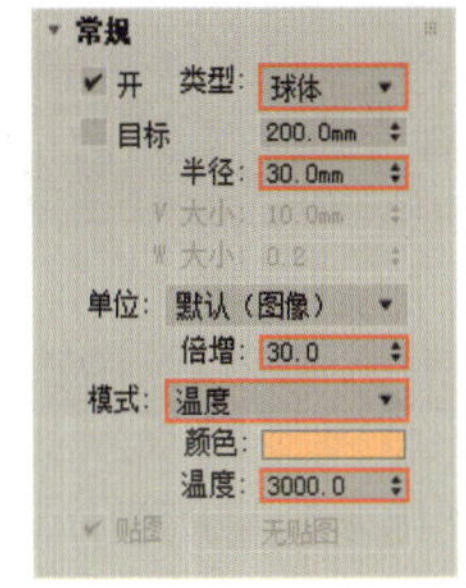

图 6-2-40 设置 VRay 球体灯的参数

步骤 3 单击“创建”面板“灯光”对象类别“VRay”分类中的“VRay 灯光”按钮，在“常规”卷展栏中将灯光类型设为“圆形”，然后在顶视图中餐桌上任一吊灯灯泡的中心处按住左键拖动鼠标，创建一个 VRay 圆形灯，最后在左视图中将其沿 y 轴方向移至合适位置（图 6-2-41）。

步骤 4 确认 VRay 圆形灯为选中状态，然后在“修改”面板的“常规”卷展栏中设置灯光图标的尺寸以及灯光的强度和色温（图 6-2-42），在“选项”卷展栏中勾选“不可见”复选框，最后在顶视图中将 VRay 圆形灯沿 x 轴方向移动并实例克隆 2 份，以制作其他 2 个吊灯下的灯光。

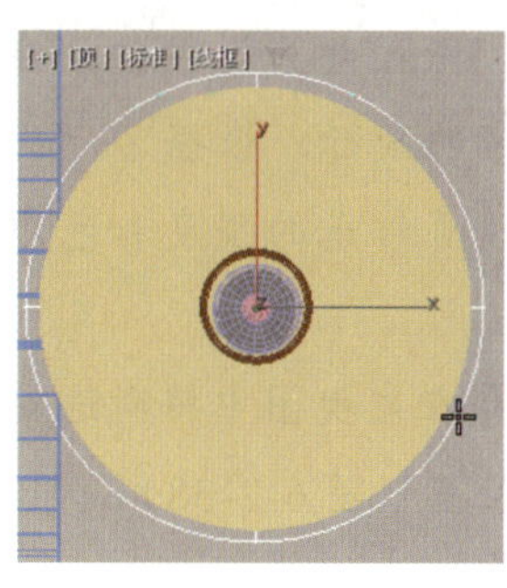
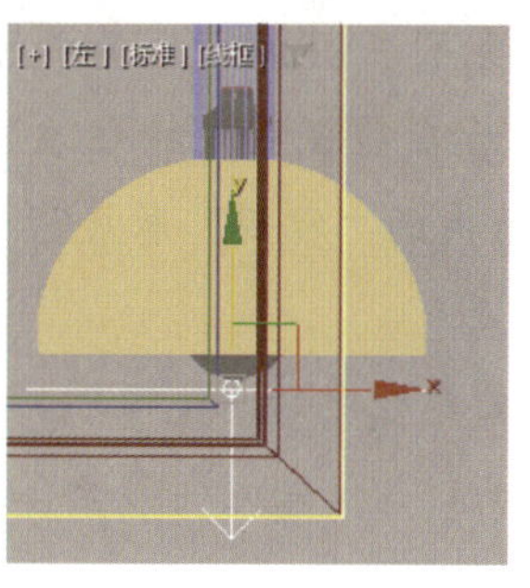

图 6-2-41 创建 VRay 圆形灯并调整其位置

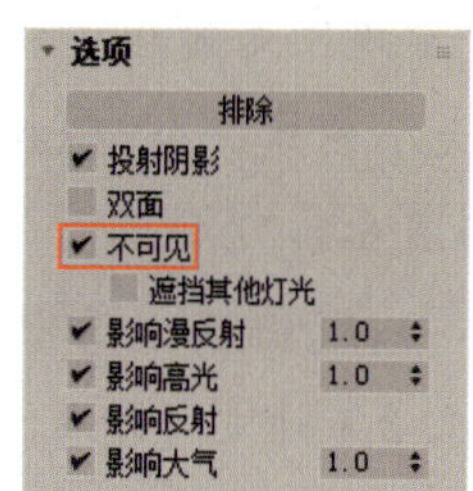

图 6-2-42 设置 VRay 圆形灯的参数

步骤 5 单击“创建”面板“灯光”对象类别“VRay”分类中的“VRay 灯光”按钮，在“常规”卷展栏中将灯光类型设为“平面”，然后在顶视图中按住左键拖动鼠标，根据餐边柜（深灰色线框）的长度创建一个 VRay 平面灯，最后在“修改”面板的“常规”卷展栏中设置灯光图标的尺寸、灯光的强度和色温，在“选项”卷展栏中勾选“不可见”复选框（图 6-2-43）。

步骤 6 在左视图中调整上一步中创建的 VRay 平面灯的位置，然后将其沿 y 轴方向向下移动并实例克隆 2 份，最后在左视图中调整 VRay 平面灯副本的位置（图 6-2-44）。

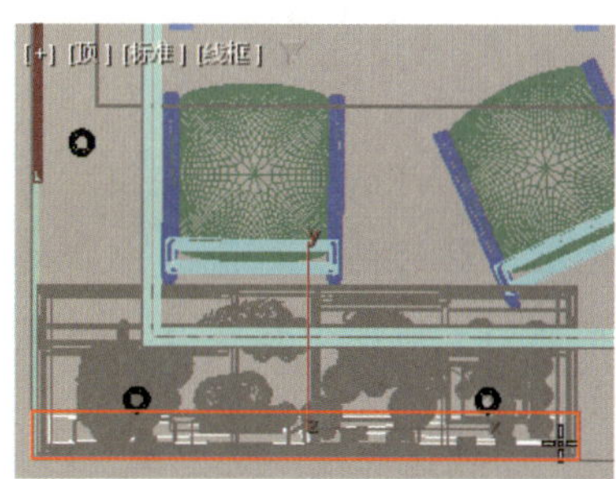
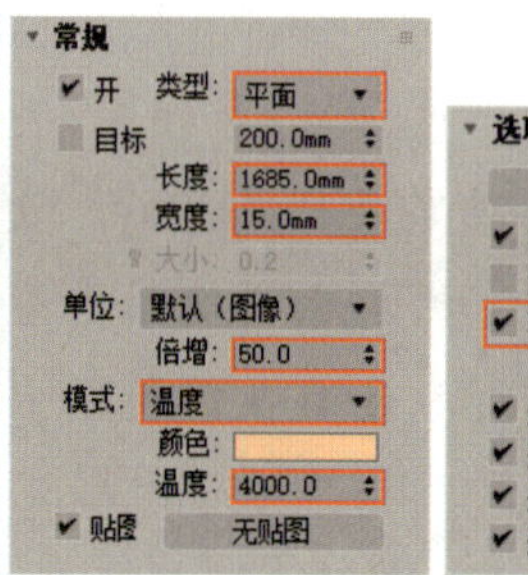

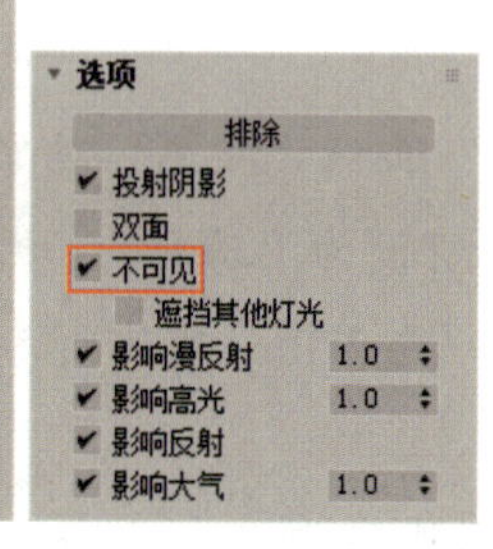

图 6-2-43 创建 VRay 平面灯并设置其参数

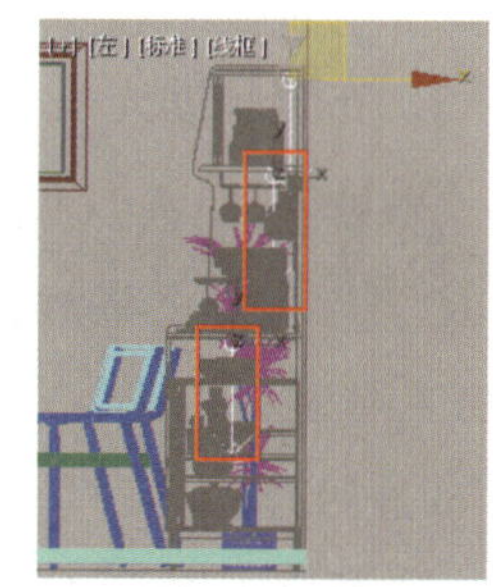

图 6-2-44 VRay 平面灯副本的位置

学习成果自测

自测习题一 为吹风机创建摄影机并布置灯光

请利用本项目所学知识为如图 6-2-45（a）所示的吹风机创建摄影机并布置灯光。吹风机的渲染效果如图 6-2-45（b）所示。

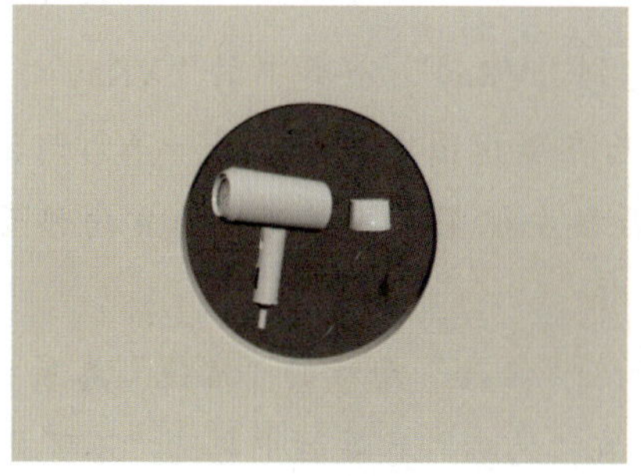

（a）吹风机

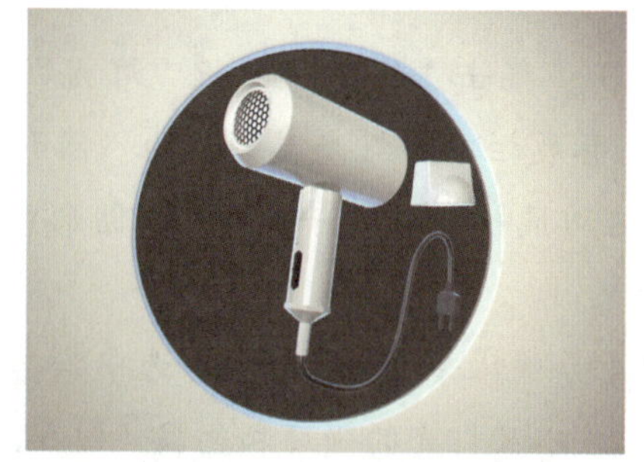

（b）吹风机的渲染效果

图 6-2-45 吹风机及其渲染效果

提示：（1）创建摄影机：激活透视图并按“Shift+F”组合键显示安全框，然后参照图 6-2-45（b）调整透视图中的画面，最后按“Ctrl+C”组合键创建物理摄影机。

（2）布置灯光：在视口中任意位置创建一个天光，将其灯光强度设为 0.8；然后在吹风机的左前方创建一个目标平行光，将灯光的强度设为 1.2，将聚光区和灯光衰减区的大小分别设为 200 mm 和 1 200 mm；接着在吹风机的右前方创建一个泛光，设置灯光的强度、颜色，以及聚光区和灯光衰减区的大小（图 6-2-46）；最后在吹风机后方按背景中圆的大小创建一个 VRay 圆形灯（灯光的箭头要朝向吹风机），将灯光的强度设为 3，色温设为 20 000 K，并勾选“不可见”复选框。各灯光的具体位置如图 6-2-47 所示。

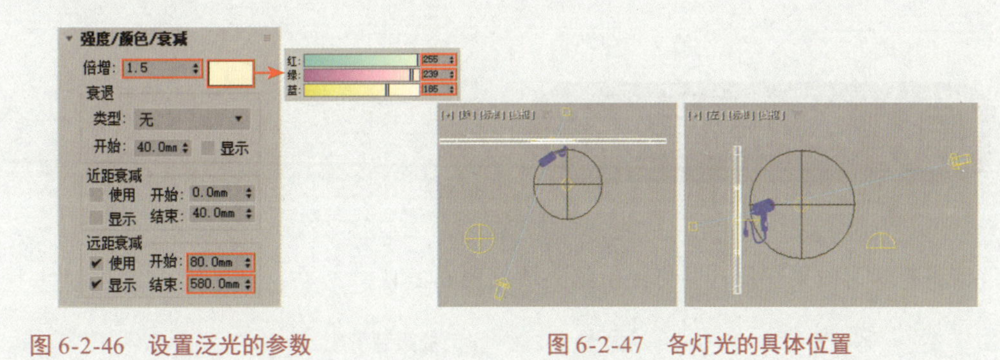

图 6-2-46　设置泛光的参数　　　图 6-2-47　各灯光的具体位置

自测习题二　为卧室一角创建摄影机并布置灯光

请利用本项目所学知识为如图 6-2-48（a）所示的卧室一角创建摄影机并布置灯光。卧室一角的渲染效果如图 6-2-48（b）所示。

（a）卧室一角

（b）卧室一角的渲染效果

图 6-2-48　卧室一角及其渲染效果

提示：（1）创建摄影机：激活透视图并按“Shift+F”组合键显示安全框，然后参照图 6-2-48（b）调整透视图中的画面，最后按“Ctrl+C”组合键创建物理摄影机。

（2）布置灯光：参照窗户的大小在窗口处创建一个 VRay 平面灯（注意灯光的箭头要朝向室内），并将灯光的强度设为 7；然后分别在台灯和吊灯处创建一个 VRay 球体灯，设置灯光图标的尺寸和灯光的强度、色温（图 6-2-49），再勾选“不可见”复选框，取消勾选“影响高光”和“影响反射”复选框。

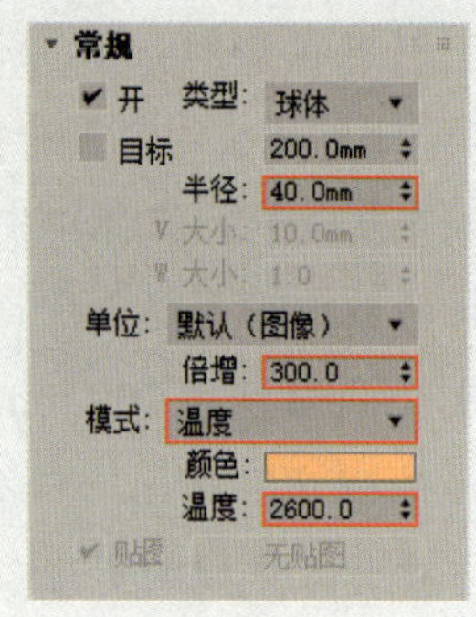

（a）台灯处的 VRay 球体灯　（b）吊灯处的 VRay 球体灯

图 6-2-49　设置 VRay 球体灯的参数

学习成果评价

请进行学习成果评价，并将评价结果填入表 6-2-1。

表 6-2-1　学习成果评价表

评价项目	评价内容	分值	评价分数		
			自评	他评	师评
知识（40%）	摄影机的作用	5			
	标准摄影机和 VRay 摄影机	10			
	布置灯光的流程	10			
	标准灯光、VRay 灯光、VRay 太阳光	15			
技能（40%）	能够熟练地创建不同类型的摄影机	5			
	能够使用摄影机制作景深效果和运动模糊效果	10			
	能够熟练地创建不同类型的灯光	5			
	能够为模型布置灯光	10			
	能够为场景布置灯光	10			
素养（20%）	积极参加教学活动，按时完成学习任务	10			
	培养高洁、坚毅的品格与坚忍不拔、百折不挠的奋斗精神	10			
合计		100			
总评	自评（20%）+他评（20%）+师评（60%）= ________	指导教师（签名）：________			

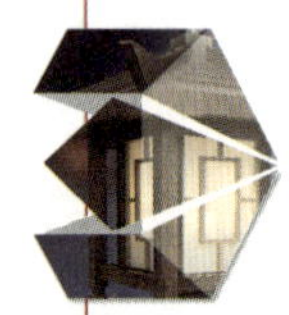

项目七

环境与渲染

3ds Max 中的环境用于为场景添加背景，调整画面的曝光效果，模拟火焰、雾、光束等特殊效果，可以营造的氛围感。为场景设置环境后，需要进行渲染才能看到环境效果。渲染场景并输出图像或视频是使用 3ds Max 创作的最后环节，通过渲染可以将场景中的灯光、模型及材质、环境效果等直观地呈现在画面中。本项目将介绍 3ds Max 中环境的公用参数、曝光控制、大气效果，以及扫描线渲染器和 V-Ray 渲染器，带领读者学习使用环境调整画面效果，设置渲染参数并输出图像。

知识目标

- 了解 3ds Max 中环境的作用。
- 了解常用的渲染器及其功能。

能力目标

- 能够为场景添加环境贴图。
- 能够使用曝光控制调整画面的曝光效果。
- 能够使用大气效果制作火焰、雾、光束等特殊效果。
- 能够使用扫描线渲染器渲染场景并输出图像。
- 能够使用 V-Ray 渲染器渲染场景并输出图像。

素质目标

- 学生通过设置曝光控制来调整画面效果，培养对画面的把控能力，加深对美的理解和欣赏，提升审美能力。
- 学生通过制作水乡氤氲效果，深入了解和体验江南水乡古镇的文化魅力，学会尊重自然、珍视文化遗产，培养传承与弘扬中华优秀传统文化的精神。

任务一 环 境

【任务引入】

某日，在三维建模课上，老师正在对学生的作业进行点评，本次的作业是制作一个机器人模型并进行渲染。老师在点评时，特别提到了小江的作业，对小江进行了夸赞。原来，小江的作品并非只有模型，还有丰富的场景作为背景，整个作品看起来十分生动。课后，小江的室友好奇地询问他如何在短时间内制作出如此复杂的作品背景。小江笑着解释道：“其实，我并没有花费太多时间去制作背景，只是巧妙地运用了一张贴图作为背景而已。”

想一想：

（1）环境贴图有什么作用？

（2）怎样添加环境贴图？

3ds Max 中的环境是指应用于场景的背景设置、曝光控制设置和大气设置。在菜单栏中选择“渲染”→“环境”菜单项（图 7-1-1）或按“8”键，在弹出的“环境和效果”对话框（图 7-1-2）的“环境”选项卡中可以进行环境设置。

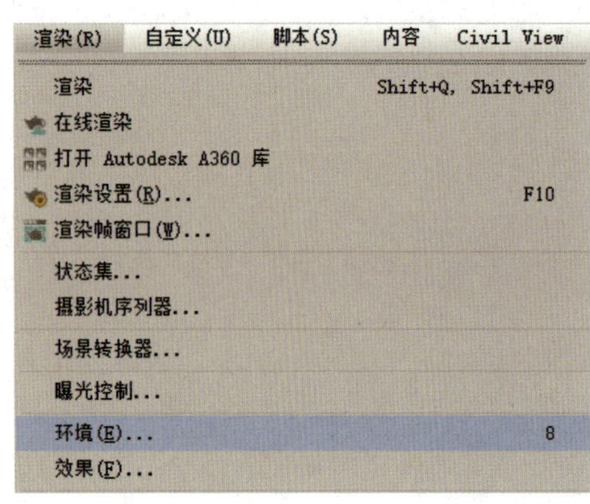

图 7-1-1 “环境”菜单项

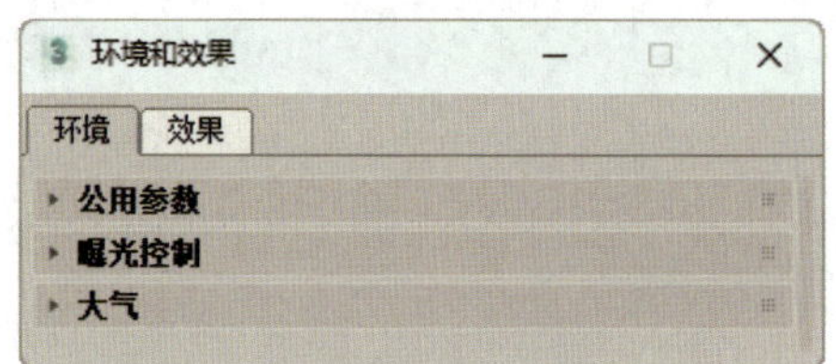

图 7-1-2 “环境和效果”对话框

一、公用参数

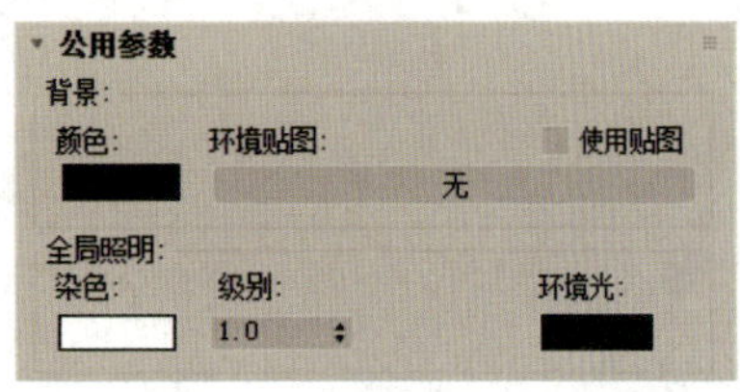

图 7-1-3 “公用参数”卷展栏

“环境和效果”对话框中的“公用参数”卷展栏（图 7-1-3）用于设置场景的背景颜色、环境贴图和全局照明效果等。该卷展栏中各按钮和文本框的功能如下：

（1）“颜色”按钮：用于指定背景颜色，背景颜色会影响画面的渲染效果（图 7-1-4）。

图 7-1-4　不同背景颜色的渲染效果

（2）“无”按钮：用于添加环境贴图。添加环境贴图后系统会自动勾选“使用贴图”复选框，此时，背景颜色将被环境贴图覆盖，画面的渲染效果只受环境贴图影响。

在添加环境贴图时，通常使用“位图”贴图。在“环境和效果”对话框中添加环境贴图后，可将环境贴图实例克隆至材质编辑器中，然后根据需要对环境贴图进行调整。同理，也可先在材质编辑器中创建环境贴图，再将其实例克隆至“环境和效果”对话框中。

（3）“染色”按钮：用于指定为灯光染色的颜色。若此处的颜色不是白色，则场景中的所有灯光都会被该颜色染色。

（4）“级别”文本框：用于调整所有灯光的强度。

（5）“环境光”按钮：用于指定环境光的颜色。若此处的颜色不是黑色，则整个场景都会被该颜色染色。

二、曝光控制

“环境和效果”对话框中的“曝光控制”卷展栏（图 7-1-5）用于调整渲染的输出级别和颜色范围，该卷展栏中的设置只会影响渲染输出的图像、视口显示的亮度和对比度，不会影响场景中灯光的照明效果。该卷展栏中常用列表框和复选框的功能如下：

（1）“曝光控制”列表框：用于选择曝光控制类型。选择“找不到位图代理管理器”时，不对画面应用曝光控制；选择其他类型的曝光控制时，将对画面应用曝光控制，且“环境和效果”对话框中会出现相应的卷展栏。常用的曝光控制类型有“VRay 曝光控制”“物理摄影机曝光控制”和“自动曝光控制”等（图 7-1-6）。

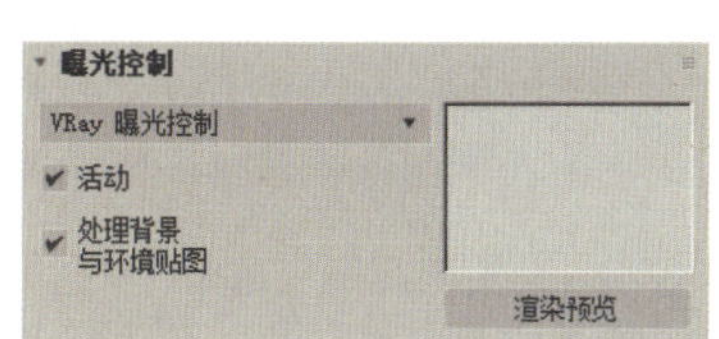

（a）VRay 曝光控制

（b）物理摄影机曝光控制

（c）自动曝光控制

（2）“活动”复选框：用于控制在渲染时是否应用所设置的曝光控制。

（3）“处理背景与环境贴图”复选框：用于控制是否对背景和环境贴图应用所设置的曝光控制。

三、大气效果

“环境和效果”对话框中的“大气”卷展栏（图 7-1-7）用于添加和删除大气效果。3ds Max 提供了“火效果”“雾”“体积雾”和“体积光”4 种类型的大气效果。单击“大气”卷展栏中的“添加”按钮，即可在弹出的“添加大气效果”对话框（图 7-1-8）中选择要添加的大气效果。

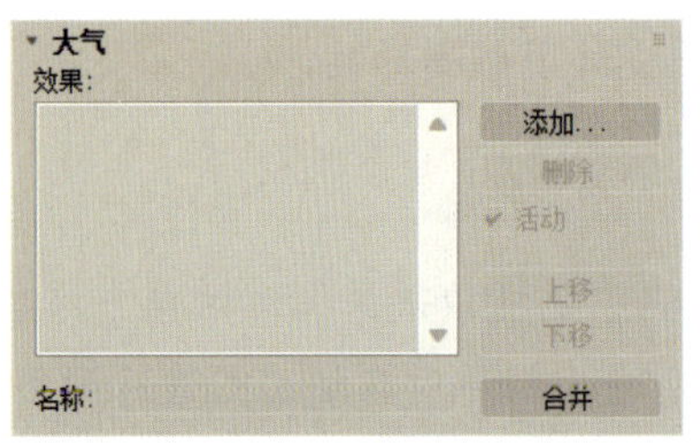

图 7-1-7 “大气”卷展栏

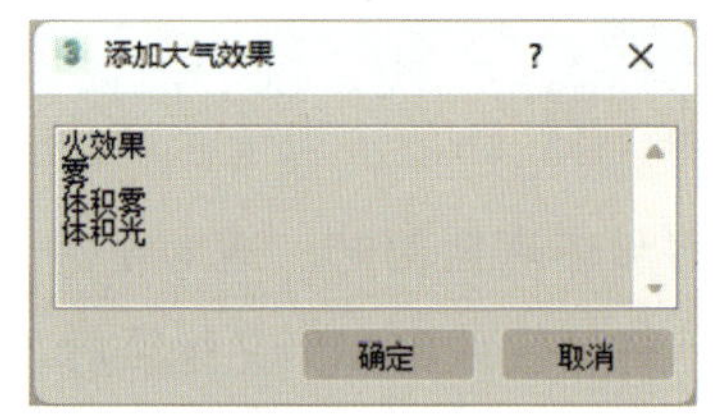

图 7-1-8 “添加大气效果”对话框

当安装了 V-Ray 插件时，“添加大气效果”对话框中会出现 V-Ray 插件提供的大气效果类型。

（一）“火效果”

图7-1-9 火焰和爆炸效果

使用“火效果”可以模拟火焰和爆炸效果（图 7-1-9）。添加“火效果”时，需要使用“创建”面板“辅助对象”对象类别“大气装置”分类中的按钮（图 7-1-10），在视口中创建一个 Gizmo 对象。该 Gizmo 对象用于指定火效果的位置和范围。创建“火效果”后，可在“环境和效果”对话框的“火效果参数”卷展栏（图 7-1-11）中设置火焰的颜色、图形、特性、动态、爆炸等。

图 7-1-10 “大气装置”分类中的按钮

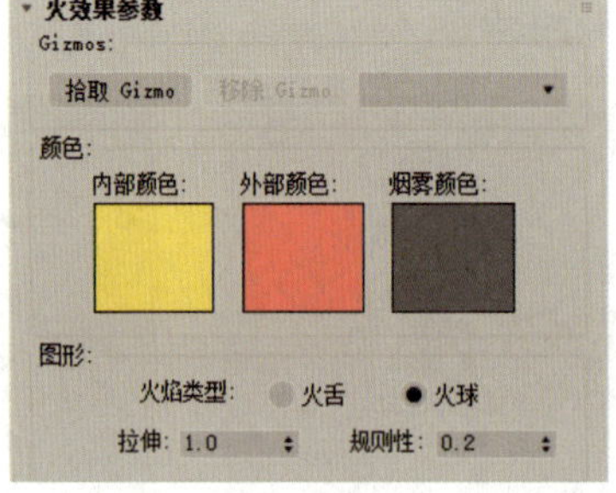

特性:
火焰大小: 35.0　密度: 15.0
火焰细节: 3.0　采样: 15
动态:
相位: 0.0　漂移: 0.0
爆炸:
爆炸　设置爆炸
烟雾　剧烈度: 1.0

图 7-1-11 “火效果参数”卷展栏

“火效果参数”卷展栏中常用按钮、单选钮、文本框和复选框的功能如下：

（1）“拾取 Gizmo”和“移除 Gizmo”按钮：分别用于拾取和移除应用“火效果”的 Gizmo 对象。

（2）“内部颜色”和“外部颜色”按钮：分别用于设置火焰的内部颜色和外部颜色。火焰会根据内部颜色和外部颜色产生渐变效果。

（3）“烟雾颜色”按钮：用于设置爆炸产生的烟雾的颜色，若未启用爆炸和烟雾效果，则无须设置该颜色。

（4）“火舌”和“火球”单选钮：用于指定火焰的类型。选中“火舌”单选钮时，将沿 Gizmo 对象的 z 轴向上生成火焰；选中“火球”单选钮时，将生成圆形的爆炸火焰。

（5）“拉伸”文本框：用于设置火焰的拉伸程度。数值为 1 时，火焰的形状将与 Gizmo 对象一致，不发生变化；数值小于 1 时，火焰将被压缩，变得更短更粗；数值大于 1 时，火焰将被拉伸，变得更长更细。

（6）“规则性”文本框：用于设置火焰填充 Gizmo 对象的方式，即规则性值。数值为 1 时，火焰将填满 Gizmo 对象，火焰边缘十分规则；数值越小，火焰也越小，且火焰边缘也越不规则（图 7-1-12）。

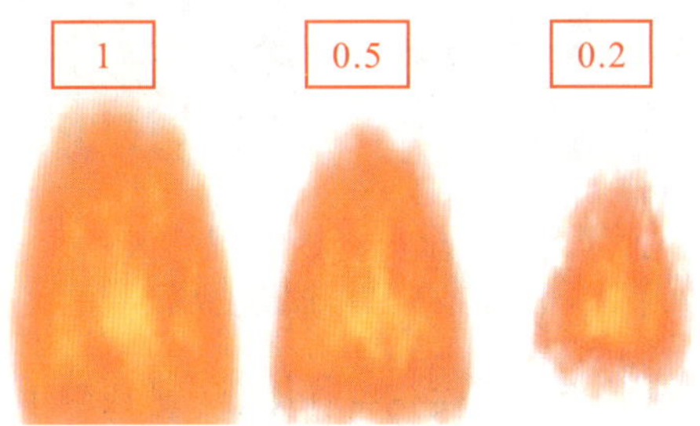

图 7-1-12　不同规则性值的火焰效果

（7）“火焰大小”文本框：用于设置火焰的大小。

（8）“密度”文本框：用于设置火焰的不透明度和亮度。当 Gizmo 对象的大小一定时，该文本框中的数值越小，火焰的不透明度越低，火焰中使用外部颜色的面积越大；数值越大，火焰的不透明度越高，火焰中使用内部颜色的面积越大，且火焰中心部分越白，火焰也越亮（图 7-1-13）。

使用“火效果”创建的火焰不会发光，若要制作火焰发光的效果，需要在火焰处创建灯光。此处提到的火焰的亮度仅表示火焰的颜色亮度。

（9）“火焰细节”文本框：用于设置火焰细节值，具体为火焰颜色的变化程度和火焰边缘的尖锐度。数值较小时，将生成平滑、模糊的火焰；数值较大时，将生成清晰的火焰（图 7-1-14）。

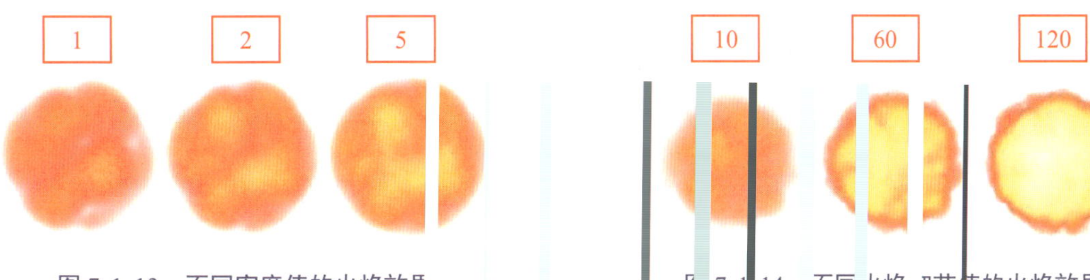

图 7-1-13　不同密度值的火焰效果

图 7-1-14　不同火焰细节值的火焰效果

（10）“采样”文本框：用于设置渲染火焰时的采样值，数值越大，渲染的火焰效果越精细，渲染所需的时间也越长。

（11）“爆炸”复选框：用于指定是否启用爆炸效果，可用于制作爆炸动画。

（12）“烟雾”复选框：用于控制爆炸是否产生烟雾。

实例：制作蜡烛火苗

下面通过为如图 7-1-15（a）所示的蜡烛添加大气效果，制作如图 7-1-15（b）所示的蜡烛火苗，学习“火效果”的应用方法。

（a）蜡烛

（b）蜡烛火苗

图 7-1-15　制作蜡烛火苗

步骤 1　打开本书配套素材“素材与实例\项目七\蜡烛”中的“蜡烛素材 .max”文件。

步骤 2　单击“创建”面板“辅助对象”对象类别“大气装置”分类中的“球体 Gizmo”按钮，然后在顶视图中任一蜡烛的烛芯处按住左键拖动鼠标，创建一个球体 Gizmo（图 7-1-16），最后在“修改”面板的“球体 Gizmo 参数”卷展栏中设置该对象的半径并勾选“半球”复选框（图 7-1-17）。

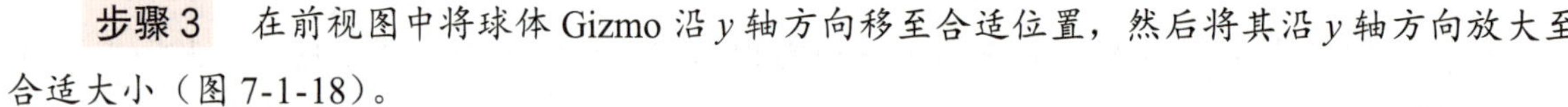

步骤 3　在前视图中将球体 Gizmo 沿 y 轴方向移至合适位置，然后将其沿 y 轴方向放大至合适大小（图 7-1-18）。

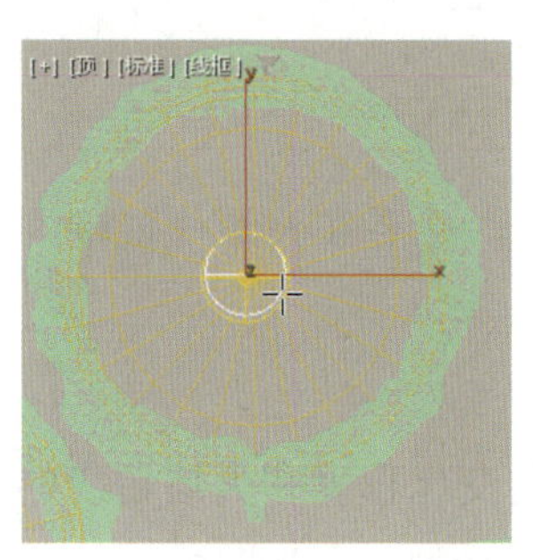

图 7-1-16　创建球体 Gizmo

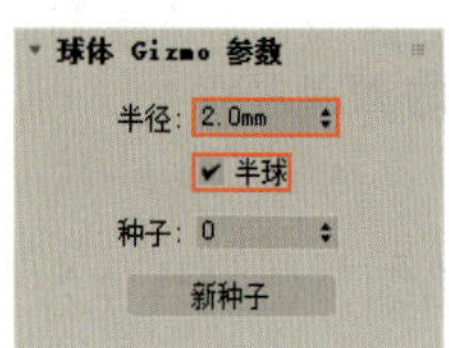

图 7-1-17　设置球体 Gizmo 的参数

图 7-1-18　球体 Gizmo 的位置和大小

步骤 4　按“8”键，在弹出的“环境与效果”对话框中单击“大气”卷展栏中的“添加”按钮，然后在弹出的“添加大气效果”对话框中双击“火效果”选项，接着单击“火效果参数”卷展栏中的“拾取 Gizmo”按钮，最后选中视口中的球体 Gizmo。

提示

在缩放和移动球体 Gizmo 时，不要使球体 Gizmo 与蜡烛上方的灯光图标相交，以避免渲染效果出现差错。

步骤 5 在“火效果参数”卷展栏中设置火焰的颜色、图形和特性（图 7-1-19）。

步骤 6 选中球体 Gizmo，在顶视图中将其分别移动克隆至另外 2 根蜡烛的烛芯处，然后在前视图中沿 y 轴方向调整球体 Gizmo 副本的位置，并将球体 Gizmo 副本沿 y 轴方向缩小至合适大小（图 7-1-20）。

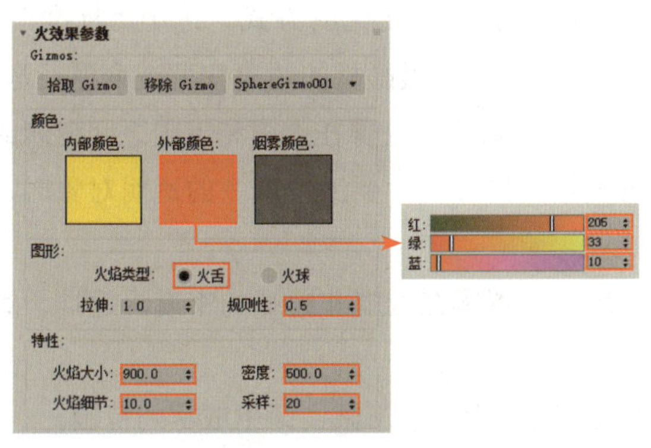

图 7-1-19 设置火效果的参数

图 7-1-20 球体 Gizmo 副本的位置和大小

步骤 7 激活摄影机视图，然后按“F9”键对摄影机视图进行渲染，最后查看蜡烛火苗效果。

（二）“雾”和“体积雾”

使用“雾”和“体积雾”都可以模拟雾效果。不同的是，“雾”根据物体与摄影机的距离产生雾，且生成的雾较均匀；而“体积雾”可以在一定体积内产生雾，并且使用“体积雾”制作雾效果时，需要创建 Gizmo 对象，以指定雾的位置和范围。使用“雾”和“体积雾”制作的雾效果分别如图 7-1-21 和图 7-1-22 所示。

图 7-1-21 使用“雾”制作的雾效果

图 7-1-22 使用“体积雾”制作的雾效果

创建“雾”后，可在“环境和效果”对话框的“雾参数”卷展栏（图 7-1-23）中设置雾的颜色、类型、密度等。“雾参数”卷展栏中常用按钮、复选框、单选钮、文本框的功能如下：

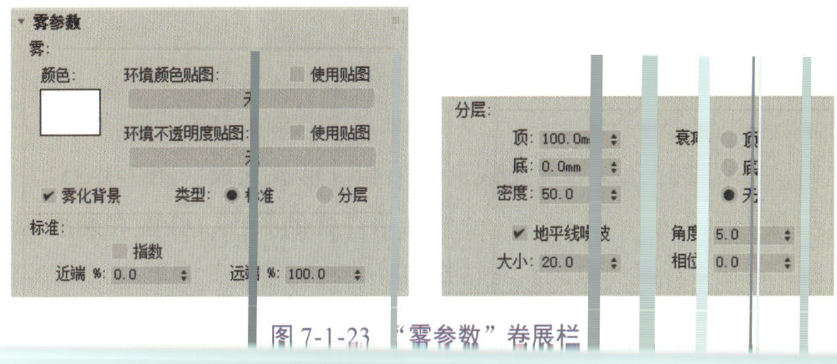

图 7-1-23 “雾参数”卷展栏

（1）“颜色”按钮：用于设置雾的颜色。

（2）“环境不透明图贴图”按钮：用于添加贴图（通常为位图贴图）。贴图的明度会影响雾的密度，颜色越浅的部分，雾的密度越大；颜色越深的部分，雾的密度越小。

（3）“雾化背景”复选框：用于控制是否将雾效果应用于背景。

（4）“类型：标准 / 分层”单选钮：用于指定雾产生变化的方式。选中“标准”单选钮时，可使用“标准”设置区中的参数控制雾效果，使雾根据摄影机的距离变薄或变厚；选中“分层”单选钮时，可使用“分层”设置区中的参数控制雾效果，使雾在上限和下限之间变薄或变厚。

（5）“指数”复选框：用于控制雾的密度增大的方式。要渲染雾中的透明对象时，才需要勾选该复选框。

（6）“近端”和“远端”文本框：分别用于设置雾在近端和远端的密度。近端、远端的判断标准为摄影机的环境范围参数。

（7）“顶”和“底”文本框：分别用于设置雾的上限和下限，即生成雾的范围。

（8）“密度”文本框：用于设置雾的总体密度。

（9）“衰减：顶 / 底 / 无”单选钮：用于设置指数衰减效果。选中“顶”或“底”单选钮时，可使密度在雾范围的顶部或底部减小到 0。

创建“体积雾”后，可在“环境和效果”对话框的“体积雾参数”卷展栏（图 7-1-24）中设置雾的颜色、密度、噪波阈值等。“体积雾参数”卷展栏中常用按钮、文本框和设置区的功能如下：

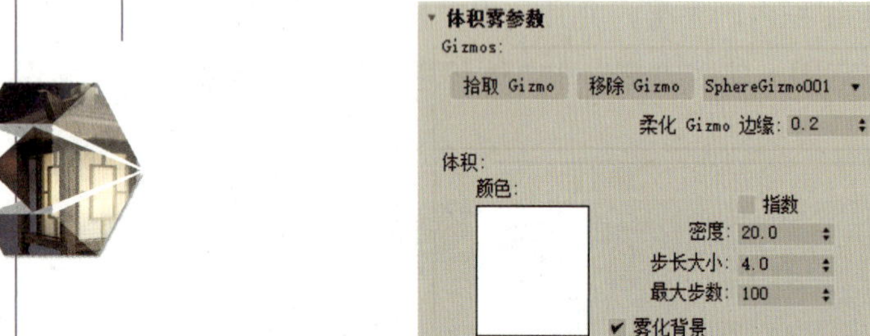

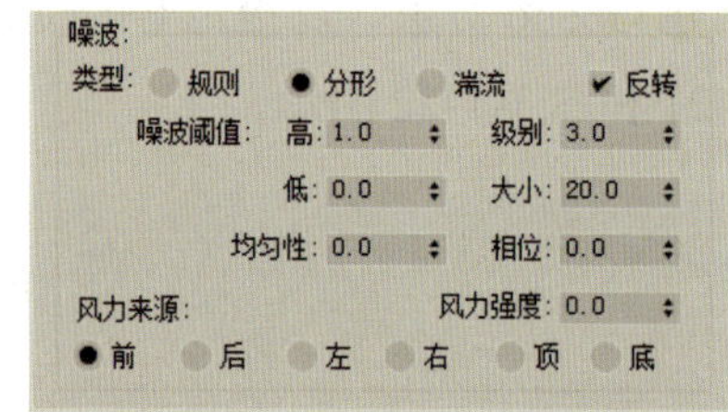

图 7-1-24 “体积雾参数”卷展栏

（1）“拾取 Gizmo”和“移除 Gizmo”按钮：分别用于拾取和移除应用“体积雾”的 Gizmo 对象。

（2）“柔化 Gizmo 边缘”文本框：用于设置雾边缘的柔化程度。

（3）“颜色”按钮：用于设置雾的颜色。

（4）“密度”文本框：用于设置雾的密度。

（5）“噪波”设置区：用于设置雾的噪波效果，与设置“噪波”贴图参数的“噪波参数”卷展栏的功能相似。

（三）“体积光”

使用“体积光”可以使灯光发射的光线产生体积，形成光束（图 7-1-25）。应用“体积光”时，需要先拾取场景中的灯光，“体积光”会根据该灯光的颜色、强度和照射范围等形成光束。创建“体积光”后，可在“环境和效果”对话框的“体积光参数”卷展栏（图 7-1-26）中设置光束的衰减颜色、密度、衰减倍增等。

图 7-1-25 聚光灯光束

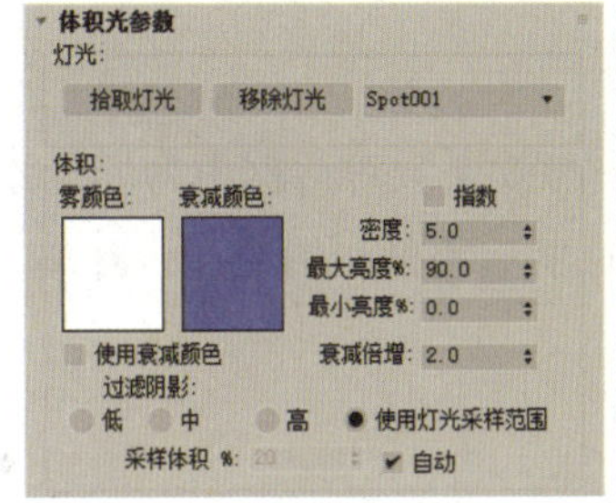

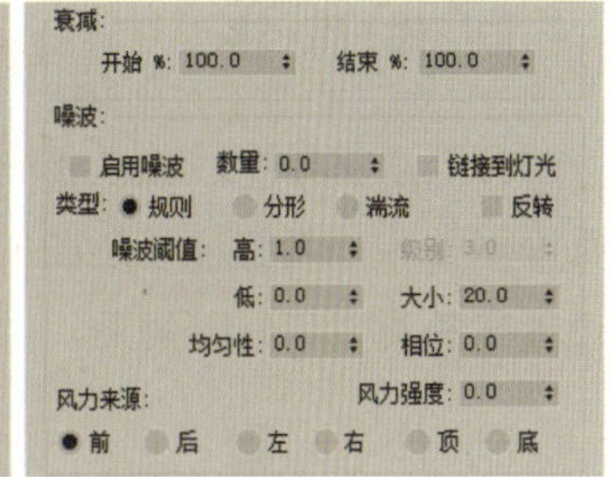

图 7-1-26 “体积光参数”卷展栏

“体积光参数”卷展栏中常用按钮、复选框、文本框、单选钮和设置区的功能如下：

（1）“拾取灯光”和“移除灯光”按钮：分别用于拾取和移除应用“体积光”的灯光。

（2）“雾颜色”和“衰减颜色”按钮：“雾颜色”按钮用于设置聚光区光束的颜色，“衰减颜色”按钮用于设置灯光衰减区光束的颜色。光束的颜色不只以这 2 个按钮的颜色为准，也与灯光的颜色有关。

（3）“使用衰减颜色”复选框：勾选该复选框后，“衰减颜色”才会生效。

（4）“密度”文本框：用于设置光束的密度。

（5）“最大亮度 %”和“最小亮度 %”文本框：用于设置光束的最大亮度和最小亮度。

（6）“衰减倍增”文本框：用于设置灯光衰减区光束的亮度。

（7）“过滤阴影：低 / 中 / 高 / 使用灯光采样范围”单选钮：用于设置渲染光束时的采样方式。选中“低”单选钮后，渲染时将不过滤图像缓冲区，而是直接采样，渲染效果较差；选中“中”单选钮后，渲染时将对相邻的像素采样并求均值，渲染效果一般；选中“高”单选钮后，渲染时将对相邻的像素和对角像素采样，并为每个像素指定不同的权重，渲染效果较好；选中“使用灯光采样范围”单选钮后，渲染时将根据灯光的阴影参数的采样值进行渲染，可以避免光束中的阴影出现锯齿效果，渲染效果较好。

（8）“衰减”设置区：用于设置光束产生衰减的起始位置和结束位置。

（9）“噪波”设置区：用于设置光束的噪波效果，与设置“噪波”贴图参数的“噪波参数”卷展栏的功能相似。

任务实施一 制作水乡氤氲效果

下面通过制作如图 7-1-27 所示的水乡氤氲效果，学习使用环境贴图和“雾”制作水乡氤氲效果的方法。

（a）水乡

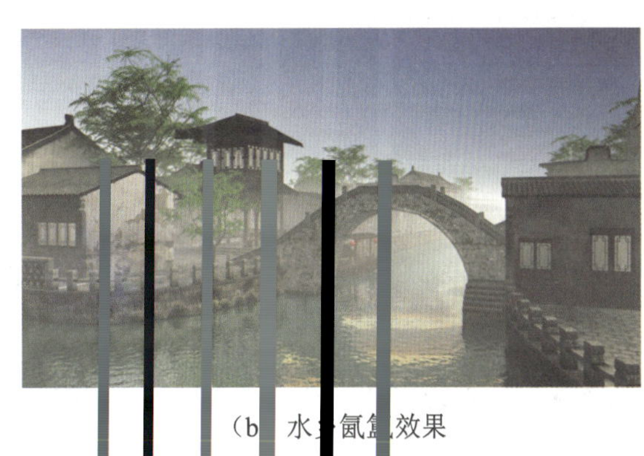

（b）水乡氤氲效果

图 7-1-27 水乡氤氲效果

制作思路

打开素材文件，在“环境与效果”对话框中为场景添加环境贴图，将环境贴图实例克隆至材质编辑器中，调整环境贴图的显示效果；然后在“环境与效果”对话框中为场景添加“雾”，并设置雾的类型和分层效果。

制作步骤

步骤 1 打开本书配套素材“素材与实例\项目七\水乡”中的“水乡素材.max”文件。

步骤 2 按“8”键，在弹出的“环境与效果”对话框中单击“无”按钮，然后在弹出的“材质/贴图浏览器”对话框中双击“位图”选项，最后在弹出的“选择位图图像文件”对话框中双击本书配套素材“素材与实例\项目七\水乡\maps”中的“天空背景.jpg”文件。

步骤 3 按“M”键打开材质编辑器，将在步骤 2 中添加的环境贴图拖至任一未使用的材质球上，将该贴图实例克隆 1 份，然后在材质编辑器的“坐标”卷展栏中设置贴图的显示效果（图 7-1-28）。

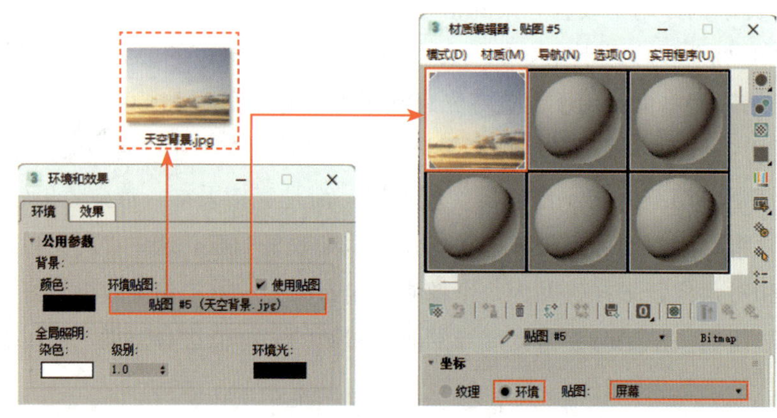

图 7-1-28 实例克隆贴图并设置贴图的参数

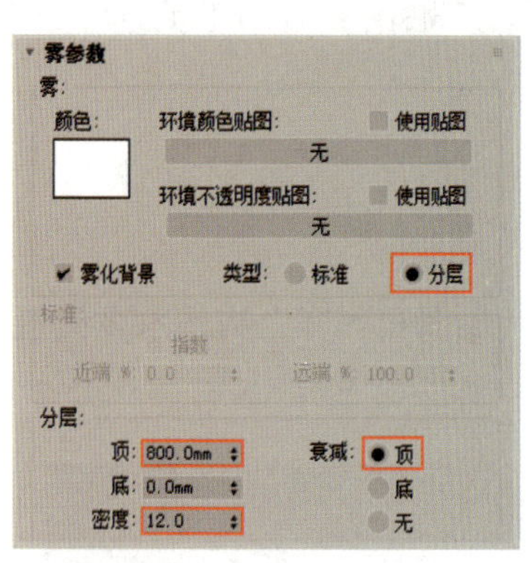

图 7-1-29 设置“雾”的参数

步骤 4 在摄影机视图左上方的“按视图首选项视口标签”菜单中选择“视口背景”→“环境背景”菜单项，即可在摄影机视图中查看环境贴图的效果。

步骤 5 单击“环境与效果”对话框“大气”卷展栏中的“添加”按钮，然后在弹出的“添加大气效果”对话框中双击“雾”选项，最后在“雾参数”卷展栏中设置雾的类型和分层效果（图 7-1-29）。

步骤 6 激活摄影机视图，然后按“F9”键对摄影机视图进行渲染，最后查看水乡氤氲效果。

素养之窗

本任务实施中的场景为江南水乡古镇。古镇是江南水乡地域文化的独特符号，以“小桥、流水、人家”的精巧布局，诉说着江南水乡的宁静与和谐，展现了人与自然和谐共生的理念，也体现了中国古人的智慧。

任务实施二　制作光束效果

下面通过制作光束效果，来学习使用环境贴图和“体积光”制作光束效果的方法（图 7-1-30）。

图 7-1-30　光束效果

制作思路

在“环境与效果”对话框中为场景添加环境贴图，将环境贴图实例克隆至材质编辑器中，调整环境贴图的显示效果；然后创建一个目标聚光灯，调整透视图的视角并创建摄影机，使目标聚光灯位于合适位置并设置目标聚光灯的参数；接着创建“体积光”效果，拾取目标聚光灯并设置光束的颜色；最后设置渲染器的类型并对摄影机视图进行渲染。

制作步骤

步骤 1　按“8”键，在弹出的“环境与效果”对话框中单击“无”按钮，然后在弹出的“材质 / 贴图浏览器”对话框中双击“位图”选项，最后在弹出的“选择位图图像文件”对话框中双击本书配套素材“素材与实例 \ 项目七 \ 光束效果 \maps”中的“背景 .jpg”文件。

步骤 2　按“Shift+F”组合键显示安全框，然后按“M”键打开材质编辑器，将在步骤 1 中添加的环境贴图拖至任一未使用的材质球上，将该贴图实例克隆 1 份，最后在材质编辑器的“坐标”卷展栏中设置贴图的显示效果（图 7-1-31）。

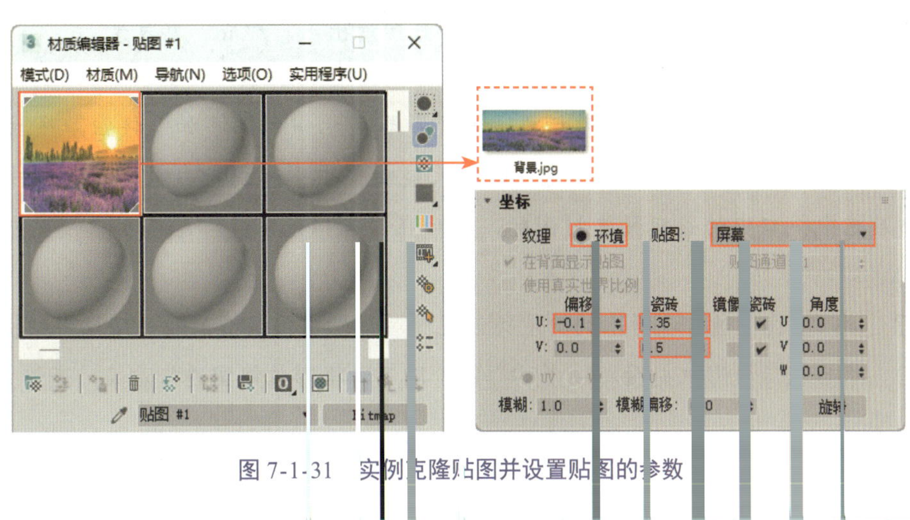

图 7-1-31　实例克隆贴图并设置贴图的参数

步骤 3 单击“创建”面板“灯光”对象类别“标准”分类中的“目标聚光灯”按钮，在顶视图中创建一个目标聚光灯，然后在顶、前视图中调整目标聚光灯的图标和目标点的位置（图 7-1-32）。

步骤 4 在透视图中移动目标聚光灯（图 7-1-33），然后按“Ctrl+C”组合键创建物理摄影机。

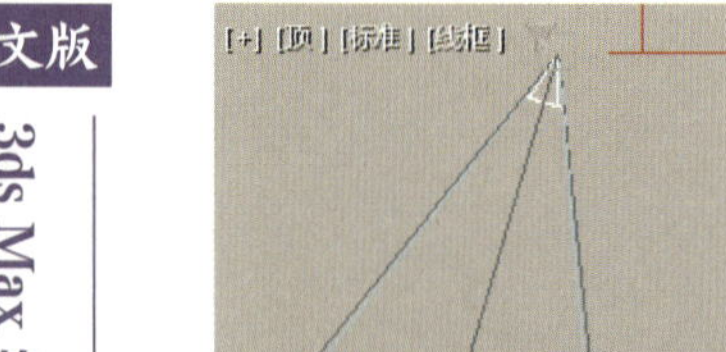

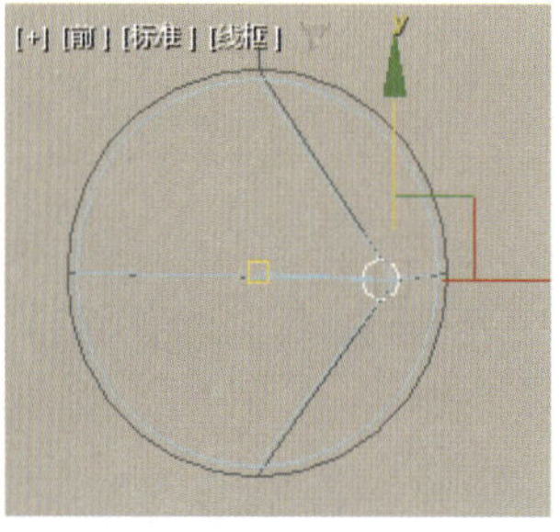

图 7-1-32 目标聚光灯的图标和目标点的位置

图 7-1-33 目标聚光灯的位置

步骤 5 选中目标聚光灯图标，在“聚光灯参数”卷展栏中设置聚光区 / 光束和衰减区 / 区域的大小［图 7-1-34（a）］；然后单击“高级效果”卷展栏中的“无”按钮，在弹出的“材质 / 贴图浏览器”对话框中双击“位图”选项，最后在弹出的“选择位图图像文件”对话框中双击本书配套素材“素材与实例\项目七\光束效果\maps”中的“黑白 .jpg”文件［图 7-1-34（b）］。

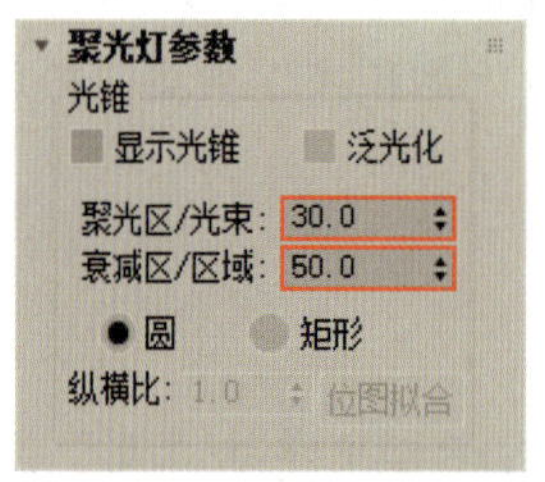

（a）“聚光灯参数”卷展栏

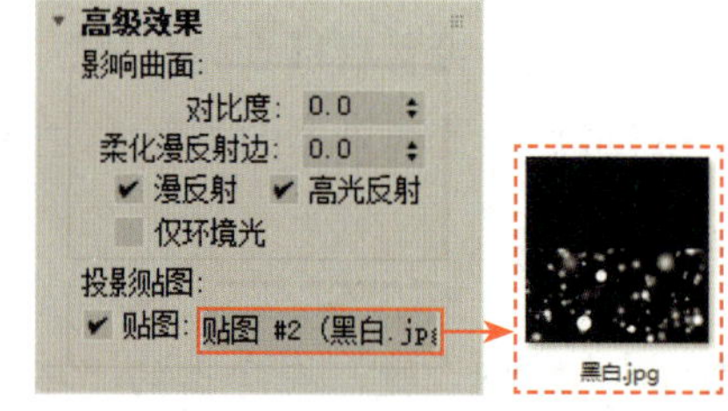

（b）添加贴图

图 7-1-34 设置目标聚光灯的参数

提示

在目标聚光灯的“投影贴图”贴图通道中添加“位图”贴图，可以对灯光进行遮罩，贴图的黑色部分遮挡光线，光线从贴图的白色部分照射出来，形成一束束光。

步骤 6 单击“环境与效果”对话框“大气”卷展栏中的“添加”按钮，然后在弹出的“添加大气效果”对话框中双击“体积光”选项，接着单击“体积光参数”卷展栏中的“拾取灯光”按钮后选中视口中的目标聚光灯图标，最后在“体积光参数”卷展栏中设置光束的颜色（图 7-1-35）。

步骤 7 按“F10”键，在弹出的“渲染设置”对话框中将渲染器的类型设为扫描线渲染器（图 7-1-36），然后激活摄影机视图，按“F9”键，即可对摄影机视图进行渲染，查看光束效果。

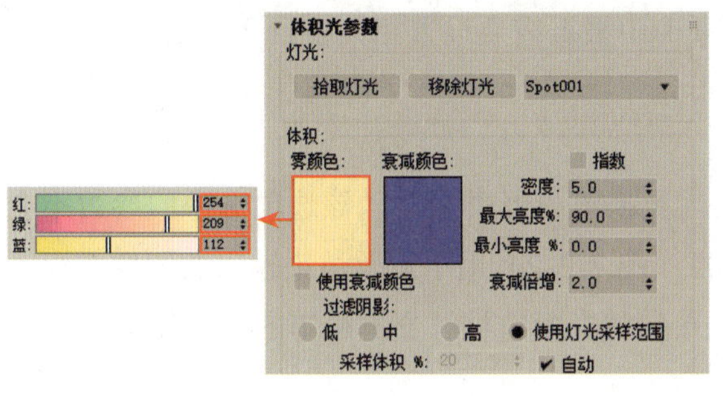

图 7-1-35　设置“体积光”的参数

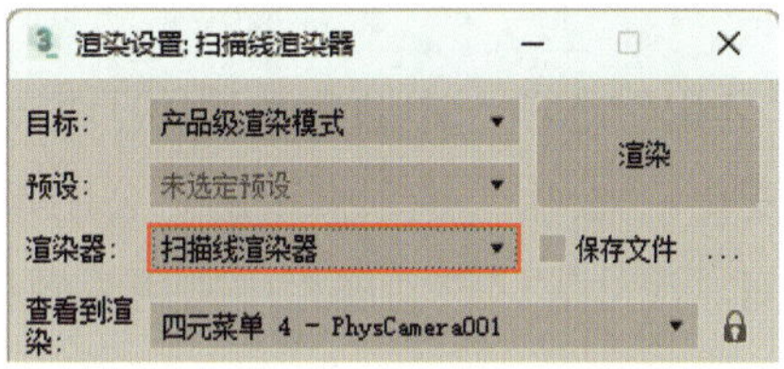

图 7-1-36　设置渲染器的类型

任务二　渲　染

【任务引入】

近日，小宇学习了三维动画的相关课程，需要制作一段三维短片作为结课作业。经过一段时间的精心制作，小宇终于制作好了三维短片，但就在开始渲染时，他发现渲染速度异常缓慢。于是小宇向室友求助，室友耐心地检查了小宇的渲染设置，很快便发现了问题。原来，小宇为了追求极致的画面效果，设置了极高的采样值，实际并不需要这样高的采样值。室友帮助小宇调整了渲染参数，在保持一定画面质量的同时提高了渲染速度。最终小宇顺利完成了渲染，他深刻体会到了合理设置渲染参数的重要性。

想一想：

（1）常用的渲染器有哪些？

（2）在渲染时通常要设置哪些渲染参数？

在渲染时，要根据场景中应用的材质和灯光类型选择合适的渲染器。场景中如果使用了 V-Ray 插件提供的材质或灯光，则只能使用 V-Ray 渲染器渲染该场景；如果使用了 3ds Max 材质和 3ds Max 内置的灯光，则使用任意一个渲染器都可以渲染该场景，但使用 V-Ray 渲染器渲染输出的画面效果通常更好。

3ds Max 默认使用的渲染器为 Arnold 渲染器，单击主工具栏中的“渲染设置”按钮或按“F10”键，在弹出的“渲染设置”对话框的“渲染器”下拉列表（图 7-2-1）中可选择其他渲染器类型。

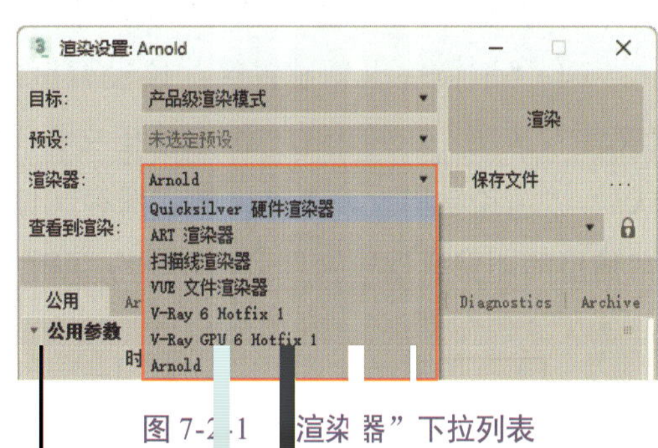

图 7-2-1　“渲染器”下拉列表

一、扫描线渲染器

扫描线渲染器是 3ds Max 提供的渲染器中最常用的一种，其渲染速度快、参数较少，适合初学者学习。在“渲染设置”对话框的“渲染器”下拉列表中选择“扫描线渲染器”选项后，可在

“公用”“渲染器”“光线跟踪”和“高级照明”选项卡中根据需要设置相关参数。

（一）“公用”选项卡

“公用”选项卡中的参数适用于每一种渲染器，更换渲染器类型后，该选项卡中的参数不会发生变化。“公用”选项卡中的“公用参数”卷展栏（图 7-2-2）用于设置渲染输出的图像或视频的时间、尺寸等。该卷展栏中常用设置区及其部分单选钮、复选框、文本框等的功能如下：

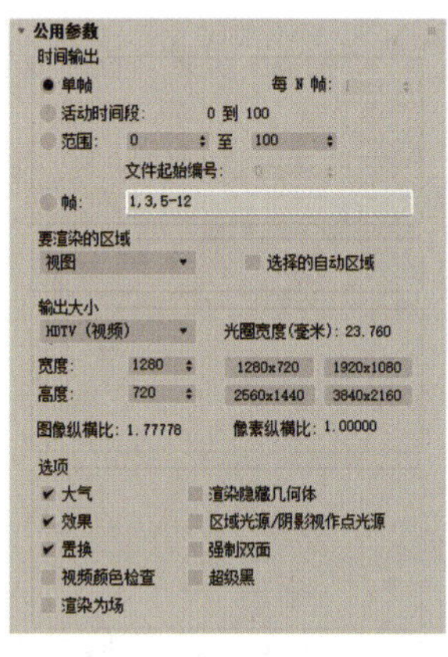

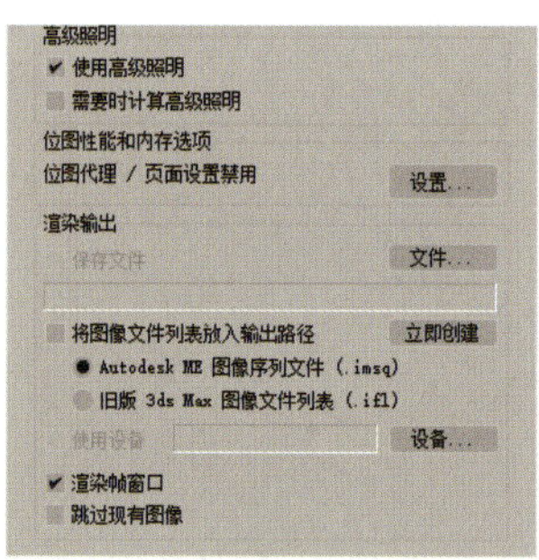

图 7-2-2 “公用参数”卷展栏

（1）“时间输出”设置区：用于设置要渲染输出的帧。若单击“单帧”单选钮，则输出与当前帧所对应的画面；若单击“活动时间段”单选钮，则输出时间控件显示范围内的帧所对应的画面；若单击“范围”单选钮，则输出指定的 2 个帧之间（包括这 2 个帧）所对应的画面；若单击“帧”单选钮，则输出指定帧所对应的画面。“每 N 帧”文本框用于设置帧的采样规律，即每隔几帧渲染一次，仅适用于按“活动时间段”和“范围”输出视频时。

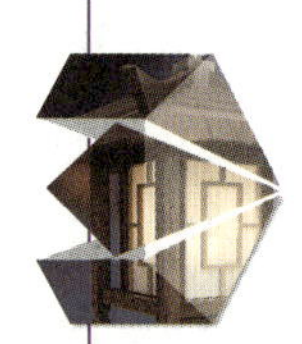

（2）“输出大小”设置区：用于设置输出图像或视频的分辨率和纵横比。可以在该设置区左上方的列表框中根据需要选择符合行业标准的纵横比，然后使用右侧的按钮设置图像或视频的分辨率；也可以选择“自定义”选项，然后在“宽度”和“高度”文本框中自行设置图像或视频的分辨率。确定了图像或视频的分辨率，其纵横比也就确定了。

（3）“选项”设置区：该设置区中的“大气”复选框用于设置是否渲染应用的大气环境，“渲染隐藏几何体”复选框用于设置是否渲染场景中隐藏的模型，“强制双面”复选框用于设置是否渲染所有曲面的 2 个面（需要加快渲染速度时，通常不勾选该复选框）。

（4）“渲染输出”设置区：该设置区用于设置输出的文件的储存方式。单击该设置区中的“文件”按钮，在弹出的“渲染输出文件”对话框中设置渲染输出的文件的储存位置、名称和格式后，“渲染输出”设置区中的“保存文件”复选框会自动勾选，此后若对该文件执行渲染操作，则输出的图像或视频文件会自动保存在指定位置。

除了在“渲染输出”设置区中对输出的图像或视频文件进行自动保存设置，还可以对其进行手动保存，即在渲染完成后单击渲染窗口中的“保存图像”按钮或“保存当前通道”按钮（使用不同渲染器类型时，渲染窗口的名称不同，用于保存图像的按钮也不同），然后在弹出的“保存图像”对话框中设置输出的文件的储存位置、格式和名称并单击“保存”按钮。

Gamma 值会影响输出的图像和视频画面的亮度和对比度，Gamma 值越大，输出的图像和视频画面越亮，对比度越小。在对文件进行自动保存设置或手动保存文件时，系统默认选中“渲染输出文件”或“保存图像”对话框“Gamma”设置区（图 7-2-3）中的“自动（推荐）”单选钮。若输出的图像或视频画面的颜色与渲染窗口中显示的颜色不一致，则应选中“覆盖”单选钮，然后在其右侧的文本框中自行设置 Gamma 值。

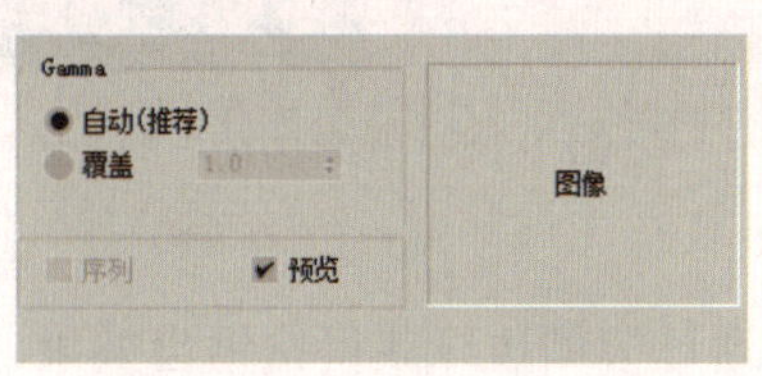

图 7-2-3 “Gamma”设置区

（二）“渲染器”选项卡

“渲染器”选项卡中的“扫描线渲染器”卷展栏（图 7-2-4）用于设置渲染时的抗锯齿效果、采样方式和运动模糊效果等。该卷展栏中常用设置区的功能如下：

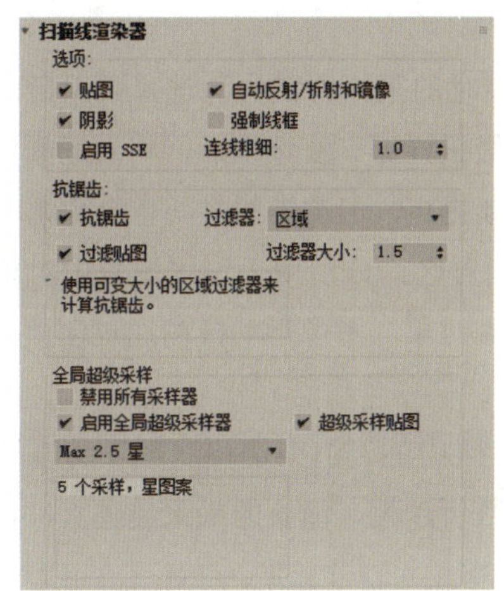

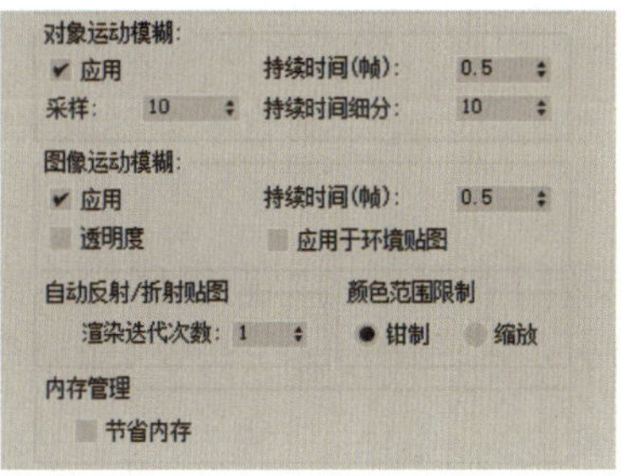

图 7-2-4 “扫描线渲染器”卷展栏

（1）“选项”设置区：用于控制是否渲染场景中的贴图、阴影、模糊、反射和折射效果，是否将场景中的模型渲染为线框覆盖的特殊效果。

（2）“抗锯齿”设置区：用于设置在渲染图像时是否进行抗锯齿处理，是否对材质贴图进行过滤处理。在该设置区的“过滤器”列表框中可选择图像过滤器的类型，其中常用的有“区域”“Catmull-Rom”“Mitchell-Netravali”和“VRayLanczosFilter”4 种。

知识拓展

什么是抗锯齿

抗锯齿是一种图像处理技术，用于减少或消除图像中物体边缘的凹凸锯齿现象，抗锯齿前后的图像如图 7-2-5 所示。在 3ds Max 中，过滤是进行抗锯齿的最后一个环节，为图像选择合适的图像过滤器可以获得更好的抗锯齿效果。

图 7-2-5　抗锯齿前后的图像

①“区域”图像过滤器：通过模糊边缘获得抗锯齿效果。抗锯齿效果较差，但渲染速度快，常用于渲染测试。

②“Catmull-Rom”图像过滤器：主要用于对图像中物体的边缘进行锐化处理，使图像看起来更清晰。

③“Mitchell-Netravali”图像过滤器：可以使图像产生模糊效果，以达到降低噪点的目的，适合渲染具有景深或运动模糊效果的场景。

④“VRayLanczosFilter”图像过滤器：V-Ray 渲染器默认的图像过滤器，可以较好地兼顾渲染速度和渲染质量。

（3）“全局超级采样”设置区：用于控制渲染时的采样方式。勾选“禁用所有采样器”复选框后，将禁用超级采样功能；勾选“启用全局超级采样器”复选框后，将对场景中的所有对象应用超级采样，渲染输出的图像或视频的质量会大幅提高，但渲染的时间也会大幅增加。

（4）“对象运动模糊”和“图像运动模糊”设置区：分别用于设置场景中对象的运动模糊效果。对象运动模糊通过创建对象的多个图像来模糊对象，图像运动模糊通过创建拖影效果而不是多个图像来模糊对象。

（5）“自动反射 / 折射贴图”设置区：该设置区中的“渲染迭代次数”文本框用于设置反射贴图和折射贴图的渲染迭代次数，该文本框中的数值越大，渲染的效果越逼真，但渲染的时间也会大幅增加，通常设为 1 即可。

（三）“光线跟踪”选项卡

“光线跟踪”选项卡中的“光线跟踪器全局参数”卷展栏（图 7-2-6）用于控制场景中所有“光线跟踪”材质和“光线跟踪”贴图。在该卷展栏的“最大深度”文本框中可设置光线反射的最多次数，在“全局光线跟踪引擎选项”设置区中可设置是否启用光线跟踪、场景中的对象是否对自身产生反射和折射等。

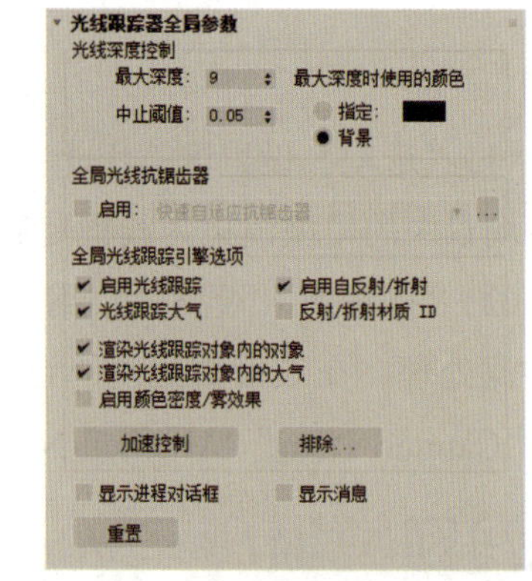

图 7-2-6　“光线跟踪器全局参数”卷展栏

“光线跟踪”材质是 3ds Max 提供的一种高级的曲面明暗处理材质，它能依据光线跟踪产生反射和折射，比“标准（旧版）”材质的反射和折射更加精确。若想在其他类型的材质中应用光线跟踪效果，则需要用到“光线跟踪”贴图，其功能与“光线跟踪”材质相同。

（四）“高级照明”选项卡

“高级照明”选项卡用于调整场景中灯光的照明效果。在“高级照明”选项卡“选择高级照明”卷展栏的“照明插件”下拉列表（图 7-2-7）中可选择“光跟踪器”和“光能传递”2 种高级照明方式。“光跟踪器”适用于光线充足的室外场景，常常与天光配合使用；“光能传递”适用于室内场景，常与光度学灯光配合使用。

选择“光跟踪器”高级照明方式后，可在“高级照明”选项卡的“参数”卷展栏（图 7-2-8）中设置画面的整体亮度、场景中对象材质的反射级别、天光的强度、色溢效果等。选择“光能传递”高级照明方式后，系统会根据光度学灯光的参数调整渲染效果，无须进行过多的渲染设置。

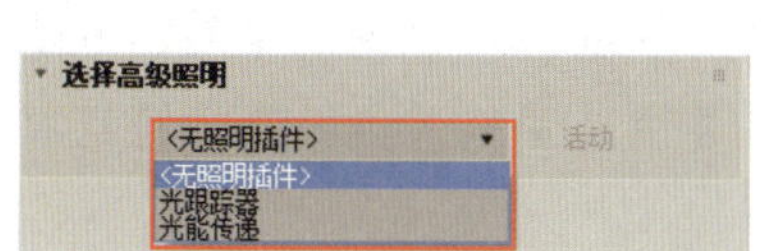

图 7-2-7 “照明插件”下拉列表

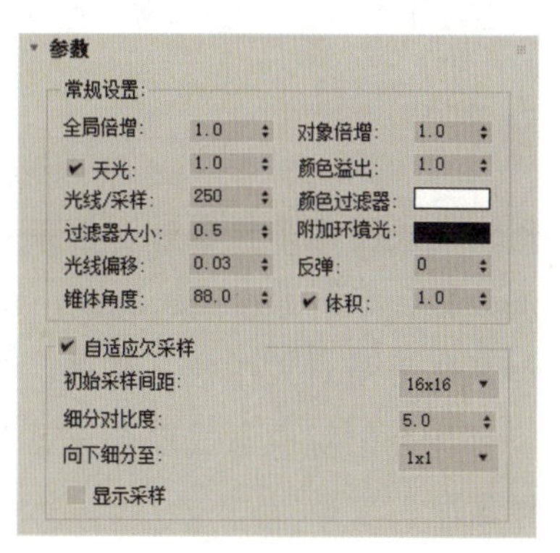

图 7-2-8 “参数”卷展栏

二、V-Ray 渲染器

V-Ray 渲染器是 V-Ray 插件提供的渲染器，包括“V-Ray 6 Hotfix 1”和“V-Ray GPU 6 Hotfix 1”2 种类型。V-Ray 渲染器操作简单，渲染效果逼真，并且能使用扫描线渲染器渲染的场景均可用 V-Ray 渲染器进行渲染。在“渲染设置”对话框的“渲染器”下拉列表中选择“V-Ray 6 Hotfix 1”选项后，可在“渲染设置”对话框的“公用”“V-Ray”“GI”选项卡中根据需要设置相关参数。

答疑解惑

问：“V-Ray 6 Hotfix 1”渲染器和“V-Ray GPU 6 Hotfix 1”渲染器有何不同？

答：“V-Ray 6 Hotfix 1”渲染器是最常用的渲染器，主要依靠计算机的 CPU 和内存处理数据，比较稳定，不容易崩溃。“V-Ray GPU 6 Hotfix 1”渲染器是一种新兴的渲染器，主要依靠计算机的 GPU 处理数据，可以实时渲染场景并显示渲染后的画面，但对计算机硬件的要求高且不稳定。

（一）“V-Ray”选项卡

“V-Ray”选项卡的部分卷展栏中的常用按钮、复选框、文本框和列表框的功能如下：

（1）“全局开关”卷展栏（图 7-2-9）。单击“默认”或“高级”按钮，该卷展栏中的内容会相应变化。该卷展栏中的“灯光”复选框用于控制是否渲染场景中的灯光；“隐藏灯光”复选框用于控制是否渲染场景中隐藏的灯光；勾选“覆盖深度”复选框后，可在其右侧的文本框中设置整个场景中光线反射和折射的最多次数；“最大透明级别”文本框用于设置透明材质受光线影响的程度，数值越大，材质越逼真。

（2）“图像采样器（抗锯齿）”卷展栏（图 7-2-10）。该卷展栏中的“类型”列表框用于设置图像采样器的类型，有渐进式图像采样器和渲染块图像采样器两种；“最小着色比率”文本框用于设置阴影、折射模糊和反射模糊的效果，数值越大，阴影、折射模糊和反射模糊效果越好。

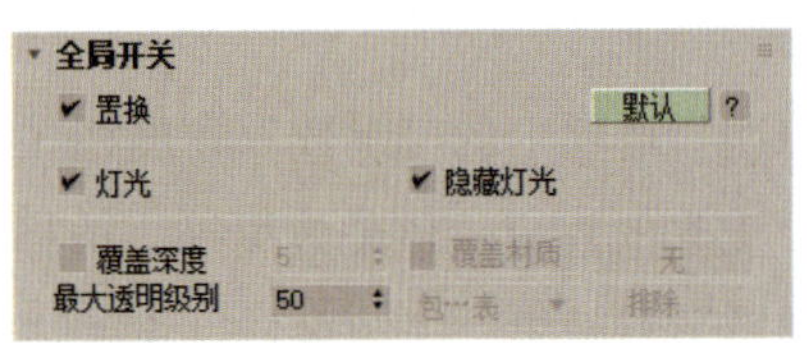

图 7-2-9 “全局开关”卷展栏

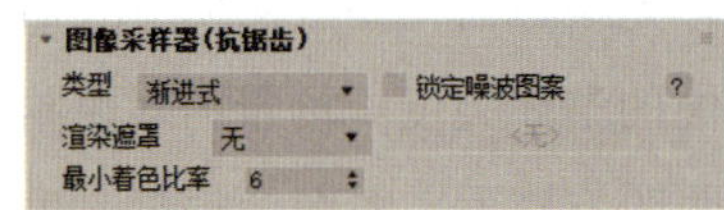

图 7-2-10 “图像采样器（抗锯齿）”卷展栏

使用渐进式图像采样器时，渲染器首先会尽可能快地输出低质量的图像，随着时间的推移，渲染器会不断增加采样次数，输出质量越来越高的图像，直到达到设定的质量要求。渲染时如果使用渐进式图像采样器，输出的图像质量通常较高，但是渲染时间较长，在某些情况下可能会出现噪点或颜色偏差等问题。如果需要快速预览渲染效果，可选择渐进式图像采样器。

使用渲染块图像采样器时，渲染器会将场景分为若干个小格子，并且同时对其中的几个小格子进行渲染。使用渲染块图像采样器可以缩短整个场景的渲染时间，但是可能会出现边缘伪阴影等问题。对大型场景进行渲染时如果需要缩短渲染时间，可选择渲染块图像采样器。

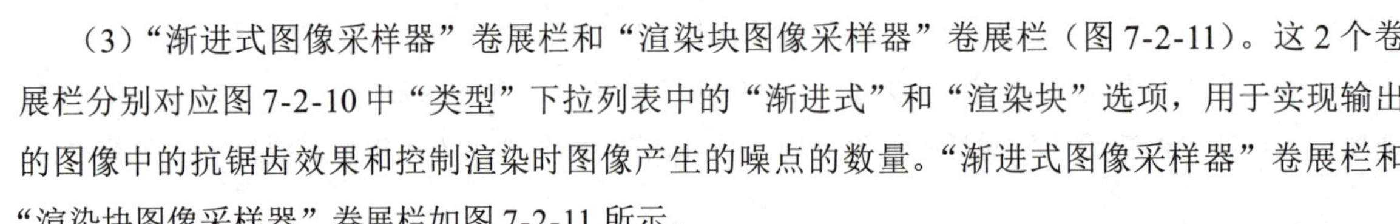

（3）“渐进式图像采样器”卷展栏和“渲染块图像采样器”卷展栏（图 7-2-11）。这 2 个卷展栏分别对应图 7-2-10 中“类型”下拉列表中的“渐进式”和“渲染块”选项，用于实现输出的图像中的抗锯齿效果和控制渲染时图像产生的噪点的数量。“渐进式图像采样器”卷展栏和“渲染块图像采样器”卷展栏如图 7-2-11 所示。

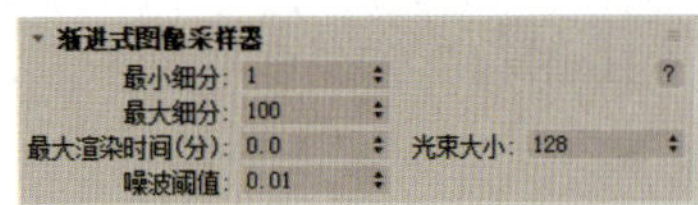

图 7-2-11 “渐进式图像采样器”卷展栏和“渲染块图像采样器”卷展栏

①“最小细分”文本框：用于设置每个像素所使用的采样样本的最小数值，通常采用默认值 1。

②“最大细分”文本框：用于设置每个像素所使用的采样样本的最大数值，数值越大，抗锯齿效果越好，噪点也越少。不同最大细分值的图像的渲染效果如图 7-2-12 所示。

③“最大渲染时间（分）”文本框：用于设置渲染时长的上限值，该值越大，输出的图像质量越高。

图 7-2-12　不同最大细分值的图像的渲染效果

④“噪波阈值”文本框：用于控制渲染时图像产生的噪点的数量，数值越小，噪点越少。不同噪波阈值的图像的渲染效果如图 7-2-13 所示。

图 7-2-13　不同噪波阈值的图像的渲染效果

(4)“图像过滤器”卷展栏（图 7-2-14）。V-Ray 渲染器中的图像过滤器与扫描线渲染器中的图像过滤器相同，可配合图像采样器一起产生抗锯齿效果。勾选“图像过滤器”卷展栏中的“图像过滤器”复选框后，在“过滤器”列表框中可选择图像过滤器的类型。

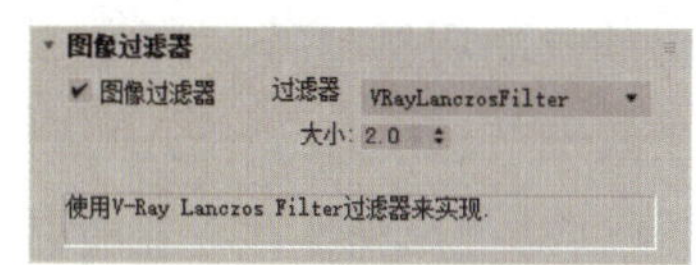

图 7-2-14　“图像过滤器”卷展栏

(二)“GI”选项卡

GI 是指间接照明，用于模拟现实世界中光在物体间的传播现象。开启 GI 后，不受灯光直接照射的物体也会受到光的漫反射作用。“GI”选项卡的部分卷展栏中的常用按钮、复选框、列表框和文本框等的功能如下：

(1)“全局照明”卷展栏（图 7-2-15）。单击“默认”或“高级”按钮，该卷展栏中的内容会相应变化。该卷展栏中的“启用 GI”复选框用于设置是否启用 GI；“首次引擎”列表框用于设置光线照射在物体上产生第一次反射时使用的渲染引擎的类型，该文本框中有“发光贴图”“暴力计算（BF）”和“灯光缓存”3 个选项；“二次引擎”列表框用于设置光线照射在物体上产生第二次反射时使用的渲染引擎的类型，该列表框中有“暴力计算（BF）”和“灯光缓存”2 个选项。

①“发光贴图”渲染引擎：自行对场景进行判断，并且精确计算细节较多的区域，粗略计算其他区域。该渲染引擎的渲染速度较快，但无法精确地模拟光在物体间的传播现象，输出的图像或视频质量一般。

②“暴力计算（BF）”渲染引擎：对每个像素点进行计算，精确地模拟光在物体间的传播现象，输出的图像或视频质量好，但渲染速度较慢。

③“灯光缓存”渲染引擎：可以快速、直接地显示场景中灯光的预览效果，且对角落处的光照效果计算精确，一般作为二次引擎。

渲染时，应根据场景的复杂程度和对输出的图像或视频质量要求的不同，在“首次引擎”和“二次引擎”列表框中选择合适的渲染引擎，以提高渲染效率。这两个列表框中的选项有以下 3 种组合方式：

①“发光贴图”和“灯光缓存”。采用这种组合方式渲染输出的图像或视频质量一般。这种组合方式适用于渲染对输出的图像或视频质量要求不高的场景。

②“BF 算法”和“灯光缓存”。这种组合方式适用于渲染灯光较为单一的场景，如室外场景。

③“发光贴图”和“BF 算法”。采用这种组合方式渲染输出的图像或视频质量高，但是渲染时间长，并且对计算机的配置要求较高。这种组合方式适用于渲染对输出的图像或视频质量要求较高的场景。

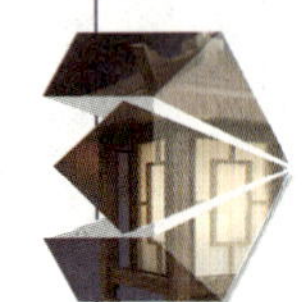

（2）“发光贴图”卷展栏（图 7-2-16）。将渲染引擎类型设为“发光贴图”后，“GI”选项卡中会出现“发光贴图”卷展栏。该卷展栏中的“当前预设”列表框用于设置发光贴图的预设类型，它决定了输出的画面的质量；“细分”文本框用于控制全局照明的采样质量，数值越大，输出的画面质量越高；“插值采样”文本框用于控制画面的细部模糊程度，数值越大，输出的画面中的细节越模糊；“模式”列表框用于控制发光贴图的生成方式。

（3）“灯光缓存”卷展栏（图 7-2-17）。将渲染引擎类型设为“灯光缓存”后，“GI”选项卡中会出现“灯光缓存”卷展栏，其中，“细分”文本框中的数值越大，输出的画面中灯光的效果越好。

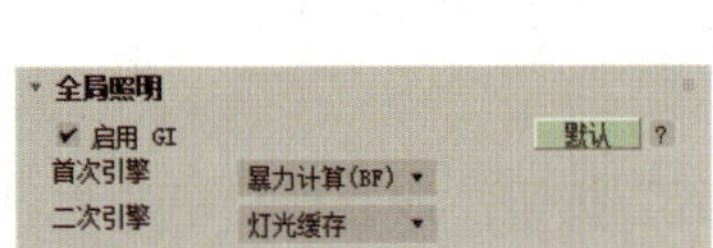

图 7-2-15 “全局照明”卷展栏

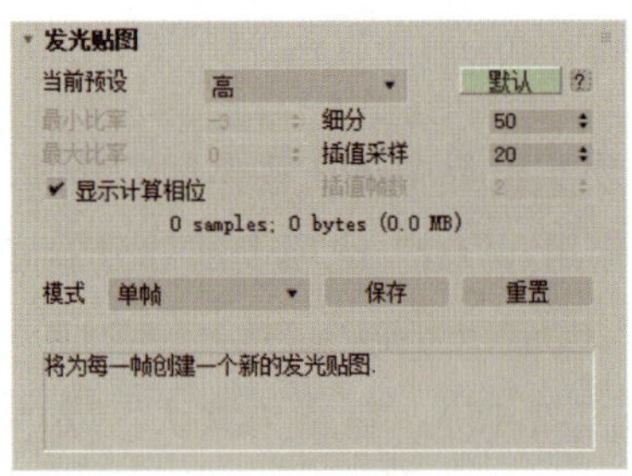

图 7-2-16 “发光贴图”卷展栏

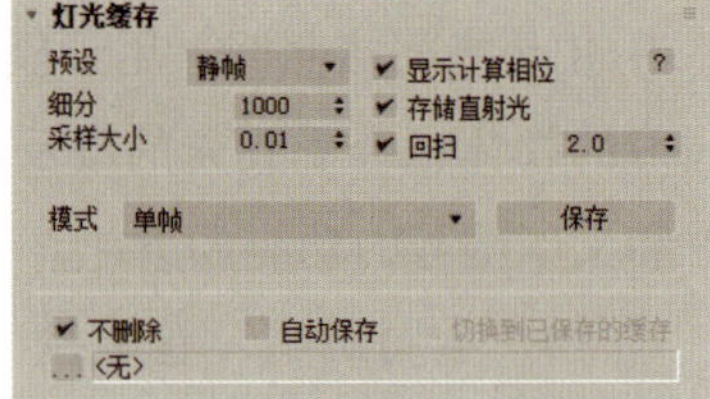

图 7-2-17 “灯光缓存”卷展栏

任务实施一 渲染小木屋并输出

下面通过渲染小木屋并输出渲染的图像，来学习使用扫描线渲染器渲染场景并输出图像的方法（图 7-2-18）。

（a）小木屋

（b）渲染效果

图 7-2-18　小木屋及其渲染效果

制作思路

打开素材文件，选择需要使用的渲染器和要渲染的视图，然后设置图像的分辨率和文件的大小、名称、储存位置，最后设置抗锯齿、光线跟踪器和高级照明的相关参数并进行渲染。

制作步骤

步骤 1　打开本书配套素材“素材与实例\项目七\小木屋”中的“小木屋素材.max”文件。激活摄影机视图并按“Shift+F”组合键显示安全框。

步骤 2　单击主工具栏中的“渲染设置”按钮或按“F10”键，在弹出的“渲染设置”对话框中选择渲染器的类型和要渲染的视图（图 7-2-19）。

步骤 3　在“公用”选项卡“公用参数”卷展栏的“输出大小”设置区中设置图像的分辨率（图 7-2-20），然后单击“渲染输出”设置区中的“文件”按钮，在弹出的“渲染输出文件”对话框中设置渲染输出的文件的名称、储存位置和储存格式（“.jpg”格式），采用软件默认的 Gamma 值并单击“保存”按钮，在弹出的对话框中单击“确定”按钮。

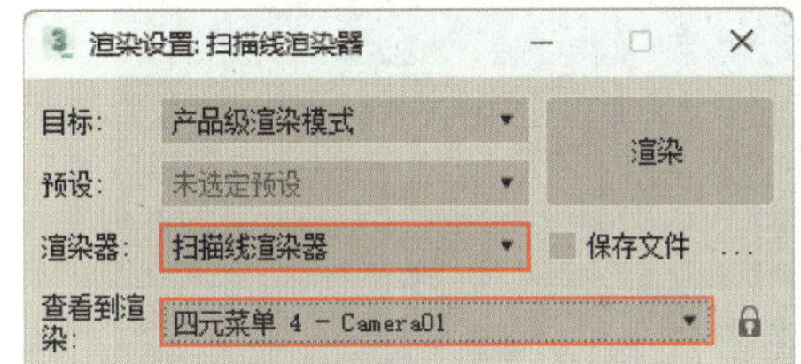

图 7-2-19　选择渲染器的类型和要渲染的视图

图 7-2-20　设置图像的分辨率

步骤 4　单击“渲染设置”对话框中的“渲染”按钮或按“F9”键进行渲染，从渲染窗口中可以看到渲染得到的图像（图 7-2-21）十分粗糙，因此还需要对抗锯齿和光线跟踪器进行设置，以获得理想的渲染效果。

步骤 5　在“渲染器”选项卡的“扫描线渲染器”卷展栏中勾选“抗锯齿”复选框并选择图像过滤器类型（图 7-2-22）。

步骤 6　在“光线跟踪器”选项卡的“光线跟踪器全局参数”卷展栏中勾选“启用光线跟踪”复选框，然后在“高级照明”选项卡的“选择高级照明”卷展栏中可选择“光跟踪器”高级照明方式（图 7-2-23）。

图 7-2-21 渲染得到的图像

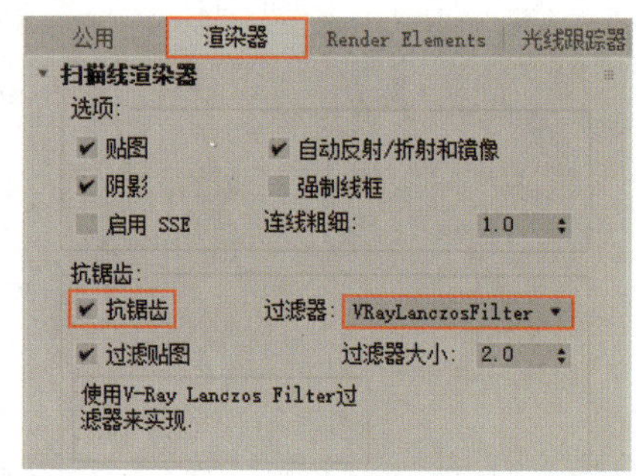

图 7-2-22 设置渲染参数①

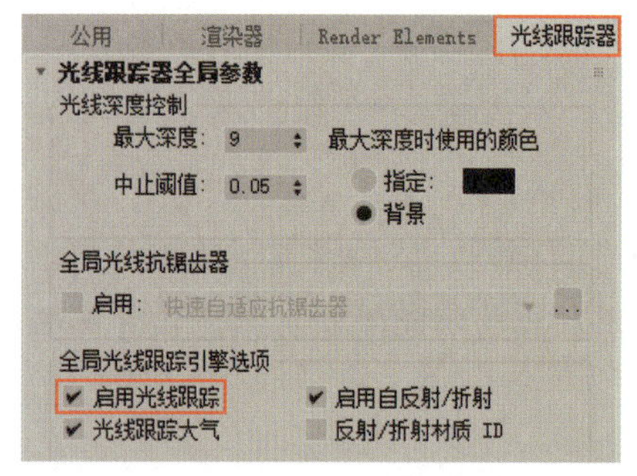

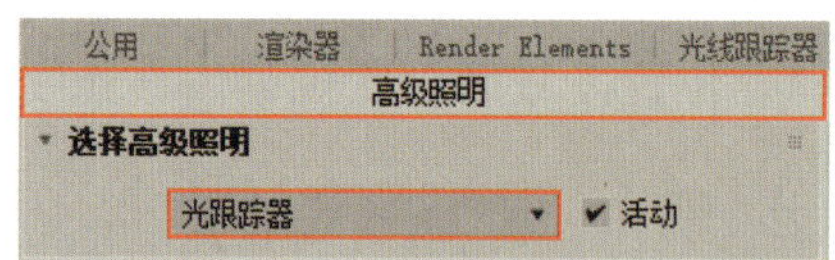

图 7-2-23 设置渲染参数②

步骤 7 按"F9"键对摄影机视图进行渲染。渲染完成后，图像会自动保存到设置的储存位置。

任务实施二 渲染公园一角并输出

渲染公园一角并输出

下面通过渲染公园一角并输出渲染的图像，学习使用 V-Ray 渲染器渲染场景并输出图像的方法（图 7-2-24）。

（a）公园一角

（b）渲染效果

图 7-2-24 公园一角及其渲染效果

制作思路

打开素材文件，选择需要使用的渲染器和要渲染的视图，然后设置图像的分辨率和文件的大小、名称、储存位置，最后设置图像采样器、图像过滤器、渲染引擎和曝光控制的相关参数并进行渲染。

制作步骤

步骤 1 打开本书配套素材“素材与实例\项目七\公园一角”中的“公园一角素材.max”文件。

步骤 2 单击主工具栏中的“渲染设置”按钮或按“F10”键，在弹出的“渲染设置”对话框中选择渲染器的类型和要渲染的视图（图 7-2-25）。

步骤 3 在“公用”选项卡“公用参数”卷展栏的“输出大小”设置区中设置图像的分辨率（图 7-2-26），然后单击“渲染输出”设置区中的“文件”按钮，在弹出的“渲染输出文件”对话框中设置渲染输出的文件的名称、储存位置和储存格式（“.jpg”格式），采用软件默认的 Gamma 值并单击“保存”按钮，在弹出的对话框中单击“确定”按钮。

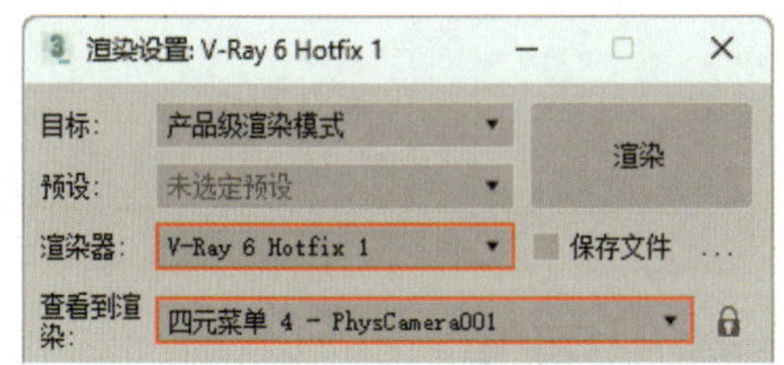

图 7-2-25　选择渲染器的类型和要渲染的视图

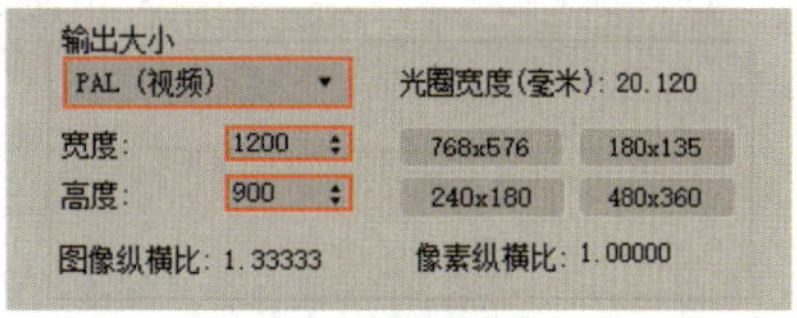

图 7-2-26　设置图像的分辨率

步骤 4 按“F9”键进行渲染，从渲染窗口中可以看到渲染得到的图像（图 7-2-27）有许多噪点，物体边缘不够清晰，画面亮度也不合理，因此还需要对图像采样器、图像过滤器、渲染引擎和曝光控制进行设置，以获得理想的渲染效果。

图 7-2-27　渲染得到的图像

步骤 5 在“V-Ray”选项卡的“图像采样器（抗锯齿）”卷展栏中设置图像采样器的类型，然后在“渲染块图像采样器”卷展栏中设置最大采样值和噪波阈值，在“图像过滤器”卷展栏中选择图像过滤器的类型（图 7-2-28）。

步骤 6 在“GI”选项卡的“全局照明”卷展栏中设置渲染引擎的类型（图 7-2-29）。

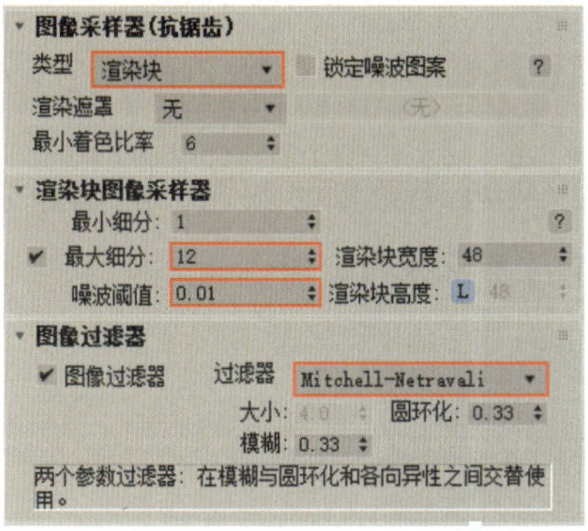

图 7-2-28　设置渲染参数①

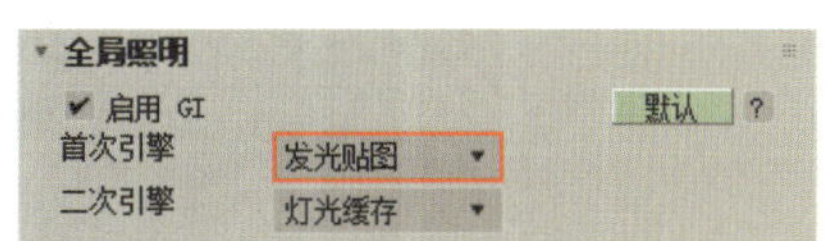

图 7-2-29　设置渲染参数②

步骤 7 按“8”键，在弹出的“环境和效果”对话框的“曝光控制”卷展栏中选择曝光控制类型，然后在视口中选中物理摄影机的图标，在“修改”面板的“曝光”卷展栏中设置曝光值和色温（图 7-2-30）。

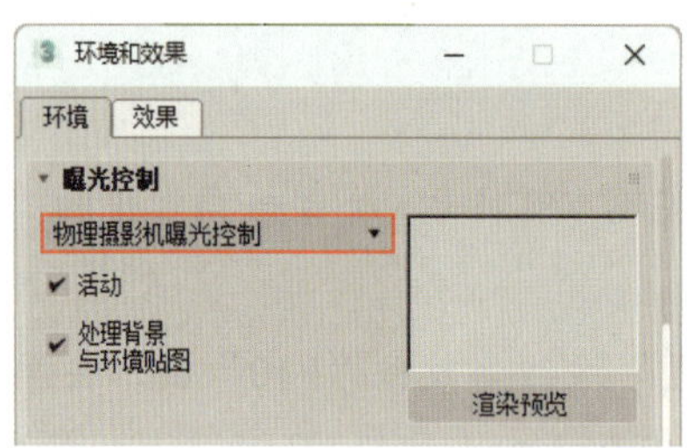

图 7-2-30 设置曝光效果的参数

步骤 8 按“F9”键对摄影机视图进行渲染。渲染完成后，图像会自动保存到设置的储存位置。

学习成果自测

自测习题一 制作林间晨雾效果并渲染输出图像

利用本项目所学知识为如图 7-2-31（a）所示的林间小道添加“雾”，制作如图 7-2-31（b）所示的林间晨雾效果，然后设置场景的渲染参数并输出图像。

（a）林间小道

（b）林间晨雾效果

图 7-2-31 林间小道及林间晨雾效果

提示： 在“环境与效果”对话框中创建“雾”，然后设置雾的颜色、类型和分层等（图 7-2-32），最后设置合适的渲染参数，渲染该场景并输出图像。

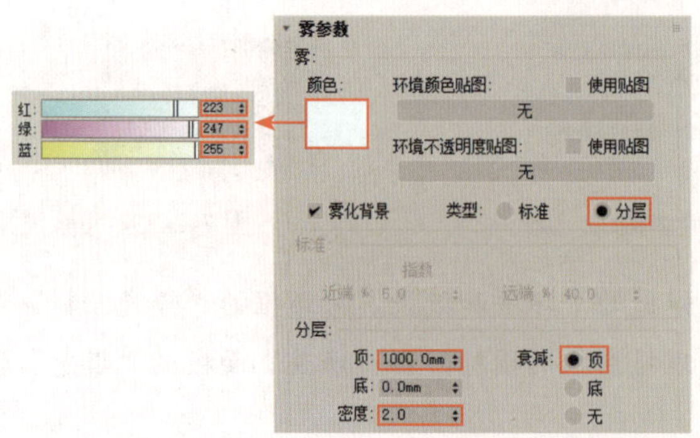

图 7-2-32 设置“雾”的参数

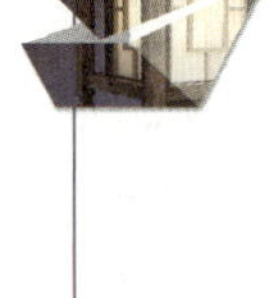

自测习题二　制作聚光灯光束并渲染输出图像

利用本项目所学知识为如图7-2-33（a）所示的凤凰雕像添加“体积光”，制作如图7-2-33（b）所示的聚光灯光束效果，然后设置场景的渲染参数并输出图像。

（a）凤凰雕像　　（b）聚光灯光束效果

图 7-2-33　凤凰雕像及聚光灯光束效果

提示：　在“环境与效果”对话框中创建“体积光”，然后在视口中拾取目标聚光灯，接着设置光束的衰减颜色、密度和最大亮度（图 7-2-34）等，最后选择合适的渲染器类型，设置合适的渲染参数后渲染该场景并输出图像。

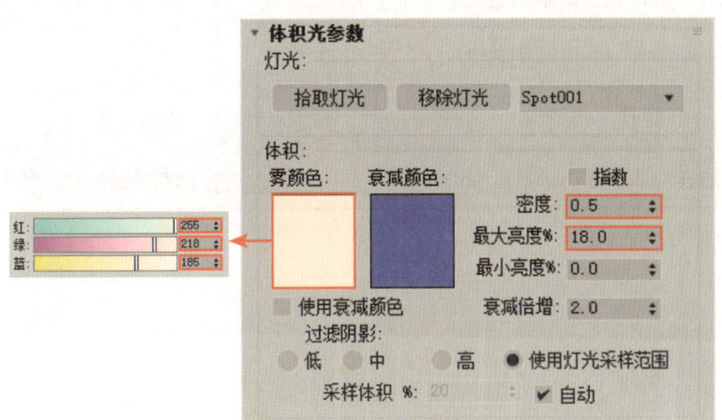

图 7-2-34　设置“体积光”的参数

学习成果评价

请进行学习成果评价，并将评价结果填入表 7-2-1。

表 7-2-1　学习成果评价表

评价项目	评价内容	分值	评价分数		
			自评	他评	师评
知识（40%）	环境的公用参数和曝光控制	10			
	大气效果	10			
	扫描线渲染器	10			
	V-Ray 渲染器	10			
技能（40%）	能够为场景添加环境贴图	5			
	能够使用曝光控制调整画面的曝光效果	5			
	能够使用大气效果制作火焰、雾、光束等特殊效果	10			
	能够使用扫描线渲染器渲染场景并输出图像	10			
	能够使用 V-Ray 渲染器渲染场景并输出图像	10			
素养（20%）	积极参加教学活动，按时完成学习任务	10			
	培养对画面的把控能力，提升审美能力	10			
合计		100			
总评	自评（20%）+ 他评（20%）+ 师评（60%）= ________	指导教师（签名）：____________			

项目八

动　画

3ds Max具有十分强大的动画功能，可以制作多种类型的动画。在3ds Max中制作动画时，只需要制作每个动画序列的起始画面、结束画面和关键画面，软件就可以自动生成中间画面。本项目将介绍动画原理、动画和时间控件、轨迹视图及常用的约束类型，带领读者学习使用3ds Max制作动画的方法。

知识目标

- 了解动画原理。
- 了解常用的约束类型及其功能。

能力目标

- 能够设置关键点。
- 能够使用轨迹视图调整动画效果。
- 能够制作关键帧动画。
- 能够使用约束制作动画。

素质目标

- 学生通过分解对象的动作并设置关键点来制作动画，培养认真观察、勤于思考、细致入微的态度。
- 学生通过制作动画，培养精益求精的工匠精神和良好的职业精神。

任务一　制作关键帧动画

【任务引入】

小希制作的PPT中需要一个简单的动画，但是他不知道怎么制作动画。同学看他愁眉不展，便告诉他，可以使用3ds Max制作动画，再将动画插入PPT中。在3ds Max中，只需要将模型发生变化的节点作为关键帧记录下来，软件就会自动生成中间的动画，非常方便。很快，小希便在同学的指导下完成了动画的制作。

想一想：

（1）什么是关键帧动画？

（2）怎样设置关键点？

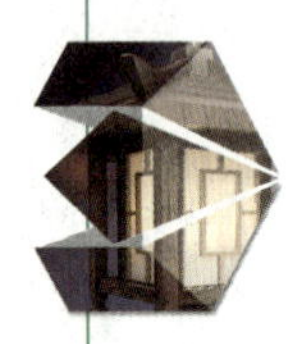

一、动画原理

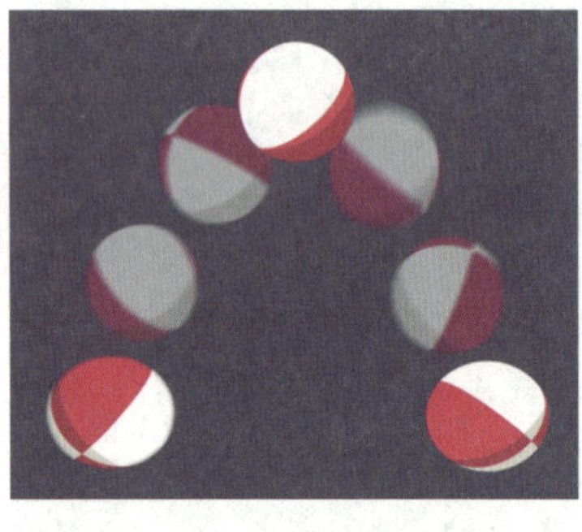

图 8-1-1　关键帧和中间帧

动画是指利用人眼的视觉暂留特性，使连续播放的静态图像相互衔接而形成的动态效果。动画中的每一幅静态图像就是一帧，这些帧分为关键帧和中间帧。关键帧是指对象在运动变化中的关键动作所处的那一帧，常用于定义动作的起始点、转折点和结束点；中间帧是指在关键帧之间起到补充作用的帧（图 8-1-1）。

使用3ds Max制作动画时，只需要制作出不同时间节点上的关键帧，软件就会在相邻的关键帧之间自动生成中间帧。

二、动画和时间控件

（一）动画控件

动画控件（图 8-1-2）可用于设置和编辑关键点（关键帧的值称为“关键点”），控制动画的播放与暂停。动画控件中轨迹栏、时间滑块和常用按钮的功能如下：

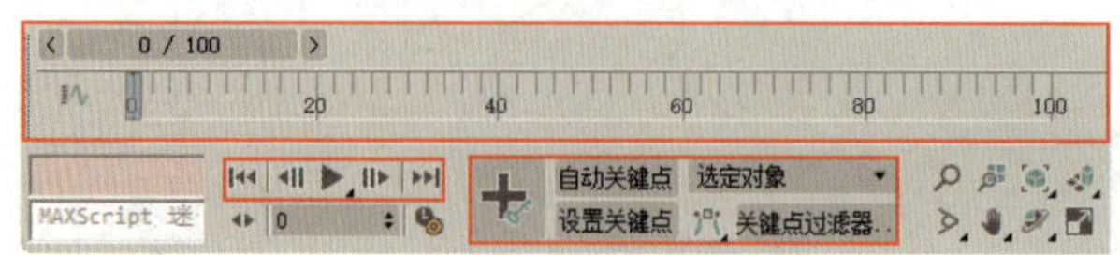

图 8-1-2　动画控件

（1）轨迹栏和时间滑块：轨迹栏是用于显示帧数和关键点的时间线，在轨迹栏上可以移动、复制和删除关键点；时间滑块用于显示当前帧，拖动时间滑块，视口中会显示与该帧对应的画面。

（2）“自动关键点”和“设置关键点”按钮：这 2 个按钮分别用于自动和手动设置关键点。

① 采用自动方式设置关键点：单击“自动关键点”按钮或按“N”键，开启自动设置关键点功能。此时拖动时间滑块至所需位置，然后更改对象的值（如对对象进行移动、旋转、缩放，调整修改器的参数等），软件就会自动在时间滑块所在的位置设置一个关键点。

② 采用手动方式设置关键点：单击“设置关键点”按钮，开启手动设置关键点功能。此时拖动时间滑块至所需位置，然后更改对象的属性值，再单击“设置关键点”按钮+或按“K”键，即可在时间滑块所在的位置设置一个关键点。

（3）“关键点过滤器”按钮：在采用手动方式设置关键点时，可单击该按钮，在弹出的“设置关键点过滤器”对话框（图 8-1-3）中勾选需要记录的参数。

（4）“播放动画”按钮▶：单击该按钮后活动视口中会播放动画，该按钮会变为“停止动画”按钮⏸。

图 8-1-3 “设置关键点过滤器”对话框

实例：制作纸飞机动画

下面通过制作纸飞机动画，来学习设置关键点的方法（图 8-1-4）。

图 8-1-4 纸飞机动画（截图）

步骤 1 打开本书配套素材“素材与实例\项目八\纸飞机动画”中的“纸飞机素材 .max”文件。

步骤 2 单击“自动关键点”按钮，将时间滑块拖至第 30 帧，然后选中纸飞机（图 8-1-5），在顶、左视图中将纸飞机移至合适位置。

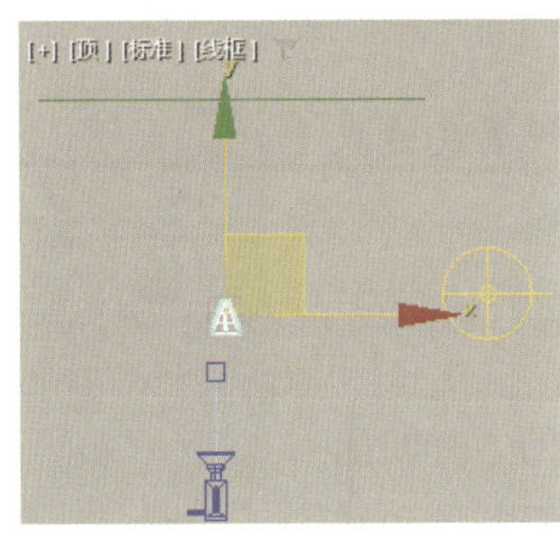

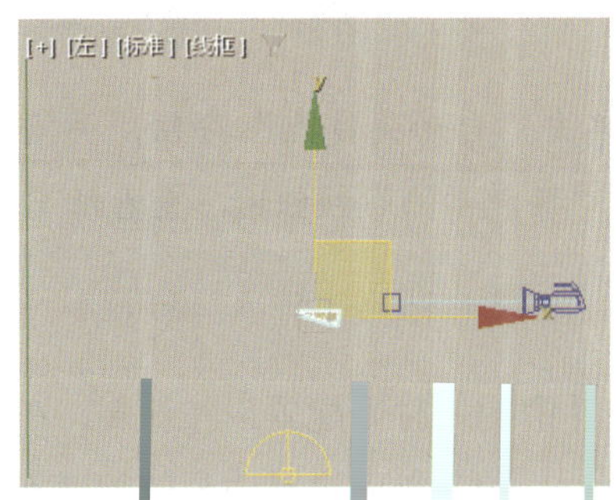

图 8-1-5 纸飞机的位置（第 30 帧）

步骤 3 将时间滑块拖至第 55 帧，然后在顶、左视图中调整纸飞机的位置（图 8-1-6）。

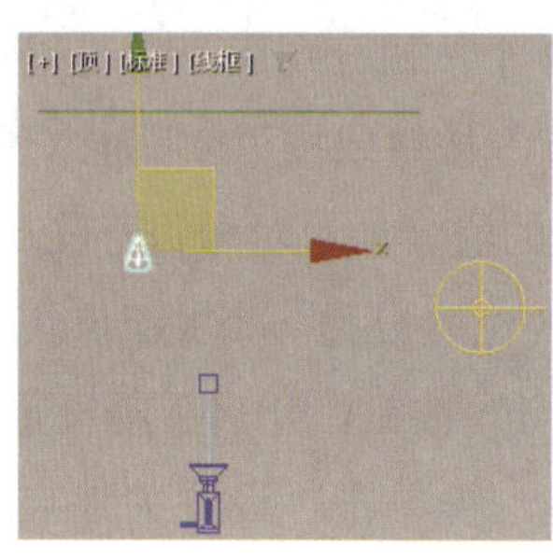
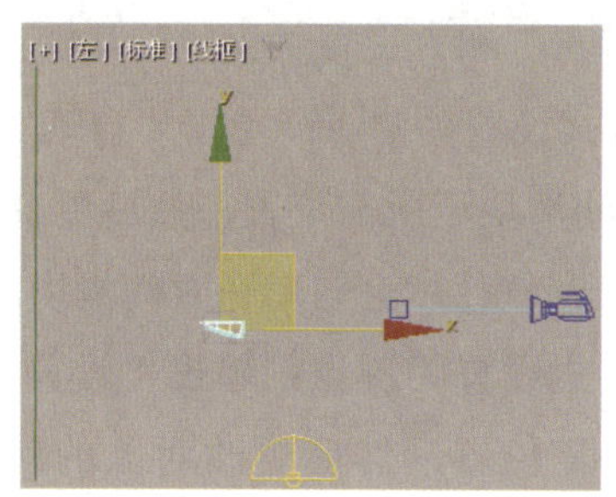

图 8-1-6　纸飞机的位置（第 55 帧）

步骤 4　将时间滑块拖至第 80 帧，然后在顶、左视图中调整纸飞机的位置（图 8-1-7），使纸飞机位于摄影机视图外，最后在前视图中将其绕 y 轴按逆时针方向旋转约 85°，绕 x 轴按顺时针方向旋转约 195°，使纸飞机产生翻转（图 8-1-8）。

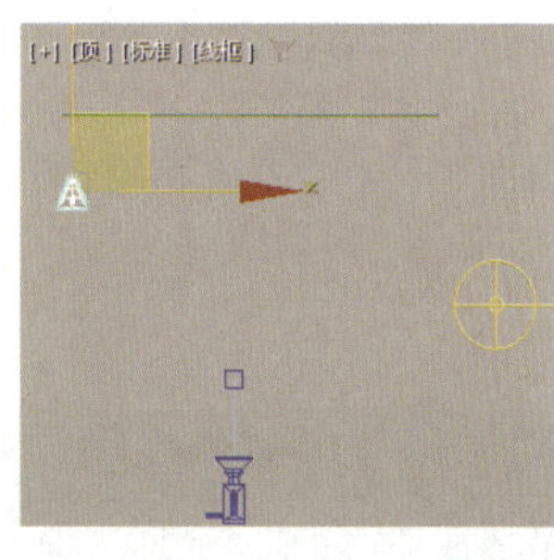
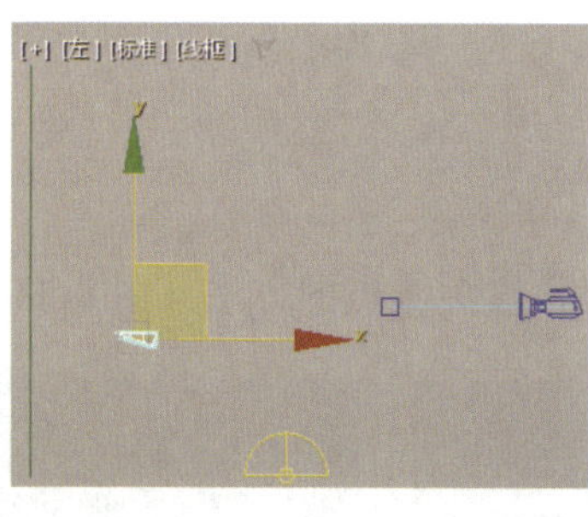

图 8-1-7　纸飞机的位置（第 80 帧）

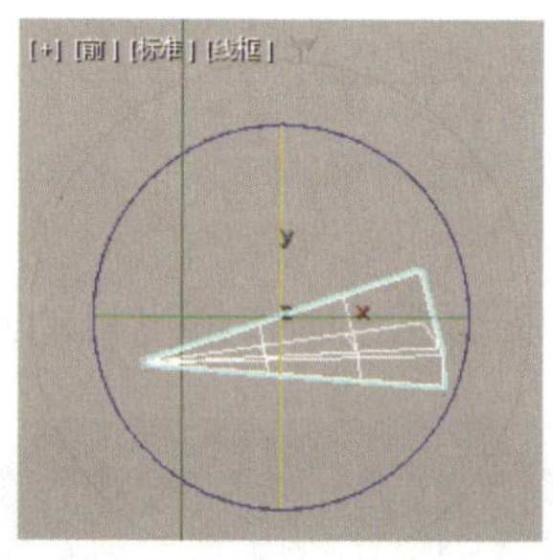

图 8-1-8　纸飞机的角度（第 80 帧）

步骤 5　在主工具栏的"参考坐标系"下拉列表中将坐标系类型设为局部，然后将时间滑块拖至第 55 帧，在透视图中将纸飞机绕 y 轴按顺时针方向旋转约 40°，使纸飞机在摄影机视图中的角度接近如图 8-1-9 所示的角度，使纸飞机翻转更加自然。

图 8-1-9　摄影机视图中的纸飞机（第 55 帧）

步骤 6　单击"自动关键点"按钮，关闭自动设置关键点功能，然后单击"播放动画"按钮▶，查看纸飞机动画。

（二）时间控件

单击时间控件中的"时间配置"按钮，在弹出的"时间配置"对话框（图 8-1-10）中可设置动画的帧速率、动画开始和结束的时间等。该对话框中常用设置区的功能如下：

（1）"帧速率"设置区：用于设置每秒播放的静态画面的数量，单位为 fps。该设置区中的"NTSC""PAL"和"电影"单选钮分别对应 3 种不同制式的视频类型，NTSC 视频的帧速率为

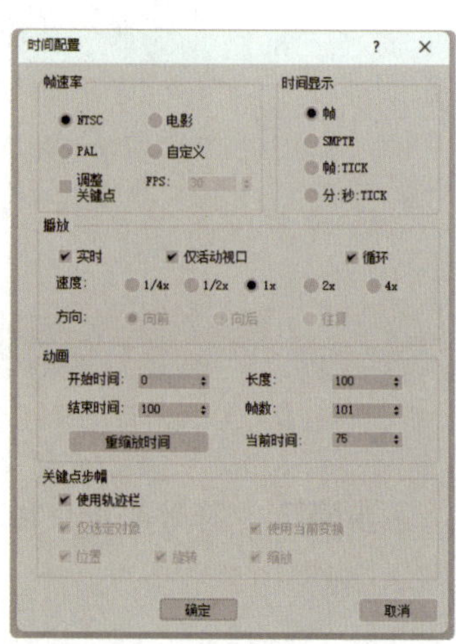

图 8-1-10　"时间配置"对话框

30 fps，PAL 视频的帧速率为 25 fps，电影视频的帧速率为 24 fps。本书案例均使用“PAL”类型。

（2）“播放”设置区：用于设置动画的播放状态和播放视口。该设置区中“速度”右侧的单选钮用于选择动画的播放速度，通常选择“1x”单选钮，即以正常速度播放动画。

（3）“动画”设置区：用于设置动画的开始时间和结束时间。

三、轨迹视图

轨迹视图用于查看和编辑关键点，有曲线编辑器和摄影表两种模式，最常用的是曲线编辑器模式。单击主工具栏中的“曲线编辑器”按钮，可打开“轨迹视图 - 曲线编辑器”面板（图 8-1-11），其界面由菜单栏、工具栏、“控制器”窗口和“关键点”窗口组成，各组成部分的常用功能如下：

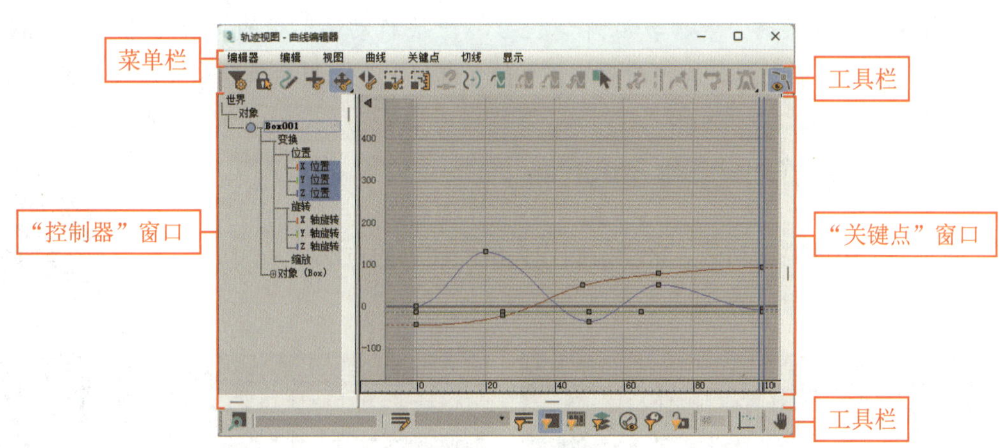

图 8-1-11 “轨迹视图 - 曲线编辑器”面板

（1）菜单栏：由“编辑器”“编辑”“视图”“曲线”“关键点”等菜单组成，每个菜单中包含多个菜单项。其中，使用“编辑器”菜单可切换轨迹视图的模式，使用“编辑”菜单可为对象添加控制器、为动画设置循环效果等。

知识拓展

怎样为动画设置循环效果

在“轨迹视图 - 曲线编辑器”面板中选择“编辑”→“控制器”→“超出范围类型”菜单，在弹出的“参数曲线超出范围类型”对话框（图 8-1-12）中单击各选项下方的和按钮，可设置对象在第一个关键点前和最后一个关键点后的运动类型。常用的运动类型及其功能如下：

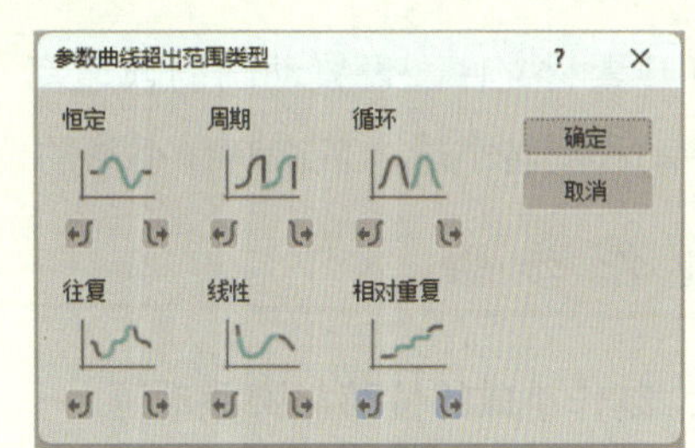

图 8-1-12 “参数曲线超出范围类型”对话框

① 恒定：默认的运动类型，选择该选项后，对象仅在第一个和最后一个关键点间应用动画效果。

② 循环：在动画时间范围内重复应用第一个和最后一个关键点间的动画效果。

③ 往复：在动画时间范围内重复动画时在向前和向后间交替。

④ 相对重复：在动画时间范围内重复应用第一个和最后一个关键点间的动画效果，但在每次重复时会在动作的末端产生偏移，使对象继续朝某个方向移动，而不是回到原点。

（2）工具栏：主要用于编辑关键点，其中常用的有“移动关键点”按钮和“添加/移除关键点”按钮。

①“移动关键点”按钮：单击该按钮后，可在“关键点”窗口中调整关键点及其切线控制柄的位置。

②“添加/移除关键点”按钮：单击该按钮后，在“关键点”窗口中曲线上单击，即可添加关键点；按住“Shift”键并在“关键点”窗口中单击曲线上的关键点，即可删除该关键点。

（3）“控制器”窗口：用于显示对象的名称、轨迹标签等。

（4）“关键点”窗口：用于显示和编辑关键点。使用工具栏中的按钮可以在该窗口中编辑关键点。

探索与分享

请打开本书配套素材“素材与实例\项目八\纸飞机动画”中的“纸飞机动画.max”文件或自行制作的纸飞机动画，在“轨迹视图-曲线编辑器”面板中调整纸飞机飞翔的路径。

任务实施一 制作小球跳动动画

扫一扫

制作小球跳动动画

下面通过制作小球跳动动画，来学习制作关键帧动画的方法（图8-1-13）。

图8-1-13　小球跳动动画（截图）

制作思路

打开素材文件，设置动画的帧速率、开始时间和结束时间，然后开启自动设置关键点功能，通过移动和旋转小球，依次制作小球的位移动画、弹跳动画和在运动时的旋转动画。

制作步骤

1．制作小球的位移与弹跳动画

步骤1　打开本书配套素材“素材与实例\项目八\小球跳动动画”中的“小球素材.max”文件。

提示

本案例中需要渲染的视图为前视图，为保证最终效果与如图8-1-13所示的画面一致，请不要移动和缩放素材文件中的前视图。

步骤 2 单击动画和时间控件中的“时间配置”按钮，然后在弹出的“时间配置”对话框中单击“PAL”单选钮，将动画的开始时间和结束时间分别设为第 0 帧和第 180 帧（图 8-1-14），最后单击“确定”按钮。

步骤 3 单击“自动关键点”按钮，将时间滑块拖至第 25 帧，然后选中小球，在前视图中将其移至高处台面的边缘（图 8-1-15）。

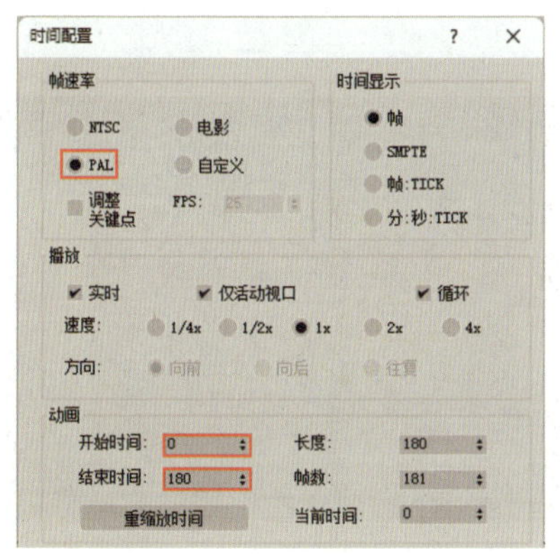

图 8-1-14　设置时间配置

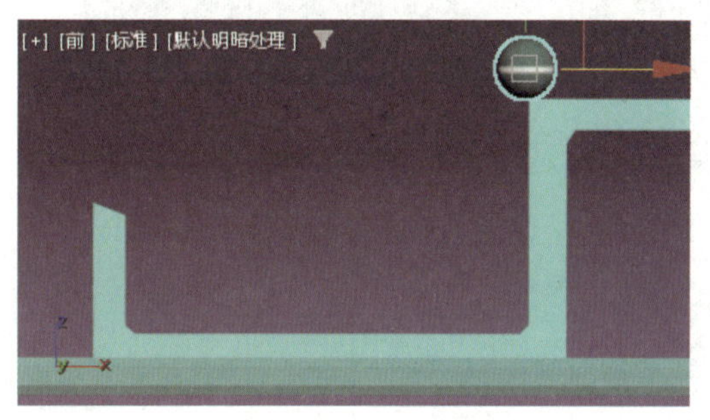

图 8-1-15　小球的位置（第 25 帧）

步骤 4 将时间滑块拖至第 32 帧，在前视图中将小球移至低处的台面上（图 8-1-16）。

步骤 5 将时间滑块拖至第 70 帧，在前视图中将小球沿 x 轴方向移至如图 8-1-17 所示的位置，使其停靠在视口左侧的挡板处。

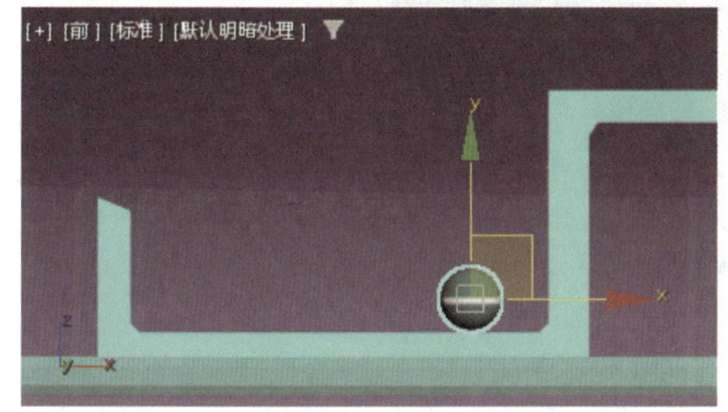

图 8-1-16　小球的位置（第 32 帧）

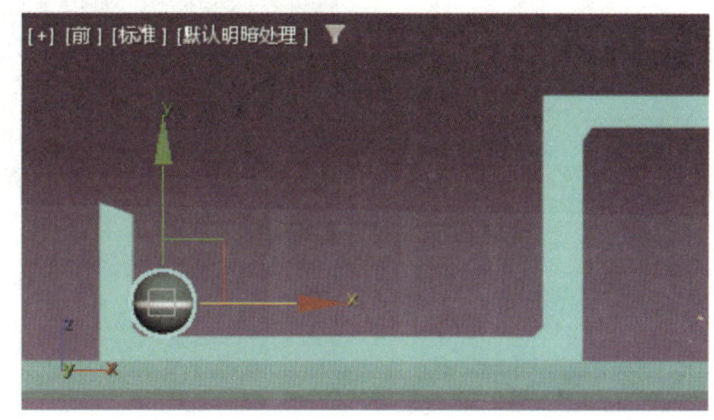

图 8-1-17　小球的位置（第 70 帧）

步骤 6 将时间滑块拖至第 35 帧，在前视图中将小球沿 y 轴方向向上移动（图 8-1-18），使其弹起；然后将时间滑块拖至第 40 帧，将小球沿 y 轴方向向下移动，使其落在台面。

步骤 7 将时间滑块拖至第 45 帧，在前视图中将小球沿 y 轴方向向上移动（图 8-1-19），使其弹起；然后将时间滑块拖至第 50 帧，将小球沿 y 轴方向向下移动，使其落在地面。

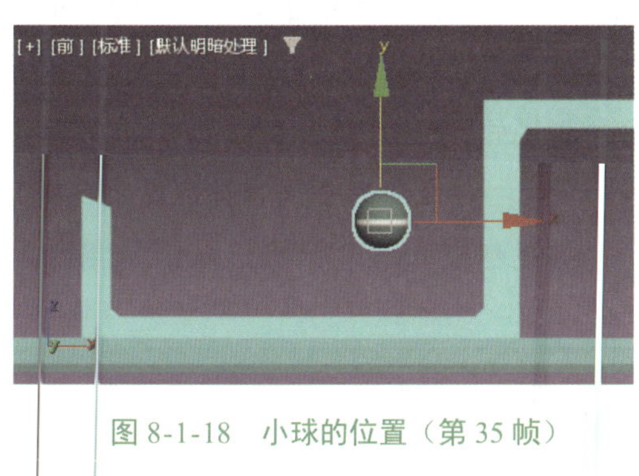

图 8-1-18　小球的位置（第 35 帧）

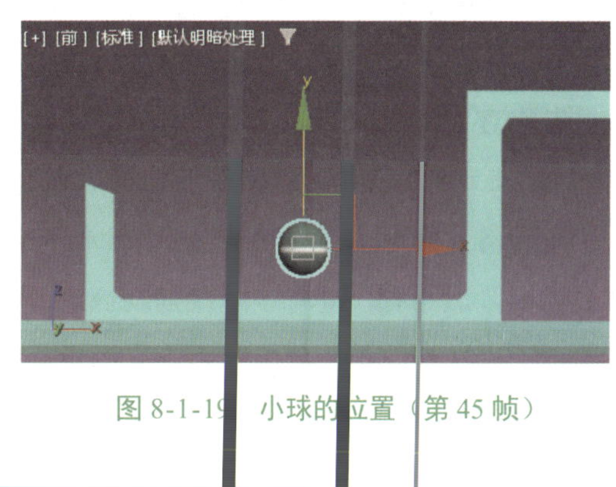

图 8-1-19　小球的位置（第 45 帧）

步骤 8 将时间滑块拖至第 55 帧，在前视图中将小球沿 y 轴方向向上移动（图 8-1-20），使其弹起（这是小球最后一次弹起，弹起高度较小）；然后将时间滑块拖至第 60 帧，将小球沿 y 轴方向向下移动，使其落在地面。

步骤 9 单击“播放动画”按钮▶，可以看到小球从高处落下时，小球会穿插到台面中（俗称“穿模”），所以需要进行调整。将时间滑块拖至第 27 帧，在前视图中调整小球的位置（图 8-1-21）。

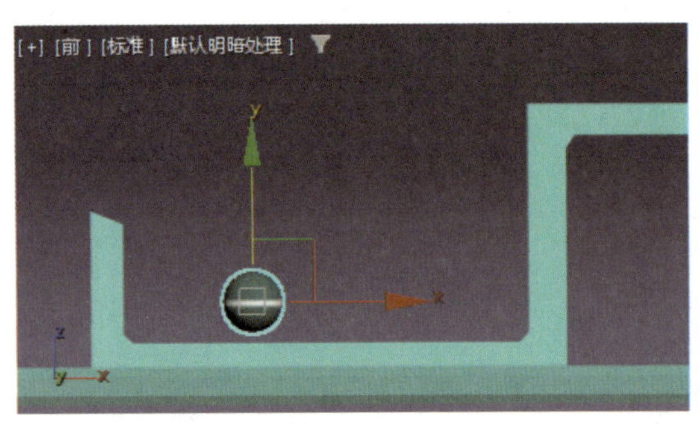

图 8-1-20 小球的位置（第 55 帧）

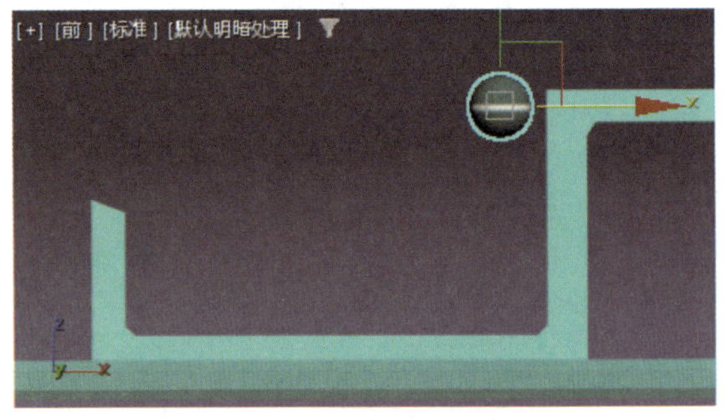

图 8-1-21 小球的位置（第 27 帧）

步骤 10 将时间滑块拖至第 180 帧，在前视图中将小球沿 x 轴方向移动，模拟小球与障碍物碰撞后产生的位移（图 8-1-22）。

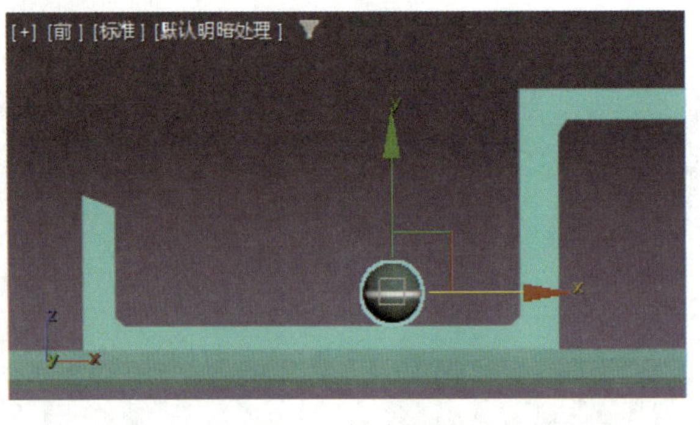

图 8-1-22 小球的位置（第 180 帧）

2. 制作小球的旋转动画

步骤 1 将时间滑块拖至第 32 帧，然后在前视图中将小球绕 z 轴按逆时针方向旋转 400°。

步骤 2 将时间滑块拖至小球落在台面和碰撞障碍物时的关键帧处，然后在前视图中将小球依次绕 z 轴按逆时针方向旋转合适的角度。例如，在 40、50、70 帧处，分别将小球绕 z 轴按逆时针方向旋转 180°、180° 和 260°。小球旋转的角度应根据其移动距离的长短来判断，距离越长，旋转角度越大。

步骤 3 在第 70 帧处，小球碰撞到挡板后开始向相反的方向滚动。根据小球滚动的距离，在第 180 帧处将小球绕 z 轴按顺时针方向旋转 600°。

步骤 4 单击“自动关键点”按钮，关闭自动设置关键点功能，然后激活前视图，单击“播放动画”按钮▶，查看小球跳动动画。

任务实施二 制作室内漫游动画

扫一扫
制作室内漫游动画

下面通过制作室内漫游动画，来学习通过设置摄影机和灯光的关键帧来制作关键帧动画的方法（图 8-1-23）。

图 8-1-23 室内漫游动画（截图）

制作思路

打开素材文件，设置动画的帧速率、开始时间和结束时间，开启自动设置关键点功能后依次制作摄影机动画和灯光动画，展示室内的布局和灯光效果。制作摄影机动画的思路：调整透视图中的画面并创建一个物理摄影机，然后通过调整物理摄影机的图标和目标点的位置来制作摄影机动画。制作灯光动画的思路：根据摄影机视图的画面，在不同时间节点设置几组灯光的亮度，使它们依次亮起。

制作步骤

1. 制作摄影机动画

步骤 1 打开本书配套素材“素材与实例 \ 项目八 \ 室内漫游动画”中的“公寓素材 .max”文件。

步骤 2 单击动画和时间控件中的“时间配置”按钮，然后在弹出的“时间配置”对话框中单击“PAL”单选钮，将动画的开始时间和结束时间分别设为第 0 帧和第 400 帧，最后单击“确定”按钮。

步骤 3 调整透视图中的画面，然后按“Ctrl+C”组合键创建物理摄影机（图 8-1-24）。此时，物理摄影机的图标和目标点的位置如图 8-1-25 所示。

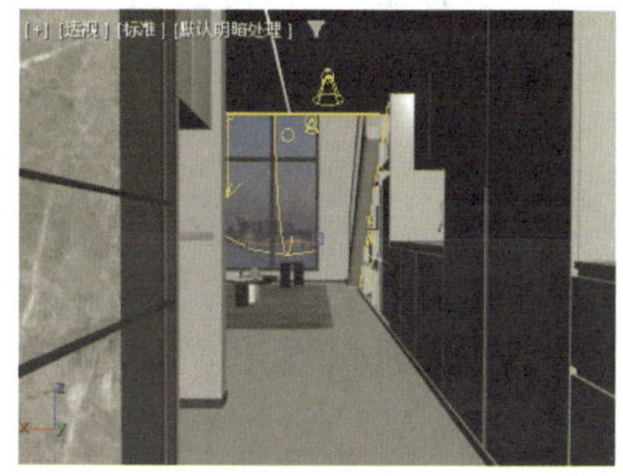

图 8-1-24 透视图中的画面

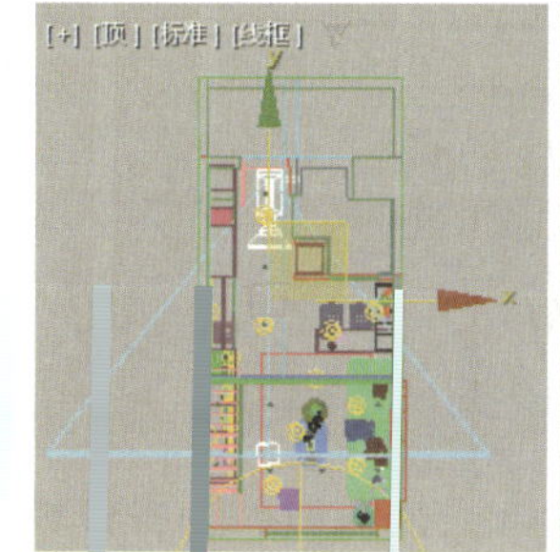

图 8-1-25 物理摄影机的图标和目标点的位置

步骤 4 单击“自动关键点”按钮，然后将时间滑块拖至第 200 帧，在顶视图中选中物理摄影机的图标，将其沿 y 轴方向移至如图 8-1-26 所示的位置，使摄影机视图的画面接近如图 8-1-27 所示的画面，最后选中物理摄影机的目标点，按“K”键设置关键点。

图 8-1-26 物理摄影机图标的位置（第 200 帧）

图 8-1-27 摄影机视图的画面（第 200 帧）

步骤 5 将时间滑块拖至第 215 帧，按“P”键将摄影机视图切换为透视图，接着参照图 8-1-28 调整透视图中的画面，确保物理摄影机图标为选中状态，然后按“Ctrl+C”组合键，将当前显示的画面设置为摄影机视图的画面，再按“C”键将透视图切换为摄影机视图，最后在顶、左视图中调整物理摄影机的图标和目标点的位置（图 8-1-29）。

图 8-1-28 摄影机视图的画面（第 215 帧）

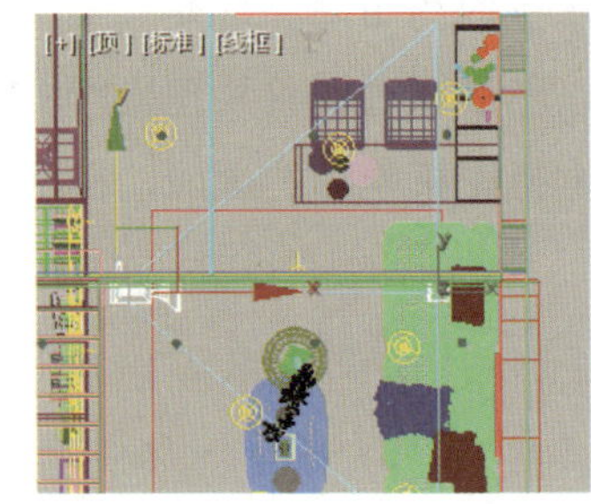

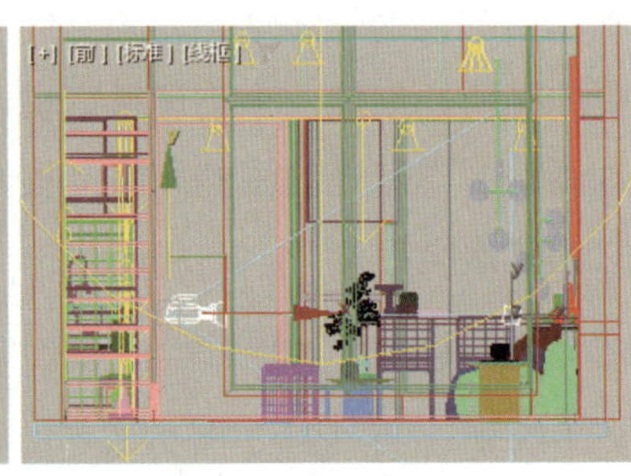

图 8-1-29 物理摄影机的图标和目标点的位置（第 215 帧）

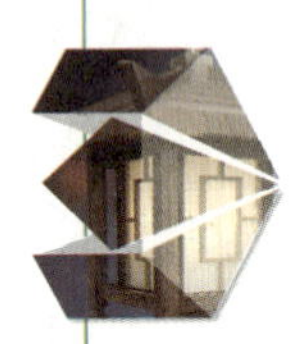

步骤 6 将时间滑块拖至第 220 帧，在顶视图中选中物理摄影机的图标和目标点，将其沿 y 轴方向略微向下移动，使摄影机视图的画面切换更加顺畅。

步骤 7 将时间滑块拖至第 400 帧，在顶视图中选中物理摄影机的图标和目标点，将其沿 y 轴方向移至如图 8-1-30 所示的位置，使摄影机视图的画面接近如图 8-1-31 所示的画面。

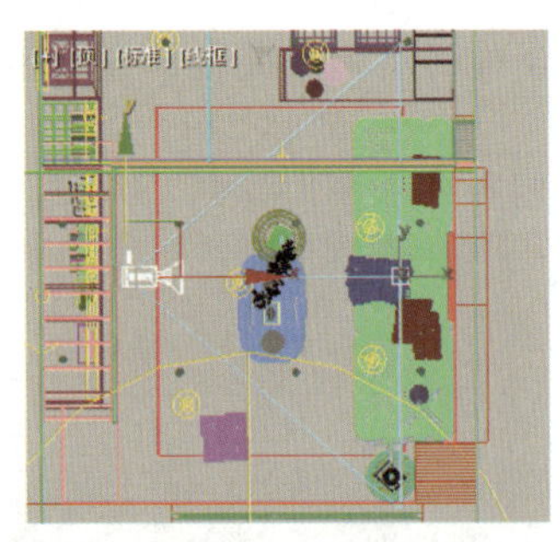

图 8-1-30 物理摄影机的图标和目标点的位置（第 400 帧）

图 8-1-31 摄影机视图的画面（第 400 帧）

步骤 8 激活摄影机视图，单击“播放动画”按钮▶查看摄影机动画。

2. 制作灯光动画

步骤 1 将时间滑块拖至第 21 帧，在顶视图中选中玄关处的 VRay 圆形灯（图 8-1-32），在“修改”面板的“常规”卷展栏中将灯光的强度值设为 800，然后在轨迹栏中选中第 0 帧处的关键点，将其移至第 20 帧。

步骤 2 将时间滑块拖至第 81 帧，在顶视图中选中洗手台处的 VRay 平面灯（图 8-1-33），在“修改”面板的“常规”卷展栏中将灯光的强度值设为 8，然后在轨迹栏中选中第 0 帧处的关键点，将其移至第 80 帧。

步骤 3 将时间滑块拖至第 81 帧，在摄影机视图中选中灯带处的 VRay 平面灯（图 8-1-34），在“修改”面板的“常规”卷展栏中将灯光的强度值设为 12，然后在轨迹栏中选中第 0 帧处的关键点，将其移至第 80 帧。

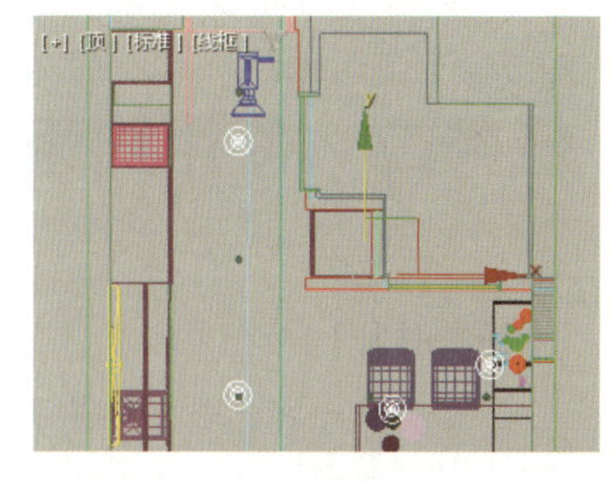

图 8-1-32　选中玄关处的 VRay 圆形灯

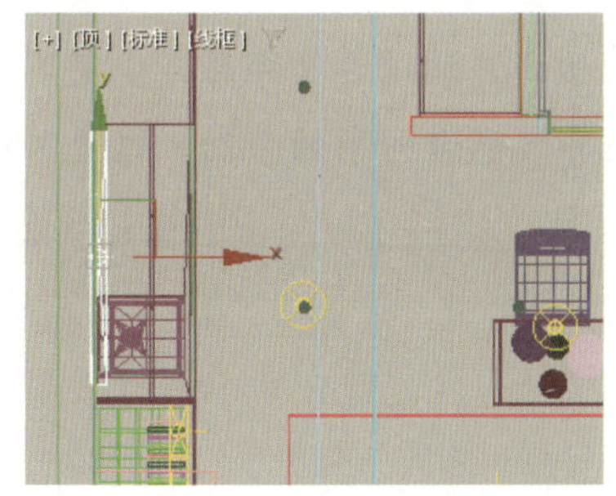

图 8-1-33　选中洗手台处的 VRay 平面灯

图 8-1-34　选中灯带处的 VRay 平面灯

步骤 4 将时间滑块拖至第 121 帧，在前视图中选中楼梯下书架处的 VRay 平面灯（图 8-1-35），在“修改”面板的“常规”卷展栏中将灯光的强度值设为 8，然后在轨迹栏中选中第 0 帧处的关键点，将其移至第 120 帧。

步骤 5 将时间滑块拖至第 161 帧，在前视图中选中客厅上方的 VRay 圆形灯（图 8-1-36），在“修改”面板的“常规”卷展栏中将灯光的强度值设为 2 000，然后在轨迹栏中选中第 0 帧处的关键点，将其移至第 160 帧。

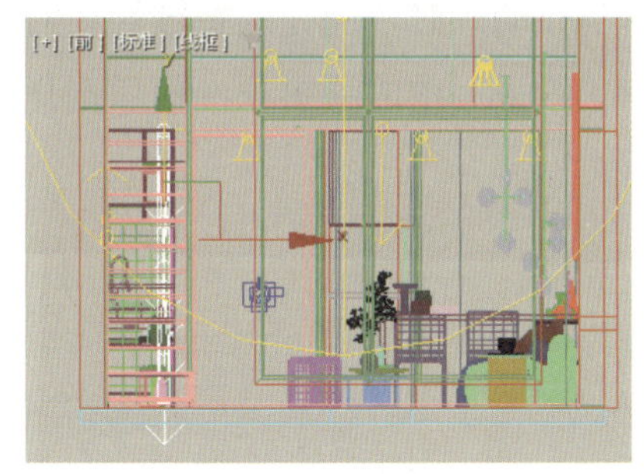

图 8-1-35　选中楼梯下书架处的 VRay 平面灯

图 8-1-36　选中客厅上方的 VRay 圆形灯

步骤 6 单击“自动关键点”按钮，关闭自动设置关键点功能。

步骤 7 按“F10”键，在弹出的“渲染设置”对话框中单击“公用”选项卡“公用参数”卷展栏中的“活动时间段”单选钮，然后根据需要设置视频的分辨率，接着单击“渲染输出”设置区中的“文件”按钮，在弹出的“渲染输出文件”对话框中设置渲染输出文件的储存位置、格式和名称并单击“保存”按钮，最后单击“渲染”按钮，等待一段时间后，即可在设置的文件储存位置查看制作的室内漫游动画。

任务二 使用约束制作动画

【任务引入】

小雯在一家广告公司实习。某日，领导让小雯制作汽车宣传片中汽车在山路上行驶的动画。山路蜿蜒曲折，小雯投入了大量的时间和精力去调整汽车的行驶轨迹，但反复尝试后，效果仍然不尽如人意，这让她有些沮丧。小雯的同事察觉到了她的困扰，主动上前告诉小雯可以尝试使用“路径约束”命令来制作汽车沿路径行驶的效果，并向小雯演示了路径约束的应用方法。最终，小雯成功制作出令人满意的动画。通过这次经历，小雯不仅学到了制作动画的技巧，还体会到团队合作的重要性，她非常感激同事的帮助，也更加珍惜实习的时光。

想一想：

（1）怎样应用约束？

（2）常用的约束有哪些？

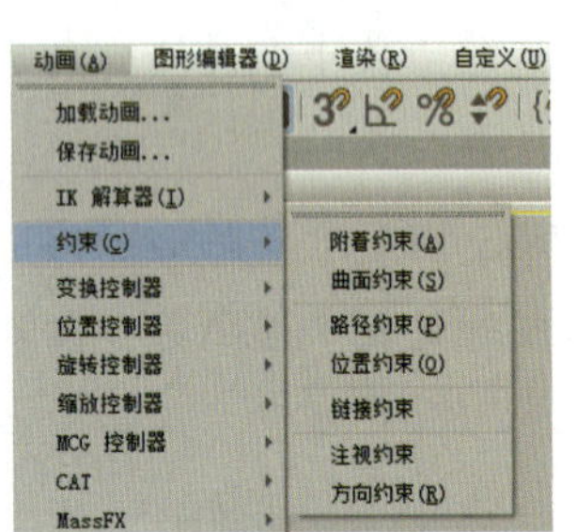

图 8-2-1 “约束”中的菜单项

使用“动画”→“约束”中的菜单项（图 8-2-1）可以将对象 A 约束到对象 B 上，使对象 A 的运动受到对象 B 的限制。其中，对象 A 称为“被约束对象”，对象 B 称为“目标对象”（或“约束对象”）。使用“约束”下的菜单制作动画时，需要一个被约束对象和至少一个目标对象。

使用“约束”下的菜单制作动画时，应先选择被约束对象，然后根据需要选择“动画”→“约束”中的菜单项，最后选择目标对象。常用的约束类型有路径约束、链接约束、注视约束等。

一、路径约束

使用“路径约束”命令可以使被约束对象沿着指定的路径（曲线）运动（图 8-2-2），常用于制作汽车沿指定路径行驶动画、小鸟沿指定路径飞翔动画等。

图 8-2-2 路径约束效果

应用路径约束后，软件会在动画时间范围的始端和末端自动设置关键点，使被约束对象在第一帧和最后一帧分别位于路径的起点和终点。使用“路径约束”命令制作动画时，可在“运动”面板的“路径参数”卷展栏（图 8-2-3）中添加和删除路径、调整被约束对象受目标对象影响的程度、设置被约束对象的运动速度等。

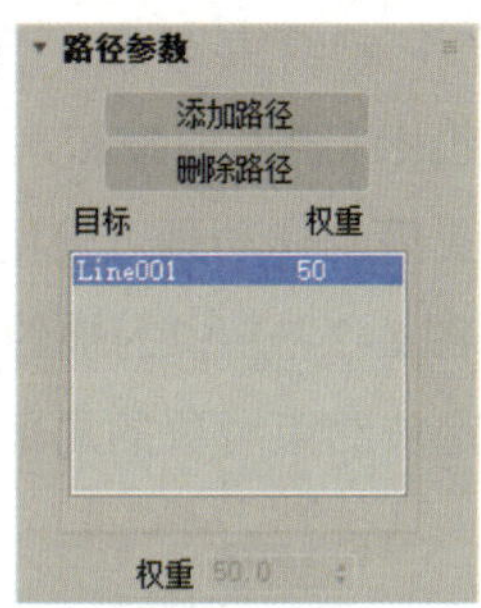

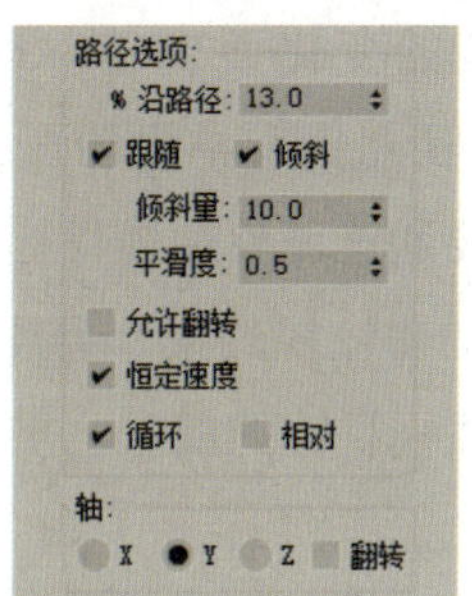

图 8-2-3 “路径参数”卷展栏

“路径参数”卷展栏中常用复选框、文本框和设置区的功能如下：

（1）“跟随”复选框：用于控制被约束对象沿着曲线运动的同时，是否会随着曲线曲率的变化而改变自身的朝向。

（2）“倾斜”复选框：用于控制被约束对象沿着曲线运动的同时是否倾斜。

（3）“倾斜量”文本框：用于设置被约束对象在运动时倾斜的方向和程度。

（4）“平滑度”文本框：用于设置被约束对象在转弯时改变运动方向的快慢程度。若该数值较小，则被约束对象对曲线变化的反应灵敏。若该数值较大，则会消除突然发生的转折。

（5）“恒定速度”复选框：勾选该复选框后，被约束对象会以恒定的速度运动；取消勾选该复选框后，被约束对象运动时的速度变化取决于作为路径的曲线上各顶点之间的距离。

（6）“轴”设置区：用于设置被约束对象与路径对齐的轴。

二、链接约束

使用“链接约束”命令可以使被约束对象继承目标对象的位置、旋转角度和缩放比例，从而使二者做出相同的动作，常用于制作手持工具动画、抓取物体动画（图 8-2-4）等。

应用链接约束后，被约束对象会随着目标对象的位置、旋转角度和缩放比例的变化而变化。使用“链接约束”命令制作动画时，可在“运动”面板“链接参数”卷展栏（图 8-2-5）中的“添加链接”按钮，还可以通过为被约束对象添加其他目标对象，并调整该目标对象在不同时间节点上的位置，使同一个被约束对象随多个目标对象的位置、旋转角度和缩放比例变化而变化。单击“链接参数”卷展栏中的“删除链接”按钮，可以断开所选中的目标对象与被约束对象之间的链接。

图 8-2-4 抓取物体动画（截图）

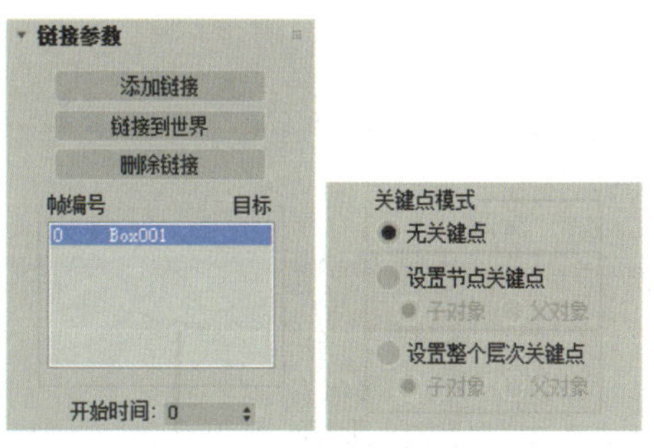

图 8-2-5 “链接参数”卷展栏

三、注视约束

使用“注视约束”命令可以使被约束对象的某个局部坐标轴始终指向注视目标，被约束对象会随着注视目标位置的变化而旋转，从而产生被约束对象一直注视着注视目标的效果（图 8-2-6），常用于制作摄影机跟踪拍摄动画、光的跟踪照射动画和角色眼神动画等。

应用注视约束后，需要通过调整注视目标的位置来制作动画。使用“注视约束”命令制作动画时，可在“运动”面板的“注视约束”卷展栏（图 8-2-7）中为被约束对象与注视目标之间添加和删除注视约束、调整注视目标的权重、重新指定被约束对象的局部坐标轴等。

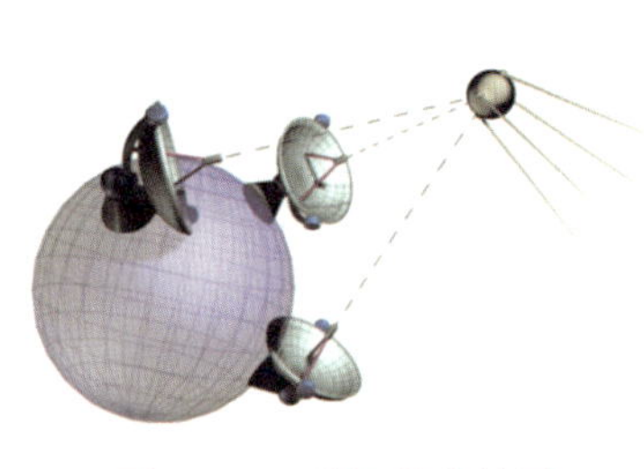

图 8-2-6　注视约束效果

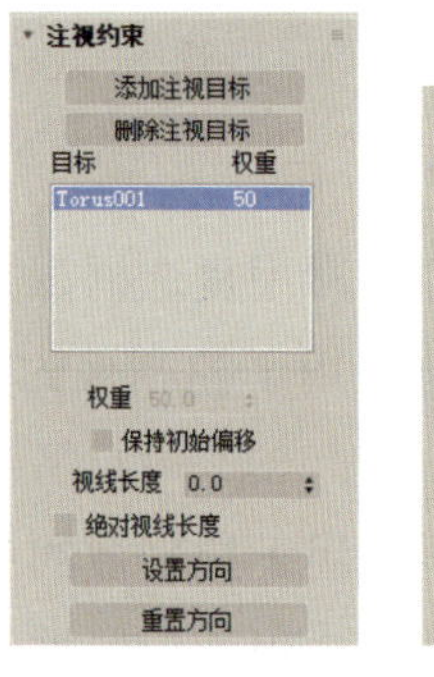

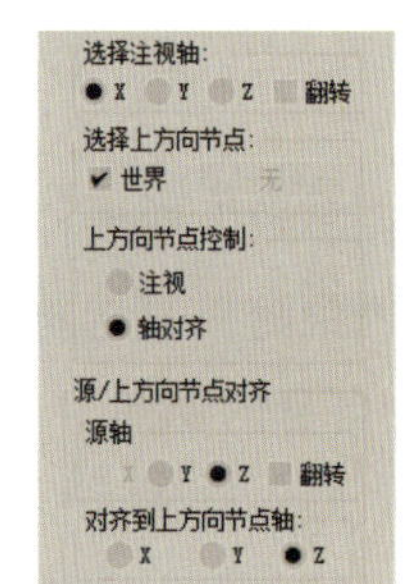

图 8-2-7　“注视约束”卷展栏

“注视约束”卷展栏中常用按钮、目标列表和文本框的功能如下：

（1）“添加注视目标”按钮：单击该按钮，选中视口中的对象，可将其作为注视目标添加在目标列表中。

（2）“删除注视目标”按钮：单击该按钮，可从目标列表中移除影响约束对象的注视目标。

（3）目标列表：用于显示注视目标的名称和权重值。权重值用于控制被约束对象受注视目标影响的程度。

（4）“权重”文本框：用于设置注视目标的权重值。只有为被约束对象添加了多个注视目标时，该文本框才可用。

（5）“设置方向”按钮：单击该按钮，可通过旋转被约束对象来调整其偏移方向。

（6）“重置方向”按钮：单击该按钮，可使被约束对象的方向恢复为默认状态。

任务实施　制作汽车行驶动画

扫一扫

制作汽车行驶动画

下面通过制作汽车行驶动画，来学习使用约束制作动画的方法（图 8-2-8）。

图 8-2-8　汽车行驶动画（截图）

制作思路

打开素材文件，设置动画的帧速率、开始时间和结束时间，然后为 4 个车轮制作旋转动画，并对车轮和车身应用链接约束，接着使用“路径约束”命令制作车身沿路径行驶的动画，最后创建物理摄影机，并通过移动自由摄影机的图标和目标点制作摄影机动画。

制作步骤

步骤 1 打开本书配套素材“素材与实例\项目八\汽车行驶动画”中的“汽车素材.max”文件。

步骤 2 单击动画和时间控件中的“时间配置”按钮，然后在弹出的“时间配置”对话框中单击“PAL”单选钮，接着将动画的开始时间和结束时间分别设为第 0 帧和第 150 帧，最后单击“确定”按钮。

步骤 3 单击“自动关键点”按钮，将时间滑块拖至第 20 帧，然后在左视图中选中汽车前轮，将其绕 z 轴按逆时针方向绕旋转 360°。

步骤 4 参照步骤 3，制作汽车后轮的旋转动画。

步骤 5 选中汽车前轮和后轮，然后单击主工具栏中的“曲线编辑器”按钮，在打开的“轨迹视图 - 曲线编辑器”面板中选择“编辑”→“控制器”→“超出范围类型”菜单项，最后在弹出的“参数曲线超出范围类型”对话框中选择“循环”选项并单击“确定”按钮（图 8-2-9）。

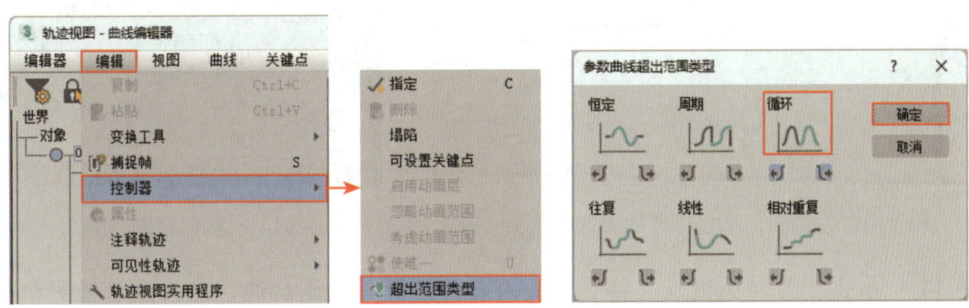

图 8-2-9　制作车轮持续转动动画

步骤 6 单击“自动关键点”按钮，关闭自动设置关键点功能。确认汽车的前轮和后轮为选中状态，然后将时间滑块拖至第 0 帧，选择“动画”→“约束”→“链接约束”菜单项，再选中车身，即可对车轮和车身应用链接约束。

步骤 7 选中车身，选择“动画”→“约束”→“路径约束”菜单项，然后选中作为运动路径的曲线（视口中的粉色曲线），即可对汽车应用路径约束。

步骤 8 单击“播放动画”按钮，可以看到汽车虽然沿曲线运动，但是汽车的朝向不合理，因此还需要在“运动”面板的“路径参数”卷展栏中勾选“跟随”复选框，再单击“Y”单选钮（图 8-2-10）。

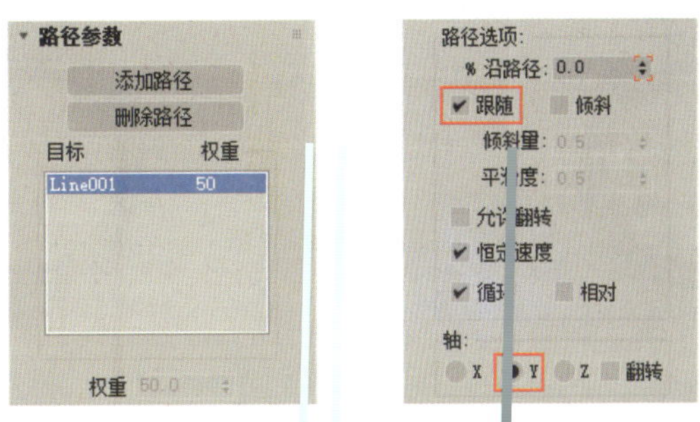

图 8-2-10　设置路径约束的参数

步骤 9 调整透视图中的画面（图 8-2-11），然后按“Ctrl+C”组合键创建物理摄影机。此时，物理摄影机的图标和目标点的位置如图 8-2-12 所示。

图 8-2-11 透视图中的画面

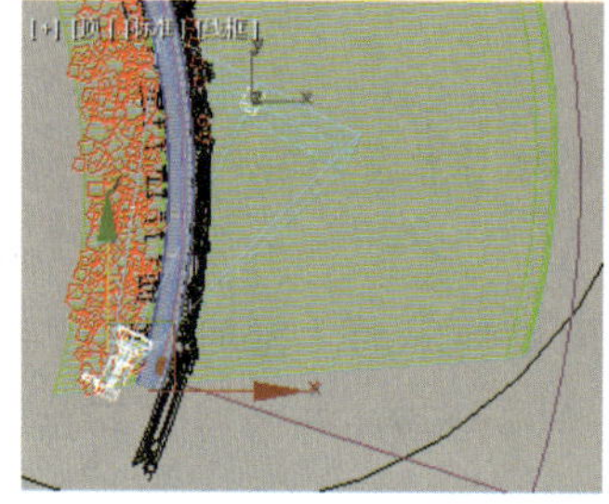

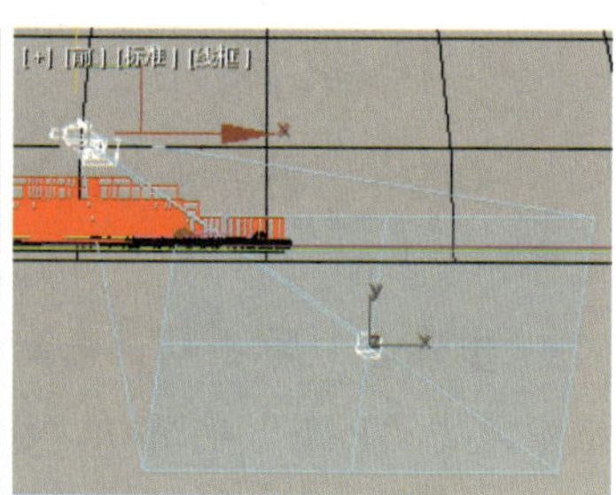

图 8-2-12 物理摄影机的图标和目标点的位置

步骤 10 单击“自动关键点”按钮，将时间滑块拖至第 150 帧，然后选中物理摄影机的图标和目标点，在顶、前视图中将其移至如图 8-2-13 所示的位置，使摄影机视图的画面接近如图 8-2-14 所示的画面。

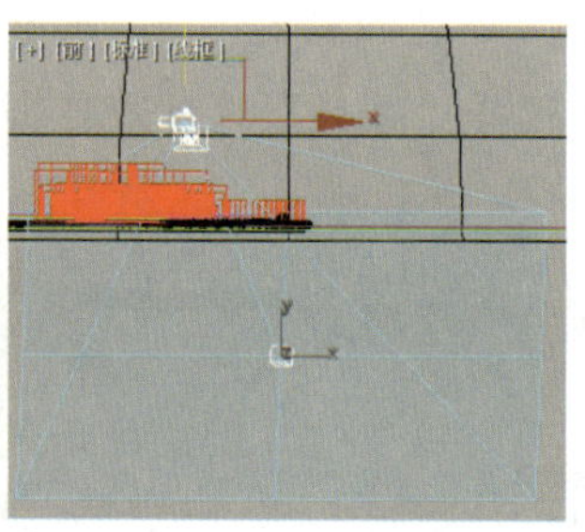

图 8-2-13 物理摄影机的图标和目标点的位置（第 150 帧）

图 8-2-14 摄影机视图的画面（第 150 帧）

步骤 11 单击“自动关键点”按钮，关闭自动设置关键点功能，然后激活摄影机视图，单击“播放动画”按钮▶，查看汽车行驶动画。

学习成果自测

自测习题一 制作时钟动画

利用本项目所学知识制作时钟动画（图 8-2-15）。

图 8-2-15 时钟动画（截图）

提示：分别旋转秒针、分针、时针和钟摆并设置关键点，以制作时钟指针和钟摆的旋转动画；然后在轨迹视图中将秒针、分针、时针的运动类型设为相对重复，钟摆的运动类型设为往复。时钟各部件旋转的频率可参考秒针每 1 帧旋转 6°，分针每 60 帧旋转 6°，时针每 3 600 帧旋转 6°，钟摆每 20 帧旋转 28°。

本习题为了更好的动画效果，对钟摆摆动的频率进行了调整，正确的钟摆摆动频率应为每秒 1 次。

自测习题二　制作蝴蝶飞舞动画

利用本项目所学知识制作蝴蝶飞舞动画（图 8-2-16）。

图 8-2-16　蝴蝶飞舞动画（截图）

提示：分别旋转蝴蝶的两个翅膀并设置关键点，以制作蝴蝶扇翅动画；然后在轨迹视图中将蝴蝶翅膀的运动类型设为往复，制作蝴蝶扇翅动画的往复动作；接着对蝴蝶身体和翅膀应用链接约束，并使用“路径约束”命令制作蝴蝶沿运动路径飞翔的动画；最后在轨迹栏中将最后一帧处的关键点前移，调整蝴蝶飞翔的速度。蝴蝶翅膀的扇动频率可参考每 5 帧旋转 70°。

学习成果评价

请进行学习成果评价，并将评价结果填入表 8-2-1。

表 8-2-1　学习成果评价表

评价项目	评价内容	分值	评价分数		
			自评	他评	师评
知识（40%）	动画原理	5			
	动画和时间控件	10			
	轨迹视图	10			
	路径约束、链接约束、注视约束	15			
技能（40%）	能够设置关键点	5			
	能够使用轨迹视图调整动画效果	5			
	能够制作关键帧动画	15			
	能够使用约束制作动画	15			
素养（20%）	积极参加教学活动，按时完成学习任务	10			
	培养精益求精的工匠精神和良好的职业精神	10			
合计		100			
总评	自评（20%）+ 他评（20%）+ 师评（60%）= ________	指导教师（签名）：____________			

项目九

粒子系统与空间扭曲

在 3ds Max 中，使用粒子系统可以模拟下雨、水流、降雪、爆炸等的粒子效果，而粒子之间的相互作用（如碰撞等）和粒子在力（如重力、风力等）的作用下运动轨迹的改变等，则可以使用空间扭曲来实现。本项目将介绍常用的粒子系统、空间扭曲及其功能，带领读者学习粒子系统和空间扭曲的应用方法。

知识目标

- 了解粒子系统和空间扭曲的作用。
- 了解常用的粒子系统和空间扭曲及其功能。

能力目标

- 能够创建粒子系统。
- 能够创建空间扭曲。
- 能够绑定粒子系统和空间扭曲。
- 能够使用粒子系统制作动画。
- 能够使用空间扭曲制作动画。

素质目标

- 学生通过设置粒子行为，模拟不同物体的运动状态，感受事物的运动过程，培养感知能力和洞察能力。
- 学生通过学习粒子系统、空间扭曲等复杂、抽象的概念，培养不畏挑战、勇于探索未知的精神。

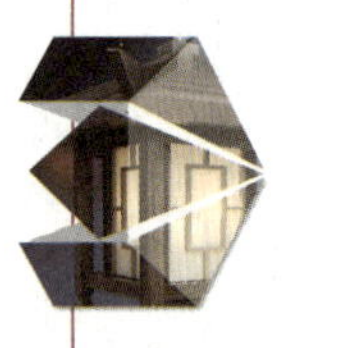

任务一　制作粒子动画

【任务引入】

小吴使用 3ds Max 制作了一个冬日小屋模型，小屋坐落在银装素裹的森林中，屋顶也压着厚厚的积雪。在渲染出效果图后，小吴觉得画面缺少了些许生动感。他灵机一动，想到可以用粒子系统来模拟雪花飘落的景象，然后用一段短片来全方位地展示这个冬日小屋。随后，小吴迅速查阅了相关教程，学习了使用 3ds Max 制作粒子动画的方法。最后，他使用“雪”命令制作出了下雪效果，让这个冬日小屋在雪花的映衬下变得更加迷人。

想一想：

（1）什么是粒子系统？

（2）常用的粒子系统有哪些？

粒子系统可用于模拟云、雾、水流、雪、火、烟、爆炸、落叶、发光轨迹等特定的模糊现象。3ds Max 中的粒子系统通常由粒子发射器、粒子属性和粒子行为组成，通过调整粒子发射器的参数和粒子的形状、大小、颜色、运动速度、运动方向、生命周期等，可以实现各种不同的动画效果。

图 9-1-1　“粒子系统”分类中的按钮

单击“创建”面板“几何体”对象类别“粒子系统”分类中的按钮（图 9-1-1），然后在视口中按住左键拖动鼠标，可以指定粒子发射器的位置和粒子发射器图标的大小，最后根据需要调整粒子发射器、粒子属性和粒子行为的参数，即可完成粒子动画的制作。常用的粒子系统有“雪”“喷射”“超级喷射”和“粒子流源”等。

一、雪

使用“雪”命令可创建在落下过程中旋转翻滚的粒子，常用该命令制作雪花飘落动画（图 9-1-2）、撒纸屑动画等。指定粒子发射器的位置和大小后，可在“参数”卷展栏（图 9-1-3）中设置粒子的数量、大小、运动速度、翻滚效果、在视口中的显示方式、渲染输出后的外观和粒子运动的时间等。

图 9-1-2　雪花飘落动画（截图）

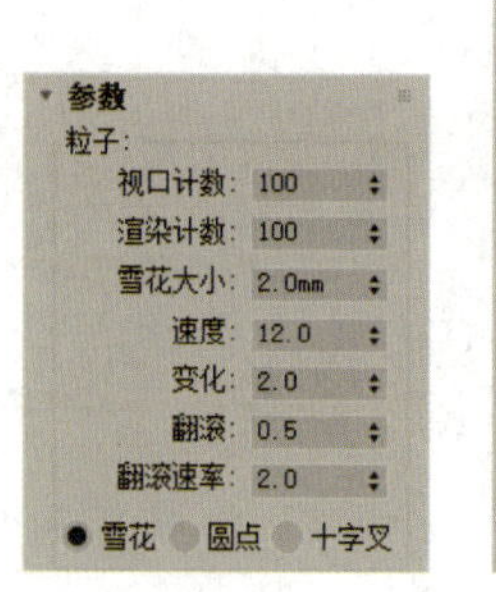

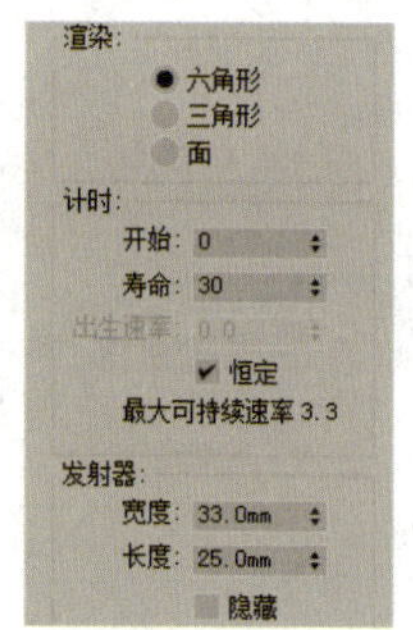

图 9-1-3　“参数”卷展栏

“参数”卷展栏中各设置区的功能如下：

（1）“粒子”设置区：用于设置粒子的数量、大小、运动速度、翻滚效果和在视口中的显示方式。

①“视口计数”和“渲染计数”文本框：分别用于设置视口和渲染画面中最多显示的粒子数。在同一时间节点处，这 2 个文本框中的数值越大，粒子数量就越多。通常在“视口计数”文本框中设置较小的数值，以减少计算机的运算量。

②“雪花大小”文本框：用于设置粒子的大小。

③“速度”文本框：用于设置每个粒子离开发射器时的初始速度。

④“变化”文本框：用于改变粒子的初始速度和方向。该文本框中的数值越大，粒子覆盖的区域就越大。

⑤“翻滚”文本框：用于设置粒子的随机旋转角度，每个粒子的旋转轴是软件随机生成的。旋转角度的取值范围为 0～1，数值为 0 时粒子不旋转，数值为 1 时粒子的旋转角度最大。

⑥“翻滚速率”文本框：用于设置粒子的旋转速度。该文本框中的数值越大，粒子旋转越快。

⑦“雪花”“圆点”和“十字叉”单选钮：这 3 个单选钮用于设置粒子在视口中的显示方式。此处的设置不影响粒子在渲染输出的画面中的外观。

（2）“渲染”设置区：用于设置粒子在渲染输出的画面中的外观。单击“六角形”单选钮或“三角形”单选钮，粒子将被渲染为六角形或三角形；单击“面”单选钮，粒子将被渲染为始终面向摄影机镜头的方形面片。

（3）“计时”设置区：用于控制粒子出生和消亡的速率。其中的“开始”文本框用于设置粒子出生的时间，“寿命”文本框用于设置粒子从出生到消亡所需的时间，“出生速率”文本框用于设置粒子出生速率的变化范围（取消勾选“恒定”复选框后，该文本框可用）。

（4）“发射器”设置区：用于设置粒子的喷射范围。不勾选“隐藏”复选框时，粒子发射器在视口中可见。

实例：制作漫天飞雪动画

下面通过制作漫天飞雪动画，来学习使用“雪”命令制作粒子动画的方法（图 9-1-4）。

图 9-1-4　漫天飞雪动画（截图）

步骤 1　打开本书配套素材“素材与实例\项目九\漫天飞雪动画”中的“雪景素材.max”文件。

步骤 2　单击“创建”面板“几何体”对象类别“粒子系统”分类中的“雪”按钮，然后在顶视图中的任一位置按住左键拖动鼠标，指定粒子发射器的位置和大小，最后在“修改”面板的“参数”卷展栏中设置粒子的数量、大小、运动速度、渲染输出后的外观、粒子运动的时间和粒子发射器的大小（图 9-1-5）。

步骤 3 此时拖动时间滑块，可以在视口中看到粒子的运动效果。选中粒子发射器，在状态栏中的“X”“Y”和“Z”文本框中设置其坐标位置（图 9-1-6），使粒子的运动效果显示在摄影机视图中。

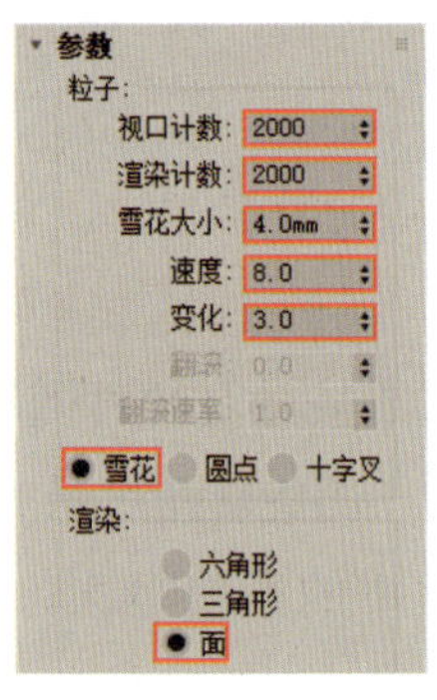

图 9-1-5 设置粒子系统的参数

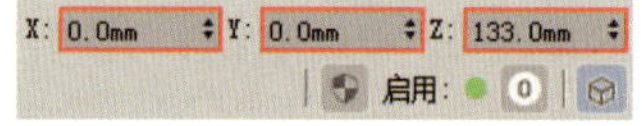

图 9-1-6 粒子发射器的坐标位置

步骤 4 按“M”键打开材质编辑器，选中任一未使用的材质球，将其名称设为“雪花”，然后单击“物理材质”按钮，在弹出的“材质/贴图浏览器”对话框中双击“扫描线”列表中的“标准（旧版）”选项。

步骤 5 选中粒子发射器并单击“将材质指定给选定对象”按钮，将“雪花”材质赋予粒子。

步骤 6 在“Blinn 基本参数”卷展栏中设置雪花的基本颜色和自发光效果［图 9-1-7（a）］；单击“不透明度”文本框右侧的“无”按钮，在弹出的“材质/贴图浏览器”对话框中双击“通用”列表中的“渐变”选项，然后在“渐变参数”卷展栏中设置渐变的颜色、渐变颜色之间的过渡效果和渐变类型［图 9-1-7（b）］。

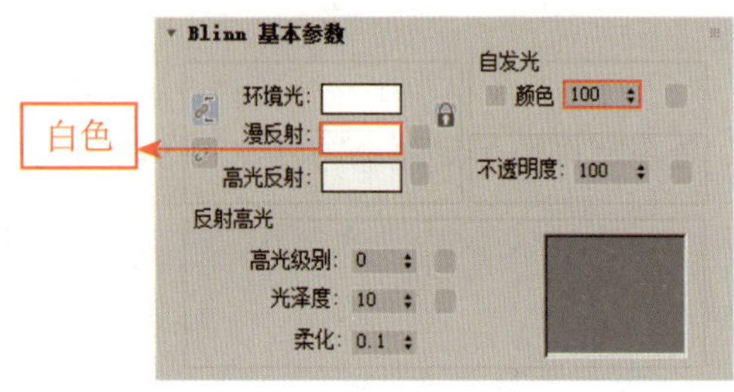

（a）设置基本参数

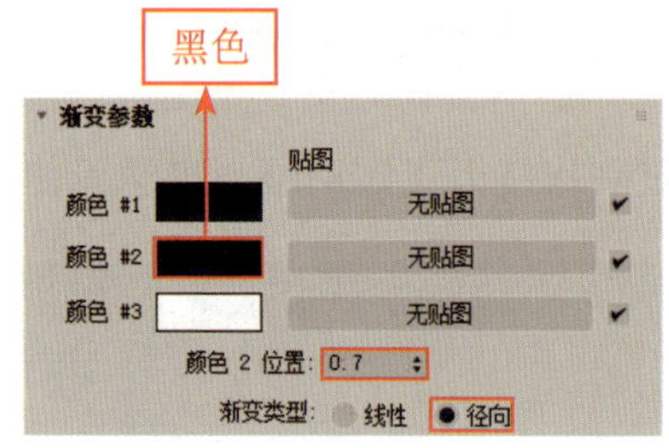

（b）设置渐变参数

图 9-1-7 设置“雪花”材质的参数

步骤 7 按“F10”键，在弹出的“渲染设置”对话框中设置视频的长度、分辨率、储存位置、格式和名称，然后单击“渲染”按钮，等待一段时间后，即可在文件储存位置查看动画。

二、喷射

使用“喷射”命令可创建垂直运动的粒子，常用该命令制作下雨动画（图 9-1-8）、水流动画等。指定粒子发射器的位置和大小后，可在“参数”卷展栏（图 9-1-9）中设置粒子的数量、大小、运动速度、在视口中的显示方式、渲染输出后的外观和运动的时间等。

图 9-1-8　下雨动画（截图）

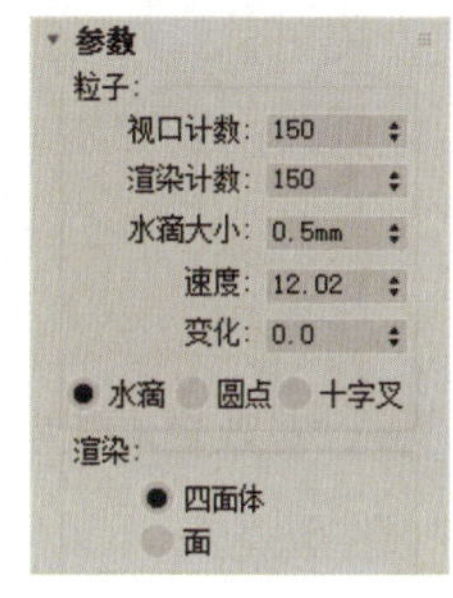

图 9-1-9　“参数”卷展栏

三、超级喷射

使用“超级喷射”命令可创建由一点向外喷射的粒子，常用该命令制作喷泉喷水动画、海底气泡动画（图 9-1-10）等。指定粒子发射器的位置和粒子发射器图标的大小后，可在“基本参数”卷展栏（图 9-1-11）中设置粒子的扩散角度和粒子在视口中的显示方式、显示数量等，在“粒子生成”卷展栏（图 9-1-12）中设置渲染输出的粒子的数量、运动速度、运动时间和大小等，在“粒子类型”卷展栏（图 9-1-13）中设置粒子的形状。

图 9-1-10　海底气泡动画（截图）

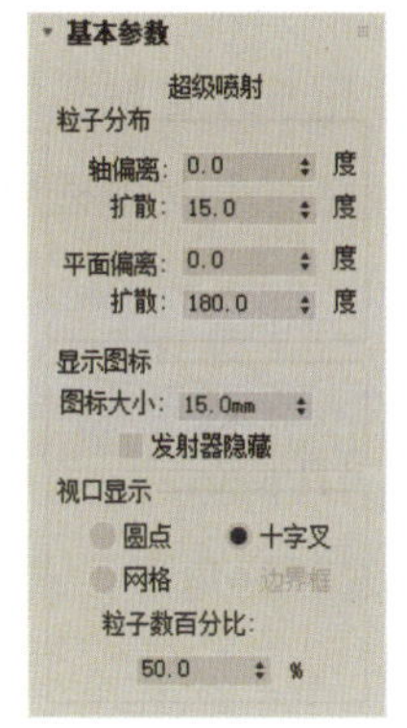

图 9-1-11　“基本参数”卷展栏

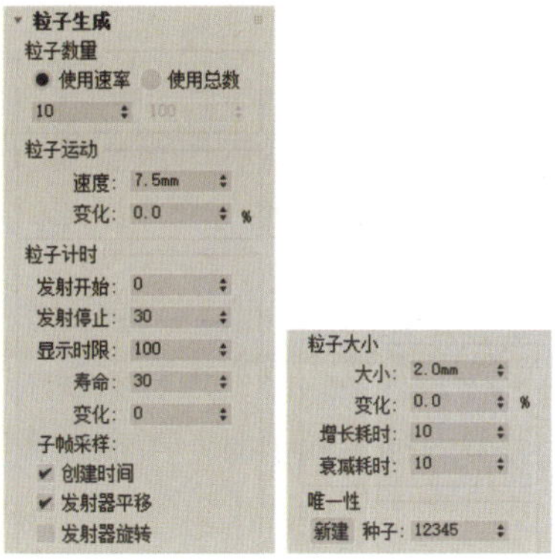

图 9-1-12　“粒子生成”卷展栏

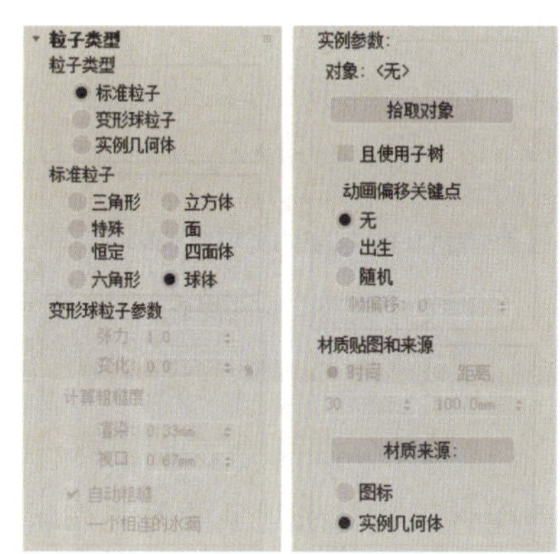

图 9-1-13　“粒子类型”卷展栏

“基本参数”卷展栏中各设置区的功能如下：

（1）“粒子分布”设置区：该设置区中 4 个文本框的数值共同影响着粒子在运动时的扩散效果。其中，“轴偏离”文本框用于设置粒子流在 xz 平面内与 z 轴的夹角，其下方的“扩散”文本框用于设置粒子在 xz 平面内的扩散角度（图 9-1-14）；“平面偏离”文本框用于设置粒子以发射器为中心，围绕 z 轴的发射角度，其下方的“扩散”文本框用于设置粒子围绕“平面偏离”轴的扩散角度（图 9-1-15）。

（a）“轴偏离”角度为 20°

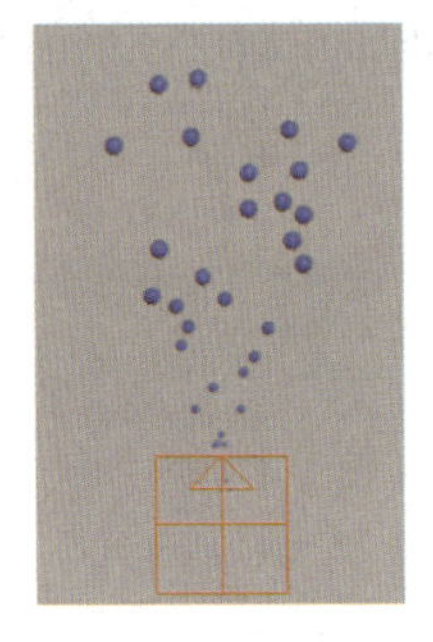

（b）“扩散”角度为 20°

图 9-1-14　粒子的扩散效果①

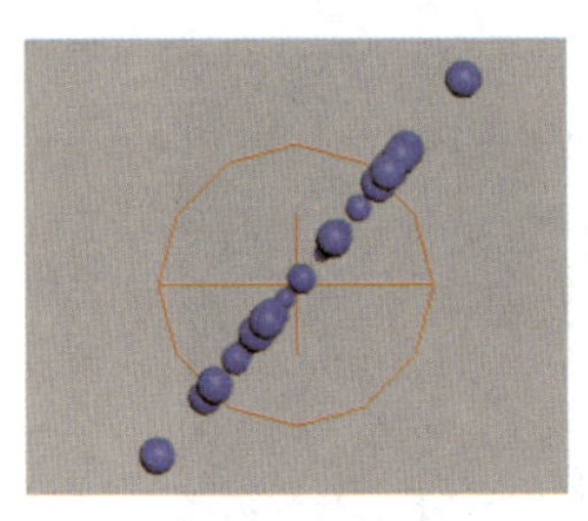

（a）“平面偏离”角度为 50°

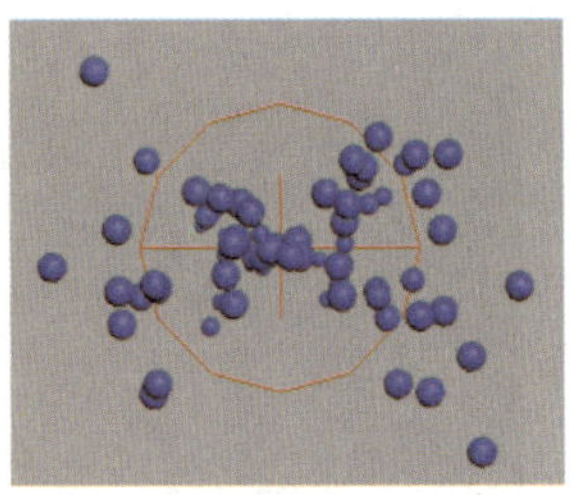

（b）“扩散”角度为 50°

图 9-1-15　粒子的扩散效果②

（2）“显示图标”设置区：该设置区中的“图标大小”文本框用于设置粒子发射器图标的大小，该数值与粒子的大小无关。若在视口中对粒子发射器图标进行缩放，则会影响粒子的大小和扩散效果。

（3）“视口显示”设置区：该设置区中的“圆点”“十字叉”和“网格”单选钮用于设置视口中粒子的显示方式。单击“网格”单选钮，粒子会显示为所指定的几何体；“粒子数百分比”文本框用于设置粒子在视口中显示的数量，该数量以渲染输出画面中粒子数量的百分比来计算。

“粒子生成”卷展栏中常用设置区的功能如下：

（1）“粒子数量”设置区：用于设置渲染输出的画面中粒子的数量。单击“使用速率”单选钮，可在其下方的文本框中设置每一帧喷射粒子的数量；单击“使用总数”单选钮，可在其下方的文本框中设置粒子系统所产生的粒子总数。

（2）“粒子计时”设置区：用于设置粒子运动的时间范围。其中，“显示时限”文本框用于设置所有粒子将要消亡的时间，通常与动画的结束时间一致；“寿命”文本框用于设置每个粒子从出生到消亡的时间。

（3）“粒子大小”设置区：用于设置粒子的大小。其中，“大小”文本框用于设置粒子的最大尺寸，“增长耗时”文本框用于设置粒子由 0 增长到最大所需的时间，“衰减耗时”文本框用于设置粒子在消亡之前缩小到最大粒子的 1/10 所需的时间。

“粒子类型”卷展栏中常用设置区的功能如下：

（1）“粒子类型”设置区：用于指定粒子类型，通常选择标准粒子或实例几何体。

（2）“标准粒子”设置区：当粒子类型为标准粒子时，可在该设置区中选择三角形、立方体、四面体、球体等常见的粒子形状。

（3）“实例参数”设置区：当粒子类型为实例几何体时，单击该设置区中的“拾取对象”按钮，然后选中视口中的模型，即可将其作为粒子。

（4）“材质贴图和来源”设置区：当粒子类型为实例几何体时，可在该设置区中指定粒子的材质来源。选中“图标”单选钮时，粒子的材质来源于粒子发射器的材质；选中“实例几何体”单选钮时，粒子的材质来源于作为粒子的模型的材质。

四、粒子流源

与其他粒子系统不同的是，粒子流源是一种事件驱动型粒子系统，读者可以自定义粒子的行为。使用“粒子流源”命令可以制作复杂的粒子动画，如图 9-1-16 所示的烟花燃放动画就是使用该命令制作的。指定粒子发射器的位置和发射器图标的大小后，可在“粒子视图”对话框（图 9-1-17）中使用事件驱动粒子，通过设置粒子的寿命、碰撞效果、运动速度等实现粒子的运动效果。

图 9-1-16　烟花燃放动画（截图）

“粒子视图”对话框由菜单栏、事件显示窗口、导航器、“参数”面板、仓库、“描述”面板、显示工具组成。菜单栏中的命令用于编辑粒子图表、选择粒子图表中的动作、调整粒子图表的显示样式等；事件显示窗口用于显示粒子图表和修改粒子系统；“参数”面板用于查看和设置所选动作的参数；仓库用于显示动作、操作符、粒子发射器等的名称，在将仓库中的某个动作拖至事件显示窗口中后，通过修改该动作的参数，可改变粒子动画的效果；“描述”面板用于描述仓库中动作的功能。

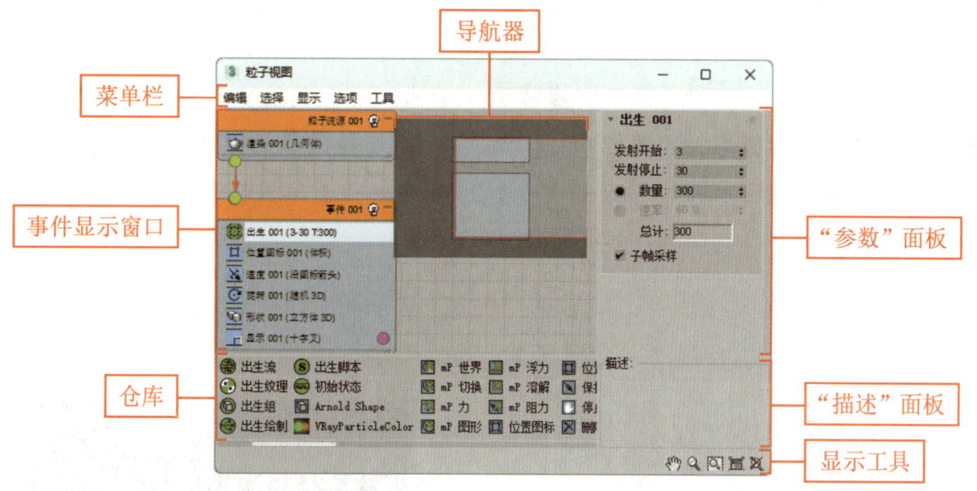

图 9-1-17　“粒子视图”对话框

任务实施　制作粒子拖尾动画

制作粒子拖尾动画

下面通过制作粒子拖尾动画，来学习使用粒子系统制作动画的方法（图 9-1-18）。

图 9-1-18　粒子拖尾动画（截图）

制作思路

打开素材文件，创建一个VRay球体灯后通过移动摄影机的图标和目标点制作摄影机动画；然后使用“超级喷射”命令创建一个粒子系统，对粒子发射器图标和VRay球体灯应用链接约束后使用“路径约束”命令制作VRay球体灯沿路径行驶的动画；接着调整粒子发射器的位置，使其与VRay球体灯的位置一致；最后通过设置粒子的参数来调整粒子的运动效果和形态。

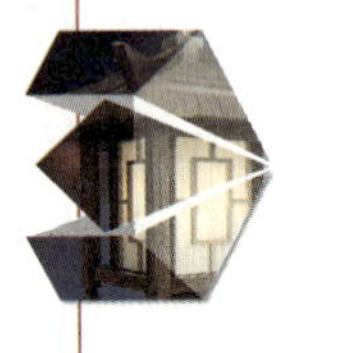

制作步骤

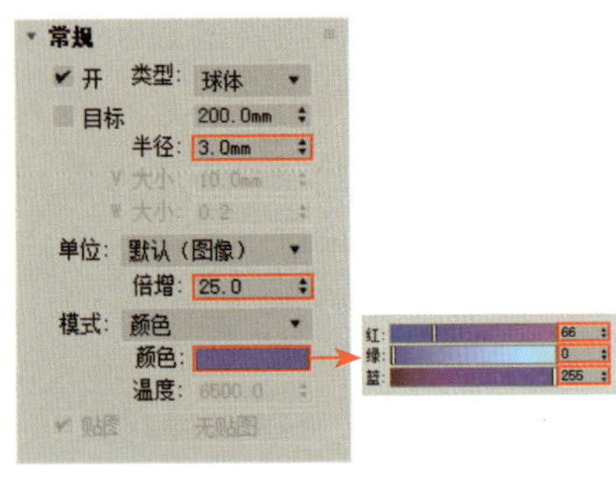

图9-1-19 设置VRay球体灯的参数

步骤1 打开本书配套素材“素材与实例\项目九\粒子拖尾动画”中的“场景素材.max”文件。

步骤2 单击“创建”面板“灯光”对象类别“VRay”分类中的“VRay灯光”按钮，在“常规”卷展栏中将灯光类型设为“球体”，然后在摄影机视图外的任意位置创建一个VRay球体灯，最后在“修改”面板的“常规”卷展栏中设置灯光图标的尺寸、灯光的强度和颜色（图9-1-19）。

步骤3 单击“自动关键点”按钮，将时间滑块拖至第120帧，然后选中物理摄影机的图标和目标点，按“K”键设置关键点，接着将时间滑块拖至第0帧，在顶视图中将摄影机图标移至如图9-1-20所示的位置，使摄影机视图中的画面接近如图9-1-21所示的画面。

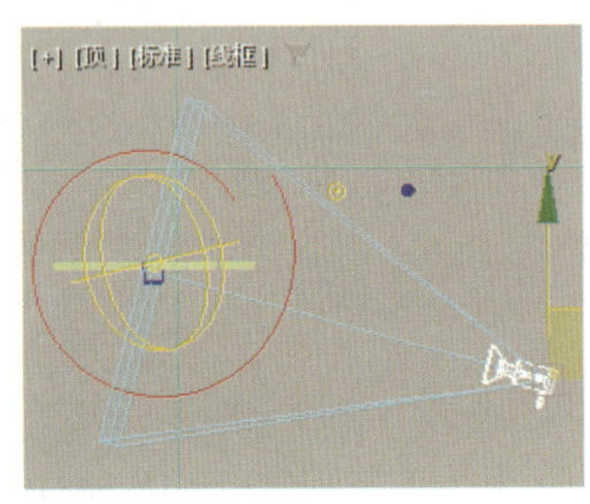

图9-1-20 物理摄影机图标的位置（第0帧）

图9-1-21 摄影机视图中的画面（第0帧）

步骤4 将时间滑块拖至第60帧，在顶视图中将摄影机图标移至如图9-1-22所示的位置，使曲线完整地显示在摄影机视图中，然后单击“自动关键点”按钮，关闭自动设置关键点功能。

图9-1-22 物理摄影机图标的位置（第60帧）

步骤5 单击“创建”面板“几何体”对象类别“粒子系统”分类中的“超级喷射”按钮，然后在前视图中按住左键拖动鼠标，指定粒子发射器的位置和粒子发射器图标的大小。

步骤6 确认粒子发射器图标为选中状态，然后选择“动画”→“约束”→“链接约束”菜单项，再选中在步骤2中创建的VRay球体灯，即可对粒子发射器图标和VRay球体灯应用链接约束。

步骤 7 选中在步骤 2 中创建的 VRay 球体灯，然后选择“动画”→“约束”→“路径约束”菜单项，接着选中作为运动路径的曲线，即可对 VRay 球体灯应用路径约束，最后在“运动”面板的“路径参数”卷展栏中勾选“跟随”复选框，再单击“y”单选钮。

步骤 8 选中 VRay 球体灯，然后将第 130 帧的关键点移至第 120 帧，优化粒子拖尾的动画效果。

步骤 9 将时间滑块拖至第 0 帧，然后在顶、左视图中调整粒子发射器图标的位置，使其与 VRay 球体灯的位置一致（图 9-1-23）。

图 9-1-23　粒子发射器图标的位置

步骤 10 确认粒子发射器图标为选中状态，然后在“修改”面板的“基本参数”卷展栏中设置粒子的扩散角度、粒子在视口中的显示方式和显示数量（图 9-1-24）；在“粒子生成”卷展栏中设置渲染输出的粒子的数量、运动速度、运动时间和大小并勾选“发射器旋转”复选框（图 9-1-25）。

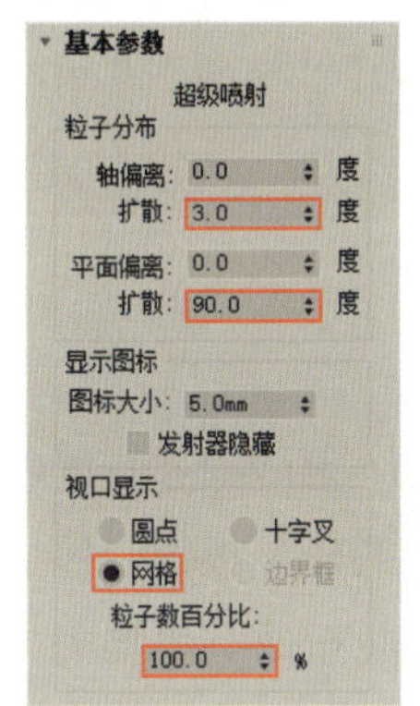

图 9-1-24　设置粒子系统的参数①

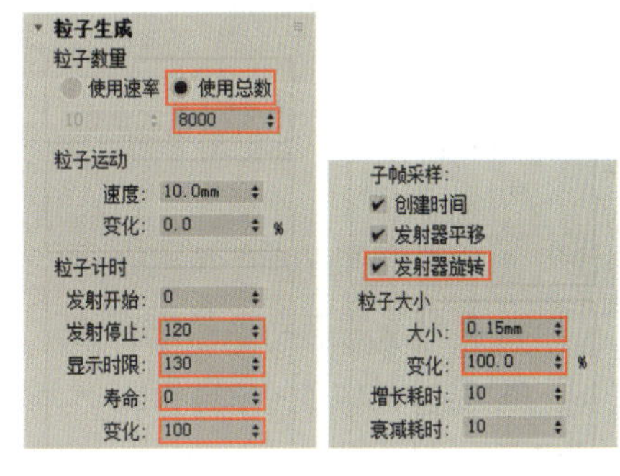

图 9-1-25　设置粒子系统的参数②

步骤 11 在“粒子类型”卷展栏中单击“实例几何体”单选钮（图 9-1-26），然后单击“拾取对象”按钮，再选中视口中的球体模型，最后单击“材质来源”按钮，粒子就会变成发光的球体。此时，拖动时间滑块可以在视口中看到粒子的运动效果。

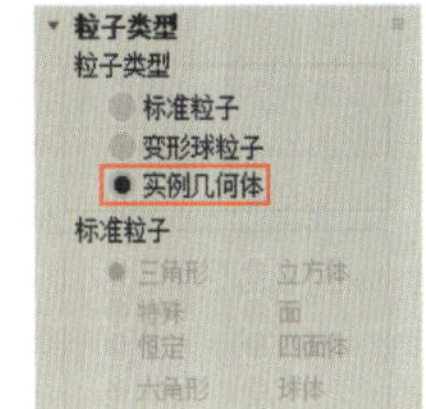

图 9-1-26　设置粒子类型

步骤 12 按“F10”键，在弹出的“渲染设置”对话框中设置视频的长度、分辨率、储存位置、格式和名称，然后单击“渲染”按钮，等待一段时间后，即可在文件储存位置查看动画。

任务二　制作空间扭曲动画

【任务引入】

小恒在学习了 3ds Max 中常用粒子系统的功能和应用方法后，想要尝试制作一段喷泉喷水动画。经过一番尝试后，他发现使用粒子系统只能模拟出水向上喷射的效果，而真实的喷泉喷水效果需要考虑到重力的影响及水流接触到水池后产生的变化，而这些效果需要配合“重力”和“导向板”空间扭曲来实现。于是小恒自学了 3ds Max 中空间扭曲的功能和应用方法，一番努力后，他终于制作出满意的动画效果。

想一想：

（1）什么是空间扭曲？

（2）常用的空间扭曲有哪些？

空间扭曲是一种特殊的辅助工具，可以改变场景中对象的运动形态和运动方向，常常与粒子系统配合使用。创建空间扭曲后，需要使用主工具栏中的“绑定到空间扭曲”按钮将其与要影响的对象绑定，该空间扭曲才能影响被绑定的对象。空间扭曲分为“力”“导向器”“几何 / 可变形”“基于修改器”“粒子和动力学”五大类，其中常用的有“力”“导向器”和“几何 / 可变形”等。

一、力

使用“创建”面板“空间扭曲”对象类别“力”分类中的按钮（图 9-2-1）可以模拟各种力的作用效果，从而改变对象的运动轨迹和形态。单击“力”分类中的任一按钮，然后在视口中按住左键拖动鼠标，可创建相应的空间扭曲。“力”分类中常用的空间扭曲有“推力”“重力”“路径跟随”“风”等。

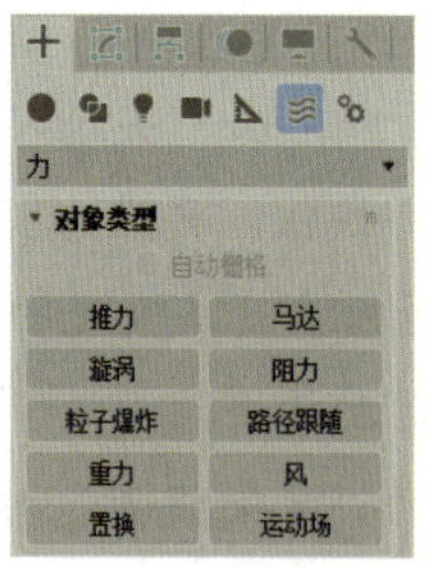

图 9-2-1　“力”分类中的按钮

（1）“推力”空间扭曲。使用“推力”空间扭曲可以将正向力或负向力施加给指定的对象，使该对象的运动方向在力的作用下发生偏移，使用“推力”空间扭曲制作的花瓣飘落动画（截图）如图 9-2-2 所示。应用“推力”空间扭曲后，可在“修改”面板的“参数”卷展栏（图 9-2-3）中设置推力作用的时间和推力的强度、发生变化的周期和对对象产生影响的范围等。

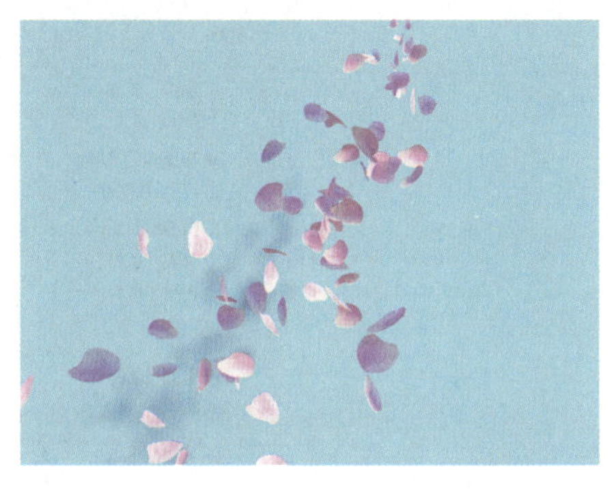

图 9-2-2 使用“推力”空间扭曲制作的花瓣飘落动画（截图）

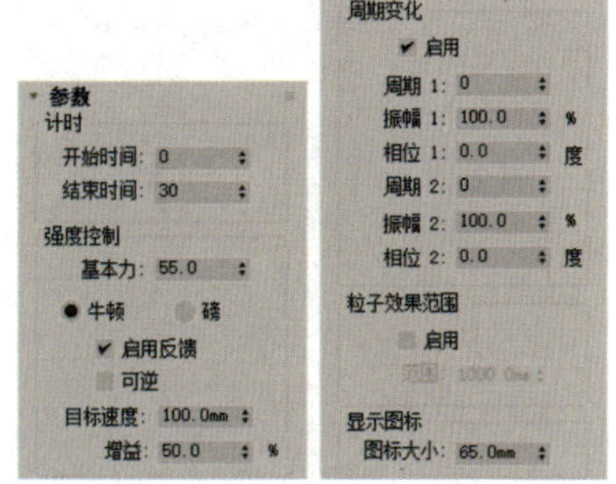

图 9-2-3 “参数”卷展栏

（2）“重力”空间扭曲。使用“重力”空间扭曲可以模拟物体在重力的作用下产生的运动效果，使用“重力”空间扭曲制作的喷泉动画（截图）如图 9-2-4 所示。重力具有方向。在 3ds Max 中，粒子在重力箭头所指的方向上做加速运动，在与重力箭头所指方向相反的方向上做减速运动。应用“重力”空间扭曲后，可在“修改”面板的“参数”卷展栏（图 9-2-5）中设置重力的强度、衰退程度等。

图 9-2-4 使用“重力”空间扭曲制作的喷泉动画（截图）

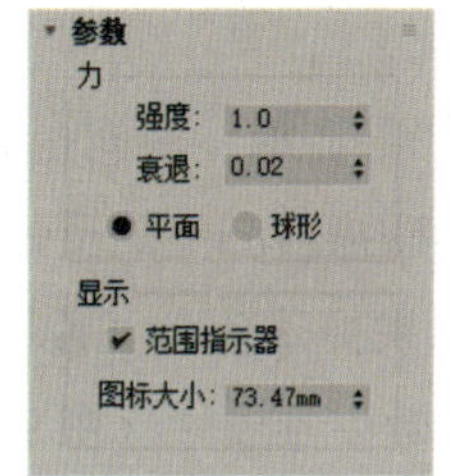

图 9-2-5 “参数”卷展栏

（3）“路径跟随”空间扭曲。“路径跟随”空间扭曲与路径约束的功能类似，可以使对象沿着指定的路径运动，使用“路径跟随”空间扭曲制作的发光动画（截图）如图 9-2-6 所示。应用“路径跟随”空间扭曲后，可在“修改”面板的“基本参数”卷展栏（图 9-2-7）中设置粒子运动的路径、时间、方向和速度等。

图 9-2-6 使用“路径跟随”空间扭曲制作的发光动画（截图）

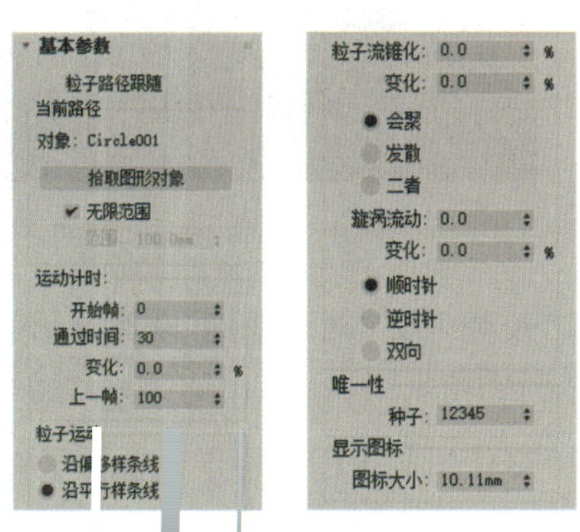

图 9-2-7 “基本参数”卷展栏

（4）“风”空间扭曲。使用“风”空间扭曲可以模拟自然界中的风，使用“风”空间扭曲制作的蒲公英随风飘扬动画（截图）如图 9-2-8 所示。应用“风”空间扭曲后，可在“修改”面板的“参数”卷展栏（图 9-2-9）中设置风的强度、衰退程度、湍流效果等。

图 9-2-8　使用“风”空间扭曲制作的蒲公英随风飘扬动画（截图）

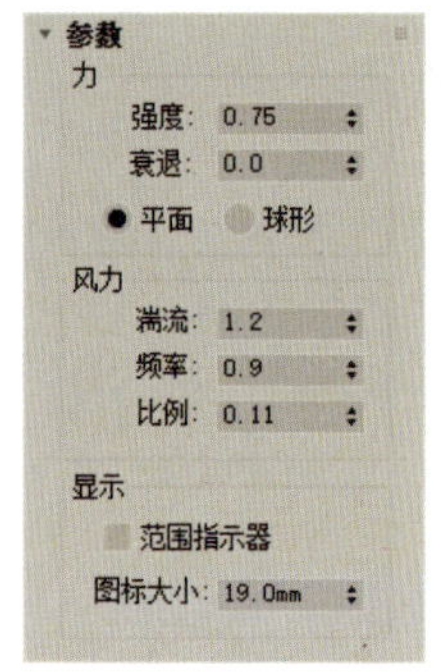

图 9-2-9　“参数”卷展栏

二、导向器

图 9-2-10　“导向器”分类中的按钮

使用“创建”面板“空间扭曲”对象类别“导向器”分类中的按钮（图 9-2-10）可以改变粒子的运动方向。粒子碰撞后的运动，如反弹、停止等，均可使用这些按钮来制作。单击“导向器”分类中的任一按钮，然后在视口中按住左键拖动鼠标，可创建相应的空间扭曲。“导向器”分类中常用的空间扭曲及其功能如下：

（1）“导向板”空间扭曲。“导向板”空间扭曲就像一个平面防护板，会排斥粒子，可用于模拟对象在碰撞后产生的反弹或停止运动等效果，通常与重力配合使用，使用“导向板”空间扭曲制作的水果掉落动画（截图）如图 9-2-11 所示。应用“导向板”空间扭曲后，可在“修改”面板的“参数”卷展栏（图 9-2-12）中设置粒子反弹的速度、反弹后的运动状态、沿导向板表面移动时速度减小的程度等。

图 9-2-11　使用“导向板”空间扭曲制作的水果掉落动画（截图）

图 9-2-12　“参数”卷展栏

①“反弹”文本框：用于设置粒子的反弹速度。该文本框中的数值为 1 时，表示粒子在反弹前后的速度相同；数值为 0 时，表示粒子在碰到导向板后不反弹。

②“变化”文本框：用于设置粒子在反弹时偏移的程度。

③“混乱度”文本框：用于设置粒子反弹角度的变化范围。该文本框中的数值为 100 时，表示粒子反弹角度的最大变化范围为 90°。

④“摩擦力”文本框：用于设置粒子在沿导向板表面移动时速度减小的程度。该文本框中的数值为 100 时，表示粒子在碰到导向板后将停止运动。

⑤“继承速度”文本框：用于设置运动的导向板的速度影响反弹的粒子的程度。

（2）“导向球”空间扭曲。“导向球”空间扭曲与“导向板”空间扭曲的功能类似，只是形状不同。

（3）“全导向器”空间扭曲。应用“全导向器”空间扭曲时，可以指定任意对象为导向器，粒子在碰到被指定为导向器的对象时会反弹或停止运动。

三、几何 / 可变形

使用“创建”面板“空间扭曲”对象类别“几何 / 可变形”分类中的按钮（图 9-2-13）可以创建使指定的对象产生形变的力场，主要用于制作波浪、涟漪、爆炸等动画。“几何体 / 可变形”分类中常用的空间扭曲及其功能如下：

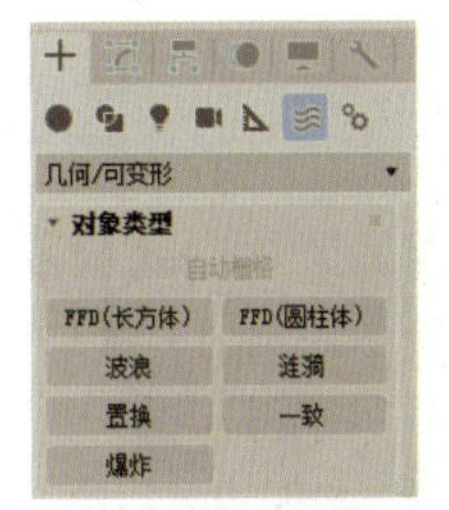

图 9-2-13 “几何 / 可变形”分类中的按钮

（1）“FFD（长方体）”空间扭曲和“FFD（圆柱体）”空间扭曲。这两种空间扭曲和 FFD 修改器的功能类似，此处不再赘述。

（2）“波浪”空间扭曲。使用“波浪”空间扭曲创建的线性波浪可以使三维模型产生波浪效果（图 9-2-14）。应用“波浪”空间扭曲后，可在“修改”面板的“参数”卷展栏（图 9-2-15）中设置波浪的振幅、波长和衰退程度等。

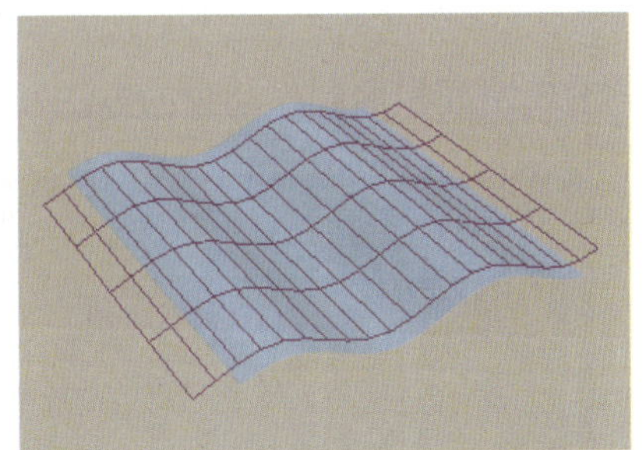

图 9-2-14 三维模型产生的波浪效果

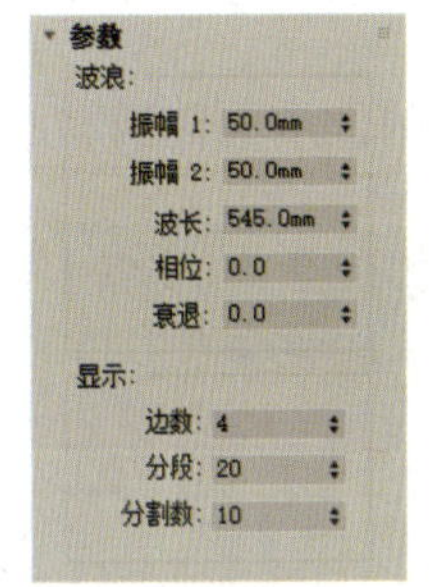

图 9-2-15 “参数”卷展栏

（3）“涟漪”空间扭曲。使用“涟漪”空间扭曲可以创建同心波纹，使三维模型产生涟漪效果（图9-2-16），常用“涟漪”空间扭曲制作水面波纹。应用“涟漪”空间扭曲后，可在“修改”面板的“参数”卷展栏（图 9-2-17）中设置涟漪的振幅、波长和衰退效果等。

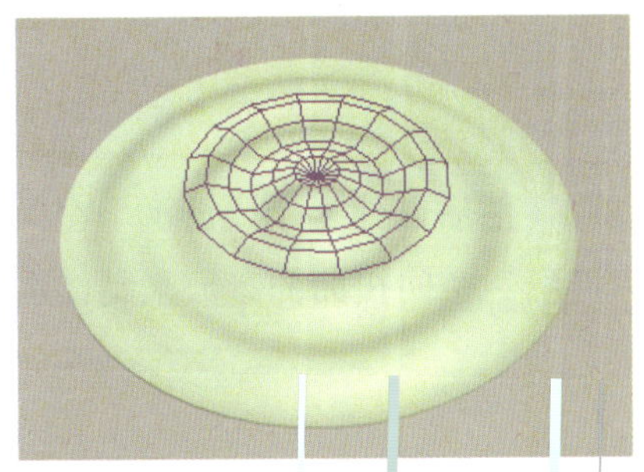

图 9-2-16 三维模型产生的涟漪效果

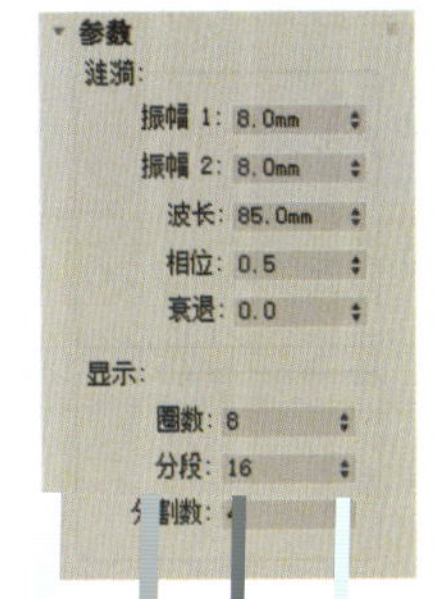

图 9-2-17 “参数”卷展栏

①“振幅 1”和“振幅 2”文本框：用于设置涟漪在扭曲对象的局部 x 轴和 y 轴上的强度。

②“波长”文本框：用于设置每一圈波纹的长度。

③“相位”文本框：用于设置波纹从原点向四周扩散的程度。

④“衰退”文本框：用于设置振幅随涟漪中心到涟漪边界距离的增加而减小的程度。

⑤“显示”设置区：用于设置“涟漪”空间扭曲在视口中的显示效果，该设置区中的参数不影响涟漪的渲染效果。其中，“分割数”文本框用于设置“涟漪”空间扭曲图标的大小。

（4）“爆炸”空间扭曲。使用“爆炸”空间扭曲可以使指定的三维模型破裂并形成许多碎片（图 9-2-18）。应用“爆炸”空间扭曲后，可在“修改”面板的“爆炸参数”卷展栏（图 9-2-19）中设置爆炸力的强度、碎片旋转的速率、爆炸的衰减距离、碎片的大小、碎片随机变化的程度和爆炸开始的时间等。

图 9-2-18　三维模型产生的爆炸效果

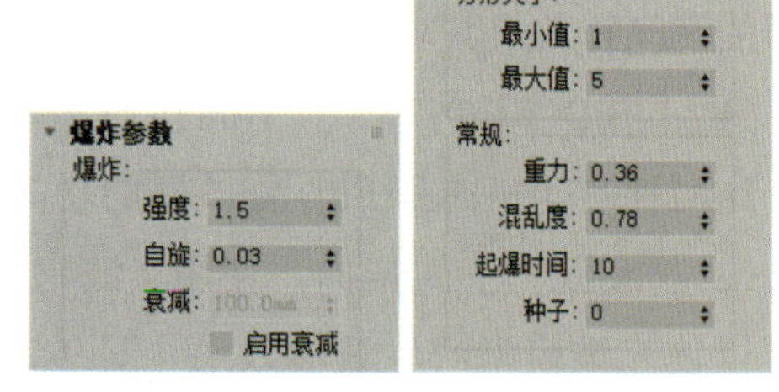

图 9-2-19　“爆炸参数”卷展栏

实例：制作水面涟漪动画

下面通过制作水面涟漪动画，来学习使用“涟漪”空间扭曲制作动画的方法（图 9-2-20）。

图 9-2-20　水面涟漪动画（截图）

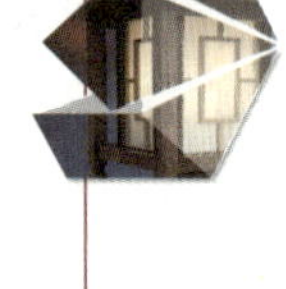

制作思路

打开素材文件，通过移动水滴制作水滴滴落动画，然后创建一个“涟漪”空间扭曲，将其与水面模型绑定，最后通过在不同时间节点上设置“涟漪”空间扭曲的参数来制作水面涟漪动画。

制作步骤

步骤 1　打开本书配套素材“素材与实例\项目九\水面涟漪动画”中的“荷花池素材.max”文件。

步骤 2　单击“自动关键点”按钮，将时间滑块拖至第 20 帧，在前视图中将水滴沿 y 轴方向移至水面下方（图 9-2-21）。

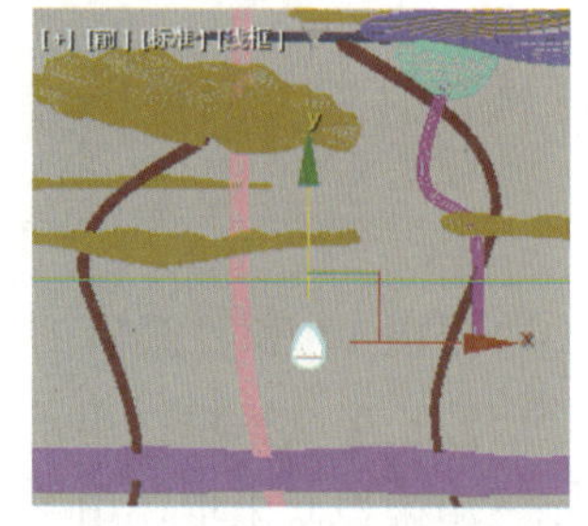

图 9-2-21　水滴的位置（第 20 帧）

步骤 3 单击“自动关键点”按钮，关闭自动设置关键点功能，然后将时间滑块拖至第0帧。

步骤 4 单击“创建”面板“空间扭曲”对象类别“几何/可变形”分类中的“涟漪”按钮，在顶视图中按住左键拖动鼠标，以指定涟漪的波长；释放鼠标左键后向上或向下移动光标至合适位置并单击，以指定涟漪的振幅，即可创建一个“涟漪”空间扭曲。

步骤 5 确认涟漪图标为选中状态，使用“快速对齐”按钮将该图标与水滴模型以轴点为基准对齐，然后在前视图中将涟漪图标沿 y 轴方向向下移至合适位置（图 9-2-22）。

图 9-2-22　涟漪图标的位置

步骤 6 单击主工具栏中的“绑定到空间扭曲”按钮，然后在顶视图中将光标移至涟漪图标上，按住左键拖动鼠标以选中水面模型，最后释放鼠标左键，即可将“涟漪”空间扭曲与水面模型绑定（图 9-2-23）。

此时可在“明暗处理”菜单中选择“性能”菜单项，该显示模式下可以更直观地看到涟漪效果。

步骤 7 选中涟漪图标，确认时间滑块位于第0帧，然后单击“自动关键点”按钮，在“修改”面板的“参数”卷展栏中设置涟漪的振幅、波长和衰退等参数（图 9-2-24），最后按“K”键设置关键点。

图 9-2-23　将“涟漪”空间扭曲与水面模型绑定

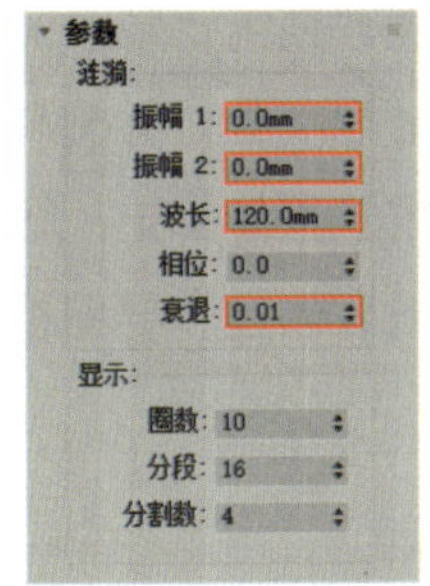

图 9-2-24　设置“涟漪”空间扭曲的参数（第 0 帧）

步骤 8 将时间滑块拖至第15帧，按“K”键设置关键点，然后在第20帧和第80帧分别设置涟漪的振幅和相位（图 9-2-25）。

参数
涟漪：
振幅 1：50.0mm
振幅 2：50.0mm
波长：120.0mm
相位：-2.0
衰退：0.01

（a）第 20 帧

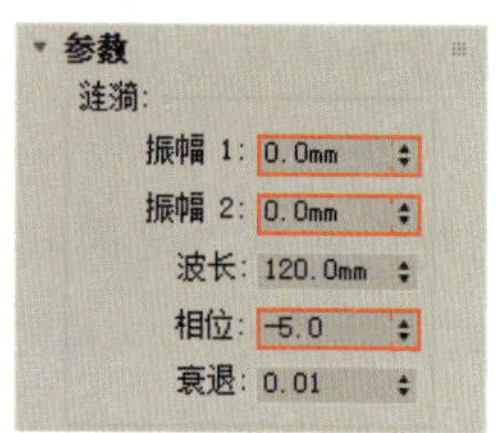

（b）第 150 帧

图 9-2-25　设置“涟漪”空间扭曲的参数

步骤 9　单击“自动关键点”按钮，关闭自动设置关键点功能，然后按“F10”键，在弹出的“渲染设置”对话框中设置视频的长度、分辨率、储存位置、格式和名称，最后单击“渲染”按钮，等待一段时间后，即可在文件储存位置查看动画。

任务实施　制作茶壶倒水动画

制作茶壶倒水动画

下面通过制作茶壶倒水动画，来学习使用粒子系统和空间扭曲制作动画的方法（图 9-2-26）。

图 9-2-26　茶壶倒水动画（截图）

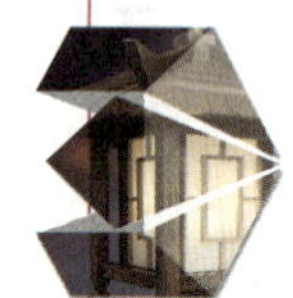

制作思路

打开素材文件，使用“粒子流源”命令创建一个粒子发射器，设置粒子发射器图标的形状和大小后，将其移至壶嘴处，并旋转至与壶嘴倾斜角度一致；然后创建“重力”空间扭曲，将“重力”空间扭曲与粒子系统绑定；接着在“粒子视图”对话框中设置粒子的参数，以调整粒子的运动效果和形态；最后创建“导向板”空间扭曲，将其移至茶杯杯底处并与粒子系统绑定，再设置粒子的碰撞效果。

制作步骤

步骤 1　打开本书配套素材“素材与实例 \ 项目九 \ 茶壶倒水动画”中的“茶壶素材 .max”文件。

步骤 2　单击“几何体”对象类别“粒子系统”分类中的“粒子流源”按钮，在顶视图中按住左键拖动鼠标，创建一个粒子发射器，然后在“修改”面板的“发射”卷展栏中设置粒子发射器图标的形状和大小（图 9-2-27）。

步骤 3　在前、左视图中调整粒子发射器图标，使其位于壶嘴处；然后在左视图中将粒子

发射器图标绕 z 轴按逆时针方向旋转 125°，使其与壶嘴的倾斜角度大体一致（图 9-2-28）。

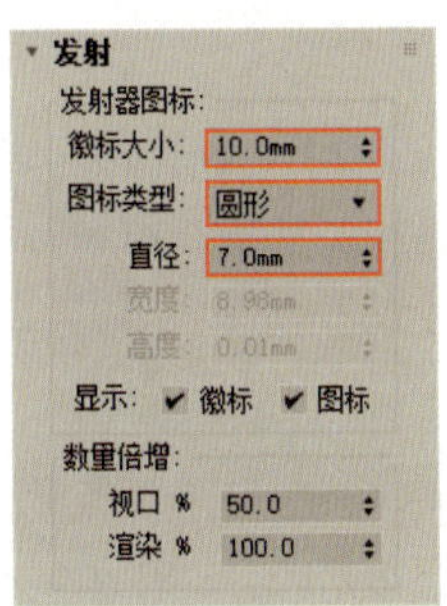

图 9-2-27 粒子发射器图标的参数

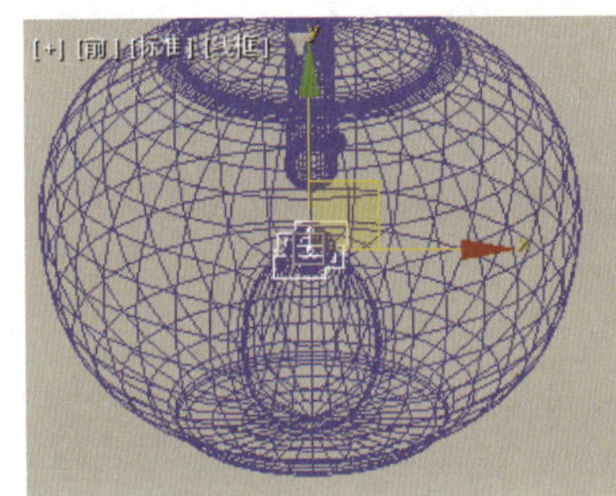

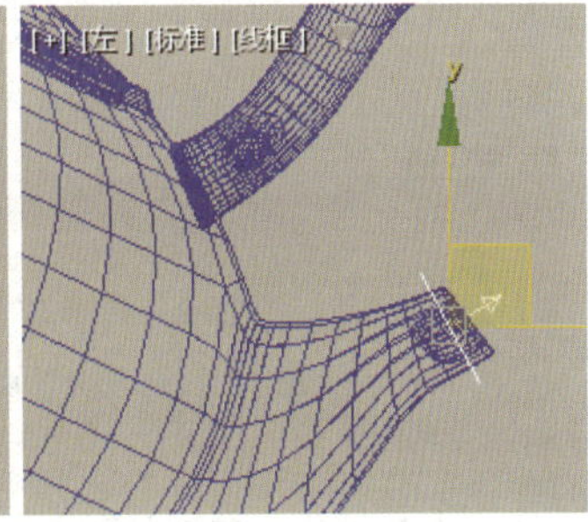

图 9-2-28 粒子发射器图标的位置和角度

步骤 4 单击“创建”面板“空间扭曲”对象类别“力”分类中的“重力”按钮，在顶视图中任一地方按住左键拖动鼠标，以指定“重力”空间扭曲的位置和大小，释放鼠标左键后即可创建一个“重力”空间扭曲。

步骤 5 选中视口中的粒子发射器图标，单击“修改”面板“设置”卷展栏中的“粒子视图”按钮或按“6”键，打开“粒子视图”对话框，然后按住左键将仓库中的“力”动作拖至“事件 001”粒子图表中“显示 001”动作的下方（图 9-2-29）。

若将仓库中动作拖至粒子图表中动作的下方，光标处会出现蓝线，此时释放鼠标可将仓库中动作添加至粒子图表中；若将仓库中动作拖至粒子图表中的动作上，该动作上会出现红线，此时释放鼠标，仓库中的动作会替换出现红线的动作。

步骤 6 选中“事件 001”粒子图表中的“力 001”动作，单击“参数”面板中的“添加”按钮，然后选中视口中的重力图标，即可将“重力”空间扭曲与粒子系统绑定（图 9-2-30）。

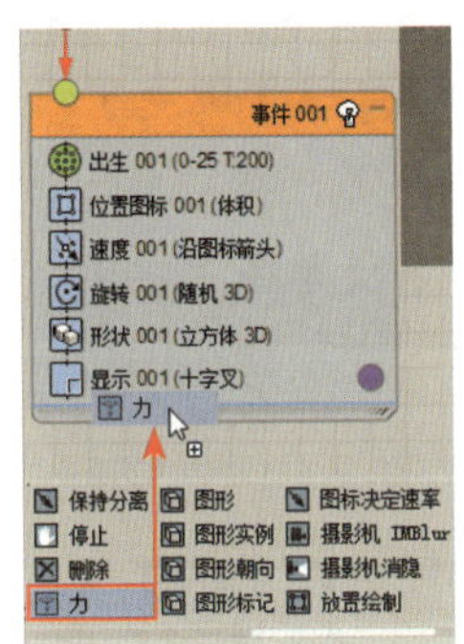

图 9-2-29 添加“力”动作

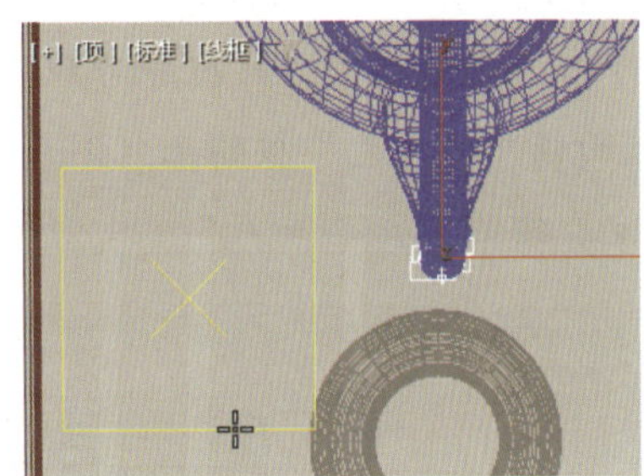

图 9-2-30 将“重力”空间扭曲与粒子系统绑定

当视口中模型较多，不便于选择重力图标时，可单击“按列表”按钮，在弹出的“选择力空间扭曲”对话框中选择要绑定的重力空间扭曲。

步骤 7 选中“事件 001”粒子图表中的“出生 001”动作，在“参数”面板中设置粒子的运动时间和数量（图 9-2-31）。

步骤 8 选中“事件 001”粒子图表中的“速度 001”动作，在“参数”面板中设置粒子的运动速度（图 9-2-32）。

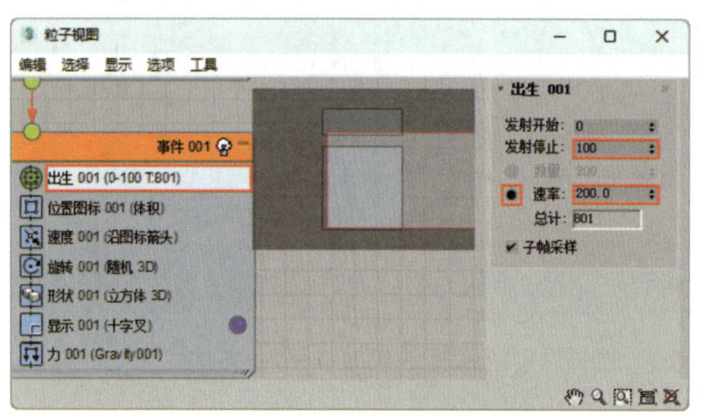

图 9-2-31 设置粒子的运动时间和数量

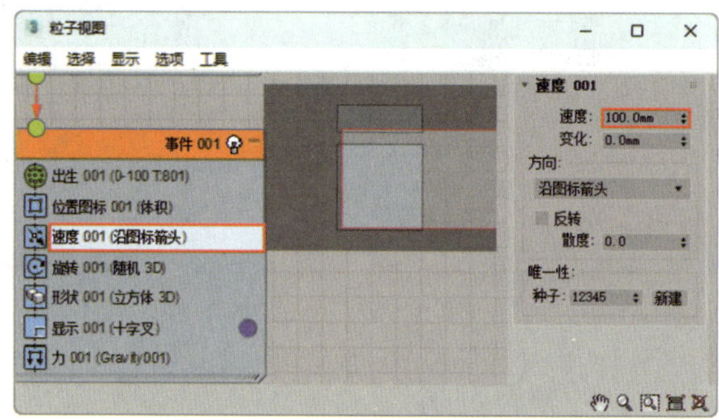

图 9-2-32 设置粒子的运动速度

步骤 9 选中“事件 001”粒子图表中的“形状 001”动作，在“参数”面板中设置粒子的形状、大小和缩放变化程度（图 9-2-33）。

步骤 10 选中“事件 001”粒子图表中的“显示 001”动作，在“参数”面板中设置粒子在视口中的显示效果（图 9-2-34）。

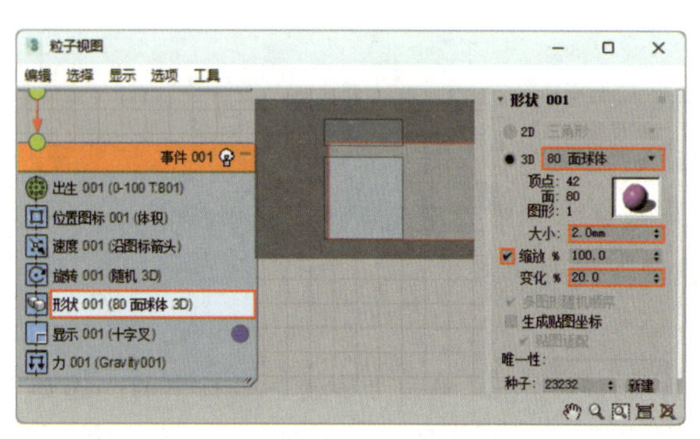

图 9-2-33 设置粒子的形状、大小和缩放变化程度

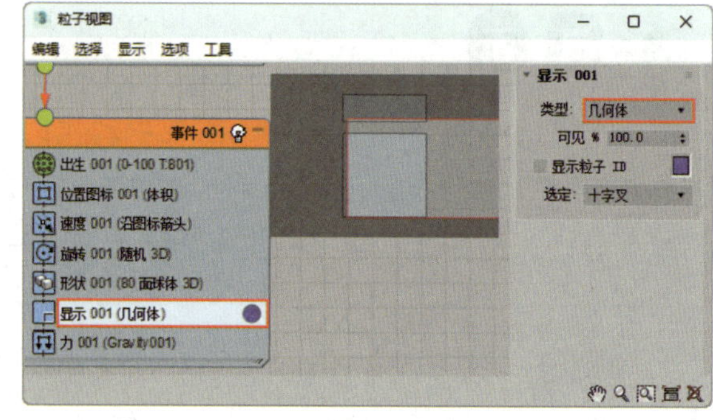

图 9-2-34 设置粒子在视口中的显示效果

步骤 11 按住左键将仓库中的“材质静态”动作拖至“事件 001”粒子图表中“力 001”动作的下方，然后选中“材质静态 001”动作，按“M”键打开材质编辑器，将“水”材质拖至“参数”面板中的“无”按钮上（图 9-2-35），最后在弹出的对话框中依次单击“实例”单选钮和“确定”按钮。

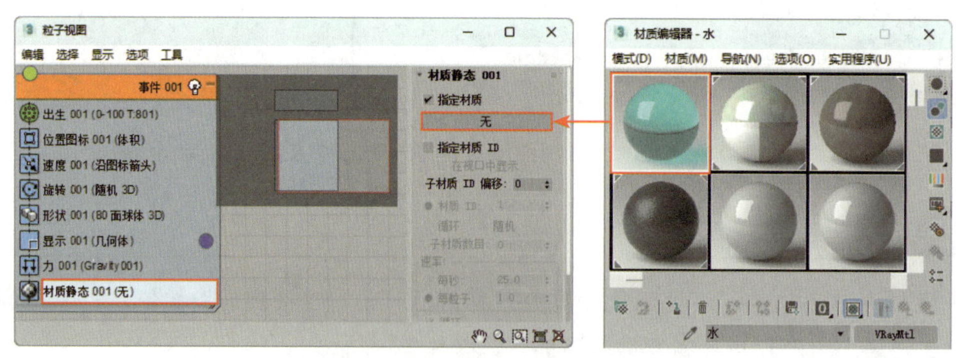

图 9-2-35 为粒子指定材质

步骤 12 为了防止粒子穿过杯底，单击“创建”面板“空间扭曲”对象类别“导向器”分类中的“导向板”按钮，在顶视图中接水的茶杯处按住左键拖动鼠标，创建一个“导向板”

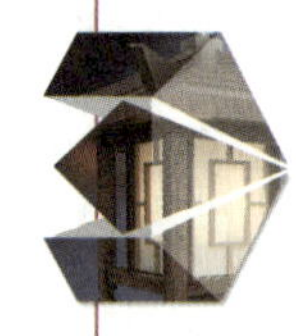

空间扭曲（其大小要能覆盖茶杯底），然后在前视图中将导向板图标沿 y 轴方向移至茶杯底部（图 9-2-36）。

步骤 13 按住左键将仓库中的“碰撞”动作拖至“事件 001”粒子图表中“静态材质 001”动作的下方。

步骤 14 选中“事件 001”粒子图表中的“碰撞 001”动作，单击“参数”面板中的“添加”按钮，然后选中视口中的导向板图标，即可将“导向板”空间扭曲与粒子系统绑定，最后在“参数”面板中设置粒子的碰撞效果（图 9-2-37），使粒子与导向板碰撞后不再反弹，能沉积在杯底。

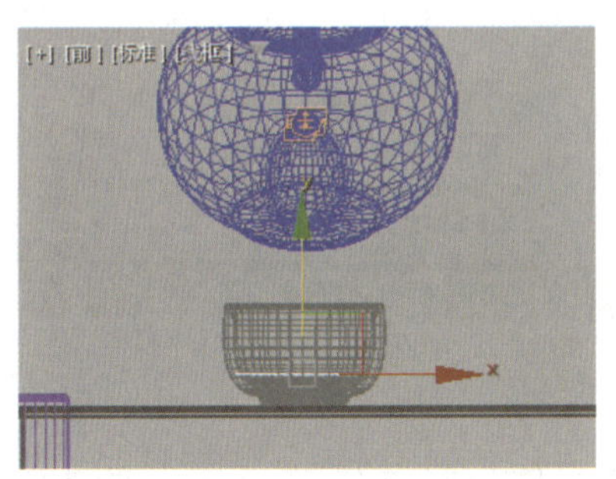

图 9-2-36 导向板图标的位置

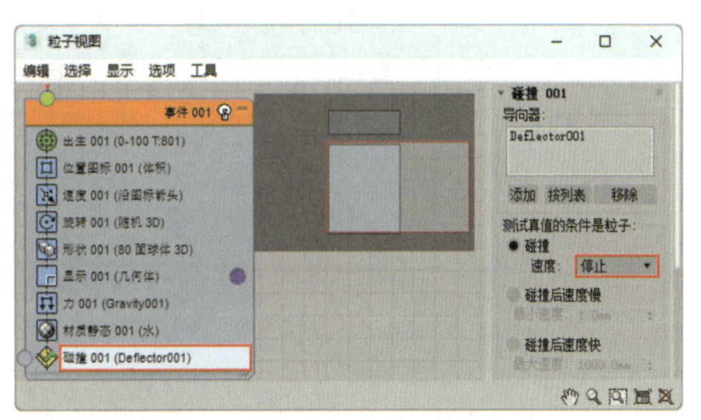

图 9-2-37 设置粒子的碰撞效果

学习成果自测

自测习题一 制作枫叶飘落动画

利用本项目所学知识制作枫叶飘落动画（图 9-2-38）。

图 9-2-38 枫叶飘落动画

提示：（1）使用“超级喷射”命令创建一个粒子系统并调整粒子发射器图标的位置和角度，使粒子发射器位于背景图片的右上方，从视图右上角向左下角发射粒子。

（2）在左视图中创建一个“风”空间扭曲，将“风”空间扭曲与粒子系统绑定，然后将风力大小设为 0.1，最后调整风图标的位置和角度。

（3）在“基本参数”卷展栏中设置粒子的扩散角度和其在视口中的显示方式、显示数量，在“粒子生成”卷展栏中设置渲染输出后的粒子数量、运动速度、运动变化、寿命和大小等（图 9-2-39）。

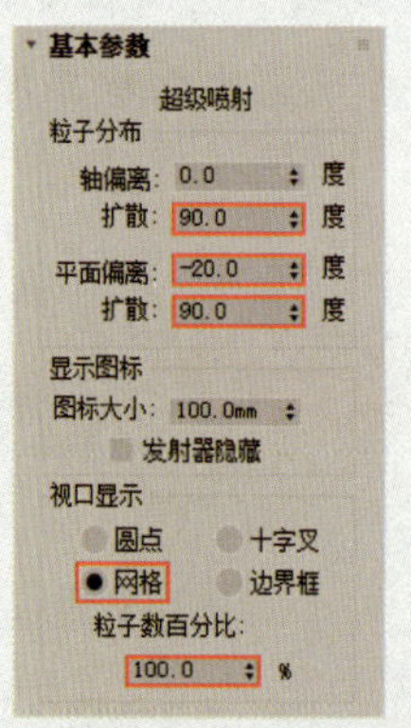

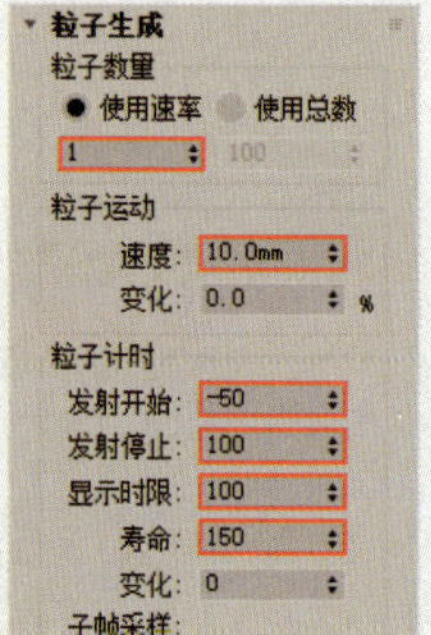

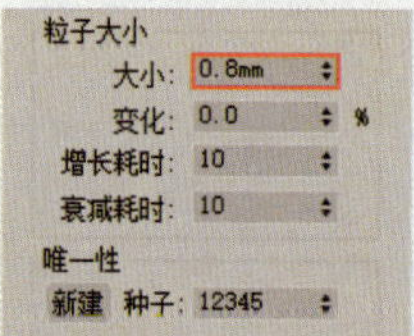

图 9-2-39　粒子系统的参数

（4）“粒子类型”卷展栏中将粒子类型设为“实例几何体”，然后拾取视口中的枫叶模型并单击“材质来源”按钮，使粒子变成枫叶。

自测习题二　制作喷泉喷水动画

利用本项目所学知识制作喷泉喷水动画（图 9-2-40）。

图 9-2-40　喷泉喷水动画

提示：（1）使用“超级喷射”命令创建一个粒子系统并调整粒子发射器图标的位置，使其器位于喷泉的出水口处。

（2）在“基本参数”卷展栏中设置粒子的扩散角度和粒子在视口中的显示方式，在“粒子生成”卷展栏中设置粒子数量、运动速度、运动变化、寿命和大小等，在“粒子类型”卷展栏中设置粒子的形状，在“旋转和碰撞”卷展栏中设置粒子的运动模糊和拉伸效果（图 9-2-41）。

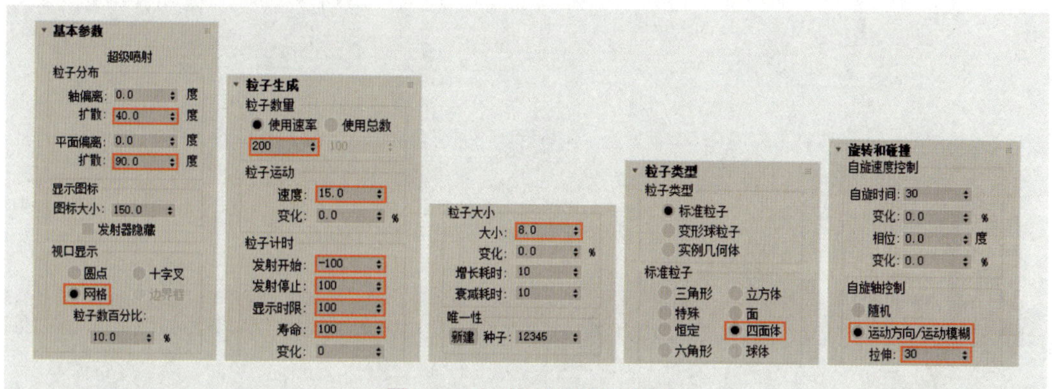

图 9-2-41　粒子系统的参数

（3）在顶视图中创建“重力”空间扭曲，将重力的强度设为 0.4；然后创建“导向板”空间扭曲，将其移至喷泉第 3 层水池的水面处，再将粒子的反弹速度设为 0.1；最后分别将“重力”和“导向板”空间扭曲与粒子系统绑定。

（4）将“水”材质赋予粒子系统。

学习成果评价

请进行学习成果评价，并将评价结果填入表 9-2-1。

表 9-2-1　学习成果评价表

评价项目	评价内容	分值	评价分数		
			自评	他评	师评
知识（40%）	雪、喷射、超级喷射	15			
	粒子源流	10			
	力、导向器、几何 / 可变形	15			
技能（40%）	能够创建粒子系统	5			
	能够创建空间扭曲	5			
	能够绑定粒子系统和空间扭曲	10			
	能够使用粒子系统制作动画	10			
	能够使用空间扭曲制作动画	10			
素养（20%）	积极参加教学活动，按时完成学习任务	10			
	培养感知能力和洞察能力，以及不畏挑战、勇于探索未知的精神	10			
合计		100			
总评	自评（20%）+ 他评（20%）+ 师评（60%）= ______	指导教师（签名）：______			

项目十

综合实战

本项目将通过制作闹钟模型和动画、制作咖啡厅漫游动画这两个综合案例，来练习使用3ds Max制作模型和动画的方法，体验从无到有完整制作案例的过程。

知识目标

- 了解制作综合案例的思路。
- 掌握制作产品模型和动画的方法。
- 掌握制作室内漫游动画的方法。

能力目标

- 能够使用3ds Max建模。
- 能够使用3ds Max表现物体的材质。
- 能够使用3ds Max制作动画。
- 能够使用3ds Max渲染场景、动画并输出效果图和视频。

素质目标

- 学生通过制作完整的综合案例，分析制作思路，锻炼思维能力和专业技能。
- 学生通过制作产品和建筑领域的综合案例，提升职业素养。

任务一　制作闹钟模型和动画

扫一扫

制作闹钟模型和动画

任务引入

下面通过制作如图 10-1-1 所示的闹钟模型和动画（截图），综合练习使用 3ds Max 建模、为模型添加材质和制作动画的方法。

图 10-1-1　闹钟模型和动画（截图）

任务分析

本案例中的闹钟模型由闹钟主体（外壳和钟面）、响铃、螺钉、提手、摆锤、支架、刻度、数字、指针及玻璃罩组成。本案例的制作过程可分为 4 个部分，分别是制作闹钟模型、为闹钟模型添加材质、制作闹钟动画、渲染动画并输出视频。

（1）制作闹钟模型：通过基本体建模、样条线建模、修改器建模和多边形建模依次制作除玻璃罩外的各组件，然后对部分组件的棱边进行切角和平滑处理，接着提取闹钟外壳顶部的面，制作摆锤底部的凹槽（凹槽是闹钟外壳的一部分，进行平滑处理后再提取面可以使凹槽与闹钟外壳更贴合），最后创建一个圆柱体作为玻璃罩。闹钟各组件的制作思路如下：

① 闹钟主体（外壳和钟面）：创建一个圆柱体，对圆柱体的顶面进行插入和挤出，形成向内凹的钟面；然后通过插入循环边、挤出面和缩放边，制作闹钟外壳边缘的弧度。

② 响铃：创建一个圆柱体，通过缩放面和边调整圆柱体的形状，然后删除圆柱体的底面，接着为其添加“壳”修改器，使模型产生厚度，最后将其镜像并实例克隆，制作另一侧的响铃。

③ 螺钉：创建一个圆柱体，调整圆柱体上循环边的位置后通过挤出面和移动面来制作螺钉头。

④ 提手：根据半边提手的形状绘制一条样条线并使其显示为三维模型，然后将其转换为可编辑多边形对象，删除多余的面并调整其轴点向，接着使用“切角”命令调整提手的弧度，最后为其添加“镜像”修改器，制作另一半提手。

⑤ 摆锤：创建一个圆柱体，调整圆柱体的轴点后，将其旋转并复制克隆 1 份，然后调整圆柱体副本的大小并将移至合适位置，最后将两个圆柱体以“摆锤”为组名组成一个组并移至闹钟顶部。

⑥ 支架：创建一个圆柱体，调整其底面的大小，以制作闹钟一侧的支架，然后将其实例克隆 1 份。

⑦ 刻度：创建一个长方体，通过旋转克隆该长方体来制作钟面上的刻度。

⑧ 数字：创建二维文本并进行旋转克隆，然后依次修改文本数字，再分别调整各个数字的轴点，将它们旋转至合适角度，最后为所有的二维文本添加“倒角”修改器，将它们转换为三维模型。

⑨ 指针：指针由秒针、分针和时针组成。创建一个长方体作为秒针，然后将秒针复制克隆 2 份，调整 2 个秒针副本的形状，以制作分针和时针。

⑩ 玻璃罩：创建一个圆柱体作为玻璃罩。

（2）为闹钟模型添加材质：闹钟的外壳和响铃的材质为黄色的金属漆，钟面的材质为米白色塑料，螺钉、提手、摆锤和支架的材质为不锈钢，闹钟钟面上的刻度、数字和指针的材质为黑色塑料，玻璃罩的材质为清玻璃。闹钟主体包括外壳和钟面，所以闹钟主体的材质需要使用“多维 / 子对象”材质来制作，其他组件的材质均使用“VRayMtl”材质制作。

（3）制作闹钟动画：将素材文件中的对象合并到当前文件中后，就可以开始制作动画了。闹钟动画分为 3 部分，第 1 部分为闹钟从上方落到台面上，然后旋转，使钟面面向镜头；第 2 部分为指针旋转动画，由于动画时间较短，仅制作了分针和秒针的动画；第 3 部分为闹铃动画，当闹钟显示的时间为 7:20 时，闹钟开始振动，摆锤敲击响铃。

（4）渲染动画并输出视频：设置渲染参数并为动画设置运动模糊效果。

任务实施

1．制作闹钟模型

1）制作闹钟主体

步骤 1　在透视图的“按视图首选项视口标签”菜单中选择“边面”菜单项，然后在前视图中创建一个半径为 80 mm、高度为 65 mm、高度分段数为 1 的圆柱体，最后将圆柱体转换为可编辑多边形对象。

步骤 2　按“4”键进入多边形编辑模式，在透视图中选中圆柱体的顶面，然后单击“编辑多边形”卷展栏中“插入”按钮右侧的“设置”按钮，在弹出的小盒控件中将插入尺寸设为 10 mm 并单击“确定”按钮（图 10-1-2）；最后单击“挤出”按钮右侧的“设置”按钮，在弹出的小盒控件中将挤出高度设为 -10 mm 并单击“确定”按钮（图 10-1-3）。

步骤 3　按“2”键进入边编辑模式，使用鼠标和“Ctrl”键在前视图中选中边（图 10-1-4），然后单击“编辑边”卷展栏中“连接”按钮右侧的“设置”按钮，在弹出的小盒控件中设置生成边的位置并单击“确定”按钮（图 10-1-5）。

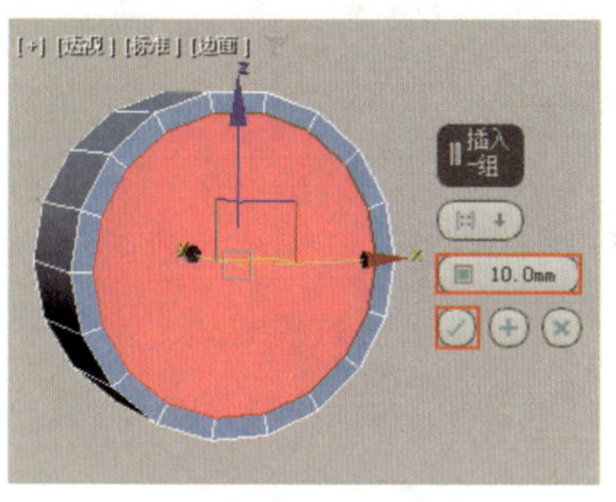

图 10-1-2　插入面

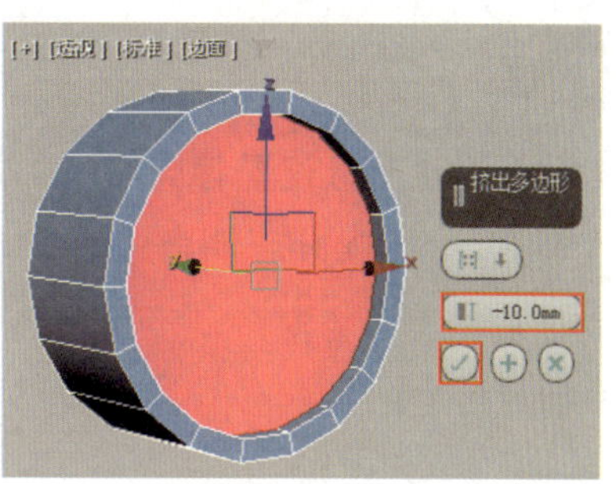

图 10-1-3　挤出面①

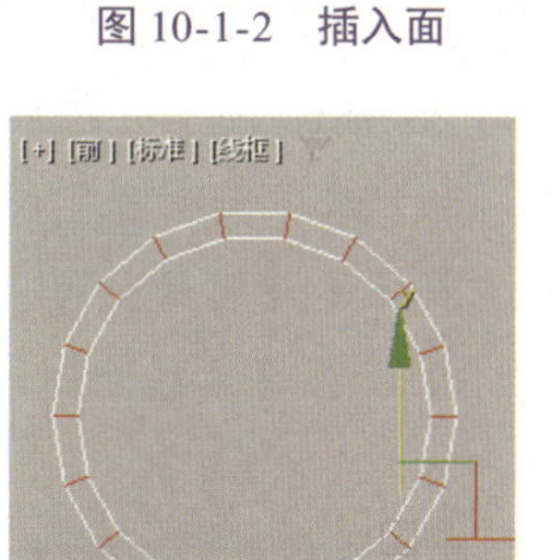

图 10-1-4　选中边

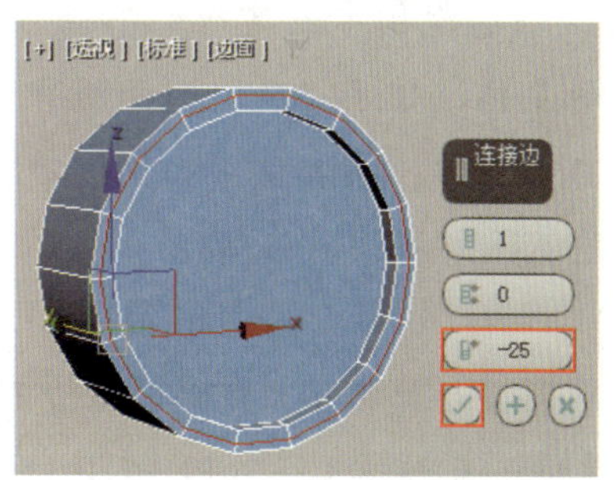

图 10-1-5　插入循环边

步骤 4　按“4”键进入多边形编辑模式，使用鼠标和“Ctrl”键在透视图中选中面（图 10-1-6），然后单击“编辑多边形”卷展栏中“挤出”按钮右侧的“设置”按钮■，在弹出的小盒控件中将挤出高度设为 5 mm 并单击“确定”按钮✓（图 10-1-7）。

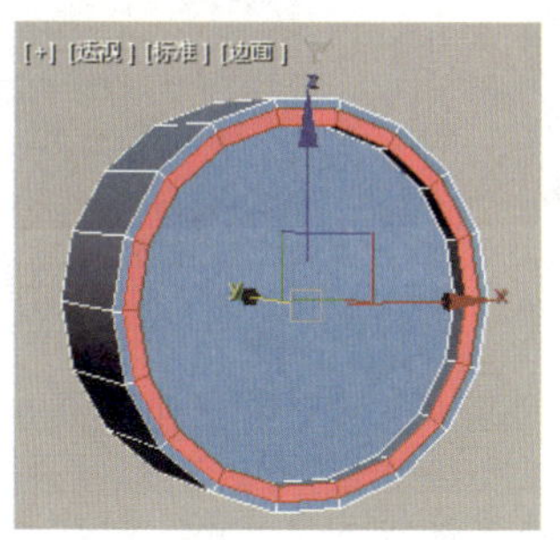

图 10-1-6　选中面①

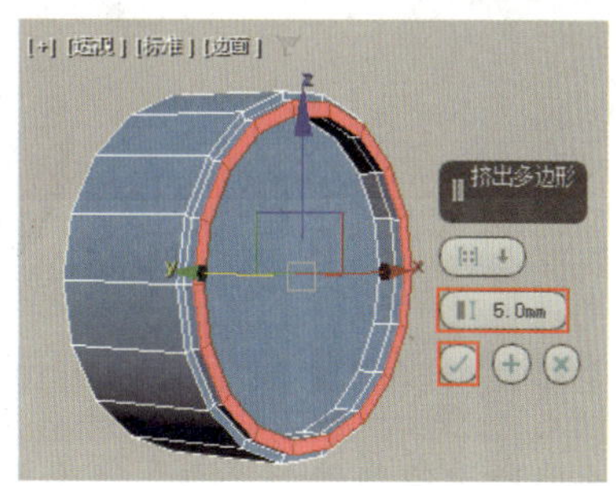

图 10-1-7　挤出面②

步骤 5　按“2”键进入边编辑模式，双击选中步骤 4 中挤出的面外边缘的循环边，然后在前视图中将其缩小至合适大小（图 10-1-8），使闹钟边缘产生一个斜面，闹钟主体就制作好了。

步骤 6　按“4”键进入多边形编辑模式，选中作为闹钟钟面的面（图 10-1-9），将所选面的材质 ID 设为 1，接着按“Ctrl+I”键进行反选，选中作为闹钟外壳的面，将所选面的材质 ID 设为 2。

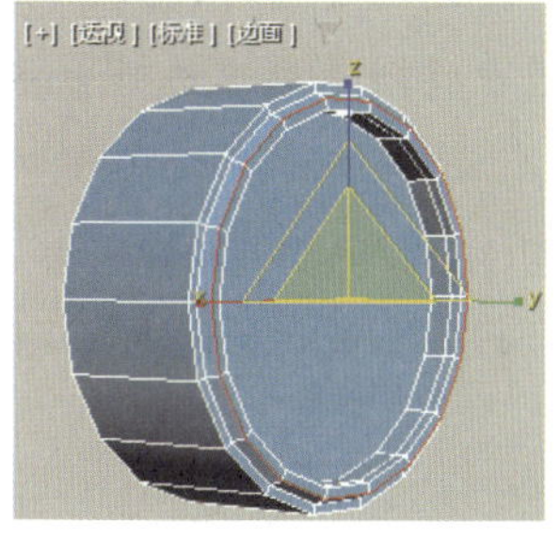

图 10-1-8　缩小边①

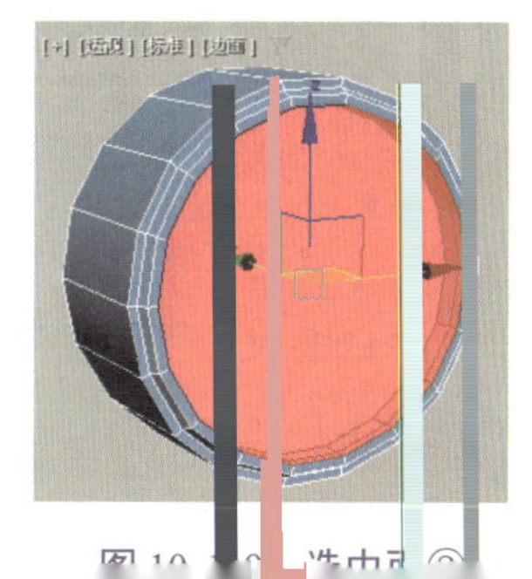

图 10-1-9　选中面②

答疑解惑

问： 为什么要在此时设置材质 ID？

答： 在设置材质 ID 时，需要选择具体的面或元素，在对模型的棱边进行切角并对模型进行平滑处理后，面数会变多，不便于选择面。所以要在对模型的棱边进行切角前，设置好模型各部分的材质 ID。

2）制作响铃

步骤 1 在透视图中创建一个半径为 33 mm、高度为 25 mm、高度分段数为 2 的圆柱体；然后选中闹钟主体，使用“层次”面板中的“仅影响轴”和“居中到对象”按钮将闹钟主体的轴点移至自身中心；接着使用“快速对齐”按钮将该圆柱体与闹钟主体以轴点为基准对齐；最后在前视图中将该圆柱体绕 z 轴按逆时针方向旋转 30°，再将其移至闹钟主体的左上方（图 10-1-10）。

步骤 2 将圆柱体转换为可编辑多边形对象。按“4”键进入多边形编辑模式，选中圆柱体的顶面，将其缩小至合适大小（图 10-1-11），再选中圆柱体的底面，按“Delete”键将其删除；然后按“2”键进入边编辑模式，选中圆柱体中部的循环边，将其缩小至合适大小（图 10-1-12），按“2”键退出边编辑模式。

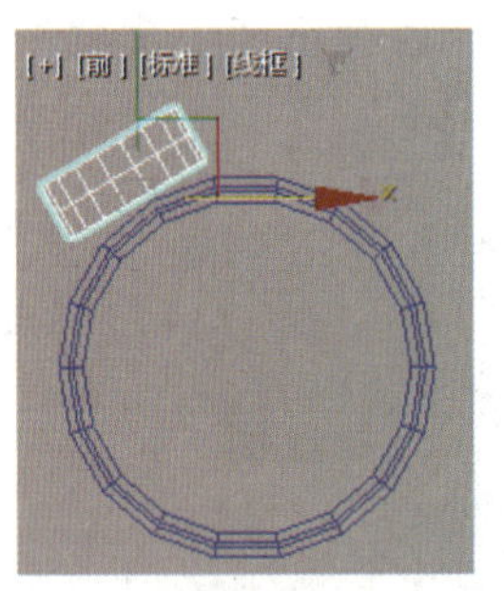

图 10-1-10　圆柱体的角度和位置

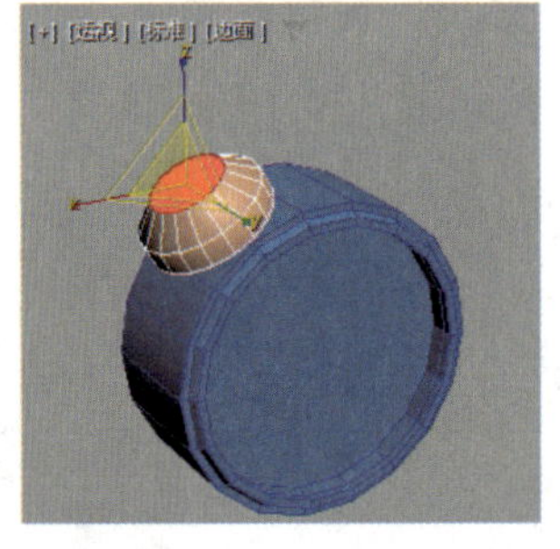

图 10-1-11　缩小面

图 10-1-12　缩小边②

步骤 3 为所选模型添加“壳”修改器，将向内生成的厚度设为 2 mm，向外生成的厚度设为 0 mm，闹钟左侧的响铃就制作好了。

3）制作螺钉

步骤 1 在透视图中创建一个半径为 2.5 mm、高度为 35 mm、高度分段数为 2 的圆柱体；然后将其绕 y 轴按逆时针方向旋转 30°，并使用“快速对齐”按钮将该圆柱体与响铃对齐；最后在主工具栏的“参考坐标系”下拉列表中将坐标系类型设为局部，再在前视图中将该圆柱体沿 z 轴方向移至合适位置（图 10-1-13）。

步骤 2 将圆柱体转换为可编辑多边形对象，按“2”键进入边编辑模式，双击选中该圆柱体中部的循环边，然后将坐标系类型设为局部，再在透视图中将所选循环边沿 z 轴方向移至合适位置（图 10-1-14）。

步骤 3 按“4”键进入多边形编辑模式，选中面（图 10-1-15），然后单击“编辑多边形”卷展栏中“挤出”按钮右侧的“设置”按钮，在弹出的小盒控件中设置挤出类型和高度并单击“确定”按钮（图 10-1-16）。

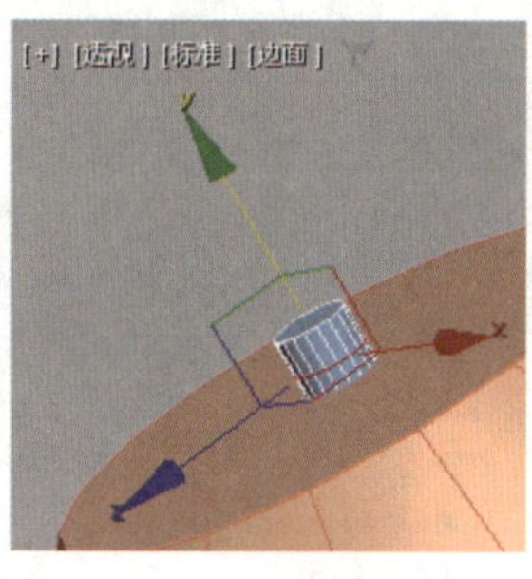

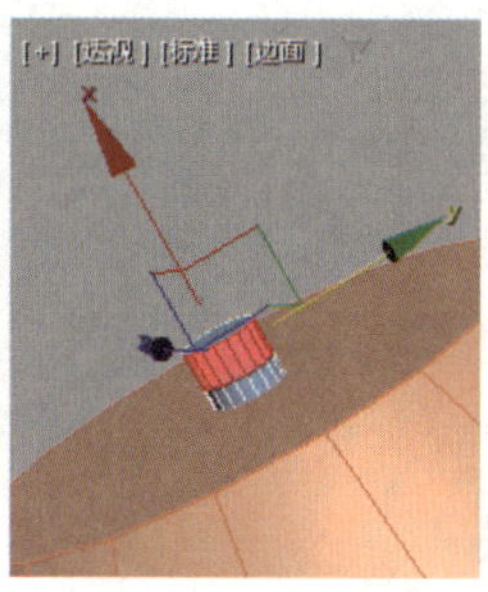

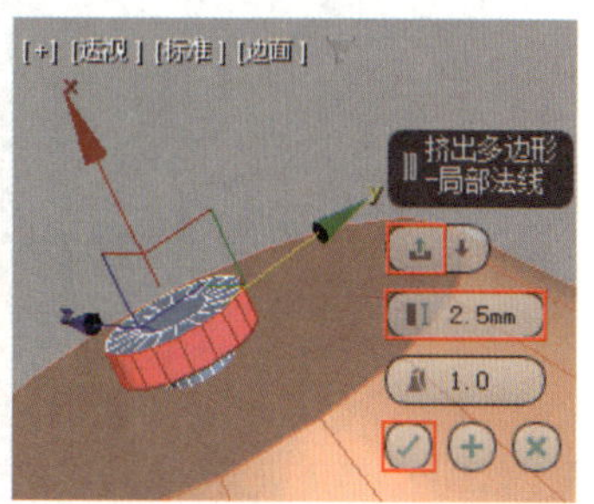

图 10-1-13　圆柱体的位置　图 10-1-14　循环边的位置　图 10-1-15　选中面③　图 10-1-16　挤出面③

步骤 4　在透视图中选中所选模型顶部中心的面，将其沿 z 轴方向移至合适位置（图 10-1-17），用于固定响铃和提手的螺钉就制作好了。按“4”键退出多边形编辑模式。

步骤 5　选中左侧响铃和螺钉，然后将坐标系类型设为视图，接着使用“层次”面板中的“仅影响轴”按钮和“快速对齐”按钮，将所选模型的轴点与闹钟主体的轴点对齐，最后在前视图中使用“镜像”按钮将所选模型沿 x 轴方向镜像并实例克隆 1 份（图 10-1-18）。

图 10-1-17　移动面

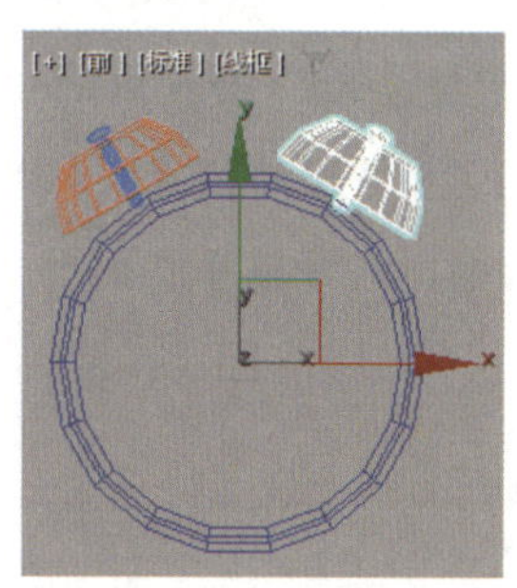

图 10-1-18　镜像克隆响铃和螺钉

4）制作提手

步骤 1　在前视图中绘制样条线（图 10-1-19），然后在“渲染”卷展栏中进行设置，使样条线显示为三维模型（图 10-1-20）。

步骤 2　将样条线转换为可编辑多边形对象。按“2”键进入边编辑模式，按住“Ctrl”键双击选中循环边（图 10-1-21），然后单击“编辑边”卷展栏中“切角”按钮右侧的“设置”按钮，在弹出的小盒控件中将切角范围设为 5 mm 并单击“确定”按钮（图 10-1-22）。

步骤 3　按“4”键进入多边形编辑模式，在透视图中选中面（图 10-1-23），然后单击“编辑几何体”卷展栏中的“X”按钮（图 10-1-24），使该面在 x 轴方向上平面化，最后按“Delete”键将该面删除。按“4”键退出多边形编辑模式。

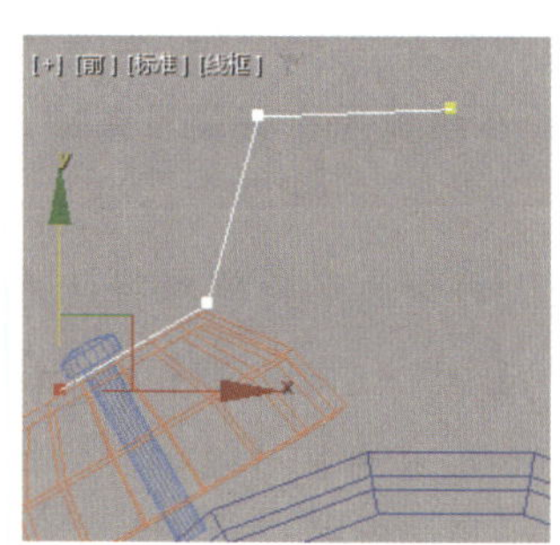

图 10-1-19　绘制样条线

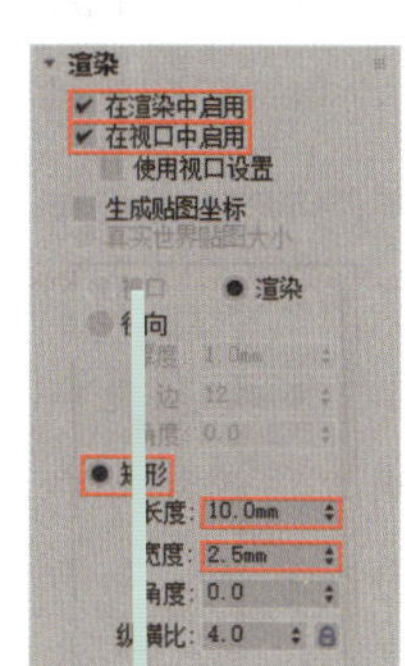

图 10-1-20　设置渲染参数

图 10-1-21　选中循环边

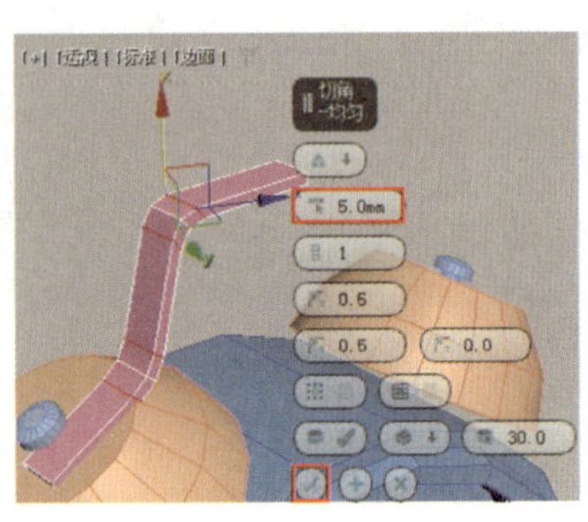
图 10-1-22　设置切角参数

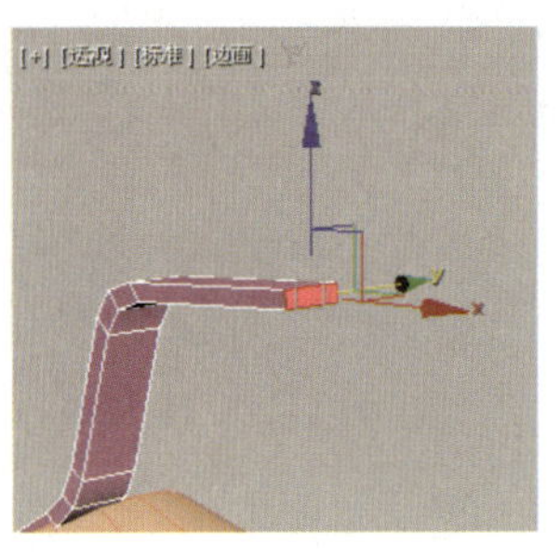
图 10-1-23　选中面④

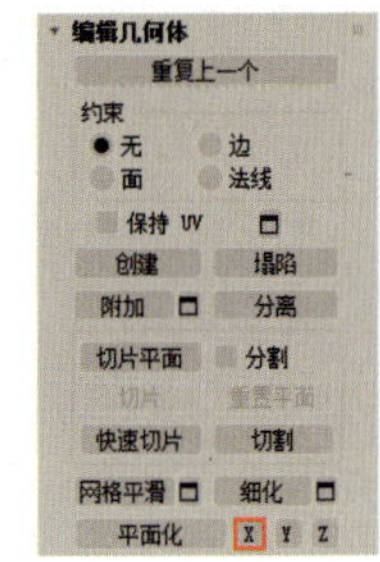

图 10-1-24　“X”按钮

提示

平面化可以使所选的子对象沿某轴向对齐。由于只制作了半边提手，所以后续需要将其沿 x 轴方向镜像。在此时将需要合并的面沿 x 轴方向平面化并删除，镜像后的副本就可以和原模型完美衔接，无须再合并衔接处的顶点。

步骤 4　使用“层次”面板中的“仅影响轴”按钮和“捕捉开关”按钮，将所选模型的轴点移至如图 10-1-25 所示的位置，然后为该模型添加“镜像”修改器，并在“参数”卷展栏中勾选“复制”复选框，闹钟提手就制作好了（图 10-1-26）。

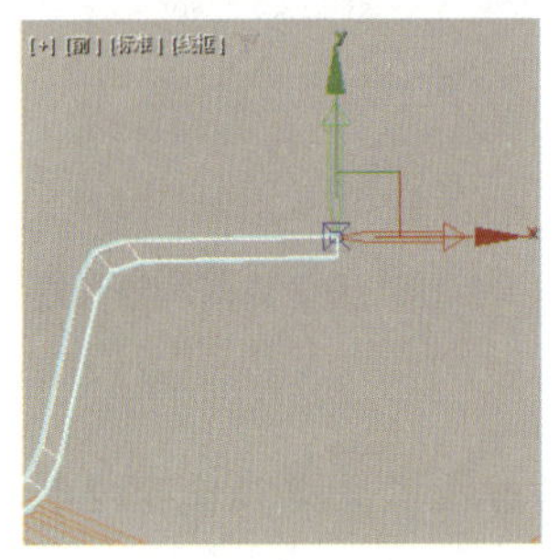
图 10-1-25　模型轴点的位置

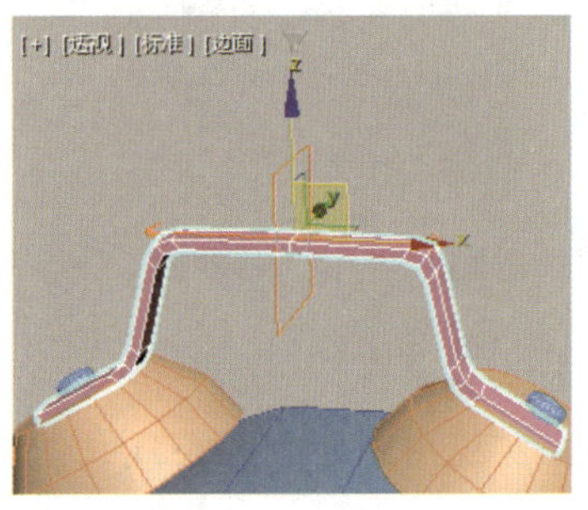
图 10-1-26　闹钟提手

步骤 5　使用“对齐”按钮将闹钟提手与闹钟主体在 x 轴、y 轴方向上以轴点为基准对齐。

5）制作摆锤

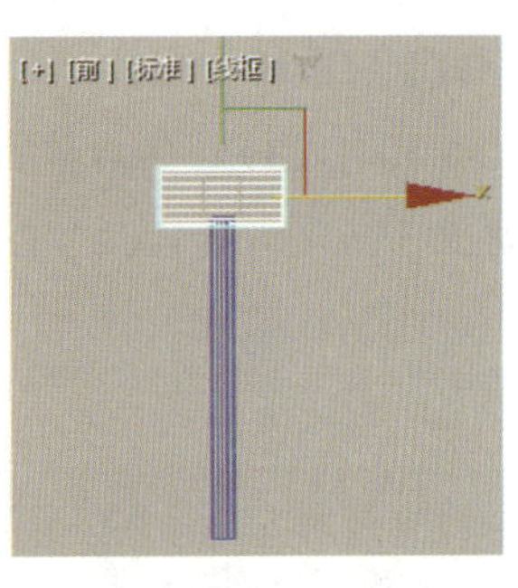
图 10-1-27　圆柱体副本的大小和位置

步骤 1　在透视图中创建一个半径为 1.5 mm、高度为 40 mm、高度分段数为 1 的圆柱体，使用“层次”面板中的“仅影响轴”和“居中到对象”按钮将其轴点移至自身中心；然后在前视图中将该圆柱体绕 z 轴旋转 90° 并复制克隆 1 份，并将圆柱体副本沿 y 轴方向向上移至合适位置；最后将圆柱体副本的半径设为 3.5 mm，并在前视图中将圆柱体副本沿 x 轴方向缩短（图 10-1-27）。

步骤 2　选中在步骤 1 中创建的圆柱体及其副本，使用“组”→“组”菜单项将所选对象以“摆锤”为组名组成一个组，然后使用“快速对齐”按钮将“摆锤”组与闹钟主体以轴点为基准对齐，最后在前视图中将“摆锤”组沿 y 轴方向向上移至合适位置（图 10-1-28）。

6）制作支架

步骤 1　在透视图中创建一个半径为 6 mm、高度为 25 mm、高度分段数为 2 的圆柱体，将

其绕 y 轴按顺时针方向旋转 40°；然后使用“快速对齐”按钮将该圆柱体与闹钟主体以轴点为基准对齐，再在前视图中将该圆柱体移至闹钟主体的左下方（图 10-1-29）。

步骤 2 将所选圆柱体转换为可编辑多边形对象，然后按“4”键进入多边形编辑模式，在左视图中选中圆柱体的底面，将其缩小至合适大小（图 10-1-30），闹钟的左侧支架就制作好了。按“4”键退出多边形编辑模式。

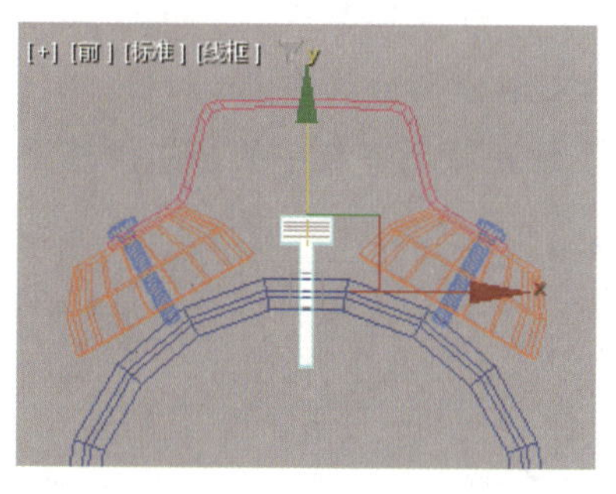

图 10-1-28 “摆锤”组的位置

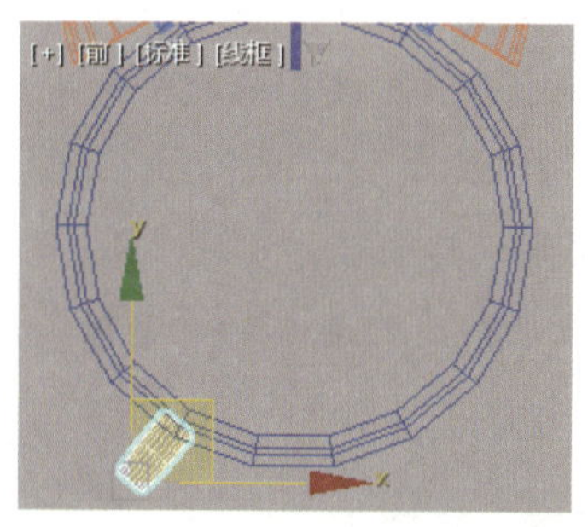

图 10-1-29 圆柱体的位置

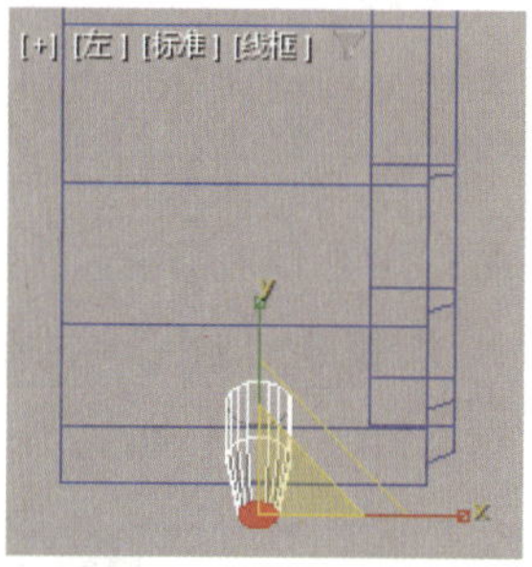

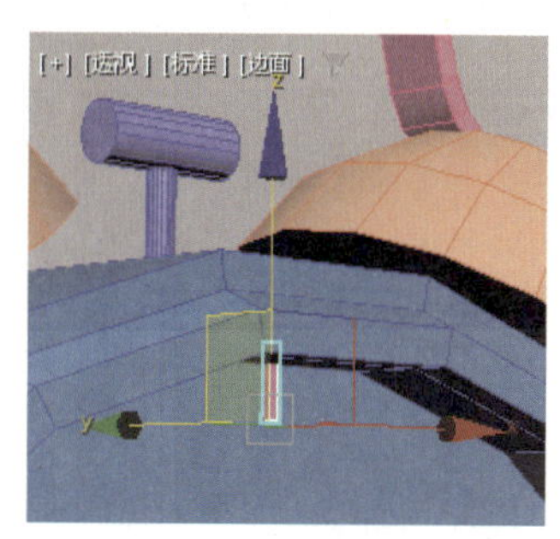

图 10-1-30 缩小面

步骤 3 使用“层次”面板中的“仅影响轴”按钮和“快速对齐”按钮，将左侧支架的轴点与闹钟主体的轴点对齐，最后使用“镜像”按钮将左侧支架沿 x 轴方向镜像并实例克隆 1 份。

7）制作刻度

步骤 1 在透视图中创建一个 1 mm×1.2 mm×8 mm 的长方体，然后使用“快速对齐”按钮将该长方体与闹钟主体以轴点为基准对齐，再在透视图中将该长方体沿 yz 平面移至合适位置，使其位于钟面上（图 10-1-31）。

步骤 2 使用“层次”面板中的“仅影响轴”按钮和“快速对齐”按钮，将长方体的轴点与闹钟主体的轴点对齐，然后在前视图中将该长方体绕 z 轴旋转 30° 并实例克隆 11 份（图 10-1-32）。

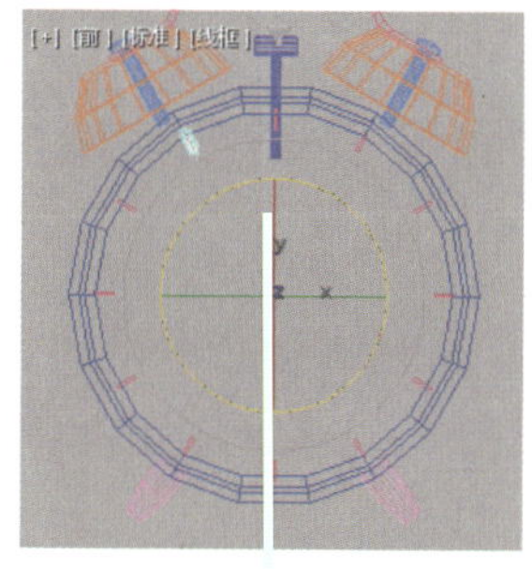

图 10-1-31 长方体的位置

步骤 3 选中长方体，按“Ctrl+V”组合键将其原位复制克隆 1 份，然后将该长方体副本转换为可编辑多边形对象。

步骤 4 按“1”键进入顶点编辑模式，然后将坐标系类型设为视图，通过移动、缩放顶点调整该长方体副本的大小（图 10-1-33），接着按“1”键退出顶点编辑模式，将所选长方体绕 y 轴旋转 6° 并实例克隆 4 份（图 10-1-34），最后选中在步骤 3 中创建的长方体副本，按“Delete”键将其删除。

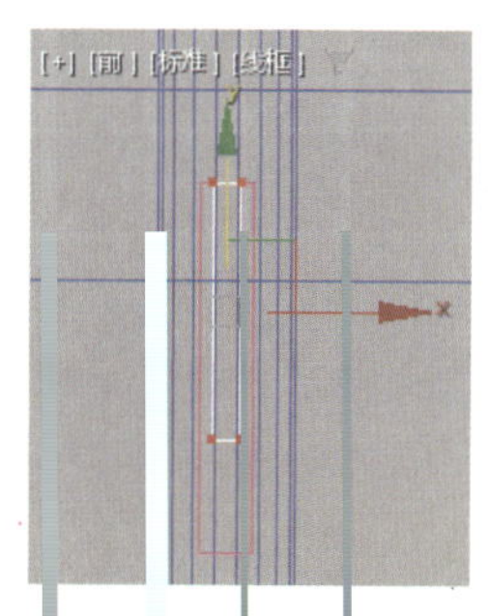

图 10-1-32 旋转克隆长方体

图 10-1-33 长方体副本的大小

图 10-1-34 旋转克隆长方体副本

步骤 5　选中 4 个较短的长方体，在前视图中将其绕 z 轴旋转 30° 并实例克隆 11 份。

8）制作数字

步骤 1　单击“图形”对象类别“样条线”分类中的“文本”按钮，在“渲染”卷展栏中取消勾选“在渲染中启用”和“在视口中启用”复选框；然后在“参数”卷展栏“文本”编辑框中输入“12”，将字体设为宋体，大小设为 17 mm；最后在前视图中单击，以创建二维文本。

步骤 2　参照制作刻度的步骤 1 和步骤 2，将数字“12”移至合适位置，然后在透视图中将其绕 y 轴旋转 30° 并复制克隆 11 份，接着依次将数字副本的文本分别修改为 1、2、3、4、5、6、7、8、9、10、11，最后使用“层次”面板中的“仅影响轴”按钮将所有数字的轴心调整至自身中心，再依次将 11 个数字副本旋转至合适角度（图 10-1-35）。

步骤 3　选中所有的二维文本，为其添加“倒角”修改器，然后在“倒角值”卷展栏中进行设置（图 10-1-36）。

图 10-1-35　数字效果

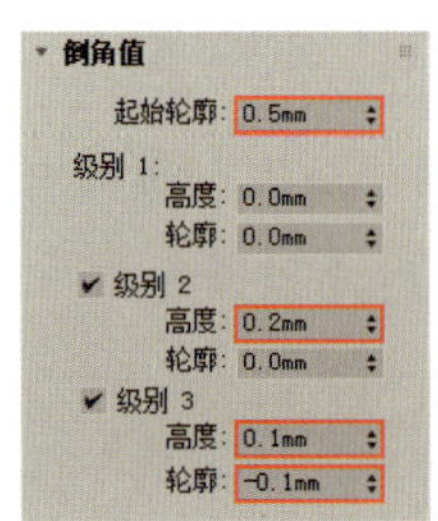

图 10-1-36　设置倒角值

9）制作指针

步骤 1　选中闹钟左侧的螺钉，在透视图中将其绕 y 轴按顺时针方向旋转 30° 并实例克隆 1 份，然后使用“层次”面板中的“仅影响轴”和“居中到对象”按钮将螺钉副本的轴点移至自身中心，接着使用“快速对齐”按钮将螺钉副本与闹钟主体以轴点为基准对齐，最后在左视图中将螺钉副本绕 z 轴按顺时针方向旋转 90°，再将其沿 x 轴方向移至合适位置，作为固定指针的零件（图 10-1-37）。

步骤 2　在透视图中创建一个 1.5 mm×1.5 mm×60 mm、高度分段数为 2 的长方体，将其作为秒针，然后使用“快速对齐”按钮将其与闹钟主体以轴点为基准对齐，最后在左视图中沿 x 轴方向调整秒针的位置（图 10-1-38）。

步骤 3　将秒针转换为可编辑多边形对象，按“Ctrl+V”组合键将其原位复制克隆 1 份，然后按“1”键进入顶点编辑模式，在前视图中框选秒针副本的顶点，通过沿 y 轴方向移动顶点和沿 x 轴方向缩放顶点来调整秒针副本的形状，以制作分针（图 10-1-39）。按“1”键退出顶点编辑模式。

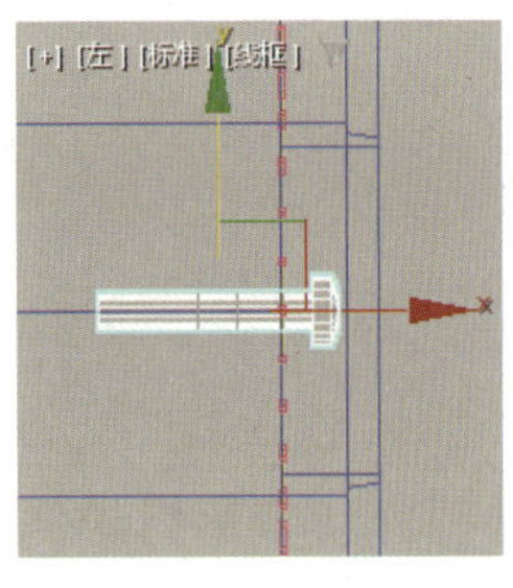

图 10-1-37　零件的位置

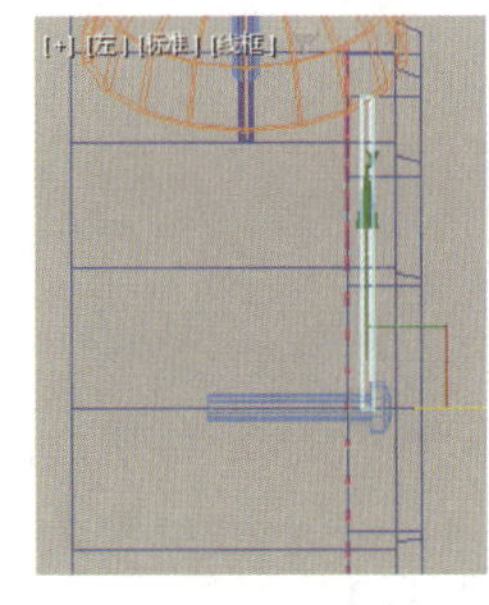

图 10-1-38　秒针的位置

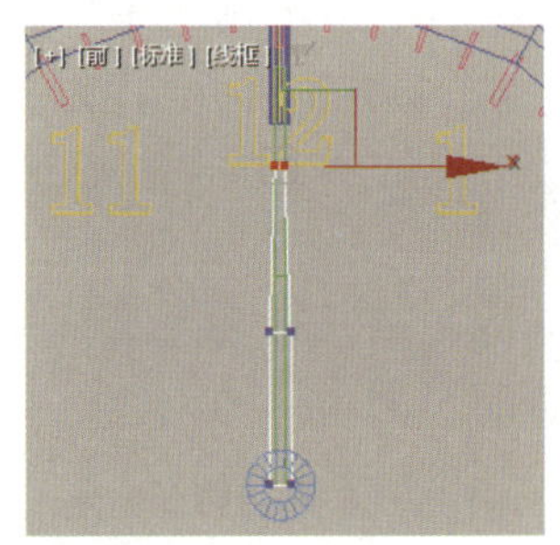

图 10-1-39　分针的形状

步骤 4　参照步骤 3，制作时针，时针的形状如图 10-1-40 所示。

步骤 5　在左视图中沿 x 轴方向调整分针和时针的位置，使他们位于钟面和秒针之间，然后在前视图中分别将分针和时针按顺时针方向旋转 108° 和 222°（图 10-1-41）。

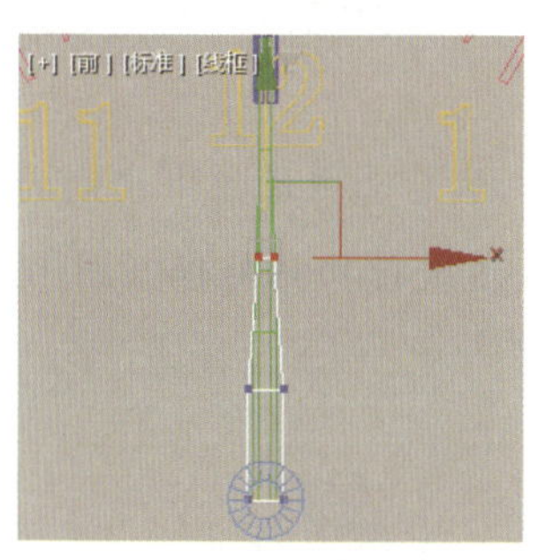

图 10-1-40　时针的形状

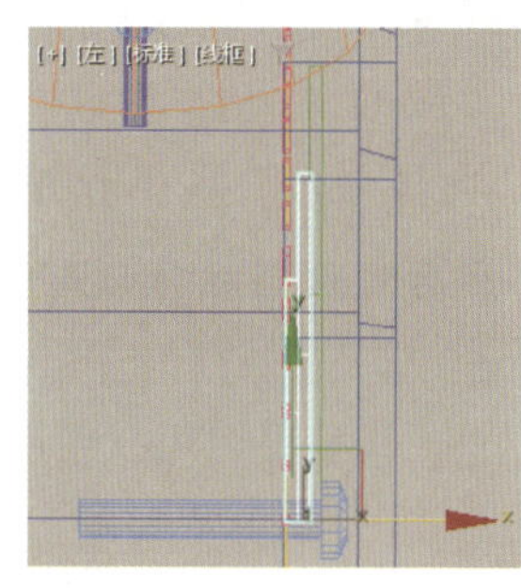

图 10-1-41　分针、时针的位置和角度

10）进行切角和平滑处理

步骤 1　选中闹钟主体，按“2”键进入边编辑模式，然后选中闹钟主体的所有棱边（图 10-1-42），然后单击“切角”按钮右侧的“设置”按钮，在弹出的小盒控件中将切角范围设为 0.2 mm 并单击“确定”按钮。按“2”键退出边编辑状态。

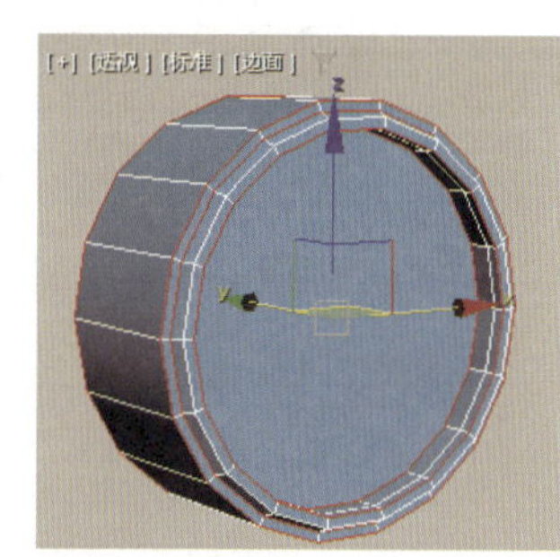

图 10-1-42　闹钟主体的所有棱边

步骤 2　选中闹钟提手和闹钟一侧的响铃，为其添加“编辑多边形”修改器，然后按照步骤 1 中的方法，依次对提手、闹钟一侧的响铃、螺钉、指针的棱边（图 10-1-43）进行切角，切角范围均为 0.2 mm，其他参数采用默认设置即可。

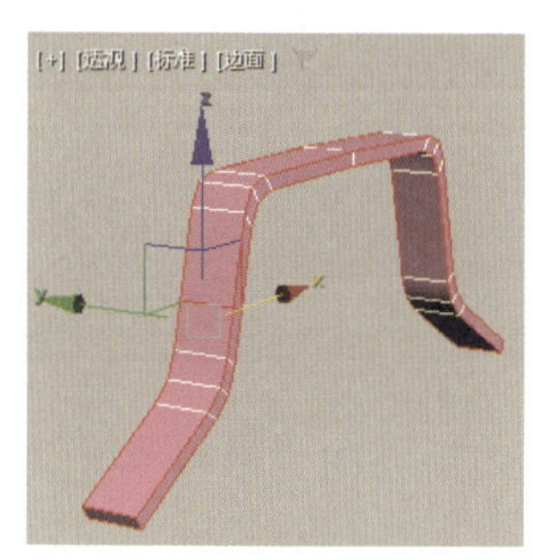

（a）提手

（b）响铃

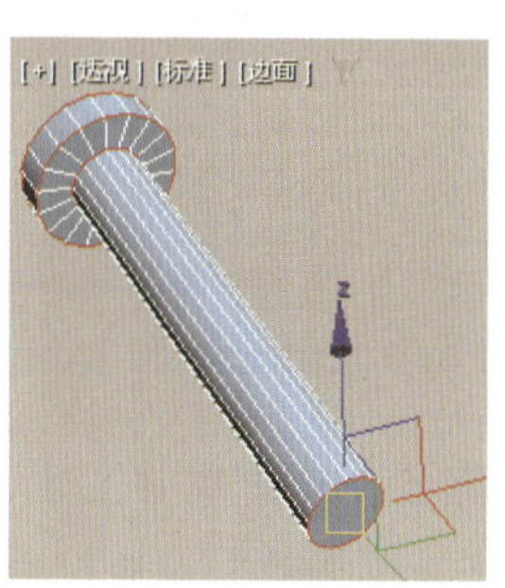

（c）螺钉

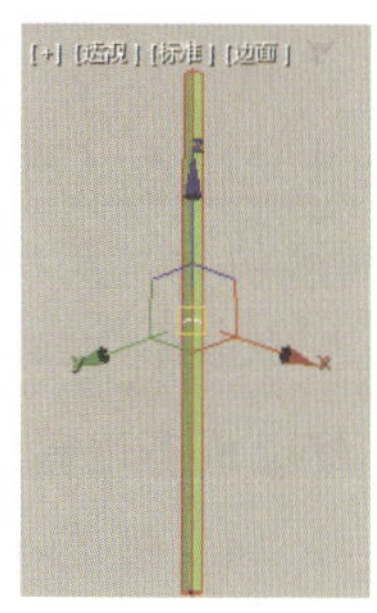

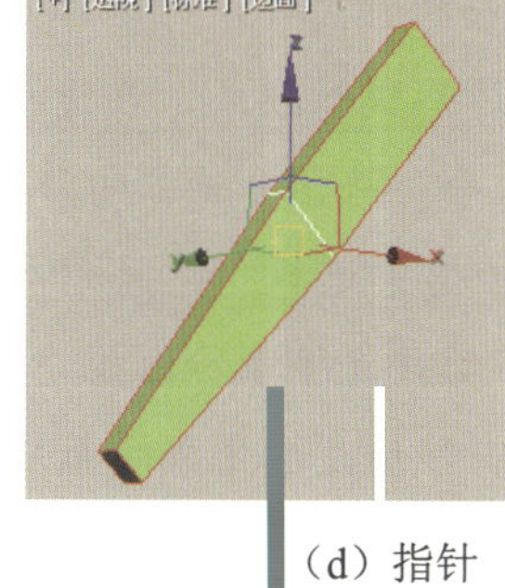

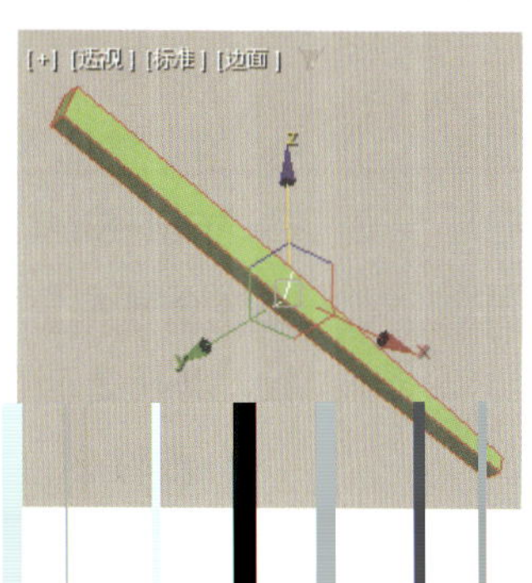

（d）指针

图 10-1-43　闹钟各部分的棱边

步骤 3　选中闹钟一侧的响铃，按“4”键进入多边形编辑模式，选中其顶面，然后单击“编辑多边形”卷展栏中“插入”按钮右侧的“设置”按钮，在弹出的小盒控件中设置插入的

尺寸并单击“确定”按钮✓（图 10-1-44）。按“4”键退出多边形编辑模式。

在步骤 3 中，对响铃顶部的面执行“插入”命令也是一种卡线的方式。

步骤 4　选中“摆锤”组，选择“组”→“打开”菜单项，然后选中该组中横向的圆柱体，将其转换为可编辑多边形对象，然后对该圆柱体顶部和底部的棱边进行切角处理（图 10-1-45），最后选择“组”→“关闭”菜单项。

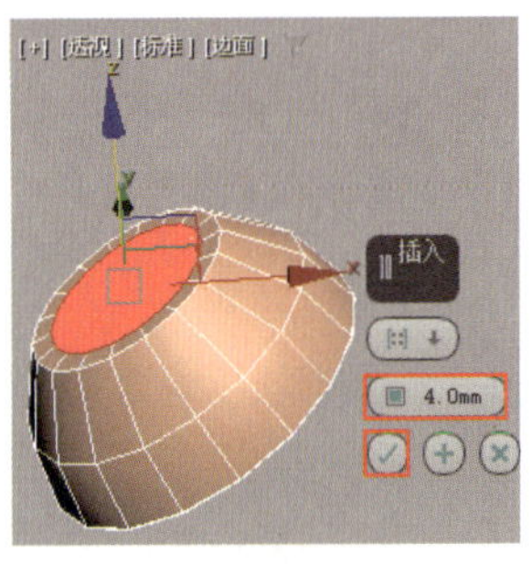

图 10-1-44　插入面

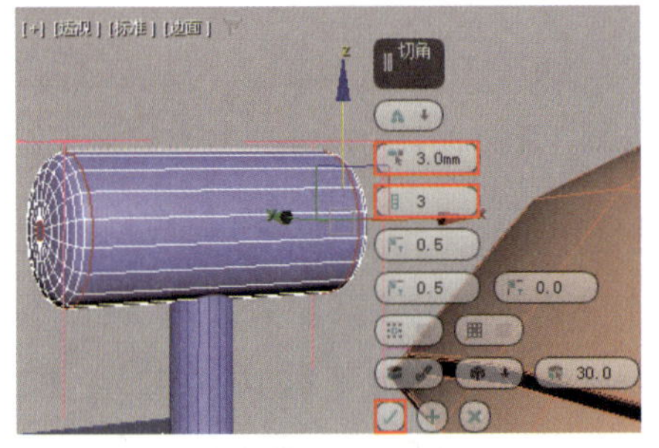

图 10-1-45　对圆柱体的棱边进行切角处理

步骤 5　选中闹钟一侧的支架，分别对其顶部和底部的棱边进行切角处理（图 10-1-46）。

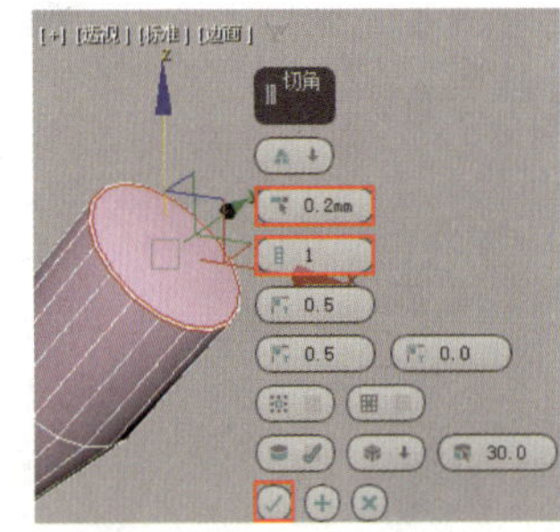

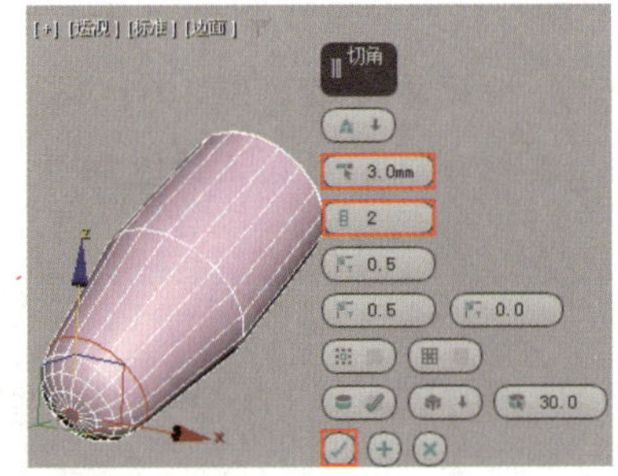

图 10-1-46　对支架的棱边进行切角处理

步骤 6　选中闹钟主体、提手、响铃、螺钉、指针和支架，为其添加“涡轮平滑”修改器，然后在“涡轮平滑”卷展栏中将迭代次数设为 2。

11）制作凹槽和玻璃罩

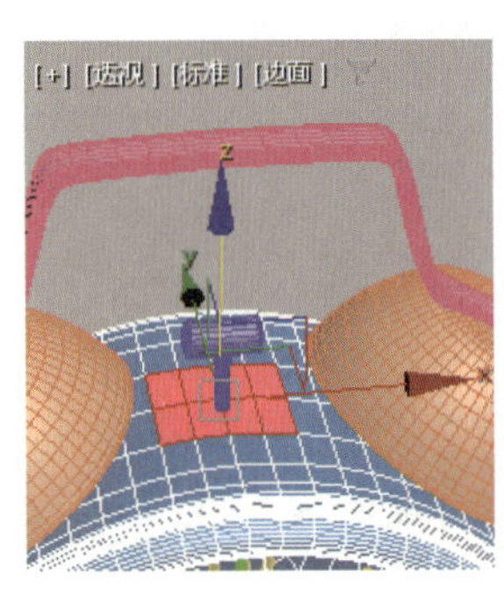

图 10-1-47　选中面

步骤 1　选中闹钟主体，为其添加“编辑多边形”修改器，然后按“4”键进入多边形编辑模式，在透视图中选中面（图 10-1-47），按住“Ctrl+Shift”组合键沿 z 轴方向移动所选的面，最后在弹出的“克隆部分网格”对话框中选择“克隆到对象”单选钮并单击“确定”按钮，将所选的面移动并克隆 1 份。按“4”键退出多边形编辑状态。

步骤 2　选中移动克隆生成的面片，按“4”键进入多边形编辑模式，选中该面片上所有的面，然后依次对所选面进行挤出、插入和再挤出（图 10-1-48），最后按“Delete”键将所选面删除。按“4”键退出多边形编辑模式。

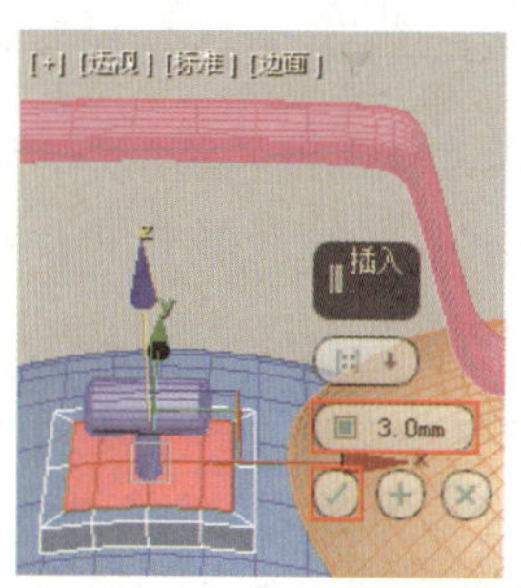

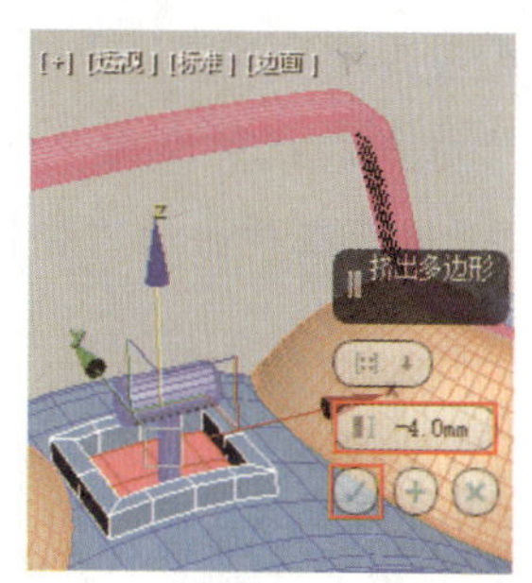

图 10-1-48　挤出、插入和再挤出面

步骤 3　使用“层次”面板中的“仅影响轴”和“居中到对象”按钮将所选模型的轴点移至自身中心，然后使用“快速对齐”按钮将所选模型与闹钟主体以轴点为基准对齐，最后在前视图中将所选模型沿 y 轴方向移至合适位置（图 10-1-49）。

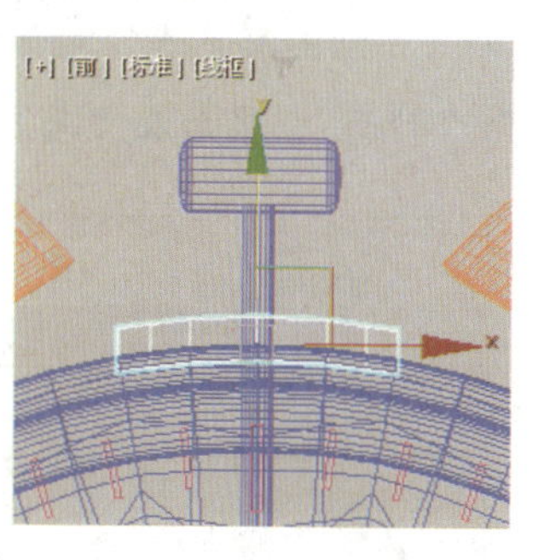

图 10-1-49　所选模型的位置

步骤 4　按“1”键进入顶点编辑模式，在顶视图中框选该模型的顶点，分别沿 x 轴和 y 轴方向缩放顶点，调整该模型的形状（图 10-1-50）。

步骤 5　按“2”键进入边编辑模式，选中该模型 4 个棱角处的斜边，对其进行切角处理（图 10-1-51）；然后选中该模型顶部的 2 条循环边，对其进行切角处理（图 10-1-52）；最后按“2”键进入边编辑模式，为该模型添加“涡轮平滑”修改器，在“涡轮平滑”卷展栏中将迭代次数设为 2，闹钟顶部的凹槽就制作好了。

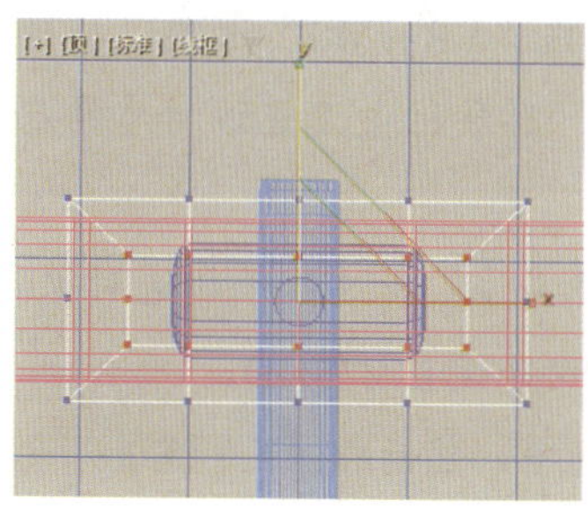

图 10-1-50　调整所选模型的形状

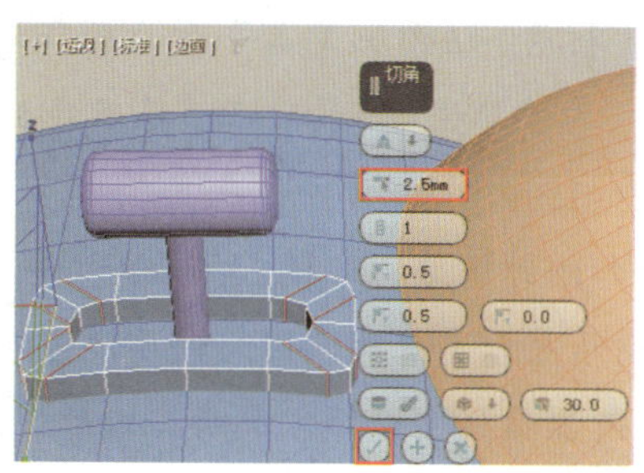

图 10-1-51　进行切角处理①

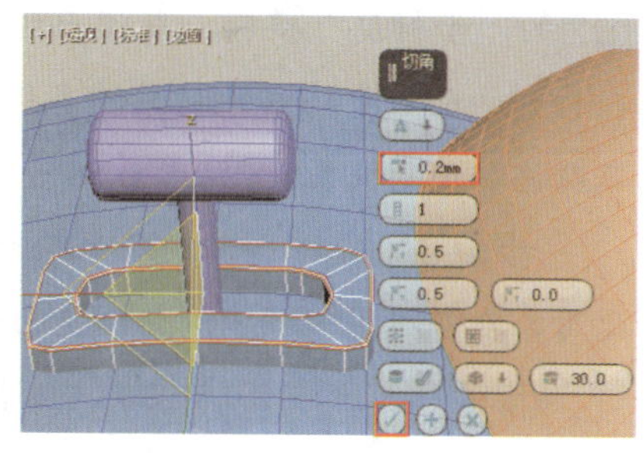

图 10-1-52　进行切角处理②

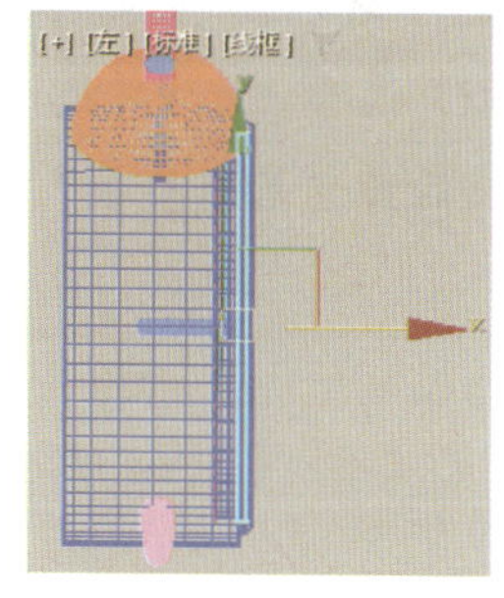

图 10-1-53　圆柱体的位置

步骤 6　在前视图中创建一个半径为 70 mm、高度为 1.5 mm 的圆柱体，然后使用“快速对齐”按钮将该圆柱体与闹钟主体对齐，再在左视图中将该圆柱体沿 x 轴方向移至合适位置（图 10-1-53），闹钟的玻璃罩就制作好了。

2．为闹钟模型添加材质

步骤 1　按“F10”键，在弹出的“渲染设置”对话框中将渲染器类型设为“V-Ray 6 Hotfix 1”，然后在透视图的“按视图首选项视口标签”菜单中再次选择“边面”菜单项，关闭边面显示。

步骤 2　按“M”键打开材质编辑器，选中任一未使用的材质球，将其名称设为“玻璃”，然后单击“物理材质”按钮，在弹出的“材质/贴图浏览器”对话框中双击“VRayMtl”选项。

步骤 3　将“玻璃”材质赋予玻璃罩，然后在“基本参数”卷展栏中设置其基本颜色和反射、折射效果（图 10-1-54）。

步骤 4 在材质编辑器中选中任一未使用的材质球，将其名称设为“闹钟主体”，然后单击“物理材质”按钮，在弹出的“材质 / 贴图浏览器”对话框中双击“通用”列表中的“多维 / 子对象”选项，接着在弹出的“替换材质”对话框中依次单击“丢弃旧材质？”单选钮和“确定”按钮。

步骤 5 单击“多维 / 子对象基本参数”卷展栏中的“设置数量”按钮，在弹出的“设置材质数量”对话框中将子材质的数量设为 2；然后将“闹钟主体”材质赋予闹钟主体。

步骤 6 单击“多维 / 子对象基本参数”卷展栏中材质 ID1 的“子材质”按钮，在弹出的“材质 / 贴图浏览器”对话框中双击“VRayMtl”选项，然后在打开的面板中将该子材质的名称设为“钟面”，最后在“基本参数”卷展栏中设置该材质的基本颜色（图 10-1-55）。

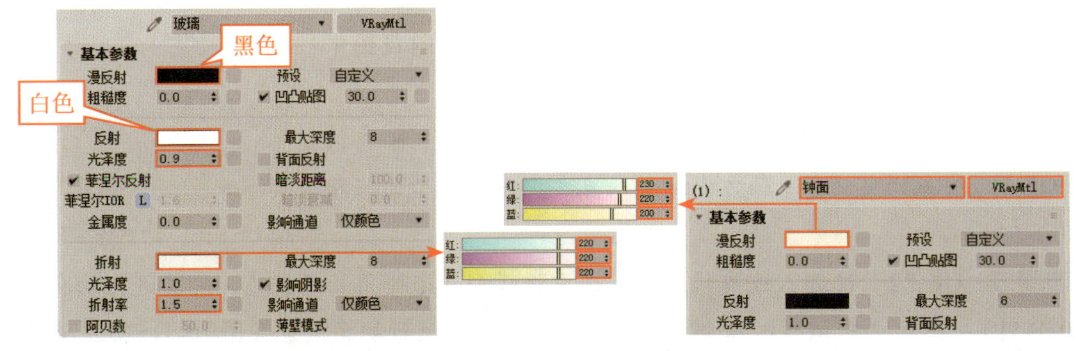

图 10-1-54 设置“玻璃”材质的参数　　图 10-1-55 设置“钟面”子材质的参数

步骤 7 单击“转到父对象”按钮，返回“闹钟主体”材质的第 1 层级，然后单击材质 ID2 的“子材质”按钮，在弹出的“材质 / 贴图浏览器”对话框中双击“VRayMtl”选项，接着在打开的面板中将该子材质的名称设为“外壳”，最后在“基本参数”卷展栏中设置该材质的基本颜色和反射效果（图 10-1-56）。

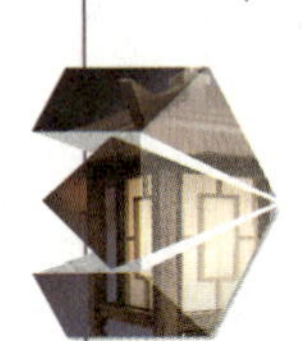

步骤 8 选中闹钟的 2 个响铃和闹钟顶部的凹槽，然后将“闹钟主体”材质赋予所选对象。此时，在透视图中可以看到响铃的材质显示不正确，因此需要设置为响铃设置材质 ID。

步骤 9 选中任一响铃，在修改器堆栈中选择“编辑多边形”选项，然后按“5”键进入元素编辑状态，选中响铃，将所选元素的材质 ID 设为 2，最后按“5”键退出元素编辑状态。

步骤 10 在材质编辑器中选中任一未使用的材质球，将其名称设为“不锈钢”，然后单击“物理材质”按钮，在弹出的“材质 / 贴图浏览器”对话框中双击“VRayMtl”选项。

步骤 11 将“不锈钢”材质赋予闹钟的提手、摆锤、螺钉和支架，然后在“基本参数”卷展栏中设置该材质的基本颜色和反射效果（图 10-1-57）。

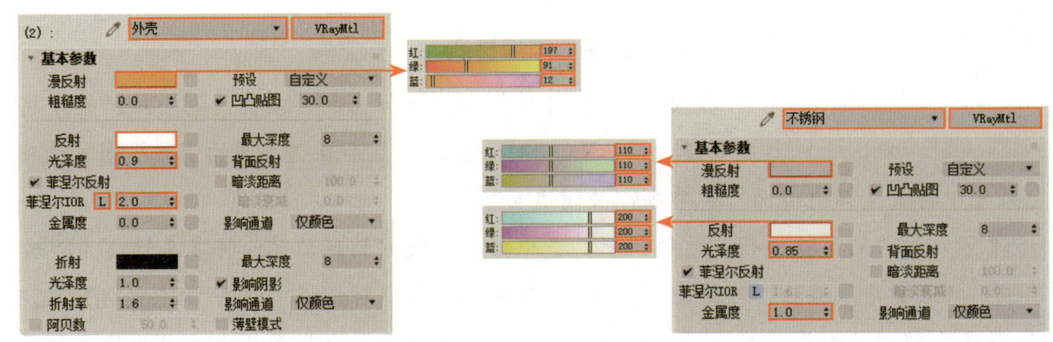

图 10-1-56 设置“外壳”子材质的参数　　图 10-1-57 设置“不锈钢”材质的参数

步骤 12 在材质编辑器中选中任一未使用的材质球，将其名称设为“塑料”，然后单击“物理材质”按钮，在弹出的“材质 / 贴图浏览器”对话框中双击“VRayMtl”选项。

步骤 13 选中钟面上任一较长和较短的刻度，以及钟面上的任一数字并右击，在弹出的快捷菜单中选择“选择类似对象”菜单项，即可选中钟面上的所有刻度、指针和固定指针的零件；然后将“塑料”材质赋予所选对象，在“基本参数”卷展栏中设置该材质的基本颜色和反射效果（图 10-1-58）。

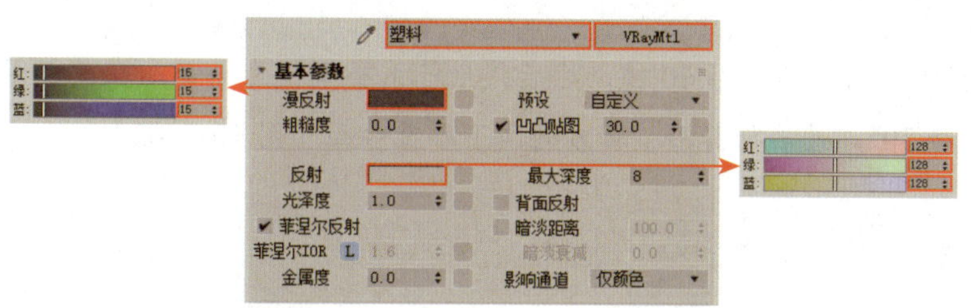

图 10-1-58 设置“塑料”材质的参数

步骤 14 调整透视图中的画面，使闹钟位于视图中间，然后按“F9”键进行渲染，查看闹钟的材质效果。

3. 制作闹钟动画

步骤 1 选中除指针和摆锤外的模型，使用“组”→“组”菜单项将所选对象以“闹钟”为组名组成一个组。

步骤 2 选中指针和摆锤，然后选择“动画”→“约束”→“链接约束”菜单项，再选中“闹钟”组，对指针、摆锤和“闹钟”组应用链接约束。

步骤 3 选择“文件”→“导入”→“合并”菜单项，在弹出的“合并文件”对话框中选择本书配套素材“素材与实例\项目十\闹钟”中的“场景素材.max”文件并单击“打开”按钮，然后在弹出的对话框中依次单击“全部”和“确定”按钮，将所选文件中的所有对象合并到当前文件中。素材文件中包含了背景模型、摄影机和灯光。

步骤 4 在显示面板的“按类别隐藏”卷展栏中勾选“摄影机”和“灯光”复选框（图 10-1-59），隐藏场景中的摄影机和灯光，以便制作动画。

步骤 5 选中“闹钟”组，并调整其位置，使其位于摄影机视图的中心（图 10-1-60）。

图 10-1-59 隐藏摄影机和灯光

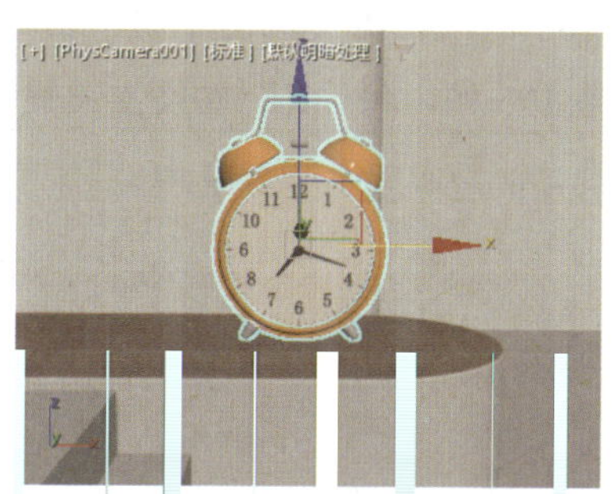

图 10-1-60 调整闹钟在场景中的位置

步骤 6 单击动画和时间控件中的“时间配置”按钮，然后在弹出的“时间配置”对话框中单击“PAL”单选钮，将动画的开始时间和结束时间分别设为第 0 帧和第 2[illegible]0 帧。

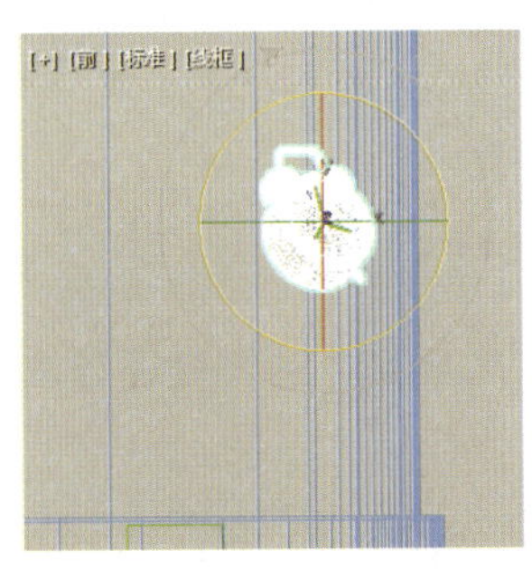

图 10-1-61　设置图像的分辨率

组合键显示安全框，最后按“F10”键，在弹出的“渲染设置”对话框的“公用参数”卷展栏中设置图像的分辨率（图 10-1-61）。

步骤 8　单击“自动关键点”按钮，确认时间滑块位于第 0 帧，然后选中“闹钟”组，在前视图中将其沿 *y* 轴方向向上移至摄影机视图外，再将其绕 *x* 轴按逆时针方向旋转 30°，绕 *y* 轴按逆时针方向旋转 30°（图 10-1-62）。

步骤 9　将时间滑块拖至第 40 帧，然后将坐标系类型设为局部，在前视图中将闹钟绕 *x* 轴按顺时针方向旋转 30°，最后将其沿 *y* 轴方向向下移至台面（图 10-1-63）。

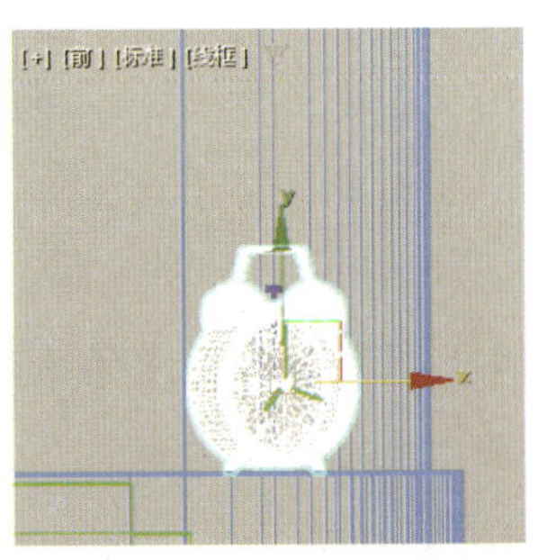

图 10-1-62　闹钟的位置和角度（第 0 帧）

图 10-1-63　闹钟的位置和角度（第 40 帧）

步骤 10　将时间滑块拖至第 50 帧，然后按“K”键设置关键点。将时间滑块拖至第 60 帧，在前视图中将闹钟绕 *z* 轴按顺时针方向旋转 30°。

步骤 11　确认时间滑块位于第 60 帧，在前视图中选中秒针和分针，按“K”键设置关键点；然后将时间滑块拖至第 61 帧，在前视图中将秒针绕 *y* 轴按顺时针方向旋转 6°；最后将时间滑块拖至第 120 帧，在前视图中将分针绕 *y* 轴按顺时针方向旋转 6°。

步骤 12　选中秒针和分针，单击主工具栏中的“曲线编辑器”按钮，然后在打开的“轨迹视图 - 曲线编辑器”面板中选择“编辑”→“控制器”→“超出范围类型”菜单项，在弹出的“参数曲线超出范围类型”对话框中依次单击“相对重复”选项下的按钮和“确定”按钮（图 10-1-64），使秒针和分针在最后一个关键点后进行相对重复运动，最后关闭“轨迹视图 - 曲线编辑器”面板。

步骤 13　将时间滑块拖至第 180 帧，选中“闹钟”组，按“K”键设置关键点；然后将时间滑块拖至第 185 帧，在摄影机图中将“闹钟”组沿 *z* 轴方向向上移动（图 10-1-65）；接着将时间滑块移至第 195 帧，按“K”键设置关键点；最后将时间滑块移至第 205 帧，在摄影机图中将“闹钟”组沿 *z* 轴方向向下移至台面。

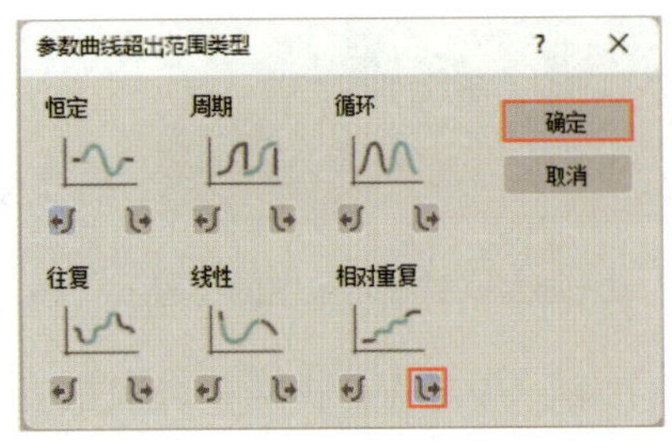

图 10-1-64　设置指针超出范围的运动类型

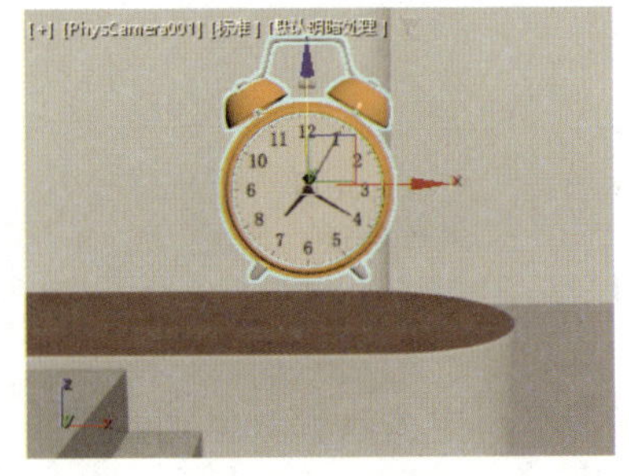

图 10-1-65　“闹钟”组的位置（第 185 帧）

步骤 14 将时间滑块拖至第 181 帧，在前视图中将“闹钟”组绕 y 轴按逆时针方向旋转 5°；然后将时间滑块拖至第 182 帧，将“闹钟”组绕 y 轴按顺时针方向旋转 10°，然后在轨迹栏中选中第 181 帧和第 182 帧处的关键点，按住“Shift”键将它们分别拖至第 183 帧和第 184 帧处，然后采用同样的方式将它们每两帧克隆 1 次，重复操作 6 次，使闹钟在第 181～194 帧振动。

步骤 15 单击“自动关键点”按钮，关闭自动设置关键点功能，然后选中“摆锤”组，使用“层次”面板中的“仅影响轴”按钮和“捕捉开关”按钮，将所选模型的轴点移至如图 10-1-66 所示的位置。

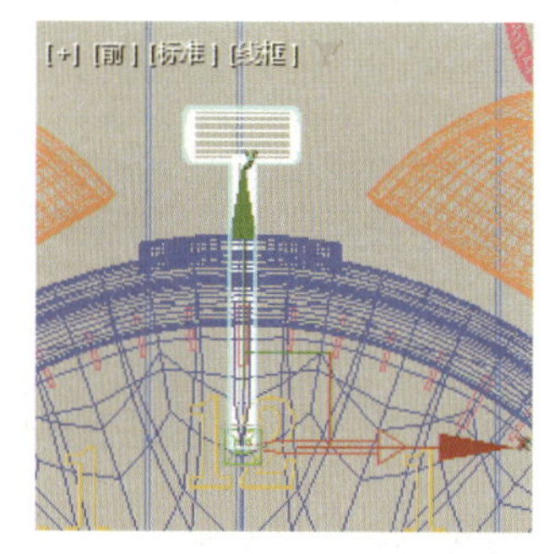

图 10-1-66 “摆锤”组轴点的位置

步骤 16 单击“自动关键点”按钮，将时间滑块移至第 180 帧，选中“摆锤”组，按“K”键设置关键点；然后将时间滑块拖至第 195 帧，按“K”键设置关键点。

步骤 17 将时间滑块移至第 181 帧，在前视图中将“摆锤”组绕 y 轴按逆时针方向旋转约 17°（根据自己制作的模型调整角度），使摆锤碰到闹钟左侧的响铃；最后将时间滑块拖至第 182 帧，将“摆锤”组绕 y 轴按顺时针方向旋转约 34°。

步骤 18 参照步骤 13，克隆第 181 帧和第 182 帧处的关键点，使摆锤在第 181～194 帧左右摆动。

步骤 19 关闭自动设置关键点功能，然后激活摄影机视图，单击“播放动画”按钮，查看闹钟动画。

4. 渲染动画并输出视频

步骤 1 按“F10”键，在弹出的“渲染设置”对话框中将渲染的视图设为摄影机视图，然后单击“公用”选项卡中的“活动时间段”单选钮，再单击“渲染输出”设置区中的“文件”按钮，在弹出的“渲染输出文件”对话框中设置渲染输出的文件的名称、储存位置和储存格式（“.avi”格式），采用软件默认的 Gamma 值并单击“保存”按钮，在弹出的对话框中单击“确定”按钮。

步骤 2 在“渲染设置”对话框“V-Ray”选项卡的“图像采样器（抗锯齿）”卷展栏中设置图像采样器的类型和最小着色比率，然后在“渲染块图像采样器”卷展栏中设置最大采样值（图 10-1-67）。

步骤 3 在“GI”选项卡的“全局照明”卷展栏中设置渲染引擎的类型，然后在“发光贴图”卷展栏中将发光贴图的预设类型设为“高 - 动画”，最后在“灯光缓存”卷展栏中设置细分值和采样值（图 10-1-68）。

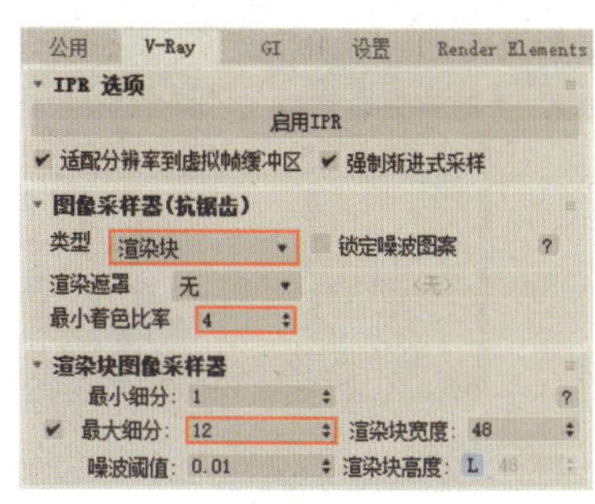

图 10-1-67 设置图像采样器的参数

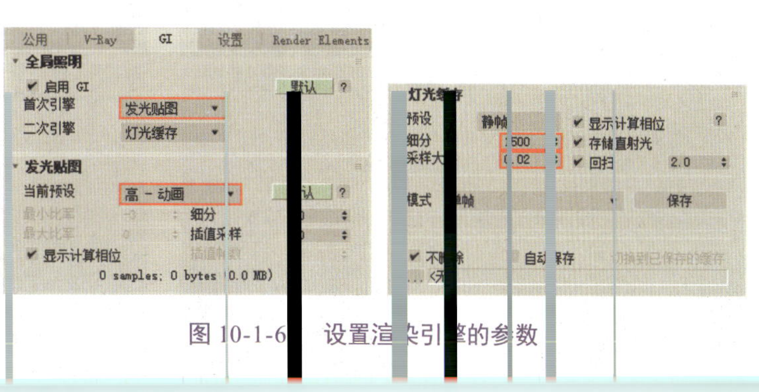

图 10-1-68 设置渲染引擎的参数

步骤 4 在显示面板的“按类别隐藏”卷展栏中取消勾选“摄影机”复选框，然后选中物理摄影机的图标，在“物理摄影机”卷展栏中勾选“启用运动模糊”复选框并设置摄影机的快门速度，最后在“V-Ray”选项卡的“相机”卷展栏中勾选“运动模糊”复选框并设置摄影机的快门速度（图 10-1-69）。

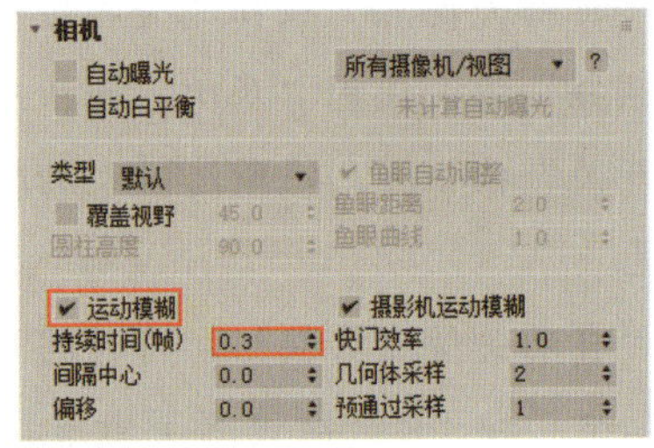

图 10-1-69 设置运动模糊效果

步骤 5 激活摄影机视图，按“F9”键进行渲染。渲染完成后，视频会自动储存在设置的位置。

任务二 制作咖啡厅漫游动画

扫一扫

制作咖啡厅漫游动画

任务引入

下面通过制作咖啡厅漫游动画，来综合练习使用 3ds Max 制作摄影机和灯光动画的方法（图 10-2-1）。

图 10-2-1　咖啡厅漫游动画（截图）

任务分析

本任务中的咖啡厅漫游动画由 4 个镜头构成。镜头 1 中，随着镜头的拉近，灯光逐渐亮起，由远及近展示了咖啡厅的环境和灯光布局；当镜头接近咖啡厅的尽头（收银台）时，切换为镜头 2，此时镜头平移，展示咖啡厅右侧的桌椅；咖啡厅右侧的桌椅展示完毕后，切换为镜头 3，此时镜头对准咖啡厅右侧的沙发组合并围绕桌面旋转，以展示桌面上的咖啡；最后随着视角的旋转，切换为镜头 4，镜头朝向收银台，然后缓缓拉远，停留在俯视咖啡厅的画面，展示整个咖啡厅。

本案例的制作过程可分为 3 个部分，分别是制作摄影机动画、布置灯光和制作灯光动画。

（1）制作摄影机动画：通过在不同时间节点移动摄影机来调整摄影机视图的画面，制作镜头推进、旋转和切换的效果。

（2）布置灯光：在场景中依次布置主光和辅助光，场景中已有点缀光（沙发组合上方的 LED 灯组），故无须再布置。先在窗外创建目标平行光和 VRay 平面灯，模拟环境光；然后在吊顶处创建 VRay 平面灯，模拟吊顶处的灯带；最后在各吊灯处创建 VRay 圆形灯和 VRay 球体灯，模拟吊灯发出的灯光。

（3）制作灯光动画：分别在不同时间节点处调整目标平行光、VRay 平面灯、VRay 圆形灯、VRay 球体灯的灯光强度，以及 LED 灯、发光平面的自发光强度，制作灯光逐渐亮起的动画效果。

任务实施

1．制作摄影机动画

步骤 1　打开本书配套素材“素材与实例\项目十\咖啡厅”中的“咖啡厅素材.max”文件。

步骤 2　单击动画和时间控件中的“时间配置”按钮，然后在弹出的“时间配置”对话框中单击“PAL”单选钮，将动画的开始时间和结束时间分别设为第 0 帧和第 7[illegible]0 帧并单击“确定”按钮。

步骤 3　调整透视图中的画面（图 10-2-2），然后按“Ctrl+C”组合键创建物理摄影机。此时，物理摄影机的图标和目标点的位置如图 10-2-3 所示。

图 10-2-2　透视图中的画面

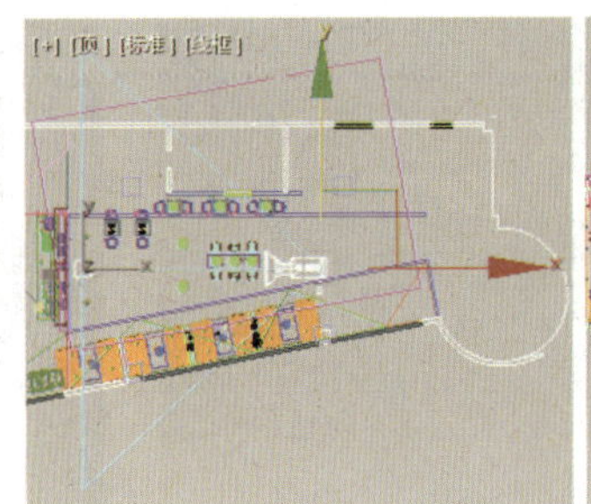

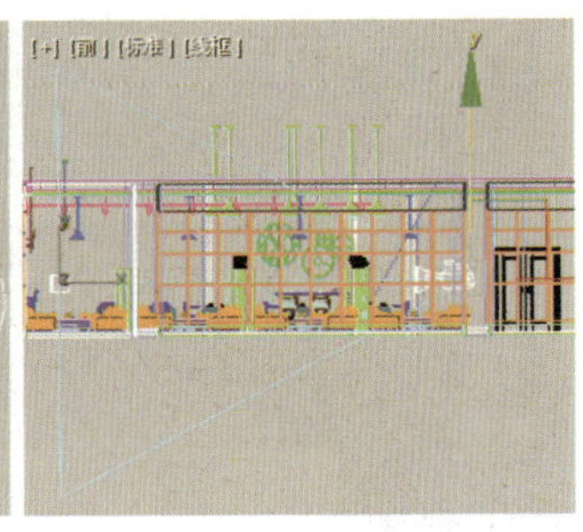

图 10-2-3　物理摄影机的图标和目标点的位置

步骤 4　单击“自动关键点”按钮，然后将时间滑块拖至第 200 帧，在顶视图中选中物理摄影机的图标，将其沿 x 轴方向移至如图 10-2-4 所示的位置，使摄影机视图的画面接近如图 10-2-5 所示的画面，最后选中物理摄影机的目标点，按“K”键设置关键点。

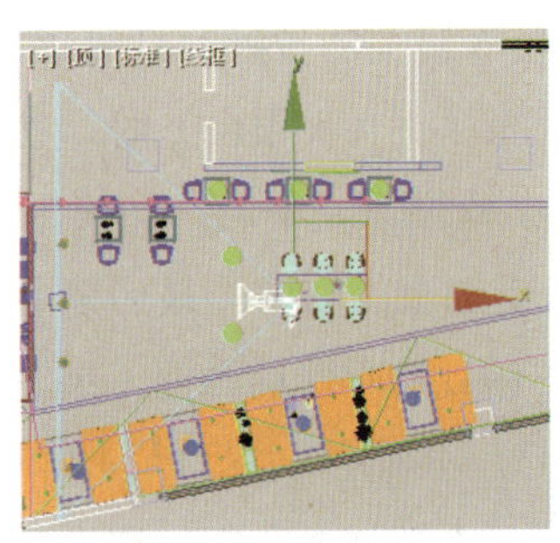

图 10-2-4　物理摄影机图标的位置（第 200 帧）

图 10-2-5　摄影机视图的画面（第 200 帧）

步骤 5　将时间滑块拖至第 225 帧，按“P”键将摄影机视图切换为透视图，接着调整透视图中的画面（图 10-2-6），确保物理摄影机为选中状态，然后按“Ctrl+C”组合键，再按“C”键将透视图切换为摄影机视图，最后在顶、左视图中调整物理摄影机的图标和目标点的位置（图 10-2-7）。

图 10-2-6　摄影机视图的画面（第 225 帧）

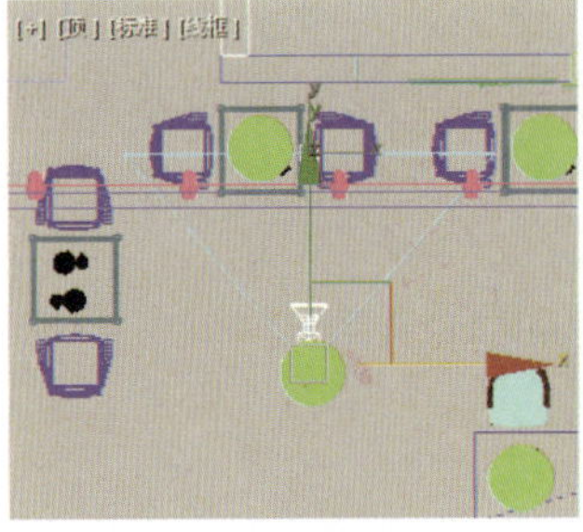

图 10-2-7　物理摄影机的图标和目标点的位置（第 225 帧）

步骤 6　将时间滑块拖至第 230 帧，在顶视图中选中物理摄影机的图标和目标点，将其沿 x 轴方向略微向右移动，使镜头切换更加顺畅。

步骤 7　将时间滑块拖至第 370 帧，在顶视图中选中物理摄影机的图标和目标点，将其沿 x 轴方向移至如图 10-2-8 所示的位置，使摄影机视图的画面接近如图 10-2-9 所示的画面。

步骤 8　将时间滑块拖至第 371 帧，按“P”键将摄影机视图切换为透视图，接着调整透视图中的画面（图 10-2-10），确保物理摄影机为选中状态，然后按“Ctrl+C”组合键，再按“C”键将透视图切换为摄影机视图，最后在顶、前视图中调整物理摄影机的图标和目标点的位置（图 10-2-11）。

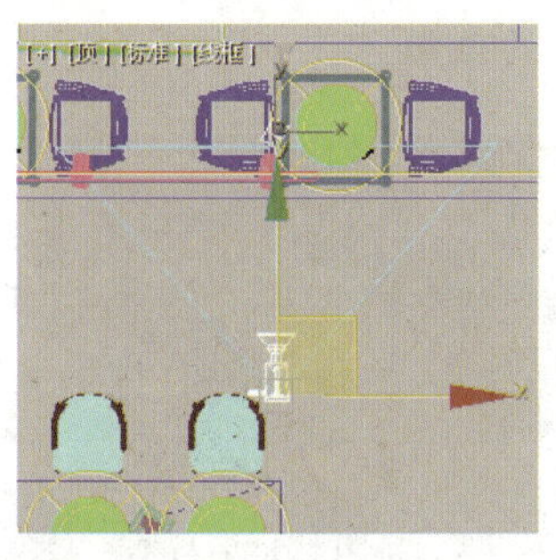

图 10-2-8　物理摄影机的图标和目标点的位置（第 370 帧）

图 10-2-9　摄影机视图的画面（第 370 帧）

图 10-2-10　摄影机视图的画面（第 371 帧）

图 10-2-11　物理摄影机的图标和目标点的位置（第 371 帧）

步骤 9　将时间滑块拖至第 570 帧，在顶、前视图中调整物理摄影机和目标点的位置（图 10-2-12），使摄影机视图中的画面接近如图 10-2-13 所示的画面。

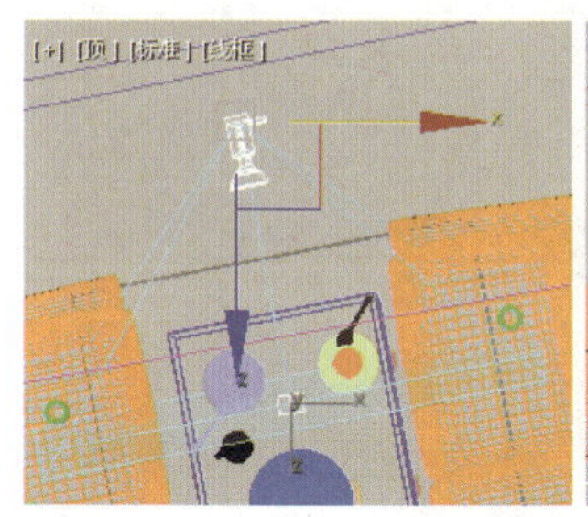

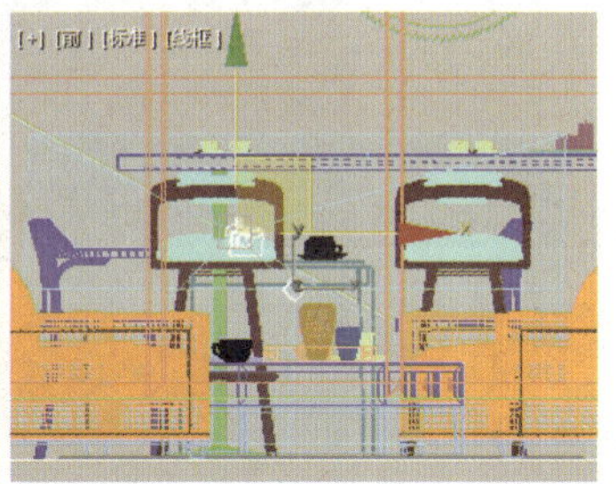

图 10-2-12　物理摄影机的图标和目标点的位置（第 570 帧）

图 10-2-13　摄影机视图中的画面（第 570 帧）

步骤 10　将时间滑块拖至第 650 帧，按“P”键将摄影机视图切换为透视图，接着调整透视图的视角，当透视图中的画面接近如图 10-2-14 所示的画面时，选中物理摄影机的图标并激活透视图，按“Ctrl+C”组合键，再按“C”键将透视图切换为摄影机视图，最后调整物理摄影机的图标和目标点的位置（图 10-2-15）。

图 10-2-14　摄影机视图中的画面（第 650 帧）

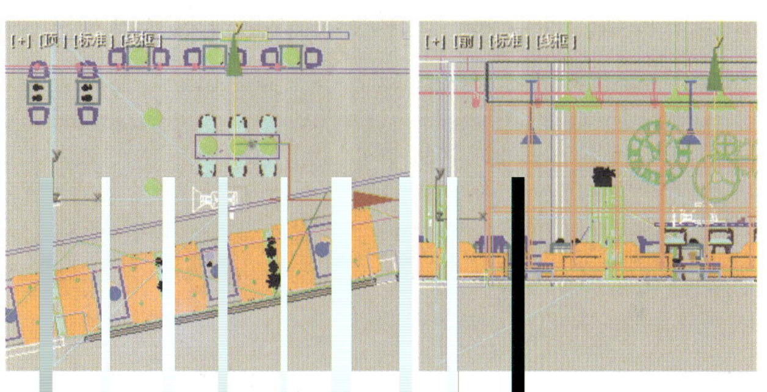

图 10-2-15　物理摄影机的图标和目标点的位置（第 650 帧）

步骤 11　将时间滑块拖至第 750 帧，在顶、前视图中调整物理摄影机和目标点的位置

（图 10-2-16），使摄影机视图的画面接近如图 10-2-17 所示的画面。

图 10-2-16 物理摄影机的图标和目标点的位置（第 750 帧）

图 10-2-17 摄影机视图的画面（第 750 帧）

步骤 12 单击“自动关键点”按钮，关闭自动设置关键点功能，然后激活摄影机视图，单击“播放动画”按钮▶查看摄影机动画。

2．布置灯光

步骤 1 单击“创建”面板“灯光”对象类别“标准”分类中的“目标平行光”按钮，在顶视图中创建一个目标平行光，然后在“修改”面板的“常规参数”卷展栏中设置阴影的类型，在“强度 / 颜色 / 衰减”卷展栏中设置灯光的强度，在“平行光参数”卷展栏中设置聚光区和灯光衰减区的大小（图 10-2-18）。

步骤 2 在顶、前视图中调整目标平行光的图标和目标点的位置（图 10-2-19）。

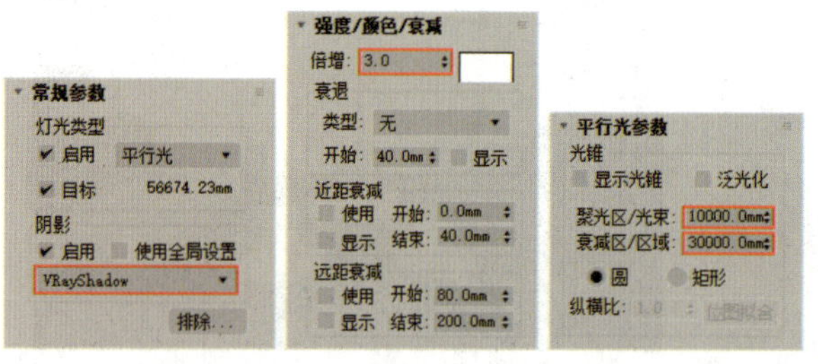

图 10-2-18 设置目标平行光的参数

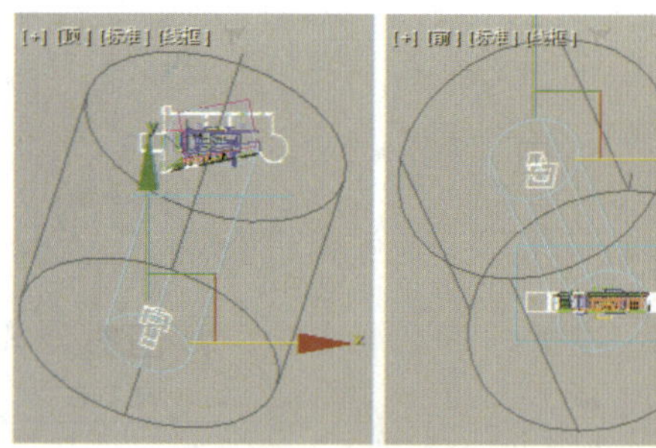

图 10-2-19 目标平行光的图标和目标点的位置

步骤 3 单击“创建”面板“灯光”对象类别“VRay”分类中的“VRay 灯光”按钮，然后在前视图中根据咖啡厅中间窗户的大小创建一个 VRay 平面灯，最后在顶视图中将其绕 z 轴按逆时针方向旋转 11° 并移至合适位置（图 10-2-20）。

步骤 4 在“修改”面板的“常规”卷展栏中设置灯光的强度和色温，然后在“选项”卷展栏中勾选“不可见”复选框，并设置灯光是否对物体的材质属性产生影响（图 10-2-21）。

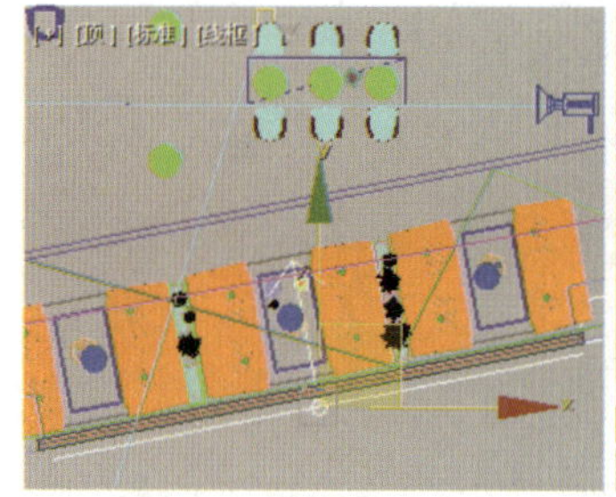

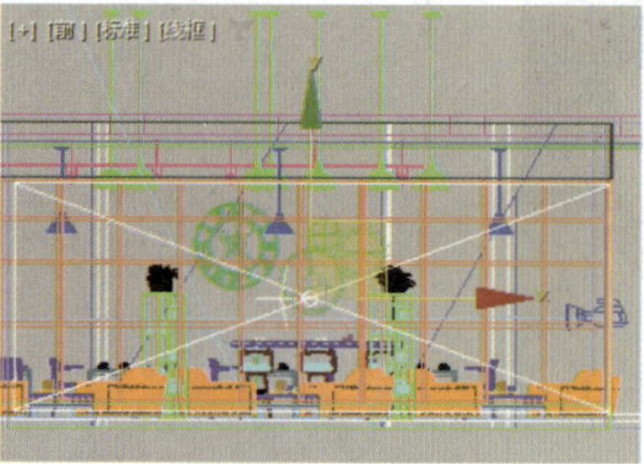

图 10-2-20 VRay 平面灯的大小和位置

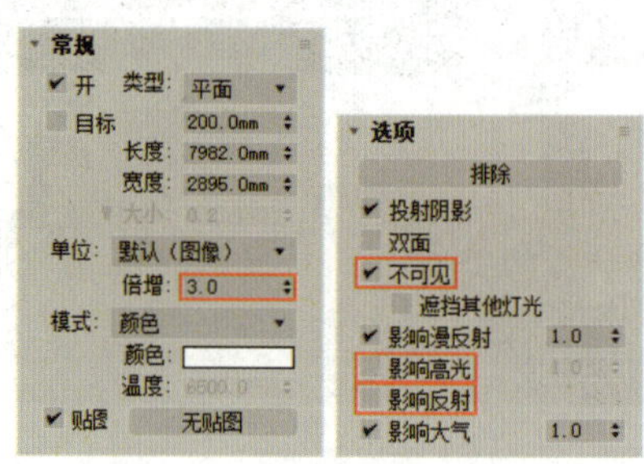

图 10-2-21 设置 VRay 平面灯的参数

步骤 5 将坐标系类型设为局部，在顶视图中将 VRay 平面灯沿 x 轴方向移至咖啡厅左侧窗户处并实例克隆 1 份；然后按“R”键，再将坐标系类型设为局部，沿 x 轴方向缩放 VRay 平面灯副本的大小，使其长度与窗户的长度一致（图 10-2-22）。

答疑解惑

问： 为什么要缩放 VRay 平面灯，而不是在“常规”卷展栏中修改 VRay 平面灯的尺寸？

答： 在步骤 5 中创建 VRay 平面灯时，用到了实例克隆，所以原对象会与其副本互相关联。若修改 VRay 平面灯的尺寸，会影响原 VRay 平面灯的尺寸，而缩放 VRay 平面灯副本不会对原 VRay 平面灯产生影响。

步骤 6 将在步骤 3 中创建的 VRay 平面灯在顶视图中沿 z 轴方向移动并复制克隆 1 份，然后在“常规”卷展栏中设置 VRay 平面灯副本的尺寸、强度和色温，在“选项”卷展栏中取消勾选“投射阴影”复选框（图 10-2-23）。

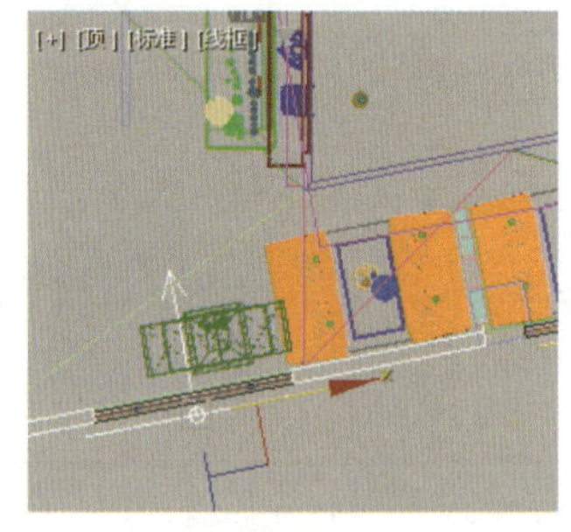

图 10-2-22　VRay 平面灯副本的位置和大小①

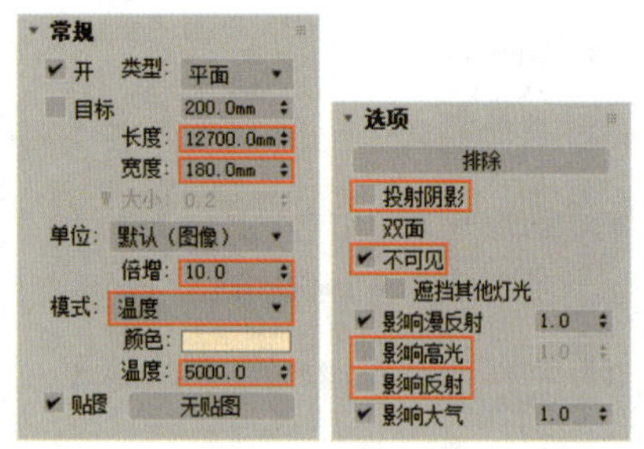

图 10-2-23　设置 VRay 平面灯副本的参数

步骤 7 在顶、前视图将所选的 VRay 平面灯移至天花板和吊顶的夹层处（图 10-2-24）。

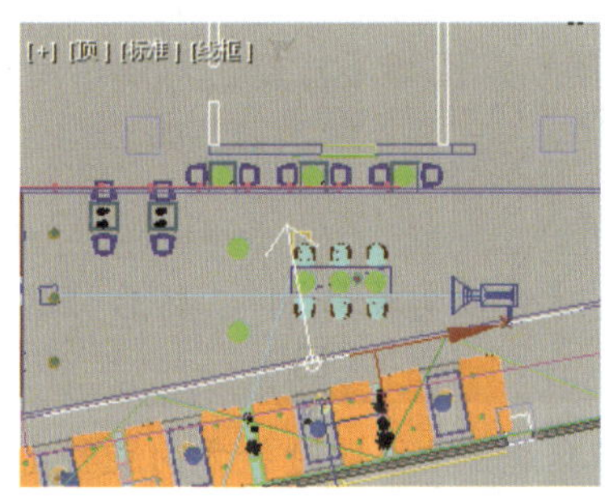

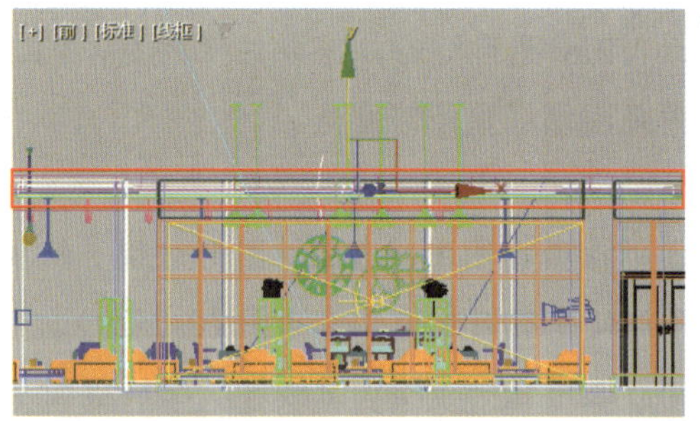

图 10-2-24　VRay 平面灯副本的位置

步骤 8 使用“镜像”按钮在顶视图中将所选的 VRay 平面灯沿 z 轴方向镜像并实例克隆 1 份，然后将 VRay 平面灯副本绕 z 轴按顺时针方向旋转 11°，最后沿 z 轴方向移至合适位置（图 10-2-25）。

步骤 9 在顶视图中将在所选的 VRay 平面灯绕 z 轴按逆时针方向旋转 90° 并实例克隆 1 份，然后调整 VRay 平面灯副本的位置和大小（图 10-2-26）。

步骤 10 单击“创建”面板“灯光”对象类别“VRay”分类下的“VRay 灯光”按钮，在“常规”卷展栏中将灯光类型设为‘圆形’，然后在顶视图中创建一个 VRay 圆形灯。

图 10-2-25　VRay 平面灯副本的角度和位置

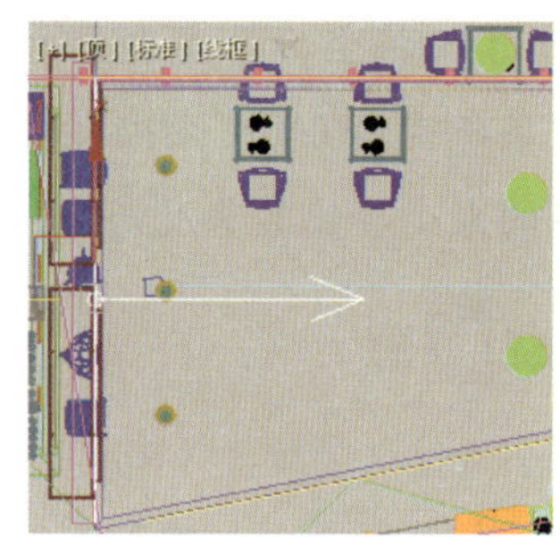

图 10-2-26　VRay 平面灯副本的位置和大小②

步骤 11　在“修改”面板的“常规”卷展栏中设置该 VRay 圆形灯的尺寸、强度和色温，然后在“矩形 / 圆形灯光”卷展栏中设置灯光的照射范围，最后在“选项”卷展栏中勾选“不可见”复选框，并设置灯光是否对物体的材质属性产生影响（图 10-2-27）。

步骤 12　使用“快速对齐”按钮将 VRay 圆形灯与咖啡厅左侧沙发上的吊灯以轴点为基准对齐，然后在前视图中沿 z 轴方向调整 VRay 圆形灯的位置，使其位于灯罩处（图 10-2-28）。

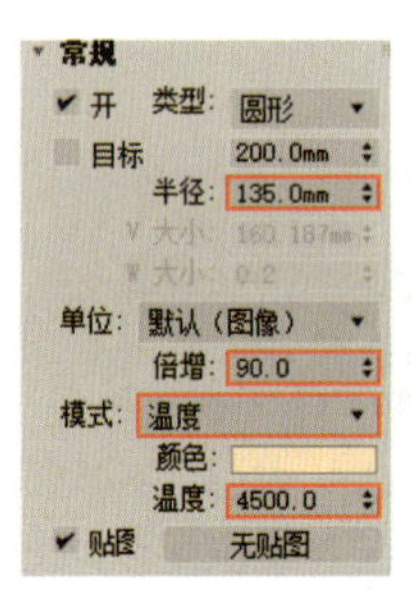

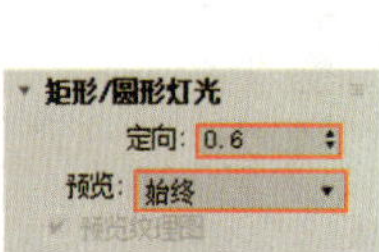

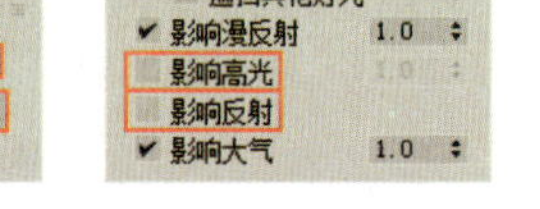

图 10-2-27　设置 VRay 圆形灯的参数①

图 10-2-28　VRay 圆形灯的位置①

在移动 VRay 圆形灯时，需要注意的是，VRay 圆形灯图标不能超出灯罩，超出灯罩会影响渲染效果，使灯罩外部发光。

步骤 13　在顶视图中将 VRay 圆形灯绕 z 轴按逆时针方向旋转 11°，然后将其沿 x 轴方向移至相邻的吊灯处并实例克隆 3 份（图 10-2-29）。

步骤 14　选中任一 VRay 圆形灯，在顶视图中将其绕 z 轴按顺时针方向旋转 11° 并复制克隆 1 份，然后在“修改”面板的“常规”卷展栏中设置灯光的尺寸、强度和色温，在“选项”卷展栏中设置灯光是否对物体的材质属性产生影响（图 10-2-30）。

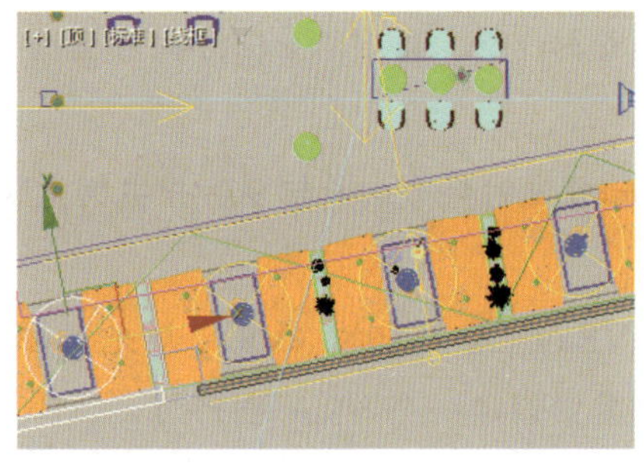

图 10-2-29　移动克隆 VRay 圆形灯①

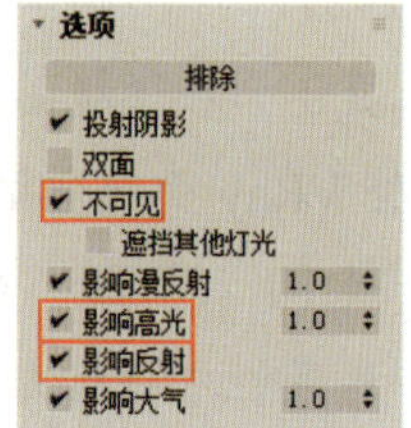

图 10-2-30　设置 VRay 圆形灯的参数②

步骤 15 使用“快速对齐”按钮将所选的 VRay 圆形灯与咖啡厅中间长桌上的吊灯以轴点为基准对齐，然后在前视图中沿 z 轴方向调整 VRay 圆形灯的位置，使其位于灯罩处（图 10-2-31）。

步骤 16 在顶视图中将所选的 VRay 圆形灯沿 x 轴方向移至相邻的吊灯处并实例克隆 2 份（图 10-2-32）。

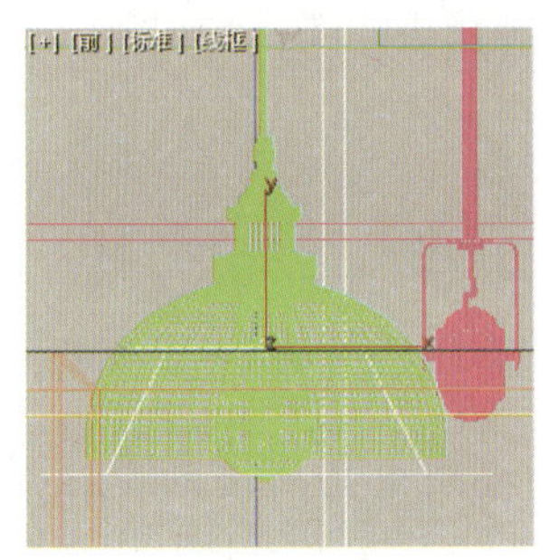

图 10-2-31 VRay 圆形灯的位置②

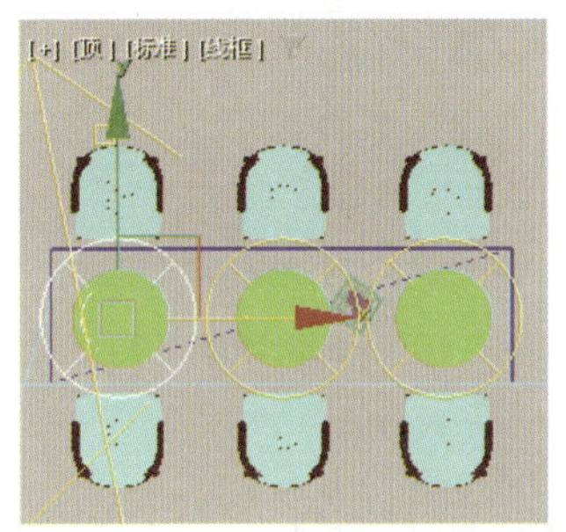

图 10-2-32 移动克隆 VRay 圆形灯②

步骤 17 在顶视图中将所选的 VRay 圆形灯移至如图 10-2-33 所示的吊灯处并实例克隆 1 份，然后将该 VRay 圆形灯沿 y 轴方向移至相邻的吊灯处并实例克隆 1 份（图 10-2-34）。

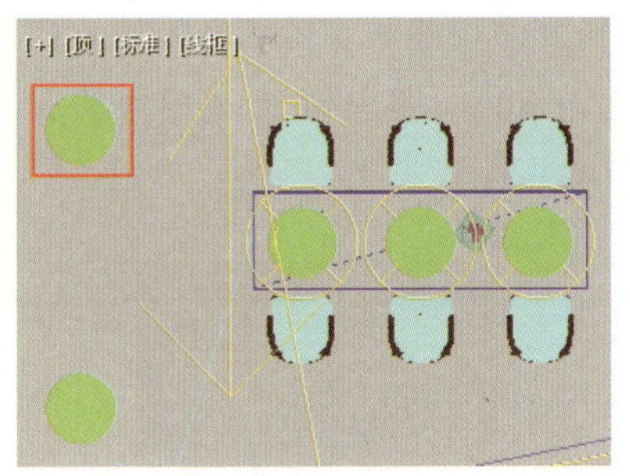

图 10-2-33 VRay 圆形灯的位置③

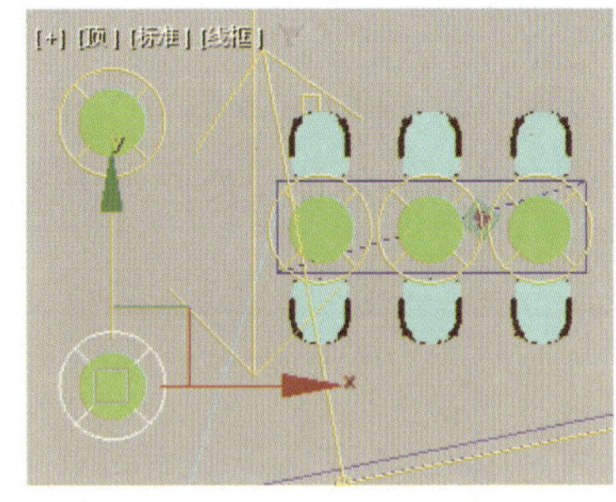

图 10-2-34 移动克隆 VRay 圆形灯③

步骤 18 在顶视图中将所选的 VRay 圆形灯沿 xy 平面移至咖啡厅右侧方桌上的吊灯处并实例克隆 1 份，然后将 VRay 圆形灯副本沿 x 轴方向移至相邻的吊灯处并实例克隆 2 份（图 10-2-35）。

步骤 19 单击“创建”面板“灯光”对象类别“VRay”分类中的“VRay 灯光”按钮，在“常规”卷展栏中将灯光类型设为“球体”，然后在顶视图中创建一个 VRay 球体灯。

步骤 20 在“修改”面板的“常规”卷展栏中设置该 VRay 球体灯的尺寸、强度和色温，然后在“选项”卷展栏中取消勾选“投射阴影”复选框，勾选“不可见”复选框，并设置灯光是否对物体的材质属性产生影响（图 10-2-36）。

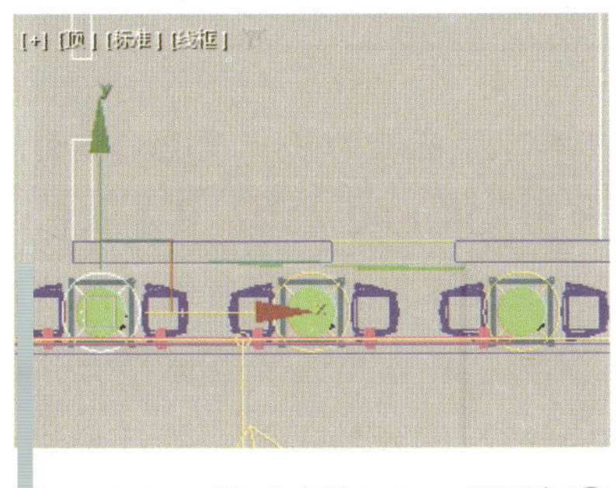

图 10-2-35 移动克隆 VRay 圆形灯④

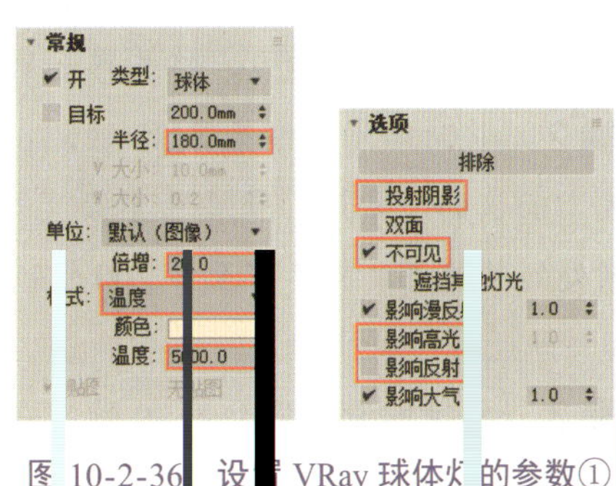

图 10-2-36 设置 VRay 球体灯的参数①

步骤 21 使用“快速对齐”按钮将 VRay 球体灯与咖啡厅吧台前方的吊灯以轴点为基准对齐，然后在前视图中沿 z 轴方向调整 VRay 球体灯的位置，使其位于灯泡处（图 10-2-37），最后在顶视图中将 VRay 球体灯沿 y 轴方向移至相邻的吊灯处并实例克隆 2 份（图 10-2-38）。

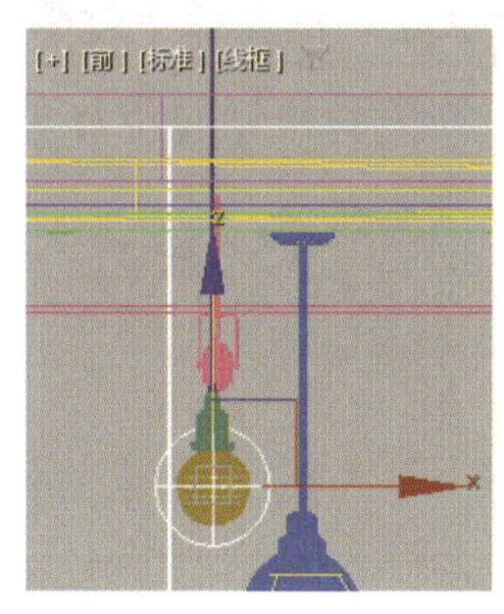

图 10-2-37　VRay 球体灯的位置①

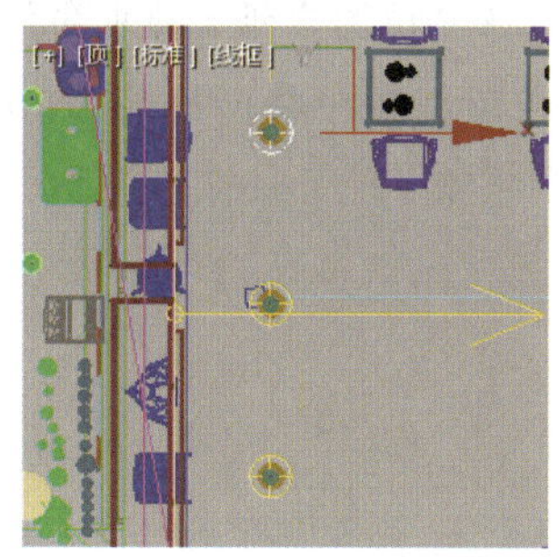

图 10-2-38　移动克隆 VRay 球体灯①

图 10-2-39　设置 VRay 球体灯的参数②

步骤 22　在顶视图中将所选的 VRay 球体灯移动并复制克隆 1 份，然后在“修改”面板的“常规”卷展栏中设置该 VRay 球体灯的尺寸、强度和色温（图 10-2-39）。

步骤 23　使用“快速对齐”按钮将所选的 VRay 球体灯与咖啡厅吧台后方的吊灯以轴点为基准对齐，然后在前视图中沿 z 轴方向调整该 VRay 球体灯的位置，使其位于灯泡处（图 10-2-40），最后在顶视图中将该 VRay 球体灯沿 y 轴方向移至相邻的吊灯处并实例克隆 1 份（图 10-2-41）。

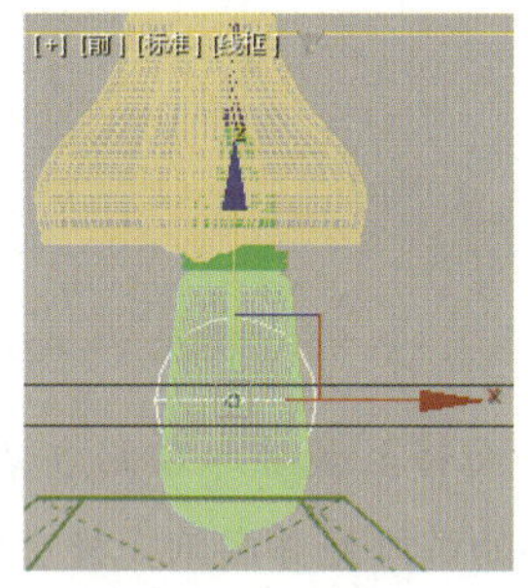

图 10-2-40　VRay 球体灯的位置②

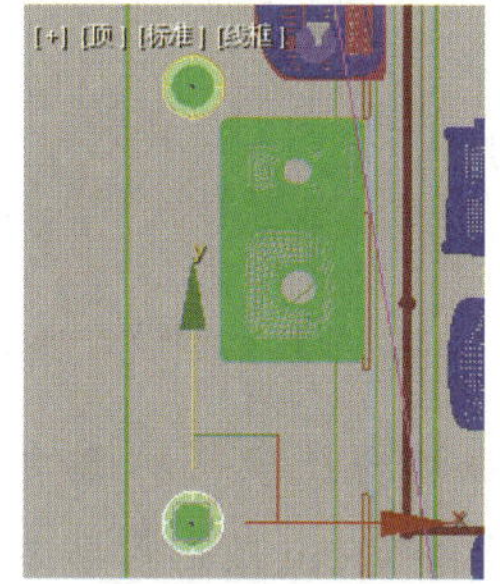

图 10-2-41　移动克隆 VRay 球体灯②

步骤 24　激活摄影机视图，然后按“F9”键对摄影机视图进行渲染，最后查看灯光效果。

3. 制作灯光动画

步骤 1　单击“自动关键点”按钮，然后将时间滑块拖至第 20 帧，在顶视图中选中目标平行光，接着在“修改”面板的“强度 / 颜色 / 衰减”卷展栏中将灯光的强度值设为 0，最后在轨迹栏中选中第 0 帧处的关键点，将其移至第 30 帧。

步骤 2　将时间滑块拖至第 30 帧，在顶视图中选中咖啡厅窗外的任一 VRay 平面灯；然后在“修改”面板的“常规”卷展栏中设置灯光的强度和颜色（图 10-2-42）；接着在轨迹栏中选中第 0 帧处的关键点，将其移至第 200 帧；最后将时间滑块拖至第 0 帧，将所选灯光的强度值设为 0。

步骤 3　将时间滑块拖至第 30 帧，在顶视图中选中咖啡厅窗外的平面，然后按“M”键打开材质编辑器，选中“背景”材质球，将“背景”材质的自发光强度值设为 0，最后在轨迹栏中选中第 0 帧处的关键点，将其移至第 200 帧。

步骤 4　将时间滑块拖至第 45 帧，在顶视图中选中咖啡厅吊顶处的任一 VRay 平面灯，然

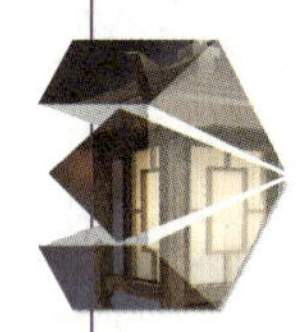

后在“修改”面板的“常规”卷展栏中设置将灯光的强度值设为 0，最后在轨迹栏中选中第 0 帧处的关键点，将其移至第 55 帧。

步骤 5 确认时间滑块位于第 55 帧，在顶视图中选中咖啡厅中长桌上方吊灯处的任一 VRay 圆形灯，然后在“修改”面板的“常规”卷展栏中设置将灯光的强度值设为 0，最后在轨迹栏中选中第 0 帧处的关键点，将其移至第 65 帧。

步骤 6 将时间滑块拖至第 70 帧，在顶视图中选中咖啡厅沙发上方的“LED 灯”组（图 10-2-43），然后在材质编辑器中选中“LED 灯”材质球，将“LED 灯”材质的自发光强度值设为 0，最后在轨迹栏中选中第 0 帧处的关键点，将其移至第 80 帧。

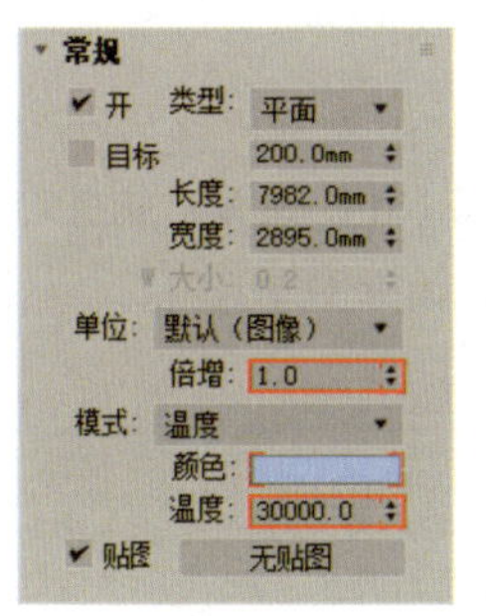

图 10-2-42 设置灯光的强度和颜色

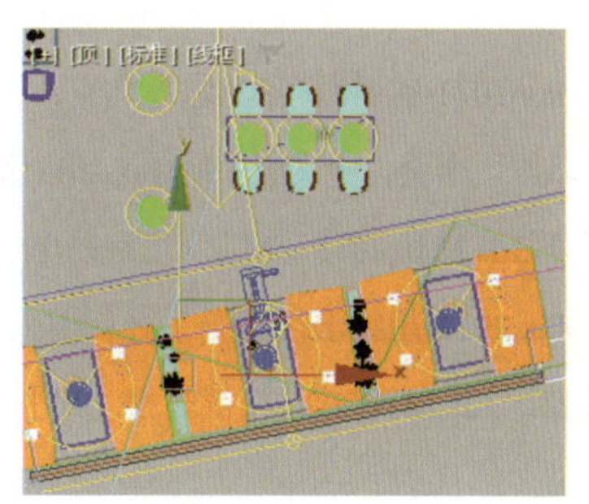
图 10-2-43 选中“LED 灯”组

步骤 7 确认时间滑块位于第 80 帧，在顶视图中选中咖啡厅沙发上方吊灯处的任一 VRay 圆形灯，然后在“修改”面板的“常规”卷展栏中设置将灯光的强度值设为 0，最后在轨迹栏中选中第 0 帧处的关键点，将其移至第 90 帧。

步骤 8 将时间滑块拖至第 95 帧，在顶视图中选中咖啡厅吧台前方吊灯处的任一 VRay 球体灯，然后在“修改”面板的“常规”卷展栏中设置将灯光的强度值设为 0，最后在轨迹栏中选中第 0 帧处的关键点，将其移至第 100 帧。

步骤 9 将时间滑块拖至第 105 帧，在顶视图中选中咖啡厅吧台后方吊灯处的任一 VRay 球体灯，然后在“修改”面板的“常规”卷展栏中设置将灯光的强度值设为 0，最后在轨迹栏中选中第 0 帧处的关键点，将其移至第 110 帧。

步骤 10 单击“自动关键点”按钮，关闭自动设置关键点功能。

步骤 11 按“F10”键，在弹出的“渲染设置”对话框中单击“公用”选项卡“公用参数”卷展栏中的“活动时间段”单选钮，然后单击“渲染输出”设置区中的“文件”按钮，在弹出的“渲染输出文件”对话框中设置渲染输出文件的储存位置、格式和名称并单击“保存”按钮，最后单击“渲染”按钮，等待一段时间后，即可在设置的文件储存位置查看制作的咖啡厅漫游动画。

参考文献

[1] 任嫒媛．3ds Max 2022 实用教程［M］．北京：人民邮电出版社，2023．

[2] 唯美世界，曹茂鹏．中文版 3ds Max 2023 从入门到精通（微课视频全彩版）［M］．北京：中国水利水电出版社，2023．

[3] 周贤．3ds Max 2021 实训教程［M］．北京：人民邮电出版社，2022．

[4] 高传雨，满昌勇，李奇．中文版 3ds Max 2011 基础与应用高级案例教程［M］．北京：航空工业出版社，2015．

[5] 刘波．新手学 3ds Max 2015［M］．北京：电子工业出版社，2015．

[6] 来阳．3ds Max 2018 超级学习手册［M］．北京：人民邮电出版社，2020．

[7] 宋晓明，林楠．3ds Max 2020 案例教程［M］．北京：清华大学出版社，2021．